生活用水・排水システムの空間的展開

矢嶋 巖

人文書院

神戸学院大学人文学部人間文化研究叢書

目　次

序　論 …………………………………………………………… 7

第Ⅰ部　生活用水・排水システムの展開

第1章　生活用水・排水システムの展開 ……………… 17

　　1　はじめに　17
　　2　生活用水・排水システムに関する研究動向　17
　　3　本書の視点と基本構成　27
　　4　日本の自然環境と水　30
　　5　生活用水・排水システムの近代化へ　32
　　6　おわりに　38

第Ⅱ部　都市域における生活用水・排水システムの展開

第2章　大阪大都市圏における水道の展開 ……………… 47

　　1　はじめに　47
　　2　大阪大都市圏における都市化の動向　51
　　3　大阪大都市圏における各水道の展開の特徴　56
　　4　大阪大都市圏における上水道・簡易水道・専用水道普及に影響を及ぼす要因　65
　　5　おわりに　74

第3章　大阪府の淀川両岸地域における水道・下水道の普及
　　　　　―明治期から昭和戦前期までを中心に―……………………79

1　はじめに　79
2　明治期から昭和戦前期にかけての淀川両岸地域における
　　都市化　89
3　明治期から昭和戦前期の淀川両岸地域における
　　水道・下水道の普及　94
4　水道普及と下水道整備の特性　140
5　おわりに　147

第4章　大阪大都市圏の衛星都市における水道事業整備
　　　　　―大阪府茨木市の事例―………………………………………154

1　はじめに　154
2　第二次世界大戦直後の水道事業の拡張　157
3　高度経済成長期における水需要の増大への対応　159
4　経済低成長期から1980年代後半にかけての水需要の漸増　164
5　1990年代以降の水需要の停滞・漸減　166
6　おわりに　168

第5章　衛星都市の水道事業における水源確保
　　　　　―兵庫県宝塚市を事例に―………………………………………172

1　はじめに　172
2　大阪平野における水道事業の展開　177
3　宝塚市における水道事業の創設と水需要増大への対応　180

4　県営水道用水供給事業完成後の水源対応　190

　5　おわりに　194

第6章　猪名川流域における生活用水システムの展開……202

　1　はじめに　202

　2　猪名川流域の概観　206

　3　猪名川流域における都市化の動向　207

　4　都市化と生活用水システムの展開　217

　5　おわりに　235

第7章　都市化前線地域の生活用水・排水システム
　　　　―川西市西畦野・黒川を事例に―……240

　1　はじめに　240

　2　川西市西畦野の生活用水・排水システム　245

　3　川西市黒川の生活用水・排水システム　253

　4　都市化前線地域における従来型生活用水・排水システム　257

　5　おわりに　258

第Ⅲ部　村落域における生活用水・排水システムの展開

第8章　但馬地域における水道の展開……263

　1　はじめに　263

　2　第二次世界大戦後の簡易水道に対する補助金制度　266

　3　兵庫県における水道の展開　268

4　但馬地域における水道の展開　274
　　5　おわりに　282

第9章　スキー観光地域の生活用水・排水システム
　　　　—兵庫県養父郡関宮町熊次地区—……………………………285

　　1　はじめに　285
　　2　研究対象地域の概要　287
　　3　熊次地区における生活用水・排水システムの変容　292
　　4　生活用水・排水システムの変容要因　296
　　5　おわりに　303

第10章　スキー観光集落の生活用水・排水システム
　　　　—兵庫県養父市福定—……………………………………312

　　1　はじめに　312
　　2　熊次地区福定について　314
　　3　水道施設創設以前の生活用水・排水　320
　　4　水道施設の創設による変化　322
　　5　浄化槽の普及による変化　326
　　6　町営簡易水道敷設と生活排水処理施設建設　331
　　7　おわりに　335

結　論　………………………………………………………………345

あとがき

人名・事項索引

生活用水・排水システムの空間的展開

序　論

　本来的に、人が水を使うという行為それ自体は、極めて個人的で個別的なものである。必要な水を必要なだけ確保すれば、人は生きていくことができる。しかし、現代における水の確保は集団で行なわれている場合がほとんどである。水は誰の手に委ねられるべきか。
　例えば、一人の登山者が山を歩く時には、自らが必要とする量の水を持ち歩くものである。水が足りなくなれば水場をみつけて必要とする量を確保し、再び歩きはじめる。ところが、人が生活の場を定めて、定住しようとすると、安定的に水を確保する必要がある。だが、全ての場所で水を確実に安定して得られるとは限らない。
　自然環境の点からみて、水が不足気味の場所もあれば、水が多すぎる場所もある。雨が多い場所もあれば少ない場所もある。水は高い場所から低い場所へと流れるものだが、水がいつでも流れている場所やいつでも溜まっている場所もあれば、水がすぐに捌けてしまう場所もある。地表で水が確保できる場所もあれば、地下で確保できる場所もある。降ってくる水を確保しなければならない場所もあろう。水という物質は、地表上のどこにいてもほぼ存在している空気とは、普遍性という点で性質を異にするのである。水は地域性を有する存在といえる。
　水をめぐる社会環境という点では、水を確保する作業は大変な労力を必要とした。また、人は水を所有して権利を主張することもあれば、共有することもあった。時には占有しようとし、それがきっかけとなって争いにつながることさえあった。解決のために調整を必要とするものであった。そのため、効率性・安定性の点から、水の確保は集団で営まれるようになってきたので

ある（寺尾1989、p. 183、p. 236；森滝1982、pp. 25-32）。

　このようにして、人は自然と社会といった地域の条件の中で、用途に応じ、その場所で得られるもっとも適切な水質の水を、その時代や場所においてもっとも合理的な方法で得てきたのである。つまり、本来は自然に存在する水が、それが持つ特性ゆえに、社会化されてきたといえる。

　生産活動上の都合や治水の問題などはさておき、生活用水・排水の見地からすると、人が生活する場としての集落は、自然発生的には水を安定的に確保でき、排出できる場所に立地した。自然発生的な集落の立地条件を、自然条件と水との関わりの点から、例えば近畿地方を念頭に考えると、渓流の水や湧き水などが得やすい山地・丘陵・台地・山地の縁、湧水や浅層地下水を得やすい扇状地の扇頂や扇端部、河川表流水や用水路水、浅層地下水など利用できる氾濫原の微高地（自然堤防上、湖岸・海岸の砂堆など）といった地形を選んで定住してきたが、近世に長大な農業用水路の建設、深井戸の掘削技術、排水技術といった土木技術が進歩したことで、それまで定住できなかった丘陵や台地上、河口三角州、干拓地などにも定住するようになった。ただし、この段階では集落の立地条件にはまだ水の確保と排出の点から地域性があった。

　近代化がすすみ、近代水道や下水道ができ、水供給や排水に関わるさまざまな技術革新が進んだことで、氾濫原の後背湿地や台地・丘陵上、埋め立て地や人工島など、集落はどこにでも立地することが可能となった。しかも大規模にである。今まで居住ができなかった水がありすぎる場所、水が安定的に得られなかった場所にまで立地可能になったのである。それは、本来は自然状態で地域に賦存し、地域性を有していた水が、近代化による技術の進歩により、大量の水を導水、浄化し、排除することが可能になるとともに、地域性を喪失してきたことを意味する。

　一方、近代化による社会と水との関わりの変化について考えると、近代以降、日本社会は経済的・社会的・文化的に大きな変貌を遂げた。都市においては近代工業が勃興・発展し、交通の革新が見られ、流通業が発達し、多くの人々が職を求めて村落から都市へと移動した。その結果、都市への人口集中が見られるようになり、都市の膨張と周辺の村落への都市域の拡大、つま

り都市化が引き起こされる状況となった。都市においては水需要が増大し、効率的・安定的に生活用水を供給する必要が生じた。また、消費されて生じた大量の排水を効率的・安定的に排出する必要も生じた。そのために、大都市を中心に、水道と下水道がシステムとして整備されることになった。

　高度経済成長期には産業と人口がますます都市へと集中して、都市の膨張・拡大を引き起こし、周辺部では猛烈な勢いで周辺の村落へ向かって都市化が進み、巨大都市圏を形成してきた。それにともなって都市域では水需要が大幅に増大し、大量の排水が生じるようになった。都市化とともに、周辺の村落へと水道の敷設と下水道の整備が進められてきた。一方、すでに水道が高普及となっている都市中心部では、水需要が停滞する一方、人々が水道の水に求める意識が変化し、衛生であるはずの水道水に味や質の向上が求められるようになった。

　近代における日本の村落域では、明治期後半以降の都市域への人口流出により、人口は停滞傾向にあったが、第二次世界大戦後は一般に人口が減少に転じた。一方、村落域にも都市的生活様式が導入され、生活の近代化が進み、各種の生活用水・排水に関連する機器の普及も進んだ。また、高度経済成長期以降の観光業の発展や経済低成長期以降を中心とした工場進出など都市的産業の立地により、新たな水需要が生じた地域もみられた。そのため、従来から維持されてきた生活用水・排水のシステムは変更を迫られ、安定的に衛生的な水を供給することができる水道の整備が求められ、後には大量の排水による水質汚濁対策として、下水道が整備されることとなった。

　ここで近代化と生活用水・排水の展開に関して用いている用語を整理すると、近代化以前には人は地域の自然・社会条件に合わせて水を確保し消費し、地域的合理性のもとで自然界に排出していた。このシステムを本書では従来型生活用水・排水システムと呼ぶ。ところが、この従来型システムは近代化にともなって変化を迫られ、その時点でのその地域の事情に応じて対応を迫られた。その変化とは、集落の大規模化に対応するだけの水量を確保・供給し、衛生の知識に基づいて水を浄化しながら、供給のための労力は軽減されているということであった。そうして生じた変化が、生活用水・排水システムの近代化であった。

生活用水・排水システムについて、生活用水の水源からの取水・浄水・給水の体系を生活用水システムと定義する。また、発生した屎尿・雑排水の排水・処理・自然界への放出までの体系を生活排水システムと定義する。そのうえで、それらを一体として、生活用水・排水システムと定義する。
　空間とは、現象の水平的広がりを示し、その大きさを指定されないものとする。
　近代の定義について、歴史の時代区分としての近代を、小学館『日本語大辞典第二版』（梅棹忠夫・金田一春彦ほか監修、1995）は、「一般に資本主義の形成、および、個人の自由・独立・平等が確立された市民社会以後の時代を言う。日本では明治維新以降とするのが通説」としている。岩波書店『広辞苑第六版』（新村 出編、2008）は、「広義には近世と同義で、一般には封建制社会のあとをうけた資本主義社会についていう。日本史では明治維新から太平洋戦争の終結までとするのが通説」としている。三省堂『新明解国語辞典第三版』（見坊豪紀・金田一京助ほか編、1984）は、「近世または中世に続く時代。日本史では、通常、欧米文明の影響を受けた明治以後」としている。以上から、本書では近代を封建制社会の後の資本主義社会と定義づけ、日本では明治維新後から第二次世界大戦終結時までの時代と位置づける。
　そして、近代化について、『日本語大辞典第二版』は、「社会全体が人間性や合理性を重んずる状態に移行すること。資本主義化・産業化・民主化・情報化などの諸側面を指標とする」としている。『広辞苑第六版』は「近代的な状態への移行とそれに伴う変化。産業化・資本主義化・合理化・民主化など、捉える側面により多様な観点が存在する」としている。また、『新明解国語辞典第三版』は「封建時代の人間性無視・非合理性を廃し、個人の生活・思想における自由を重んじ、設備の機能化、労働の省エネルギー化を図るようにすること」としている。
　そこで、本書において近代化とは、社会が合理性を重視する状態へと移行し、行政、生産、教育、生活様式など社会のさまざまな分野において思想やシステムに変化が生じることと規定する。近代化によって、設備の機能化、労働の省力化も図られる。近代化は産業革命以降に世界各地で進展した。それは、ヨーロッパから始まり、アメリカへと伝播し、そして19世紀末から20

世紀初頭にかけて日本へも及び、その後は発展途上国へと及んだ。日本では、東京、大阪といった大都市を中心にさまざまな面で近代化が進行し、後にはそれが都市的価値観・様式の伝播という形で村落域へと及んだ。その意味において、村落域では近代化と都市化はほぼ同義のものとして位置づけられよう。なお、近代化により、それまでの伝統的なシステムが近代的なそれへと置き換わっていったが、全てが置き換わったわけではない。以上のように近代化について定義する。

近代水道については、飲用可能な水を有圧管で供給する施設（堀越1981、p. 235）とし、衛生的な水を、安定的、効率的に供給する生活用水システムとする。また、近代的な下水道は、雨水と汚水の排除と処理を行なう施設で、近代化の進展のなかでの技術開発により、排水路として確実に機能し、後には浄化処理を行なうようになった生活排水システムとする（金子・河村・中島編1998、pp. 12-13、pp. 143-144）。いずれも、近代における技術の発達によってもたらされたシステムである。近代化の定義を考慮して言い換えると、生活用水・排水システムの近代化とは、生活用水・排水システムにおいて機能化、省力化が進んだ状態といえる。装置に注目すると、近代水道による衛生的・安定的な水供給と、下水道などの生活排水処理施設による排水排除と浄化が行なわれるようになることといえる。こうした水道、そして下水道などの生活排水処理施設は都市を成立させる装置であり（秋山1991、p. 33）、近代都市において整備すべき都市基盤設備として位置づけられてきた。

以上の定義を踏まえ、近代化によって従来型生活用水・排水システムに生じた変化について、さらに検討を加えて問題提起をしたい。人口増加を伴う近代化の中で、生活用水システムは安定化、効率化、労働の軽減を目指してきた。こうした近代的システムの構築には装置化が必要で、莫大な費用を要するため、個人や地縁的地域集団には負えなくなり、生活用水システムの社会化と装置化へとつながってきた。そして、結果的に水道事業による水供給という水の商品化へとつながってきた。こうした水の社会化の結果、生活用水の供給主体は水道事業者が中心となり、従来の生活用水・排水システムよりも広域的な存在である自治体へと移った。水道事業は水道法によって規定されており、生活用水は公的機関が主たる担い手となったといえる。その結

果として安定性、効率性がもたらされ、個人や地域社会による水の大量消費が可能になった。しかし、それは大量の排水発生へとつながり、生活排水システムの変容を引き起こして水質汚濁などの環境破壊を生じさせ、国による大規模な下水道建設の推進へとつながった。

　現在、生活の水は自然界から大規模に取水され、近代水道というブラックボックスの中で処理されて個人の手元に届いて利用される。そして、個人が排出した水は、下水道などの生活排水処理というブラックボックスの中へと消え、大規模な施設で処理されて自然界へと戻される。近代化のなかで進んだこうしたプロセスの結果、水は個人や地域の手を離れることとなった。そしてそれは、個人や地域の水についての知を喪失させることにもつながった。このようにして、生活用水・排水システムは、人々の生活の場や地域から離れた、意識されない場所で処理されるシステムへと変貌を遂げてきたのである。それは時間的・空間的都市化が進み、生活用水・排水システムが近代化された結果である（秋山1991、p. 33；嘉田2002、pp. 12-17）。すなわち、都市自体が近代化し、都市周辺の村落も都市化で近代化が進み、村落も近代化の影響を受けた。時間軸としての近代化の中で生活用水・排水システムが変化を遂げてきた一方、生活用水・排水システムは空間的にも近代化を遂げ、変容してきたと考えるのである。そのため、生活用水・排水システムの変容を読み解くにあたっては、地域の時空間を読み解く研究としての地理学の視点に意味が生じてくる。

　本書は、近代化の進展のなかで、地域性が際立って現われる都市域と村落域において生活用水・排水システムがいかに変貌したのかを、自然環境や地域社会のあり方に留意して、地理学的視点から時間的・空間的に明らかにする。研究対象地域には、都市域として、近代以降の著しい都市化で巨大な都市圏を形成してきた大阪大都市圏を取り上げる。村落域として、高度経済成長期以降になって生活用水・排水システムが急激に変貌した兵庫県但馬地方の、とくに氷ノ山・ハチ高原地域に位置する熊次地区を取り上げる。

　なお、筆者は近代化や都市の存在を否定するつもりはない。近代化は人が人らしくあることを追求してきた結果として生じていると思うし、都市はそれらの人間活動の結果として現われた有機体のような存在に思える。ただし、

人間活動が過大になり、人間自らの永続性を小さくしようとしていることも事実である。地域における生活用水・排水システムは、地域における人間活動の結果として変容してきた。生活用水・排水システムの永続性につながるような人間活動の制御が行なわれるようになれば、結果的に地域における人間活動の永続性へとつながっていくものと思われる。この研究が持つ意義をあらかじめ示すことを許されるならば、その点にあると考える。

文献
秋山道雄（1991）「琵琶湖・淀川水系の水質汚濁と市民生活」市政研究 98、pp. 28-37。
嘉田由紀子（2002）『環境社会学』岩波書店。
金子光美・河村清史・中島　淳編著（1998）『生活排水処理システム』技報堂出版。
寺尾晃洋（1989）「飲み水の政治経済学」上井久義・鉄川 精・小幡 斉・和田安彦・
　　寺尾晃洋『なにわの水』玄文社、pp. 183-240。
堀越正雄（1981）『井戸と水道の話』論創社。
森滝健一郎（1982）『現代日本の水資源問題』汐文社。

第Ⅰ部

生活用水・排水システムの展開

第1章　生活用水・排水システムの展開

1　はじめに

　本章では、近代までの生活用水・排水システムがいかに展開してきたかについて概観する。まず生活用水・排水システムに関する研究動向について研究対象の地域スケールごとに概観したうえで、本書の視点と基本構成を示す。そして、日本の自然環境と水の関わりについて、とくに第Ⅱ部、第Ⅲ部で主たる研究対象地域とする近畿地方を中心に概観する。その上で、近代化へむけての前段階として、前近代の日本における従来型生活用水・排水システムについて事例から明らかにしていく。そして、それが近代の変容にどのようにしてつながっていくのかについて検討し、第Ⅱ部、第Ⅲ部における議論への道筋をつけるものである。

2　生活用水・排水システムに関する研究動向

　生活用水・排水システムの展開に関係する研究については、秋山（1988）が「水利研究の課題と展望」と題した展望論文の中で、都市用水の需要構造の需給圏という節を設けて、1980年代半ばまでの生活用水の構造変化に関係する時空間的研究を概観している。また、秋山の整理を踏まえて伊藤（2006）が、「水－社会関係」の3類型としてすでに提起した、「地域資源としての水」、「経済財としての水」、「環境要素としての水」と、水の公共支配概念の双方から水資源研究を整理している。
　本書では、近代化の影響を受け、生活用水・排水システムが時間的・空間

的にいかに変容したのかを解明するとした意図に基づき、日本、圏域・都道府県・旧国、市町村、集落と、地域のスケールを小縮尺から大縮尺へと変え、スケールごとに研究を整理したい。この際、変容の要素としての自然環境と社会性との関係性の解明、都市域と村落域の地域性などに比重を置く研究に絞って振り返る。したがって、対象は生活用水・排水システムの全体に及ぶものではない。なお、スケールを変える意義は、これらが整理された後の、本章3節に示すものとする。

　まず、日本全体の生活用水・排水システムの展開を明らかにした研究として、肥田（1995）が挙げられる。日本全体における水道普及率・下水道普及率について可視化して提示した。これにより、生活用水・排水システムの近代化を空間的に示し、日本全体における地域性を明らかにしたうえで、それが持つ意味について論じている。肥田は、1965年度と1985年度の日本の市町村別水道普及率と公共下水道の普及状況を市町村別に明らかにした。その中で肥田は、1965年度には水道普及率が低い市町村が存在する一方、この間に水道普及率が全体的に上昇し、総じて高普及となったとしている。下水道については、1965年度はほとんど普及しておらず、1985年度には三大都市圏を中心に普及範囲が広がったものの、普及率は総じて低いとしている。そのなかで、日本の近代化の過程を基軸にして、取水方法・排水方法、取水源・排水先が、直接自然からなのか、あるいは施設などを通じた間接的なものなのかを基準にして時代区分を行ない、3類型を導き出した。そして、時代を経て類型段階が移るとともに、自然の保全意識が薄れていくことを指摘した。普及率の展開の議論の中では、取水と排水の形態の変化が水に関わる意識の変化に及ぶ問題を指摘し、生活用水についての装置化が人間の意識から水を遠ざけるとした。肥田の視点が自然の保全と人間の関わりを基礎に普及率の展開を把握しようとしていることがわかる。

　次に流域圏や都市圏、都道府県を対象地域とした研究を概観する。大都市域における水需要の増大と水道水源の確保について研究した例として、嘉田・小笠原編（1998）、伊藤（2006）、秋山（1986b）、原（1997）がある。

　嘉田・小笠原編（1998）は、琵琶湖・淀川水系の水を生活用水として利用している地域について、水道の敷設の要因と、同水系を水源として利用する

第 1 章　生活用水・排水システムの展開　19

ことになった要因を示した。そして、同水系に水源を依存すると思われる上水道・工業用水道事業に対するアンケート調査から、近畿地方中央部の生活用水システムが水源を琵琶湖・淀川水系へ依存を強めてきた状況を、空間的・時系列的に明らかにし、1895年から1992年のうちの6つの年代について対象地域の土地利用図を示し、年代ごとの都市化とその依存度を重ね合わせることができるようにして示した。近畿地方中央部では明治以降に著しい都市化が進み、現在では平野部のほとんどが都市化されたことを明らかにした上で、人口増加と都市域の拡大が生活用水の琵琶湖・淀川水系への依存度の増大につながり、空間的にも生活用水が同水系への依存を強めてきていることを明らかにした。そのうえで、琵琶湖を中心とした近江盆地の自然環境の存在意義をとらえ、近畿圏の都市化と琵琶湖のあり方に、今後の持続発展のモデルとなり得る地域づくりの提案を行ないたいとしている。本書との関連では、近畿地方において都市化の進展で生活用水システムが流域を越えて琵琶湖・淀川水系に水源を依存するようになってきたことを示した点は特筆すべきである。また、都市化の進展と琵琶湖・淀川水系に依存する市町村の分布を図化し、時系列的空間的に示した意義はきわめて大きい。なお、このなかで嘉田は、近畿圏、あるいは流域を、日本や世界の持続的発展のモデルとして位置づけたいとしており、嘉田・小笠原編も人と自然との関わりのあり方を視野に入れた研究と位置づけられよう。

　伊藤 (2006) は、木曽川水系を中心としたフィールドワークの成果を基に河川管理政策のあり方について検討した中で、木曽川流域の市町村の水道事業について、水道水源の木曽川への依存度の強化との関係から取り上げている。その中で伊藤は、高度経済成長期、増大した水需要に対して、木曽川流域の上水道は、木曽川表流水を中心に水源を確保したが、全ての水源がフルに活用された。その後、経済低成長期にダムが完成したことで、それを水源とする用水供給事業の水道水源としての比重が高まったが、用水供給事業の給水原価の高さから、水道事業のコスト増につながったことを明らかにしている。本書との関連では、木曽川水系を水源とする水道用水供給事業の発展で、生活用水システムの水源が流域を越えて確保される状態が強化されている点と、伊藤が安定した水利構造の形成のために、自然生態系の中で行なわ

れる水循環と人間社会の水利用における矛盾の生じさせないことが必要であるとした点である。伊藤の目指すところが、人と自然の適切な関係の構築にあることが読み取られる。

　秋山（1986b）は、都市圏の変動と水道事業の需給構造の関係性について検討するために、大阪府域を大阪大都市圏として研究を行なった。その中で秋山は、大阪市を中心とする10kmごとの圏域を設定して大阪府の市町村を分類し、1965年から83年にかけての上水道の需給構造について圏域ごとに変動を明らかにした。本書との関係という点では、上水道の諸指標を圏域ごとに示したことで、都市化が周辺部へと及ぶ都市圏の変動過程において、1965年には大阪市から周辺方向へと圏域の水道普及率や一人あたり平均給水量が次第に低下していく様や、次第に周辺部の市町村の水道事業の水需要が増大し、大阪府営水道への依存を強めていく様子が、データにより明らかにされている。そして、大阪府営水道への依存が大阪大都市圏の拡大の基盤となり、両者が不即不離の関係にあることを指摘している。

　また、これを踏まえて秋山（1991）は、淀川への依存を強めている水道事業におけるカビ臭問題から、原因としての琵琶湖における水質汚濁の進行について検討した。そこでは、装置としての水道と下水道の普及が市民と水との関係の非可視化につながったことを指摘し、琵琶湖のカビ臭問題などが生活主体による環境問題の構造把握につながるような仕組み作りの必要性を唱えた。また、流域を越えた社会的水需給圏を形成した水道用水供給事業による広域化が、琵琶湖の環境問題を流域外の関係市町村全体の問題へとつなげた点から、汚濁負荷の制御のための流域管理に社会的水需給圏を視野に入れる必要性や、都市用水の循環利用などによる都市装置の再編成の必要性を唱えている。本書との関連では、水道と下水道の普及がもたらした生活用水・排水システムの非可視化はブラックボックス化として捉えられるものであり、個人の生活過程と保全行動の距離を広げることにつながったとする点に注目したい。

　社会的水需給圏についての研究として、原（1997）による神奈川県の事例がある。都市化の進展により、水道と工業用水道の使用量が巨大都市を中心に増大したが、それを補うための送水によって用水の大規模な流域変更が行

なわれたことで取水先と排水先の水系が食い違うこととなった。神奈川県はその流域変更が著しく進められた県であるとし、排水量が増えた東京湾の環境への影響の懸念を指摘している。本書との関連では、都市化による生活用水需要の増大に対応した水道用水域の大規模な変更が、排水先の変更となって環境に大きな影響をもたらすことが明らかにされ、都市化と生活用水・排水システムと環境との関わりを考える上で重要な視座となる。

地方圏における研究例として、秋田県の水道普及率の地域性を明らかにした大山（1991）がある。大山は秋田県における水道普及率の地域特性を明らかにするために、簡易水道・専用水道・小規模水道を含めた水道普及率の推移を地図化して示し、秋田県の市町村を、水道・小規模水道の普及から類型化した。そのなかで大山は、上水道が敷設されていない村落地域において簡易水道・専用水道・小規模水道が水道普及を担っていることを指摘した。なお、大山は下水道普及率の低さに注目し、上水道の給水人口が伸び悩んだ1980年代以降も、水洗トイレの普及にともなって水需要が増大すると予測している。本書との関連では、地方圏のうち、下水道普及率の低い地域では下水道普及にともなう水需要が今後大きな役割を有するといえる。また、規模の小さい水道が村落域で果たしてきた役割について、詳細な検討を行なう必要性が見いだされた。

生活排水処理施設の普及を県域から捉えた研究として袴田（1997）がある。袴田は下水道普及に関する研究が少ない点を指摘し、水質改善の期待がなされながら、過大な費用などの点から進捗が遅れている下水道について、秋田県における市町村別の公共下水道、流域下水道の普及率の変遷を事例に、事系列的・空間的に明らかにした。その中で袴田は、秋田県の下水道普及過程における特性から、市町村が事業主体となる単独公共下水道より、県が事業主体となる流域下水道の普及の方が相対的に早く進む傾向があるとした。その要因として袴田は、流域下水道の事業主体が都道府県であり、市町村の経済的負担が相対的に小さいことを本文中で示している。また、効率性の点から、秋田県では人口が集中する日本海岸地域の整備が優先されてきたとしている。袴田が生活排水処理施設として研究対象を下水道に限っていることが示しているように、生活排水処理施設は所管官庁が複数におよぶことや、ト

イレ排水のみを浄化する浄化槽をどう位置づけるかなど、全体像の把握が容易ではない。袴田の研究の後、管見の限りで、こうした下水道などの生活排水処理施設の展開を空間的に取り上げた研究はほとんど見いだせない。袴田の指摘通り、今後も研究を進める必要がある。

次に市町村や島嶼を対象地域とした研究例を示す。

市町村の行政単位は必ずしも自然・社会環境の点でまとまりを有してはいないが、一定程度の面積や人口規模を有する場合が多いうえ、現代の生活用水・排水システムの行政における基礎単位となっている点から、本書においては重要な地域スケールとして位置づけられる。また、地域的単位として昭和中期の市町村合併で合併された旧市町村が市町村域内で機能し、現実に空間的把握が可能な場合もある。他方、行政単位と一致しない場合もあるが、島嶼も規模や自然・社会環境の点で市町村のような中程度のまとまりを有する地域スケールとして位置づけても差し支えないと考える。

笠原（1993）は京都市を事例に、上水道システムの整備において社会的要因がいかに影響を与え、上水道による取水・給水システムおよび給水空間が変化させられてきたかを検討した。そして、給水空間の拡大が当初は市町村合併に、後には宅地開発に影響されてきたことを指摘し、全国的にみられるように生活様式の変化や核家族化の進展を要因として一人あたりの給水量が増加したとしている。本書との関連においてとくに指摘しておきたいのは、水道が都市の拡大や都市化の基盤として重要な役割を担ってきた点であり、都市化と水道の普及を考えるうえで重要な示唆を与えるものである。

また、笠原（1988）は都市化が進む京阪奈丘陵に位置する3町における水道整備の過程を明らかにし、一つの浄水場が生活用水を供給する空間を「給水空間」と表現し、給水空間の変化および拡大が、人口の増加や生活様式の変化といった社会的要因によって引き起こされることを指摘している。そして、上水道が水道用水供給事業からの受水を増やしながら、簡易水道を統合して水道事業を拡張してきたことを明らかにしている。本書との関連でとくに注目したいのは、京阪奈丘陵は大規模な水源が得にくい地域であり、こうした急速な都市化が進展している地域において水道用水供給事業が大きな役割を果たしたことを明らかにしている点である。

上井・鉄川・小幡・和田・寺尾（1989）は、大阪と大阪を成立させた淀川との関わりを歴史学、生物学、水資源・環境論、政治経済学などから多面的にアプローチした。その中で寺尾は、水の持つ有限性などの特徴から水道が公営であることの意義を主張し、水道事業経営の仕組みについて概観した後、大阪市水道と大阪府営水道の展開を、経営面を中心に説明している。本書との関連では、水道事業が公営事業として行なわれるべきであるとしている点で、生活用水システムが装置化された現在の段階において、水が全ての住民に行き渡るようにするための主体を考えるうえで重要である。なお、寺尾はこの問題意識から水道私営化の流れに懸念を示していた（寺尾1989）。近年の日本での水道事業の一部委託などの動きや、世界各地から伝えられる私営の水道会社と住民とのトラブルの報道などについての議論に与える示唆は極めて大きい。

　この市町村相当の中程度のスケールで、従来型排水システムから下水道への変化について研究した事例として、吉田（1993）、季（1998）などがあり、農村地域の都市化による排水の増大を要因とした下水道敷設の過程が示されている。

　吉田は都市化が進んだ秋田市内の土地改良区の区域内を対象として、都市化地域における生活用水の処理形態と農業用水への影響をまとめ、当該地域における生活排水の処理形態を模式化した。吉田は、都市化が農業用排水路や河川にもたらす影響について地理学や水文学からの研究事例が少ないことを指摘し、農業用水の水質から、生活排水処理施設が未整備の状態で進展した都市化の影響で、農業用水路の水質汚染が進行している状況を明らかにした。本書との関連では、吉田が水質汚染源の把握のために、下水道以外の生活排水処理形態として各集落の浄化槽設置数を浄化槽の種類ごとに示して要因把握に努めている点であり、因果関係の蓋然的把握には有効と思われる。

　季は農村の持続性の見地から、地域主体的な公共事業の実施についての研究事例が少ないという問題意識に基づき、下水道普及率100％を達成したことで知られる岡山県の都市化が進む村を対象にして、地方公共団体と住民がいかにして下水道整備を進めてきたかについて詳細に明らかにした。本書との関連でとくに評価したいのは、季は自然・社会環境の特性が下水道整備に

影響を及ぼしたことを重視した点や、下水道や農業集落排水事業が組み合わされた当該村の生活排水処理施設整備について行政や住民からの聞き取りで明らかにしていることであり、方法論的にも優れたものであった。また、研究の意義に地域主体的な開発方法の導入により農村の永続性を目指すとした点も、本書に大きな示唆をもたらしている。

新見は水の乏しい瀬戸内の島嶼において研究を進めてきた。新見（1989）は、都道府県別の水道普及率、水道未普及率の分布図と、水道普及率の低い市あるいは町村の分布図を示したうえで、水道普及率の低い地域として水資源が豊富とはいえない岡山県の河谷に立地する山間地と水が乏しい瀬戸内の島嶼を事例を挙げた。そこでは、それぞれ地域内の水資源を最大限活用して生活用水を確保していることが明らかにされている。また新見（1984b）は、香川県の島々では、島間ばかりか同一の島の集落間においても取水形態が異なり、それが集落の地形的条件、水文的条件、社会経済的条件の差異を反映して生じたとしている。そして、自己水源利用の経済性や水道水の不安定性、自己水源の便利さやおいしさから、水道敷設後も家庭レベルで自己水源を放棄することなく併用する意向が強いことを示し、島嶼の生活用水システムが意識にもたらした影響について論究した。

笠原（1983）は、急傾斜地で厳しい水利条件を有する淡路島南部を取りあげ、集団による取水の場合、取水形態が地形的要因の他に社会的要因に大きく影響されることや、産業構造の変化により取水形態に変化が生じ、それも点から面への拡大、水利集団の再編成と単純化に至ったことを示した。

新見や笠原が示した事例は、水資源の限られた島や河谷における傾斜地をともなう小規模集落を含む事例という点で共通し、このような条件にある集落や地域における生活用水システムが極めて多面的な展開を示すことが明らかにされている点である。このことは、本書の考察において、大きな示唆を与えるものである。

集落スケールの研究について整理したい。集落は人間の定住における基礎的単位である。

集落と生活用水に関する研究としてまず挙げられるのが、人間の定住と生活用水との関わりについて論じた集落地理学研究の矢嶋仁吉である。矢嶋仁

吉は武蔵野台地における新田開発の開拓過程の研究において、集落における生活用水のあり方から、集落の立地条件と飲料水の確保の関係性に注目した研究を行なった（矢嶋仁吉 1954）。そして、人は飲料水を求めて住み着き、そこに集落が形成されるとした（矢嶋仁吉 1956）。人間の定住によって出現した集落と生活用水との関わりの重要性を示した意義は大きい。

　鈴木（1991）は秋田県千畑町の湧泉の利用について調査し、生活用水源の「蛇口化」、すなわち簡易水道やホームポンプの普及により水源が変化していく様子について具体的な用途別にまとめ、湧泉が生活補助用水としてのみ使われるようになったとしている。また、当該地域では、蛇口化の進行により湧水への関心が薄れ、かつての排水システムが崩壊し、用水路が排水路へと変化した状況を報告している。

　大山（1992）は秋田県鹿角市花輪地区の生活用水の利用体系の変遷を調査し、従来の生活用水利用の地域的差異に注目しながら時期的差異による生活用水利用の変化をまとめている。その中で、共同的利用体系の個別的利用体系への変化、従来の排水体系の変化（直接排水）、上水道敷設後の電動ポンプによる井戸利用の継続を指摘している。ただし、従来の生活用水利用から上水道のみの利用に切り替える世帯が増えてきているとも述べている。

　こうした集落の研究について、本書との関連では、集落は生活の場そのものであり、生活用水・排水システムの変化をもたらす要因や、変化による影響も、住民には目に見えて明らかである。こうした集落の研究事例から、集落スケールでの研究に、地域性を引き起こす住民一人一人の行動の本質をみることが可能と考える。鈴木と大山による生活用水と生活排水の関係性についての指摘は重要である。

　以上のように、地域スケールごとに生活用水・排水システムに関する研究を概観したが、初期の研究は都市化の進展や高度経済成長による生活用水使用量の増大や、それにともなう生活排水量の増大、都市域の拡大による給水空間の拡大の描写に比重が置かれていた。その後、生活用水と排水の双方を視点に入れる研究へと視座が移り、それらの関係性について、異なる地域スケールでの研究が進められてきているといえる。

　水需要の発生に対して他の集落や本土などから導水することが困難な島嶼

の状況を把握した新見は、都市の水問題について水源と需要地が隔絶されつつある事実から、都市の水問題における離島性を指摘した。しかし、都市の生活用水の利用と節水型の離島の生活用水の利用には大きな差異が認められるともしている（新見 1985b, p. 152）。新見が指摘した都市と離島との違いを意識し、こうした都市や都市化地域を擁する都市圏域の生活用水・排水システムに関係する研究を俯瞰していえることは、都市はその膨張のために可能な限り水源を確保し、都市を成立させようとする存在ということである。それを可能にさせ、都市が無秩序に膨張していくことを認めるような水資源開発の問題性も指摘されている（森滝 1982；森瀧 2003；伊藤 2006 など）。村落域の近代化の進展と生活用水・排水システムとの関係性の把握においても、この点は重要であろう。都市域と村落域における近代化によって生じた水需要への対応を検討する際の視座の一つとしたい。また、生活用水・排水システムと個人という点では、そうした無秩序な水資源開発の結果として生じた都市化の果てに、秋山（1991）や肥田（1995）が懸念した、生活用水・排水の施設化にともなう水利用過程の非可視化、つまりブラックボックス化が生じたという事実の問題性がここでも浮かび上がってくる。

　ところで、従来型生活用水・排水システムについては、現代の都市や村落の生活用水・排水システムの前段階としても研究が進んでいる。また、地域史においても研究が進み（伊丹市立博物館編 1989、下水文化研究会編 1989 など）、市町村史誌においても生活用水・排水システムについての記載が増えてきており、かつての多様性のあるシステムが示されている場合が多い。こうした流れを作った研究として、鳥越・嘉田編（1984）や嘉田（2002）らの研究の系譜を位置づけたい。環境民俗学、あるいは環境社会学の立場を唱え、地に根ざしたフィールドワークに基づく鳥越・嘉田編などにおける地域研究の姿勢は、地理学的視点や手法の有用性と可能性を再確認させるものでもあった。

　橋本（1992）は、地理学の枠組みにおける地域研究としての地誌学の重要性を認めつつ、その分析枠組みの曖昧さから、従来の地誌学が個別地域の記述や地域個性・特殊性の追求に終始してきたと批判したが、細分化された人文地理学の総合化のためにも地誌学的思考の有効性を指摘した。その上で、

自ら唱えた場の文化論が地誌学の有効性を確立しようとする流れに与するものであるとし、場の文化論に基づく検討がある種の普遍性への接近の可能性を有するとしている[1]。河野（1988）は、多階層的な空間構造を有する現代社会の地域を捉えるために、関連する諸要素を浮き彫りにし、重点とすべき問題となる事項と諸要素との関係を解明していく作業を行なったうえで、人間生活をより豊かにするための施策を指摘してゆくという役割を、地理学、とくに地誌学が担えることを示している。

そこで、地域研究の学としての地理学が、水を軸とすることでさらに広がりを持つことができる研究領域であることをここで強く主張したい。そして、一貫して特定の地域へのこだわりを持ち、水利用を取り上げてきた地理学[2]からの研究として、秋山による滋賀県や琵琶湖・淀川水系を扱った研究（秋山 1986b・1990a・1990b・1991・1993 など；琵琶湖流域研究会編 2003 など）、伊藤による木曽川流域における研究（伊藤 2006 など）、笠原による近畿地方の都市化・産業化進展地域における水のあり方に関する研究（笠原 1978、笠原 1988、笠原 1993）、新見による瀬戸内地域での研究（新見 1984a・1984b・1985a・1985b・1989；新見・丹羽 1992 など）、肥田（1990）や肥田編（1995）による秋田県における研究[3]、吉越による猪苗代湖をめぐる研究（吉越 1980・1981・1982）を代表的な例として挙げておきたい。

3　本書の視点と基本構成

本書は近代化による生活用水・排水システムの時間的・空間的展開を明らかにしようとしている。その際、近代化の過程で生活の場としてとくに地域性が際立って現われるものと考えられる都市域と村落域を研究対象地域とし、地域の自然環境と人間社会との関わりのなかで、生活用水・排水システムがいかに展開してきたかを、地域の学としての地理学的視点から時間的・空間的に論じるものである。そして、すでに述べた通り、大阪大都市圏、兵庫県北部但馬地方を研究対象地域とする。

本書の序論に記したように、生活用水・排水システムの本来の当事者は一人一人の人間である。地域研究としての本書の位置づけを実現するためにも、

フィールドワークを中心とした調査に基づき、地域の人間一人一人が生きている様が見えてくるような研究を目指す。そのため、本書においてはとくに大縮尺での地域をフィールドワークにおける論証の場として位置づけることにより、全体として実証的研究となることを目指す。そこで、研究手法としては、広域からより狭い地域へと対象地域を変え、一人一人の人間の生活が見える場所まで地域スケールを拡大して、すなわち生活用水・排水システムのスケールを大きくすることで、問題点を浮かび上がらせて把握しようとするものとする[4]。その際、前節で概観して見いだした近年の研究の流れにしたがい、生活用水・排水システムの関係性についての解明へと視点を広げることが肝要となろう。

　本書の研究課題の最も重要な媒介はいうまでもなく水である。そして、本書では都市域と村落域という、地域性の違いが明確に表われやすい地域設定を行なっている。そこで、河野（1998）が指摘したもっとも重点とするべき事項を水、ことに生活用水・排水システムとし、このことと諸要素の関係性を紡いでいく作業を、人間生活の場としての地域のスケールを小縮尺から大縮尺へと次第に展開させていくことで、より動的な地域の描写になることが期待され、橋本が懸念した地域個性の記述に終始するような地域研究となることを回避できるものと考える。そして、本書が地域における生活用水・排水システムの変容の脈絡について、生活の場としての地域における自然環境と人間社会との関わりから明らかにしようとした地域研究の一つとして位置づけられることを目指すものである。

　本書の基本構成について、地域設定とともに示したい。

　第Ⅰ部は、近代までの生活用水・排水システムがいかに展開してきたかについて概観する。第1章では、まず生活用水・排水システムに関する研究動向について研究対象の地域スケールごとに概観したうえで、本書の視点と基本構成を示す。それを受けて、日本の自然環境と水との関わりについて、とくに第Ⅱ部、第Ⅲ部で主たる研究対象地域とする近畿地方を中心に概観する。そして、近代化へむけての前段階として、前近代の日本における従来型生活用水・排水システムについて概略したのち、それが近代の変容にどのようにつながっていくのかを俯瞰する。

第Ⅱ部は都市圏に注目し、大阪大都市圏を対象とした研究を進める。大阪大都市圏は、近代日本において最も顕著に都市化が進展した地域の一つであり、両大戦間、そして第二次世界大戦後も引き続いて都市化が進んだ地域である。近代化の途中と高度経済成長期の都市圏の膨張期に、生活用水・排水システムにおいてさまざまな問題が発生した地域でもあり、都市域における生活用水・排水システムの研究対象地域としてふさわしい要件を備えている。
　第2章は、大阪大都市圏について、著しい人口増加を示して水道の普及が進んだ第二次世界大戦後について、水道の敷設過程を把握することで、都市圏拡大と圏域における生活用水システムの変化の傾向との関連性を探り、都市化と生活用水システムの関係性について明らかにしようとするものである。第3章は、大阪大都市圏のうち、近代の淀川両岸地域に注目する。近代化の進展で大阪市を中心とした都市圏が形成されつつあるなかで、自然環境も都市化の展開も異なる右岸と左岸における生活用水・排水システムの展開を対比的に取り上げることで、この時代の都市化の特性と生活用水・排水システムの展開の間にみられる関係性について明らかにしようとするものである。
　第4章は、大阪大都市圏の衛星都市で、淀川両岸地域に含まれる大阪府茨木市の水道事業に注目し、第二次世界大戦前に敷設された水道事業が、戦後の急激な都市化にどのように対応して、生活用水供給を担ってきたのかを明らかにする。第5章は、大阪市を中心とした人口の郊外化により、第二次世界大戦後に急激な人口増加が進み、猪名川流域における水源開発にも水道水源を求めた、兵庫県宝塚市の水道事業の展開と水源対策の具体的な施策を明らかにし、人口急増地域における水道整備のあり方について考察する。第6章は、大阪大都市圏のうち、著しい都市化が進展した第二次世界大戦後の猪名川流域の市町について、都市化の段階に応じて地域区分したうえで、各地域における水道を中心とした生活用水システムの変化について概観したのち、家庭における生活用水システムの展開について、従来型生活用水システムと水質に関する意識の違いに注目して、地域性を明らかにする。第7章では、猪名川流域に位置し、宝塚市と同様に第二次世界大戦後に著しく人口が増加した兵庫県川西市における都市化進行地域と非都市化地域に位置する2集落での聞き取り調査を元に、現在都市化に直面している地域が、生活用水シス

テムにおいていかなる対応を迫られているのかについて、定性的な把握によって浮かび上がらせる。

　第Ⅲ部では、村落域として但馬地方を取り上げる。兵庫県北部の但馬地方は、第二次世界大戦後の急速な大都市圏域の発展の陰で過疎化が進んだ地域の一つである。とくに取り上げる氷ノ山・鉢伏高原が位置する熊次地区は、第二次世界大戦後の日本各地で起きた「簡易水道ブーム」が発生した地域の一つである一方、高度経済成長期以降にスキー観光開発により著しい変貌を遂げた地域でもある。都市域と村落域における生活用水・排水システムの変容の要因を検討するために、十分な要件を備えていると考える。第8章では、研究事例が少ない山間地域における水道の普及状況を知るべく、兵庫県を事例として、統計から小規模な水道も含めた普及の推移について検討する。これにより、とくに但馬地方では厚生省の簡易水道への補助金制度の開始以後、小規模水道の普及が急激に進み、小規模水道の役割が大きくなったことを示す。第9章では、但馬地方の中国山地東端に位置し、過疎化の進むスキー観光地域である兵庫県旧養父郡関宮町（現在の養父市関宮地域局管内）の熊次地区における集落ごとの生活用水・排水システムの変容過程と、それに影響を及ぼした要因を明らかにする。第10章では、熊次地区に暮らす夫婦の生活史から、小規模水道施設の展開の実際や、スキー観光地域化による生活の変化が夫婦の住む集落の生活用水・排水システムにもたらした影響について明らかにする。

4　日本の自然環境と水

4.1　日本の地形・気候と水

　日本は環太平洋造山帯に位置し、おもに隆起した海洋プレートの付加体と、火山噴出物からなる山がちで南北に長い弧状列島である。そして、その列島を脊梁山脈が貫き、山がちな地形となっている。
　日本付近では、寒帯前線帯が、初夏には北上、晩秋には南下し、通過時に大量の降水をもたらす。夏の終わりから秋にかけては熱帯気団の中で発生し

た熱帯性低気圧が日本付近に到来し、やはり大量の降水をもたらす。冬にはシベリア気団の影響を受けて北西季節風が卓越し、風上側となる日本海側や山間部を中心に降水が見られる。脊梁山脈の風下側となる瀬戸内や太平洋側は冬には降水量が少ないものの、温帯低気圧が日本付近を通過する際に降水が見られる（中村・木村・内嶋 1996；阪口・高橋・大森 1995）。

　こうした自然環境から、日本列島は概して湿潤な気候となっているものの、山がちな地形のために河川の流出率が世界平均と比べて高い。また降水パターンには季節性と地域性があり、水資源には地域的・季節的な偏りが生じている（山崎 1981；畠中 1996）。

4.2　近畿地方の地形・気候と水

　本書では、第Ⅱ部で近畿地方中央部を、第Ⅲ部で近畿地方北部を対象地域として取り上げる。そのため、ここで近畿地方の地形と気候、水文環境について概略しておきたい。

　近畿地方南部は紀伊山地が占めている。夏季に降水の大部分が集中する太平洋側の気候で、大量の降水が急峻な山地を下刻して深い谷を形成し、平野が少ない。近畿地方北部は中国山地の東端から丹波高地が連なり、概して山がちな地形である。冬季には積雪し、夏季にも梅雨前線や台風の接近に伴って降水するという、日本海側の降水パターンが卓越する。これらの山地から由良川・円山川などが流出し、流域には盆地や谷底平野が分布している。近畿地方中部は、年間を通じて降水量が少ない瀬戸内気候が占める。六甲変動によって形成された短い山地と盆地が分布する。琵琶湖を擁する近江盆地を含むこれらの盆地に集まった水が河川となって流出し、京都盆地で合流して淀川となり、いくつもの中小河川を合流させながら大阪平野北部の沖積低地帯を流れ、大阪湾へと注ぐ。この流域は琵琶湖・淀川流域とよばれる（大場・藤田・鎮西編 1995；日本水環境学会編 2000）。

　榧根（1972）を引用した新見によれば、瀬戸内地域を除く日本は、一年中水不足が生じない水過剰地域に区分されるという。また、関口・吉野（1953）からの引用によれば、流域別に降水量から蒸発散量を差し引いた値

である過剰水分量から、5地域を見いだしたという。そのうち、近畿地方では、北部が裏日本・東北・北海道式で、積雪地帯であって冬に過剰水分量が最大になるとしている。また、近畿地方南部は南海式で、台風期に最大となるとしている。近畿地方中央部は瀬戸内・畿内式で、7・8月に最小で過剰水分量ゼロも出現する地域として区分されている。近畿地方の中央部を占める琵琶湖・淀川水系は、流域の年間降水量が多くはないものの、日本最大の湖沼である琵琶湖を擁しているうえに、流域面積が広く流域内に多様な気候帯が分布し、それらの気候帯の雨量が平均化されるため安定的な流出を示している（建設省近畿地方建設局編 1974；阪口・高橋・大森 1995；新見 1987；日本水環境学会編 2000）。

5　生活用水・排水システムの近代化へ

　人は飲料水を求めて住み着き、そこに集落が形成される。集落立地には水が大きく関連する（矢嶋仁吉 1956）。多くの集落は川水や湧水の利用できる場所に立地するが、それらに乏しい集落では、天水の貯水、井戸の掘削、水路による導水、旧水道などにより水を得ていたと考えられる（日本水道史編纂委員会編 1967）。湧水があったり、河川水が質・量とも良好な地域では、それらに生活用水を依存していたと考えられるが、湧水がなく、河川水の質・量のいずれか、もしくは双方ともに良好とはいいがたい場合、必要量を最も容易に得るべく、地域の水事情に応じてさまざまな工夫が凝らされる。その結果、生活用水利用形態に多様性が生じたと考えられる。そして、その違いは都市域と村落域とにおいて異なる展開を示していた。

5.1　前近代の都市域における生活用水・排水システム

　飛鳥時代の飛鳥では、井戸や排水路の跡が発掘されている。扇状地上に建設された平安京は、京域のあちこちに池沼があり、そもそも地下水が豊富な地であった。飲料水にはおもに井戸水が用いられていたと考えられている。排水は、道路両側の溝に排出されていたが、京域南部の標高が低い地域では、

溝の水は汚れ、汚物がつまり、時として道路にあふれ出ることがあった（吉越1987）。古代都市においても、生活用水の確保と排水の排除は重要な問題であったと思われる。

遠隔地から飲用可能な生活用水を導水した旧水道は、1590年の江戸神田水道が最初といわれている。比較的規模が大きい近世都市では、水を遠隔地から供給する必要に迫られた。諸藩の城下町でも次々と旧水道が建設され、灌漑兼用や官公専用のものも含めるとその数は40あまりもあったとされる。明治維新後もこれらの旧城下町では、引き続き旧水道の利用がみられた場合が多い。なお、旧水道の多くは灌漑用水と兼用で建設されたり、灌漑水路から分水してつくられたものが多く、厳密に灌漑水路と区分することが難しい（堀越1981）。

旧水道が導入されていない都市においても、近代水道が導入されるまでの生活用水システムには、地域の水事情に応じてさまざまなものが存在した。旧水道がない都市は、水量、水質の両面で需要をまかなうのに十分な取水源を有していたために、旧水道を建設する必要がなかったと考えられる。例えば、上述のように豊富な地下水が存在する京都では、生活用水を井戸に求めていた（システム科学研究所1984；笠原1993）。また、秋田の町人町では水質水量とも良好な川が生活用水として利用され、藩や町内によって組織的に管理されていたことが報告されている（大山1990）。台地上にある伊丹では豊富な地下水を深井戸により利用しており、共同井戸の利用を単位とする「呑合」といった組織が存在し、井戸の管理のみならず、相互扶助組織として機能していた（伊丹市立博物館編1989）。大坂は水質的には地下水には恵まれないものの、淀川や街中を流れていた堀川の豊富な水量により、生活用水には事欠かなかった（渡邊1993）。なお、水質の悪化に対応して、清浄な水を汲み上げて売り歩く水屋が、大坂のほか、開港後の横浜、新潟、堺、岡山、広島、博多、その他多くの都市でみられたという（堀越1981）。

また、生活用水において用水路の利用も各都市でみられるが、雑用水的利用を中心としているものが多く、一般的に飲料水には井戸を利用していたようである（渡部1984）。

少なくとも近世の都市域では、屎尿は近郷農民が買い取り肥料としていた

が、それ以外の排水は排水路（溝渠）によって河川に流していた。たとえば大坂の城下町では太閤下水といわれる排水路が整備されていたほか、江戸でも城下町創建時に町割をした後に排水網の整備が行なわれた（日本下水道協会下水道史編さん委員会編 1986；伊丹市立博物館 1989）。

　こうした従来からの生活用水・排水システムが、近代化にさらされるまでおおむね安定して成立し得たのは、それまでのシステムがある程度の持続性を有する装置によって構築されていたことと、近代以降の都市と比べて人口規模が格段に小さかったため、過大な負荷がかからなかったからであろう。しかし、近世末期に鎖国政策が瓦解し、欧米人との接触が増えるにしたがって近代的な水利用が普及していき、それまでの生活用水・排水システムが成立できない状況となり、システムは変容を余儀なくされるのである。

5.2　前近代の村落域における生活用水・排水システム

　前近代の村落地域ではどういった生活用水・排水システムが見られたのだろうか。扇状地扇端に位置する秋田県六郷町では、近世中期において、通りに面していた家は灌漑用水路の水を屋内に引き入れて生活用水として利用し、水路から離れた家は汲み運び、大家では井戸を利用していたことが推測されている。屋内に用水路水を引き込んだ洗い場を入水屋といい、生活用水源として利用していた。また明治期には、大家は内井戸を、一般には共同井戸を利用していたとされているが、少なからず入水屋は利用されていたようである（肥田 1990）。滋賀県のマキノ町のある集落では、小河川に個人でカバタという洗い場を持ち、井戸とともに生活用水源として利用していた。個人のカバタをもたない世帯でも共同のカバタを利用していた（古川 1984）。

　河岸段丘上のように水が得にくい所や、三角州にあって良質な地下水を得ることができない地域でも、生活用水を灌漑用水に求めることもあった（渡辺 1951、近藤 1955）。しかし、三角州でも、天井川となっている地域で地下水に恵まれた所では、地下水の自然条件に応じていくつかの取水形態が存在することが報告されている（水津 1953）。

　大阪府能勢地方では、地質的に掘りぬき井戸が利用しにくいため、ガマと

いう横井戸を、灌漑用水のみならず生活用水として利用していることが報告されている。この場合、横井戸を個人で所有する場合もあれば、数戸で共有する場合もある（鳥越 1958）。

このように、かつての生活用水システムは、地域の自然条件や社会条件に応じて多様な形態がみられた。

次に村落域における排水の処理についてみてみたい。関東の多摩川流域では、地域的な差異はあるものの、かつて風呂や台所の排水は溜めに入れ、畑に撒いたり堆肥に掛けたりして完全に利用していた。その後、水と肥料の確保の難易によって上流ではこれらの形態が最近まで残り、下流ほど早く崩れていったと推測されている（稲場 1989）。また、伊丹市立博物館（1989）も村落地域の排水処理について同様の事実を述べている。なお、下水や屎尿が貴重な肥料として考えられるようになったのは江戸時代初期のことであると指摘されている。

こうした村落域における従来からの生活用水・排水システムによる形態は、基本的には近代以降も続いていく。

5.3 都市域における生活用水・排水システムの近代化へ

東京、横浜、大阪、神戸といった大都市では、とくにコレラなどの伝染病対策と防火の観点から明治期に近代水道が整備され、その動きは地方都市にも及んだ。明治維新後、横浜では1873（明治6）年に民間人が木樋による水道を設置し、後に神奈川県に移管されて給水を行なっていた。しかし、破損・漏水が著しく、給水能力も不足していた。コレラの大流行に際しては、居留外国人や領事などから、防疫対策として、近代水道の敷設が望まれていた（日本水道史編纂委員会編 1967）。1887年の横浜水道完成以降、三府五港や大都市部に防疫を目的として近代水道が敷設された。

1888年に水道施設敷設に対する国庫補助制度が創設され、最初の補助金が函館水道に交付された。当初は三府五港が対象で、補助率は3分の1であったが、その後補助率4分の1という条件で対象が拡大された。1890年には、近代水道の普及を図って飲料水に起因する伝染病を防止することを目的とし

た法律「水道条例」が公布された。大正期から昭和期にかけては都市人口が急激に増大したため、保健衛生対策と防火対策の点から、政府は大都市郊外の市町村や地方都市にも水道整備が必要と考えるようになった。

水道の建設には莫大な費用を要するため、水道条例で定められた水道の市町村営主義の原則のもと、十分な財源がなかった大都市の周辺地域や村落地域では整備が進まなかった。これに対して、水道の経営を条件付きで私企業に認め、さらに住宅団地などを経営する主体に民営水道敷設を促すために、水道の民営を可能とする水道条例の改正が1911年に行なわれた。これを受けて、東京・大阪の周辺で民営水道設立の出願がなされ、東京を中心にいくつかの民営水道が設立されたが、実質的に市町村営主義の方針は変わらなかったとされる。しかし、なお伝染病の流行がおさまらない状況に、政府はそれまで巨大都市や港湾、軍事上の要所に限っていた水道敷設における国庫補助対象を、1921（大正10）年度から大市区に接続する町村へも広げ、敷設を推進した。これにより、第二次世界大戦前において水道は、都市とその周辺地域を中心に、市町村営を原則として普及したのである（寺尾1981；日本水道史編纂委員会編1967）。また、この時期に国の措置に応じて府県でも補助を行なうところが現われた。その補助率は、国庫補助を受けたものに対しては8分の1程度、それ以外は若干高めというものであったとされる（「近代水道百年の歩み」編集委員会1987）。

都市における下水道建設も伝染病予防の重要な対策として政府に位置づけられた。近代以降の都市における下水排除については、明治初期に神戸と横浜に暗渠下水路が設置されたが、外国人居留地のためのものであった。その後、東京と横浜で下水排除のための覆蓋溝渠や暗渠下水管が設置された。1883（明治16）年にはコレラなどの伝染病対策として、政府の指令により東京・神田に下水路が整備されたが、いずれも狭い地域に限定されたものであった。

1900年に旧下水道法が制定され、下水道建設は雨水と汚水を排除することで都市の清潔を保つことが目的と規定された。水道と異なって下水道は事業収入がないとされていたことと、多額の建設費を必要とすることもあって、水道に比べて建設の歩みは遅かった。日露戦争から第一次世界大戦期にかけ

ての工業化と人口集中で、大都市域では生活環境が著しく悪化し、コレラやペストが流行していた。その後、全国の重要港湾都市や大都市で下水道が計画され、一部が建設された。1919（大正8）年には都市環境整備を受益者負担で実施することを定めた都市計画法が制定され、下水道も都市計画事業として受益者負担で実施されるようになった。昭和期に入ると、都市計画と失業対策事業としての側面から下水道建設が進んだが、水道と比較して、下水道が整備されたのは地方の中心的都市やごく一部の大都市周辺町村に限られていて少なく、都市施設としては一般的なものとはいえなかった（日本下水道協会下水道史編さん委員会編1986）。

　屎尿については、大都市への人口集中や化学肥料の普及、農村人口の減少などによって肥料利用が追いつかなくなり、大正中期の都市域では屎尿があふれ出す状態となった。この時期以降、屎尿も下水道で受け入れて処理を行なうことが開始されたが、それは下水道が建設された大都市に限られた（日本下水道協会下水道史編さん委員会編1986）。

　振り返ると、都市域における生活用水・排水システムの全面的な近代化は、近代性が凝縮された大都市に限られたものであったといえるが、都市を成立させるための諸制度の制定で、大都市以外の都市においても生活用水・排水システムの近代化が進むようになったといえる。

5.4　村落域における生活用水・排水システムの近代化への胎動

　村落域においては、明治・大正期を通じて生活用水・排水システムに大きな変化はなく、従来型生活用水・排水システムにより生活用水が供給され、排出されていた。しかし、日本社会の急速な近代化のなかで、村落域の生活用水システムにも制度面から変化の胎動が起きていた。

　1910年代には濾過施設を伴わない簡便な水道施設が「簡易水道」として村落域に建設されるようになっていた。しかし、これらの小規模な水道は管理が不十分なものがあったほか、水道条例に基づく手続きが煩雑であったこともあり、府県ごとに扱いがまちまちであった。そこで、これらの水道に対する指導強化のために、1921年には水道条例の改正と内務省令を発令し、計画

給水人口1万人未満の水道が道府県で取り扱われることとなったが、取り扱い方は曖昧な状態が続いた（「近代水道百年の歩み」編集委員会編 1987、日本水道史編纂委員会編 1967、山村 1990）。表 1.1 をみての通り、全国的に 1950 年までは簡易水道の施設数は大きくはのびず、普及率も低かった。このような規模の小さな水道に対する補助は政府によっては行なわれていなかったが、第二次世界大戦前、県レベルで、非都市地域の小規模水道の敷設に対する補助措置がなされていたようである[5]。こうした制度が適用されるに至った経緯は詳らかにされてはいないが、近代の都市域を中心に行なわれた社会改良の動きのなかで、少なくとも大正期の村落域で生活用水システムの近代化の胎動が起き始めていたと解せられよう。

しかし、この時期、生活排水システムの近代化は村落域ではほとんど進んでいなかった。その要因として、比較的人口規模が小さいうえに、一般に排水の農業利用が行なわれていて生活排水による水質汚濁が深刻なものではなかったことが考えられる。人口規模の小さい村落域において、一般に公共下水道などの集合型生活排水処理施設の整備が進められるようになるのは、第二次世界大戦後、高度経済成長期を経て、都市域における集合型生活排水処理施設の整備が一段落してからのことである。

6　おわりに

本来的に日本は降水量に恵まれた国で、現在に比べて人口規模が小さかった近代より以前では、従来型生活用水・排水システムが安定的に成立していた。都市域においても、都市の規模が小さく、人間活動も現在ほど活発ではないうえに、持続性が高くて環境負荷が小さいものであったため、従来型生活用水・排水システムによる生活用水供給と生活排水の排出がなされていた。

しかし、近代以降の大都市を中心とした人口の集中と、工業生産を中心とした人間活動の活発化にともなって、都市域では大量の水が消費され、排出されるようになった。それにより、まず大都市から従来型生活用水・排水システムが成り立たなくなり、新たな生活用水・排水システムの構築が必要となった。とくにそれは、開港された港湾都市のほか、近代に急激に都市が膨

第1章　生活用水・排水システムの展開　39

表1.1　日本における水道普及

年度	上水道 給水人口	上水道 普及率	上水道 施設数	簡易水道 給水人口	簡易水道 普及率	簡易水道 施設数	専用水道 給水人口	専用水道 普及率	専用水道 施設数	用水系 施設数	水道全体 給水人口	水道全体 普及率	水道全体 施設数	総人口
1890	193,250	0.5	4						—		193,700	0.5	5	39,902,000
1895	803,200	1.9	5								803,700	1.9	7	41,557,000
1900	1,017,350	2.3	7						1		1,017,800	2.3	10	43,847,000
1905	1,699,350	3.6	9	450	0.0	1			2		1,705,495	3.7	21	46,620,000
1910	2,131,322	4.3	20	450	0.0	1			6		2,143,807	4.4	45	49,184,000
1915	7,191,822	13.6	38	6,145	0.0	6			16		7,212,677	13.7	95	52,752,000
1920	9,758,822	17.6	51	12,485	0.0	9			41		9,801,998	17.7	160	55,391,000
1925	12,255,932	20.7	106	20,855	0.1	16			75		12,365,080	20.9	324	59,179,000
1930	14,976,055	23.4	198	43,176	0.1	34			101		15,233,980	23.9	700	63,872,000
1935	19,969,896	29.1	277	109,148	0.2	117			174		20,341,605	29.6	1,018	68,662,000
1940	24,150,243	33.6	339	257,925	0.4	328			278		24,594,209	34.2	1,314	71,933,000
1945	25,110,493	34.8	357	371,709	0.5	463			428		25,578,418	35.4	1,473	72,200,000
1950	26,087,184	31.4	383	443,966	0.6	547			545		26,700,925	32.1	1,878	83,199,637
1955	28,609,009	32.0	485	613,741	0.7	571			739		32,004,769	35.8	5,092	89,275,529
1960	40,024,706	42.8	1,051	3,395,760	3.8	756			1,154		49,914,693	53.4	15,020	93,418,422
1965	56,421,748	57.4	1,416	7,271,307	7.8	3,453	2,618,680	2.8	2,692	15	68,241,781	69.4	18,845	98,274,961
1970	72,361,443	69.8	1,662	9,277,373	9.4	11,277	2,542,660	2.6	3,283	35	83,753,994	80.8	19,364	103,720,060
1975	88,065,208	78.7	1,828	9,118,507	8.8	14,131	2,274,044	2.2	3,646	71	98,397,110	87.9	19,039	111,939,643
1980	97,620,403	83.4	1,896	8,646,044	7.7	14,021	1,685,858	1.5	3,921	85	106,913,592	91.3	18,257	117,060,396
1985	102,968,839	85.1	1,924	8,180,528	7.0	13,219	1,112,661	1.0	4,128	96	111,834,278	92.4	17,619	121,048,923
1990	108,885,117	88.1	1,964	7,908,125	6.5	12,148	957,314	0.8	4,159	105	116,961,898	94.6	16,892	123,611,167
1995	112,495,658	89.6	1,952	7,268,566	5.9	11,440	808,215	0.7	4,277	110	120,095,584	95.6	15,980	125,570,246
2000	115,533,159	90.6	1,958	6,907,965	5.5	10,546	691,961	0.6	4,090	111	122,559,863	96.6	14,802	126,901,421
2005	117,788,179	92.2	1,602	6,434,174	5.1	9,828	592,530	0.5	3,754	102	124,121,698	97.2	17,109	127,708,957
2010	119,505,026	93.4	1,443	5,788,385	4.5	8,979	545,134	0.4	7,611	98	124,817,005	97.5	16,178	128,000,160
				4,877,759	3.8	7,794	434,220	0.3	7,950					

資料　1960年度までは日本水道史編纂委員会（1967），1990年度は厚生省水道環境部水道整備課・日本水道協会水道統計編纂専門委員会（1992），1995～2005年度は『水道統計』，2010年度は厚生労働省ホームページ，それ以外の年度は「近代水道百年の歩み」編集委員会（1987）。各年度末現在の人口を示す。
注1　表中の一印は該当なし，空欄は不明を示す。注2　表中の※印は水道用水供給事業を示す。注3　1955年度までは計画給水人口を，1960年度以降は給水人口を示している。

張した東京と大阪において顕著なものであった。以下、第Ⅱ部では大阪とその周辺部としての大阪大都市圏における近代化以降の都市化と生活用水・排水システムの変容について、時間的・空間的に明らかにしていく。また、第Ⅲ部では、但馬地方を事例に、村落域の生活用水・排水システムの変容について明らかにしていく。ともに、一人一人の人間の姿が見えてくるまで地域スケールを拡大していく。

注
1) 橋本 (1992) は、地誌学が特殊性研究に終始することから脱却するために、サブ・システムから世界システムに至る地域システム間の関係を分析するための方策の確立の必要性を唱えている。本書ではそうした言及まではできないが、生活における水という重点とする問題を設定したことや、近代化という世界的な変動をもたらした時系列的思考を取り入れていることで、地域研究としての意義を唱えたい。
2) 伊藤 (2006) が、人文地理学における流域概念に基づく研究を評価していることを指摘しておきたい。
3) 大山 (1990・1991・1992)、鈴木 (1991)、袴田 (1997)、吉田 (1993) もこれに含まれる。
4) 浮田 (2003)、大山 (1991・1992) が大きな示唆を与えている。
5) 第二次世界大戦前の兵庫県における非都市地域において、小規模水道の敷設に対する補助措置がなされていたことを示す記録がある。『丹波氷上郡志下巻』には、兵庫県旧氷上郡氷上町 (現丹波市) の阪本という集落で、「切に簡易上水道の必要を感じ大正十四年二月本縣社會改良事業補助資金を得て」簡易水道を建設したと記されている (丹波史談会 1927)。

文献
秋山道雄 (1986a)「淀川」藤岡謙二郎監修『新日本地誌ゼミナールⅤ近畿地方』大明堂、pp. 151-164。
秋山道雄 (1986b)「都市圏の変動と上水の需給構造」田口芳明・成田孝三編『都市圏多核化の展開』東京大学出版会、pp. 215-253。
秋山道雄 (1988)「水利研究の課題と展望」人文地理 40-5、pp. 38-62。
秋山道雄 (1990a)「滋賀県の水道と水管理」岡山大学創立40周年記念地理学論文集編集委員会編『地域と生活Ⅱ─岡山大学創立40周年記念地理学論文集─』pp. 223-240。

秋山道雄（1990b）琵琶湖・淀川水系における水問題について、水道事業研究 127、pp. 3-9。
秋山道雄（1991）「琵琶湖・淀川水系の水質汚濁と市民生活」市政研究 98、pp. 28-37。
秋山道雄（1993）「琵琶湖とその集水域の水環境」都市問題研究 45-8、pp. 70-87。
伊丹市立博物館編集発行（1989）『聞き書き伊丹のくらし―明治・大正・昭和―』。
伊藤達也（1987）「木曽川流域における水利構造の変容と水資源問題」人文地理 39-4、pp. 25-46。
伊藤達也（2006）『木曽川水系の水資源問題―流域の統合管理を目指して―』成文堂。
稲場紀久雄（1989）「古老の話す下水文化」下水文化研究会編集発行『近世（江戸時代）以降の多摩川流域の下水文化の変遷と考察』。
浮田典良（2003）『地理学入門〈新訂版〉―マルティ・スケール・ジオグラフィ―』大明堂。
上井久義・鉄川 精・小幡 斉・和田安彦・寺尾晃洋（1989）『なにわの水』玄文社。
大場秀章・藤田和夫・鎮西清高編（1995）『日本の自然地域編 5 近畿』岩波書店。
大山佳代子（1990）「秋田市の上水道敷設以前の水利用に関する研究」秋大地理 37、pp. 13-18。
大山佳代子（1991）「秋田県の上水道普及率の地域特性」秋大地理 38、pp. 3-10。
大山佳代子（1992）「秋田県鹿角市花輪地区における生活用水の利用体系とその変遷」秋大地理 39、pp. 1-8。
大山正雄・大矢雅彦（2004）『大学テキスト自然地理学上巻』古今書院。
笠原俊則（1978）「猪名川流域における開発とそれにともなう水文環境の変化」人文地理 30-6、pp. 22-39。
笠原俊則（1983）「淡路島諭鶴羽山地南麓における取水・水利形態と水利空間の変化―生活用水を中心として―」地理学評論 56、pp. 383-402。
笠原俊則（1988）「京阪奈丘陵 3 町における給水空間及び給水状況の変化」立命館大学人文科学研究所紀要 47、pp. 49-77。
笠原俊則（1993）「京都市における生活用水の給水空間および上水道システムの変化」日本地理学会／水の地理学研究・作業グループ編集発行『水の地理学―その成果と課題―』pp. 69-83。
嘉田由紀子（2002）『環境社会学』岩波書店。
嘉田由紀子・小笠原俊明編（1998）『琵琶湖・淀川水系における水利用の歴史的変遷』（琵琶湖博物館研究調査報告 6）、滋賀県立琵琶湖博物館。
金子光美・河村清史・中島 淳編著（1998）『生活排水処理システム』技報堂出版。
「近代水道百年の歩み」編集委員会編（1987）『近代水道百年の歩み』日本水道新聞社。

下水文化研究会編集発行（1989）『近世（江戸時代）以降の多摩川流域の下水文化の変遷と考察』。
建設省近畿地方建設局編集発行（1974）『淀川百年史』。
小出　博（1972）『日本の河川研究―地域性と個別性―』東京大学出版会。
河野通博（1988）「人文地理学の歩み」末尾至行・橋本征治編『人文地理―教養のための22章―』大明堂、pp. 1-8。
河野通博（1991）『光と影の庶民史―瀬戸内の生きた人々―』古今書院。
近藤　忠（1955）「田水を飲む紀の川段丘集落―和歌山県那賀郡安楽川町最上―」和歌山大学学芸学部紀要人文科学5、pp. 213-220。
阪口　豊・高橋　裕・大森博雄（1995）『新版日本の自然3　日本の川』岩波書店。
季　増民（1998）「地域主体的な公共事業の導入による都市近郊農村の再編―岡山県山手村における下水道整備事業を事例にして―」人文地理50-1、pp. 61-76。
システム科学研究所（1984）『地域の「味」形成に果たす地下水の役割―地下水管理のあり方についての基礎的研究―』。
新見　治（1981）「水資源問題をとらえる一つの視点」香川大学一般教育研究19、pp. 141-158。
新見　治（1984a）「国分寺町の生活用水利用システム」地理学研究（香川大学）33、pp. 21-29。
新見　治（1984b）「香川県西部島しょ部住民の水意識と水利用」香川大学教育学部研究報告第Ⅰ部60、pp. 219-267。
新見　治（1985a）「農村地域としての下笠居地区の水環境保全と下水道」地理学研究（香川大学）34、pp. 22-28。
新見　治（1985b）「家島群島における水利用の展開過程と住民の水利用行動」香川大学教育学部研究報告第Ⅰ部65、pp. 151-189。
新見　治（1987）「水資源研究における水文誌の意義」香川大学教育学部研究報告第Ⅰ部69、pp. 43-69。
新見　治（1989）「飲み水と地域性」地理34-8、pp. 27-34。
新見　治・丹羽香津美（1992）「瀬戸大橋架橋と地域の水利用」地理学研究（香川大学）41、pp. 1-13。
水津一朗（1953）「飲料水」（織田武雄ほか、「湖東平野南部の總合調査（概報）」所収）地理学評論26-6、pp. 223-241。
鈴木公平（1991）「千畑町における湧泉の利用形態」秋大地理38、pp. 29-34。
丹波史談会編集発行（1927）『丹波氷上郡志下巻』。
地学団体研究会大阪支部（1999）『大地のおいたち―神戸・大阪・奈良・和歌山の自然と人類―』築地書館。

寺尾晃洋（1981）『日本の水道事業』東洋経済新報社。
寺尾晃洋（1989）「飲み水の政治経済学」上井久義・鉄川　精・小幡　斉・和田安彦・寺尾晃洋『なにわの水』玄文社、pp. 183-240。
鳥越憲三郎（1958）『摂津西能勢のガマの研究（大阪府文化財調査報告第7輯）』大阪府教育委員会。
鳥越皓之・嘉田由紀子編（1984）『水と人の環境史―琵琶湖報告書―』御茶の水書房。
中村和郎・木村竜治・内嶋善兵衛（1996）『新版日本の自然5　日本の気候』岩波書店。
日本下水道協会下水道史編さん委員会編（1986）『日本下水道史―行財政編―』日本下水道協会。
日本水道史編纂委員会編（1967）『日本水道史総論編』日本水道協会。
日本水環境学会編（2000）『日本の水環境5　近畿編』技報堂出版。
袴田信貴（1997）「秋田県における下水道普及率の変遷」秋大地理44、pp. 45-50。
橋本征治（1988）「都市化に対応する村落―都市近郊農村―」末尾至行・橋本征治編『人文地理―教養のための22章―』大明堂、pp. 73-80。
橋本征治（1992）『メラネシア―伝統と近代の相剋―』大明堂。
橋本征治（2008）『ムラとマチの時空―社会と暮らしの地理―』関西大学出版部。
畠中武文（1996）『河川と人間』古今書院。
原　美登里（1997）「神奈川県における都市用水事業・下水道事業の広域化と流域変更」地理学評論70A、pp. 475-490。
肥田　登（1990）『扇状地の地下水管理』古今書院。
肥田　登（1995）「上下水道の展開」西川　治監修『アトラス―日本列島の環境変化―』朝倉書店、pp. 108-109。
肥田　登編（1995）『秋田の水―資源と環境を考える―』無明舎出版。
琵琶湖流域研究会編（2003）『琵琶湖流域を読む―多様な河川世界へのガイドブック―』（上・下巻）サンライズ出版。
古川　彰（1984）「川と井戸と湖―湖岸集落の伝統的用排水―」鳥越皓之・嘉田由紀子編『水と人の環境史―琵琶湖報告書―』御茶の水書房、pp. 241-277。
堀越正雄（1981）『井戸と水道の話』論創社。
森滝健一郎（1982）『現代日本の水資源問題』汐文社。
森瀧健一郎（2003）『河川水利秩序と水資源開発―「近い水」対「遠い水」―』大明堂。
矢嶋仁吉（1954）『武蔵野の集落』古今書院。
矢嶋仁吉（1956）『集落地理学』古今書院。
山崎寿雄（1981）「水資源」小杉　毅・小松沢　昶編著『現代の資源・エネルギー問題』ミネルヴァ書房、pp. 75-108。

山村勝美（1990）「水道整備100年の歩み」水道協会雑誌 59-10、pp. 35-48。
吉越昭久（1980）「猪苗代湖およびその集水域に於ける水利用」奈良大学紀要 9 、pp. 86-110。
吉越昭久（1981）「猪苗代湖の開発」奈良大学紀要 10、pp. 69-77。
吉越昭久（1982）「高度化された水利用をする湖沼」地理 27-5、pp. 36-41。
吉越昭久（1987）「都市の歴史水文環境―京都盆地を中心に―」新井正ほか『都市の水文環境』共立出版、pp. 201-249。
吉田淳一（1993）「都市化域における生活排水の処理形態と農業用水―秋田県仁井田堰土地改良区管内を事例に―」秋大地理 40、pp. 51-56。
渡部一二（1984）『生きている水路―その構造と魅力―』東海大学出版会。
渡邊忠司（1993）『町人の都大坂物語』中央公論社。
渡辺良雄（1951）「猪苗代湖北岸地方の流水飲用形態」東北地理 3-3、p. 4。

第Ⅱ部

都市域における生活用水・排水システムの展開

第2章　大阪大都市圏における水道の展開

1　はじめに

　1887年に横浜水道が建設されて以降、都市に生活用水を供給するため、日本各地に近代水道[1]が建設された。1910年代後半以降、産業の発展にともなう都市化の進行により、水道の普及はある程度の進展をみるが、表1.1にも示されている通り、水道普及率[2]が飛躍的に高まるのは1960年代の高度経済成長期以降であった（寺尾1981、pp. 2-3）。高度経済成長期以降の著しい都市化の進展にともない、水道は都市域を中心に普及した。すなわち、都市域では水道の普及により従来からの生活用水システムにおける近代化が進んできたといえよう。
　都市域における水道普及率の上昇に加えて、一人あたり生活用水使用量の増加にともなう水需要の増大で、高度経済成長期以降は都市域における水需要は急激に増大した。それが水道の広域化を主軸とする都市域の水道水源の変化につながってきた。高度経済成長期の後半からは、大都市域の水道の増強や水道未普及地域の解消に比重がおかれるようになり（森瀧1990、pp. 241-254）、1996年度末現在の全国の水道普及率は96.0％に達している。
　水道が普及する以前の村落では、その地域の水事情に応じた従来からの生活用水利用がなされていたと考えられる。水道の普及により生活用水システム[3]は、都市的設備である水道利用が中心をしめるようになった[4]。すなわち、生活用水システムの都市化が進んできたといえよう。
　都市化の進展とともに水道が普及したとするならば、都市化による都市圏の拡大とともに、水道普及という生活用水システムの「都市化」も、都市圏

の中心から郊外へと及んだのではなかろうか。本章では、この点に注目して都市圏での水道の展開、すなわち水道の普及過程を時系列的に明らかにし、その空間性を検討するものである。

対象地域は、現在都市化が及んでいる大阪大都市圏とし、水道法で水道と規定される上水道、簡易水道、専用水道について、それらの時系列的空間的展開について明らかにする[5]。これにより、生活用水利用の一面であり、近代化された生活用水システムの形態としての水道が第二次世界大戦後の大阪大都市圏においていかなる普及をしてきたのかを、市町村域を示した階級区分図を作成して示し、空間的に把握する。その際、都市化の指標として大阪大都市圏の市町村ごとの人口増加率を年代ごとに図化して、その特性について検討する。また、それぞれの水道普及率の展開についても図化し、水道普及に関係があると思われる都市化の進展との関連を分析する。これにより、本章を水道普及からみた大阪大都市圏における生活用水システムの変容に関する時系列的空間的展開の一事例として提示するとともに、大都市圏域における水道の展開にともなう生活用水システム変化について把握する上での基礎資料として位置づけたい。

なお、本章でいうところの大阪大都市圏は、大阪市、京都市、神戸市の3市の影響下で形成された京阪神大都市圏に含まれるものである。都市圏を大阪府域に限定せず、かつ、京阪神大都市圏を対象としない理由としては、従来型生活用水システムを含めて現在に至る生活用水システム全体を取りあげるため、一つの中心都市から縁辺に向かっての都市化の進行の時系列的空間的展開を把握することが期待できるからである。そのため、他市の都市化が影響を及ぼすことを避け、かつ、大都市圏全域を対象とするべく、大阪市のみを中心とする大阪大都市圏を設定する。なお、前述の大阪市、京都市、神戸市の3市の中で大阪市は人口規模が最大で、多数の市町村を含む都市圏域を有している。また、京阪神大都市圏の形成に大きな役割を果たした鉄道網が大阪市を中心に敷設されてきたことや、時代を経て中心都市としての中心性が高まってきていることから（戸所1994、p. 187）、大阪市を中心都市とする単独の都市圏として扱う妥当性は高いものと考える。

都市化の定義をめぐってはさまざまな議論がある。すでに都市化が進んだ

第2章　大阪大都市圏における水道の展開　49

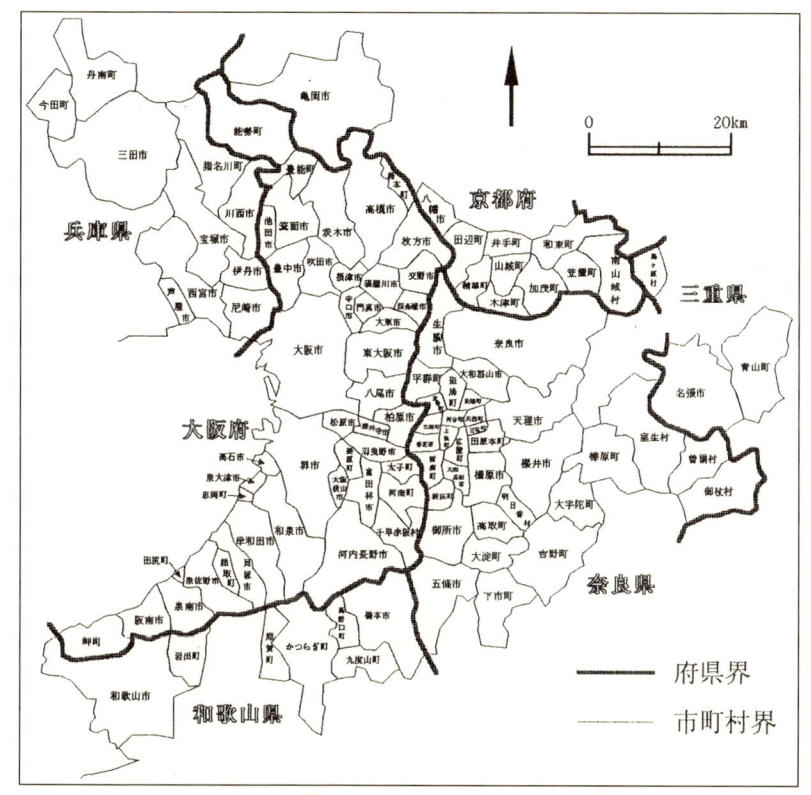

図2.1　1990年の国勢調査時における大阪大都市圏
注　大阪大都市圏の定義は本文中に記した。

ところでは人口減少がみられる場合もあるが、その点も含みおいたうえで、本章では都市化を人口の増加としてとらえる（森川1990、pp. 1-7、pp. 106-107）。具体的には、1950～90年にかけての国勢調査に基づく5年ごとの人口の推移について分析を行なう。大阪大都市圏の範囲を、1990年の国勢調査における大阪市への通勤・通学人口が常住人口に対して1.5％以上である市町村とし、図2.1にそれを示す[6]。そのうえで、1950～90年にかけて5年ごとの市町村別人口増加率を図化し、どのように推移したかを検討する[7]。市町村名とその市町村域は1994年現在によるものとする。市町村の単位で検討する理由としては、水道事業は水道法に基づき原則として市町村が経営す

ることになっていることと、大都市圏が市町村単位で設定されていて、基礎的資料となる水道統計と国勢調査のデータが市町村単位となることによる。なお、京都市や神戸市への通勤通学人口の方が多い市町村はこれに含めない[8]。

　大阪大都市圏について秋山（1986、p. 216）は、本来多様な水源を有していた大阪府の市町村は、水道用水供給事業である大阪府営水道（現大阪広域水道企業団）に水道水源を依存するようになったものの、水需要の変動に対して安定的に水道用水を供給するという点で重要な役割を果たしたとしている。本章の課題は都市化と水道普及との関係を検討することだが、大阪府営水道に水道水源を依存する大阪府を中心とした大阪大都市圏を対象とすることで、水需要の変動に対する水源の制約が水道事業にもたらす影響が大阪府営水道の存在により最低限に抑えられ、水道の展開と都市化との関係、すなわち、都市圏内で生活用水システムがいかなる時系列的空間的展開をしてきたのかが、より鮮明に描かれることが期待される。

　水道事業の展開に関して空間性を意識して圏域から把握した研究としては、秋山（1986、1990）、大山（1991）、嘉田・小笠原編（1998）、矢嶋（1999）などがある。とくに秋山（1986）は、都市圏の変動と水道事業の需給構造の関係性について検討するために、大阪府を事例とした研究を行なった。その中で秋山は、大阪市を中心とした10kmごとの同心円状の圏域を設定して大阪府の市町村を分類し、1965年から83年にかけての上水道の需給構造について圏域ごとに変動を明らかにした。そして、都市化が周辺部へと及ぶ都市圏の変動過程の中で、市町村の水道事業が大阪府営水道を介して淀川とつながったとした。嘉田・小笠原編（1998）は、琵琶湖・淀川水系に水道水源を依存する市町村について全域的な調査を行ない、上水道事業創設時からの水源の変化を明らかにした。その中で、大阪市と周辺地域において、人口が増加し周辺地域へと都市化が進むにともなって上水道の水源が次第に琵琶湖・淀川への依存を強めていく状況を、当該市町村の上水道事業における水源の変化を地図として可視化することから把握した。別の見方をすれば、この研究は琵琶湖・淀川水系を水源とする水道水が京阪神地方の都市化を支えたことを示しているともいえる。

大山（1991）は秋田県における水道普及率の地域特性を明らかにするために、簡易水道・専用水道・小規模水道[9]を含めた水道普及率の推移を地図化して示し、秋田県の市町村を水道施設の普及から類型化した。その中で大山は、村落地域を広く有し、上水道が敷設されていない市町村では簡易水道、専用水道、小規模水道が水道普及を担ったことを示している。矢嶋（1999）も兵庫県北部において同様の視点で研究を行ない、山間地域で簡易水道、小規模水道が水道普及に大きな役割を果たしたとしている。以上から、後に大都市圏に含められる地域において、簡易水道、専用水道、小規模水道が水道普及において役割を果たすことが推察される。

　大阪大都市圏域の市町村営における末端水道の展開について扱った研究事例として、笠原（1988）、矢嶋（1993）がある。笠原（1988）は、都市化が進む京都府田辺町・精華町・木津町での事例を明らかにした中で、これらの町が水道用水供給事業からの受水を増やしながら、これらの簡易水道を統合して水道事業を拡張してきた過程を詳述している。矢嶋（1993）は、大規模住宅開発による都市化が進展した兵庫県川西市における水道普及の過程で、水道用水供給事業による水道用水供給開始まで、民営による上水道のほか、簡易水道や専用水道が水道水供給の役割を果たしたことを示している。以上から、大都市圏において都市化が進展する地域を研究対象に含む本研究では、水道の種類を上水道に限らず、簡易水道や専用水道を含める意味は小さくないといえる。

　そこで、本章では秋山（1986）や嘉田・小笠原編（1998）が行なった都市化と上水道の普及との関連性と水道水源の淀川への依存を明らかにした研究を念頭におきつつ、笠原（1988）や矢嶋（1993）の事例を踏まえて、これまで都市圏域の水道研究では充分に説明されてこなかった簡易水道や専用水道が都市化に果たした役割について光を当てることで、大阪大都市圏における水道の空間的展開の全体像の解明に迫りたい[10]。

2　大阪大都市圏における都市化の動向

　研究対象として設定した大阪大都市圏の1950～90年における全市町村の人

口を合計した数の推移を表2.1に示した。これによれば、大阪大都市圏の人口は、1970年まで大幅に増加したが、1975年以降は次第に増加数が小さくなり、人口増加は停滞の傾向を示すようになった。

　この変化を空間的に把握するために、1950〜90年にかけて5年ごとの市町村別人口増加率を図2.2a〜fに示した。まず、図2.2aによれば、1950〜55年の人口は、中心市である大阪市および大阪市北西部の阪神地方のうち、大阪市に隣接する豊中市、尼崎市、西宮市を中心とする市で大幅に増加した。これらの市は、阪急宝塚線、阪急神戸線、国鉄東海道線、阪神線といった鉄道沿線地域で、第二次世界大戦前から鉄道沿線で一定程度の都市化が進展したことで知られる。ただ、この時期の人口増加率の数値は、のちの年代に比べると大きいとはいえない。一方、大都市圏域の縁辺部や大阪府・奈良県境付近といった山間地域には、人口が減少、あるいは人口増加が停滞している市町村が広く分布している。

　図2.2bをみての通り、1955〜60年は1950〜55年とほぼ同様の傾向を示しているが、阪神地方に加えて、大阪市北東部の淀川両岸地域や、大阪市東部の松原市、藤井寺市、東大阪市でも大幅な人口増加を示した。これらも、第二次世界大戦前において、鉄道の整備により一定程度の都市化が進んでいた地域である。

　表2.2に示したとおり、1960〜65年にかけて大阪大都市圏域の人口は約2割増加した。図2.2cに示したとおり、1960〜65年にかけては大阪市を取り囲むように環状のゾーンをなして人口急増市町村が分布している。また、このような市町村がより縁辺にもみられるようになっている。また、奈良県の大阪府に隣接する市町村が人口急増を示しており、大阪大都市圏の都市化が奈良県に及んだとみられる。一方、大阪市の人口増加はほぼ停滞している。また、大都市圏域の縁辺部では人口が減少、あるいは増加が停滞している市町村が多数分布している。

　図2.2dに示したとおり、1965〜70年は、1960〜65年に引き続いて人口増加が著しい市町村が大阪市を取り囲むように環状のゾーンをなして分布するが、奈良盆地において急激な人口増加を示す市町村が増えた。一方で、1965年までは大幅な人口増加を示していた阪神地方や東大阪市において人口増加

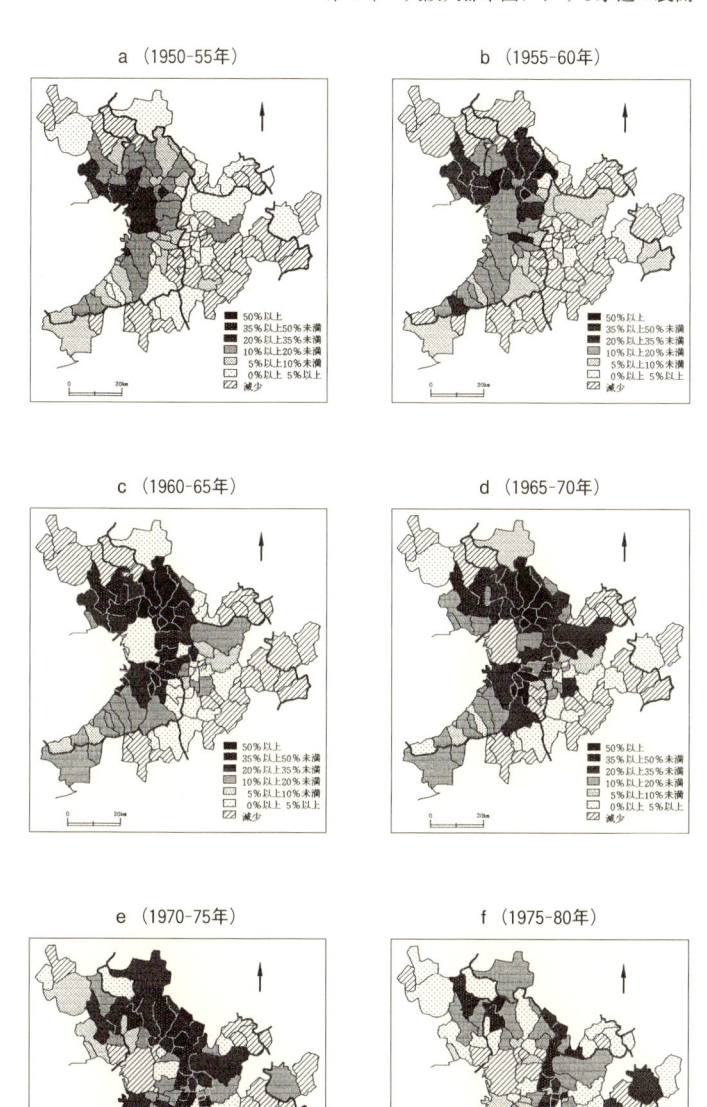

第2章　大阪大都市圏における水道の展開　53

a （1950-55年）

b （1955-60年）

c （1960-65年）

d （1965-70年）

e （1970-75年）

f （1975-80年）

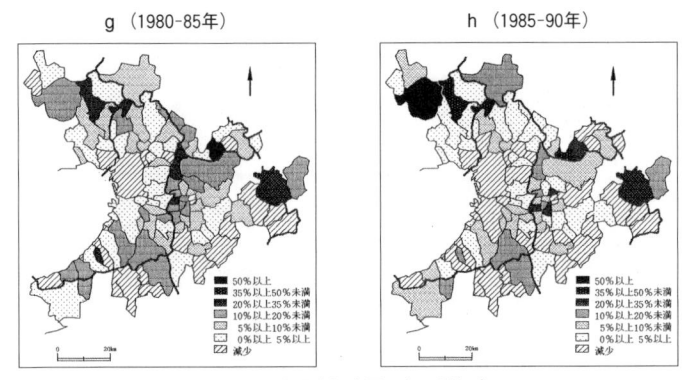

図2.2　大阪大都市圏の人口増加率

資料　国勢調査。

率が縮小し、大阪市の人口は減少に転じた。

　表2.2をみての通り、1970～75年にはそれまで10％以上を示してきた大阪大都市圏全体の人口増加率が低下し、10％を下回った。図2.2eによれば、この時期には大阪市に隣接する市での人口急増は収束し、とくに守口市、尼崎市は人口推移が減少に転じた。人口急増市町村は大都市圏域の中でもより縁辺側に環状のゾーンをなして分布するようになった。ただし、大都市圏の縁辺部では、なお人口の減少が続いている。

　表2.2によれば、1975～80年にかけては大阪大都市圏における人口増加率が3.6％に縮小した。図2.2fをみての通り、この時期には1975年までに大幅な人口増加をみた大阪府下の市町村のほとんどにおいて、人口推移が停滞するようになった。一方、人口急増市町村の数は減少し、おもに大阪府と他県との境界付近にほぼ環状に分布するようになった。また、三重県榛原町、名張市のように、近鉄大阪線沿線に人口急増市町村が飛地状にみられる。

　図2.2gに示されるように、1980～85年にかけては、大阪大都市圏内の人口急増市町数がさらに減少した。とくに大阪市周辺の市町の人口急増はほぼ収束した。人口急増市町は、1975～80年と比較すると、大阪府熊取町、豊能町、兵庫県猪名川町、三重県榛原町、名張市のように、大都市圏の縁辺側に飛び地状に分布している。一方、大都市圏縁辺部の町村では人口減少が続いている。また、大阪市および隣接市では、人口推移が停滞・減少している。

表2.1 大阪大都市圏の給水人口と水道普及率の変化

年	上水道 給水人口	上水道 普及率	簡易水道 給水人口	簡易水道 普及率	専用水道 給水人口	専用水道 普及率	水道全体 給水人口	水道全体 普及率	国勢調査人口
1950	2,950,961	51.9	—	—	—	—	—	—	5,680,537
1955	4,305,982	65.3	—	—	—	—	—	—	6,596,973
1960	6,115,448	79.8	221,282	2.9	—	—	—	—	7,661,245
1965	8,158,151	88.9	182,056	2.0	80,600	0.9	8,420,807	91.8	9,172,986
1970	9,938,181	94.8	128,875	1.2	68,896	0.7	10,135,952	96.7	10,485,842
1975	11,048,081	96.4	128,128	1.1	83,620	0.7	11,259,829	98.2	11,464,463
1980	11,509,499	96.9	106,110	0.9	49,595	0.4	11,665,204	98.2	11,879,058
1985	11,995,963	98.0	98,765	0.8	35,775	0.3	12,130,503	99.1	12,236,867
1990	12,232,005	98.2	96,193	0.8	24,832	0.2	12,353,030	99.2	12,450,917

注1　大阪大都市圏の範囲は、1990年の国勢調査において大阪市への通勤・通学人口が1.5%以上（対常住人口）である市町村とする。
注2　表中の—印は不明を示す。

表2.2 大阪大都市圏における各水道の給水人口と国勢調査人口の増加率（%）

年	上水道	簡易水道	専用水道	水道全体	国勢調査人口
1950〜55	45.9	—	—	—	16.1
1955〜60	42.0	—	—	—	16.1
1960〜65	33.4	−17.7	—	—	19.7
1965〜70	21.8	−29.2	−14.5	20.4	14.3
1970〜75	11.2	−0.6	21.4	11.1	9.3
1975〜80	4.2	−17.2	−40.7	3.6	3.6
1980〜85	4.2	−6.9	−27.9	4.0	3.0
1985〜90	2.0	−2.6	−30.6	1.8	1.7

注　表2.1に準じる。

　図2.2hに示されるように、1985〜90年にかけては、人口急増市町村の分布が1980〜85年と同様の傾向を示す。一方、人口減少市町は大都市圏中心部でさらに拡大している。
　以上のように、大阪大都市圏における人口急増市町村の分布域は年代を経るとともに大都市圏の縁辺に移動してきた。また、人口増加を示す市町村の数は、1970年代前半までは増加していたが、後半以降は減少してきた。つまり、都市化は大阪大都市圏の縁辺に向かって進行し、人口増加地域が縁辺部に移る一方、中心都市の大阪市から人口減少が始まり、大阪市を中心に人口

減少市町が拡大した。ただし、大阪市を中心とした人口急増地域の出現には時期的な違いがあり、大阪市を中心に北西部から始まり、次に北東部、続いて東部と南部へと展開して環状をなし、この傾向は1970年代まで続いた。その後は、人口急増地域はより縁辺側で飛び地状に分布してきた。

3　大阪大都市圏における各水道の展開の特徴

　2節では大阪大都市圏の都市化の動向を人口の面から空間的に把握したが、本節では上水道、簡易水道、専用水道といった水道の種類に注目して、空間的時系列的に明らかにする。まず、第二次世界大戦後の水道普及の過程について、水道の種類ごとの給水人口を、日本全体と大阪大都市圏とで比較し、大阪大都市圏の水道普及が日本全体のそれとどのように異なっているのか時系列的に検討する。その上で、大都市圏全体として水道がいかに普及したかを把握するべく、上水道、簡易水道、専用水道を合算した水道全体の普及率を市町村区分図で5年ごとに示し、水道としての普及過程を空間的時系列的に把握する。続いて、上水道、簡易水道、専用水道のそれぞれの普及率についても同様の方法で示し、それらの違いと意味するところを導き出す。以上を踏まえて、4節では都市圏における都市化と水道の関係性について検討したい。

　上水道、簡易水道、専用水道を合算した水道全体普及率を図2.3a〜2.3fに、上水道普及率を図2.4a〜2.4iに、簡易水道普及率を図2.5a〜2.5gに、専用水道普及率を図2.6a〜2.6fに示した。これらの水道の統計データには、『水道統計』に掲載される市町村別給水人口を用いるが、1960年の上水道・簡易水道については『昭和35年全国水道施設現況調書』に掲載される市町村別給水人口を用いる。資料の制約から、上水道は1950年以降、簡易水道は1960年以降、専用水道と水道全体普及率については1965年以降を検討する。

3.1　日本の水道普及率の推移と大阪大都市圏における水道普及の概観

　表1.1に示した日本全体の水道普及率をみると、1950年では30％程度にす

第 2 章　大阪大都市圏における水道の展開　57

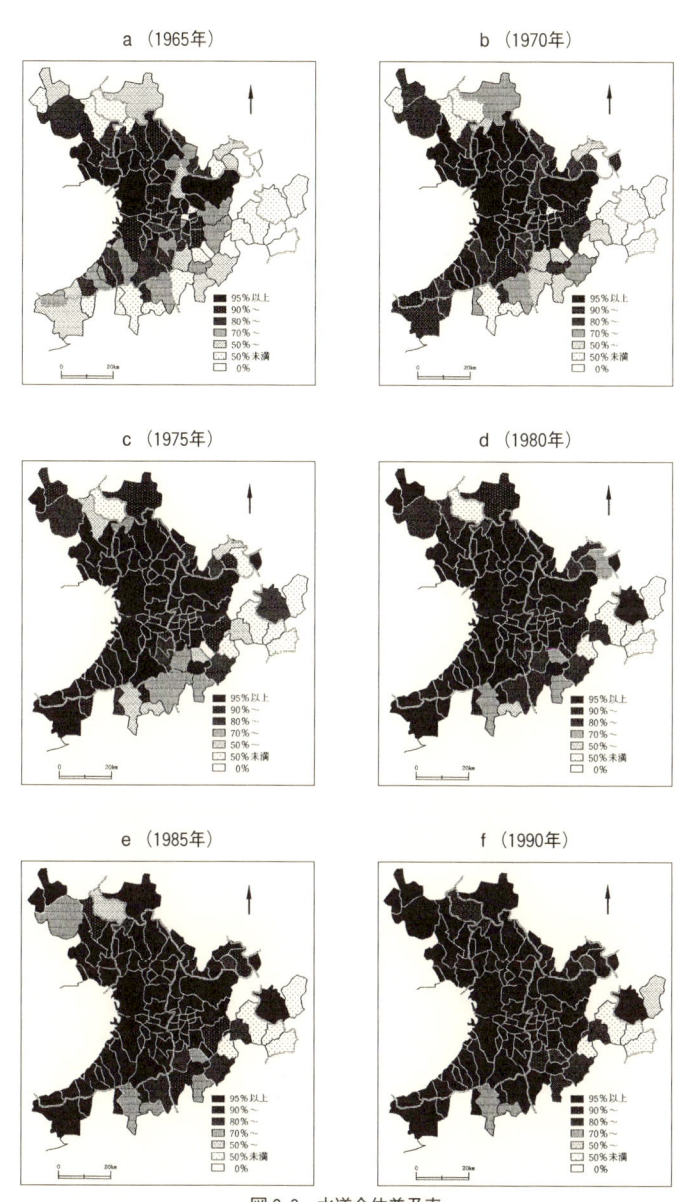

a（1965年）　　　　　　　b（1970年）

c（1975年）　　　　　　　d（1980年）

e（1985年）　　　　　　　f（1990年）

図2.3　水道全体普及率
注　上水道、簡易水道、専用水道の合算値である。

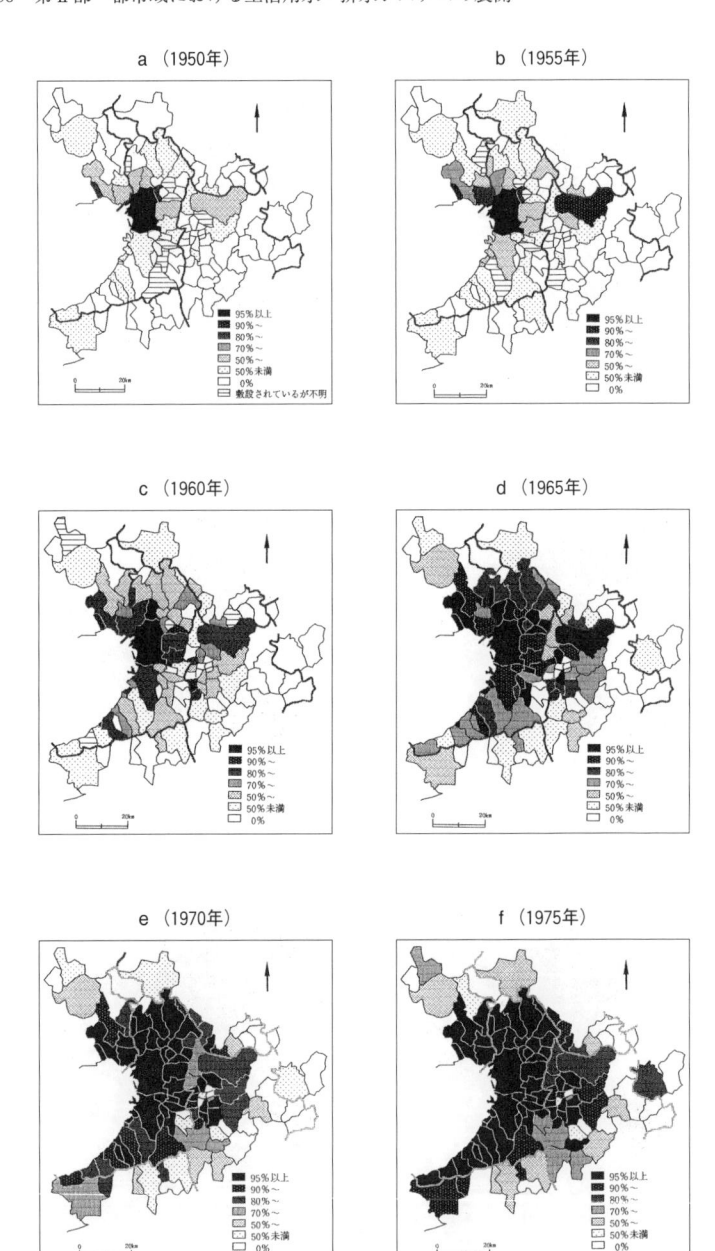

58　第Ⅱ部　都市域における生活用水・排水システムの展開

第 2 章　大阪大都市圏における水道の展開　59

g（1980年）　　　　　　　　h（1985年）

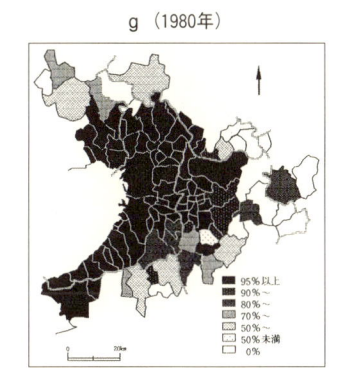

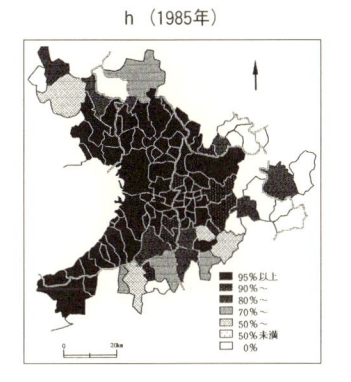

i（1990年）

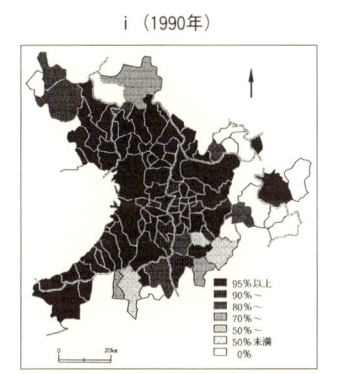

図 2.4　上水道普及率
資料　国勢調査、水道統計、地方公営企業年鑑、日本水道史各論編 II 中部・近畿。

a（1960年）　　　　　　　　b（1965年）

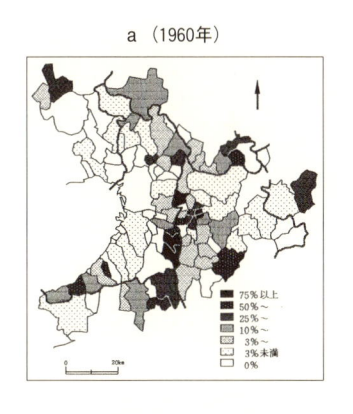

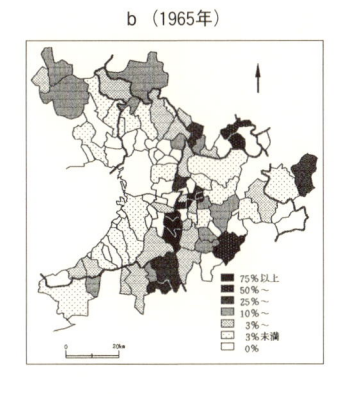

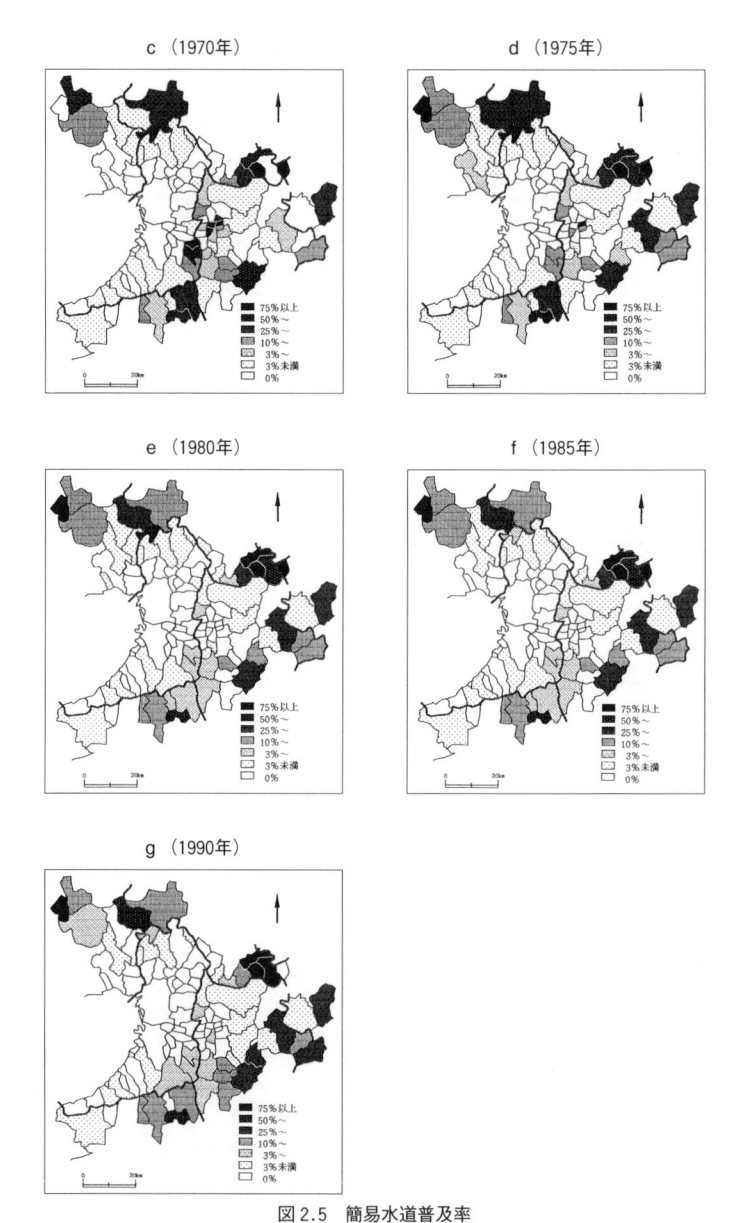

60　第Ⅱ部　都市域における生活用水・排水システムの展開

図 2.5　簡易水道普及率

資料　国勢調査、水道統計、昭和35年度全国水道施設調書。

第 2 章　大阪大都市圏における水道の展開　61

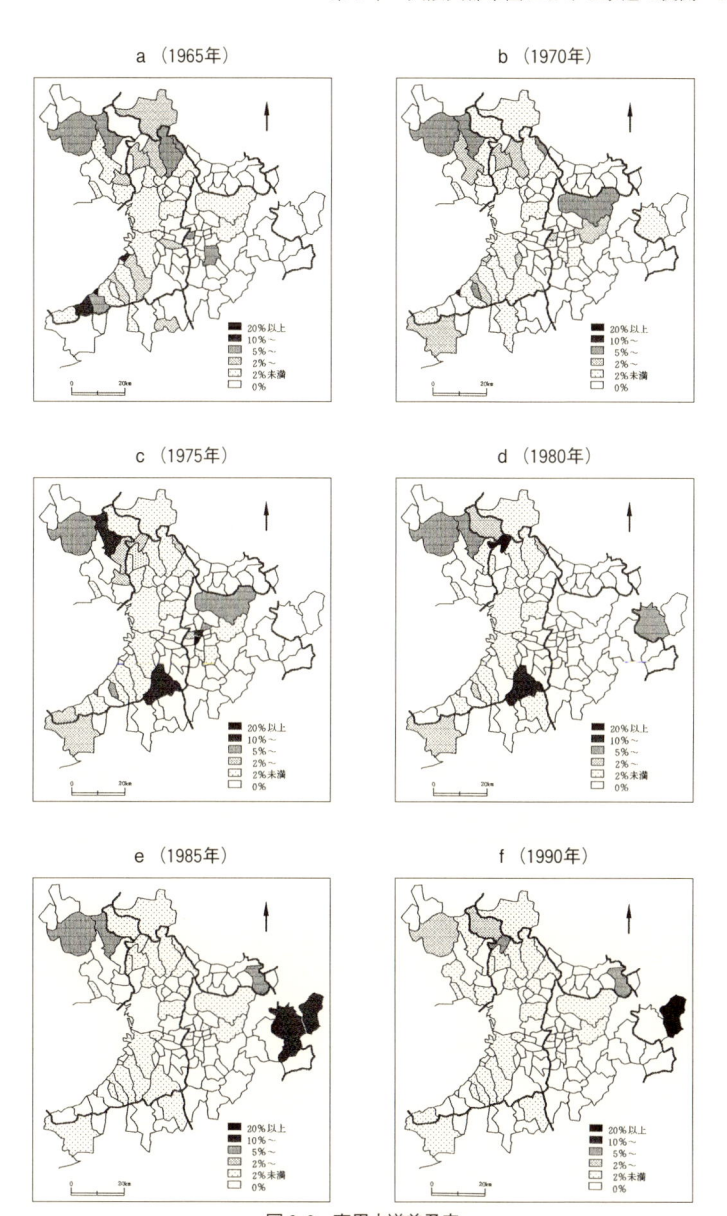

a（1965年）　　　　　　　　　b（1970年）

c（1975年）　　　　　　　　　d（1980年）

e（1985年）　　　　　　　　　f（1990年）

図2.6　専用水道普及率

資料　国勢調査、水道統計。

ぎなかった水道全体の普及率は、1955年以降急激に上昇した。もっとも大きな上昇を示したのは1955〜60年で、上水道と簡易水道の伸びが大きい。1965年以降は簡易水道の給水人口が減少に転じ、普及率も低下の一途をたどる。一方、上水道の普及率は、1980年以降は速度を緩めながらも、上昇を続けている。専用水道は、給水人口・普及率とも、少なくとも1960年以降は減少・低下傾向にある。1993年現在の水道普及率は、上水道が89.1％、簡易水道が5.6％、専用水道が0.6％で、水道全体の合計では95.3％である。

3.2 大阪大都市圏における水道普及の概観

　表1.1と表2.1を比較すると、大阪大都市圏の1965年における水道全体の普及率は日本全体と比較するときわめて高く、水道全体としては早くから普及していたことがわかる。ただし、簡易水道の普及率は全国よりもかなり低い。表2.1によれば、大阪大都市圏では、1970年まで簡易水道の給水人口が大幅に減少し、普及率も比較的大きな幅で低下してきている。それに対して上水道は、1970年まで給水人口・普及率とも大幅な上昇を示し、1970年には約95％と、高普及の状態となっている。1970年以降は、上水道は微増、簡易水道は微減が続いている。専用水道は1965年以降、給水人口減少と普及率低下が続いている。以上から、数字の上では簡易水道や専用水道が上水道に置き換わってきたと推察される。

　次に、図2.3により大阪大都市圏における水道全体の普及過程を把握すると、1965年では大阪府の広い範囲と阪神地方の市町村で普及率が高い。また、奈良市と奈良県北西部においても普及率が高い。一方、大阪大都市圏の縁辺部に位置する市町村では普及率が低い。1970年以降は、大都市圏中心部の多くの市町村で水道全体普及率が95％以上に達するとともに、縁辺部の市町村でも普及率は上昇し、1990年にはほとんどの市町村で水道全体普及率が95％以上となった。しかし、大都市圏縁辺部の地域、とくに奈良県、三重県、和歌山県には、水道全体普及率が比較的低い町村が存在する。これらについては、上水道、簡易水道、専用水道といった水道法に基づく水道以外の水道施設によって、生活用水の供給がなされている可能性もある。

3.3 大阪大都市圏における上水道の普及率

　図2.4から、上水道は、普及率の高い市町村が、年代を経て大都市圏中心部から縁辺部へ広がってきたことがわかる。

　1950年の普及率は、大阪市が高水準であるほかは、隣接する市と阪神地方、奈良市が比較的高いにすぎず、ほとんどの市町村ではまだ上水道が敷設されていなかった。1955年には、1950年において普及率が比較的高かった市町村を中心に普及率の上昇が進んだが、それ以外の多くの市町村には上水道は敷設されていなかった。

　1960年になると、大阪市のほか、豊中市、吹田市、東大阪市、八尾市など、大阪市に隣接する市町村で、上水道普及率が著しく上昇し、それ以外の大阪府下の市町村でも上昇した。また、奈良盆地でも、上水道が創設されたり、すでに普及率の高い町村もみられる。一方で、都市圏の縁辺部に近い市町村ほど上水道普及率は低く、敷設されていない市町村も少なくない。

　1965年には、山間部の町村と和泉地方を除いた大阪府のほとんどの市町において、上水道の普及が著しく進んだことがわかる[11]。また、奈良盆地中央部でも高水準の普及率を示す市町村が現われる。

　1970年には、大阪府のほとんどの市町で上水道普及率が高水準となった。大阪府の府境付近の山間部や奈良盆地には、普及率が低かったり未普及の市町村がみられるが、1975年、1980年にかけてこれらのほとんどの市町村が高水準の普及を示すようになった。また、1970年以降、大都市圏縁辺の山間部に位置する和歌山県や奈良県、三重県、京都府において、上水道普及率が高水準を示す市町村がみられるようになる。

　1990年の大阪大都市圏では、ほぼ全域で上水道が高普及の状態となったが、縁辺部には依然として上水道が未普及の町村もあり、1980年からわずかに減っているにすぎない。しかし、これら上水道未普及の町村の多くで水道全体普及率が高いことから、上水道以外の水道によって水道水が供給されていると考えられる。

　以上から、大阪大都市圏において上水道は、中心市から都市圏縁辺部に向

かって敷設が進み、普及率を高めてきたといえる。

3.4　大阪大都市圏における簡易水道の普及率

　図2.5により簡易水道について検討する。1960年においては、大都市圏縁辺部と大阪府境付近に簡易水道普及率が比較的高い市町村がみられる。また、普及率は低いものの、中心市に近い市町においても簡易水道がみられる。これらの地域は山間部を有するという点で共通している。1965年には大阪府高槻市、枚方市、京都府八幡市など、大都市圏北東部の淀川両岸地域の市町村において比較的高い普及率を示したが、1975年には低下していたりみられなくなっている。また、簡易水道の普及率が高い市町村の分布が、年代を経て大都市圏の縁辺部へと移り、中心市に近い市町村ではほとんどみられなくなっている。1970年まで簡易水道の普及率が高かった奈良盆地の町村においては、1980年には著しく低下している。図2.4によれば、これらの町村では1980年に上水道が創設されたり上水道普及率の急激な上昇がみられることから、簡易水道が上水道に置き換わったと考えられる。1980年から90年にかけては、大阪府高槻市、兵庫県川西市、猪名川町といった大都市圏の北部の市町で簡易水道がみられなくなった。

　1990年において、大阪府能勢町、京都府加茂町、笠置町、和束町、南山城村、奈良県吉野町、室生村、曽爾村、御杖村などの、山間部を有する大都市圏縁辺部の人口が比較的小規模な町村において、簡易水道が極めて高水準の普及を示しており、これらの町村では、簡易水道によって水道普及が進められたと考えられる。また、大阪府茨木市、箕面市、河内長野市、岸和田市、兵庫県宝塚市、三田市、奈良県奈良市、大和郡山市など、山間部や村落地域を広く有する市において、普及率は低いながらも簡易水道が分布している。

　以上から、簡易水道の普及率が高いのは、おもに山間部や村落地域を有する地域で、上水道の普及率の高い地域を外側から取り巻くように環状に分布する。そして、上水道の普及とともに、簡易水道は普及率が低下するか、あるいはみられなくなってきた。

3.5 大阪大都市圏における専用水道の普及率

　図2.6により専用水道について検討する。1965年では、大阪府泉南市、高槻市、茨木市、箕面市、兵庫県三田市、猪名川町のように、大阪大都市圏南部・北部に位置していて山間部を有する市町村や、大阪府泉大津市、田尻町といった臨海部の市町で比較的普及率が高い。また、大都市圏の中心都市である大阪市や近接する都市にも、普及率は低いものの専用水道が存在する。

　しかし、1970年には専用水道を有する市町村の数が減少した。また、兵庫県三田市、猪名川町のように長期間にわたって専用水道の普及率が高い市町村がみられる。一方で、大阪府河内長野市、奈良県上牧町、三重県名張市、青山町のように、1970年以降に専用水道普及率が比較的高い状態を示す市町村が現れる場合があり、多くの場合、その後専用水道がなくなっている。例えば、1980年に専用水道が比較的高い普及率を示した河内長野市では、上水道普及率が低下しており、簡易水道普及率にも顕著な変化はない。そして、1990年には専用水道が消滅し、上水道と簡易水道の普及率が上昇していることから、専用水道はいずれかへ統合されたものと考えられる。同様の動きが、名張市、豊能町、猪名川町にもみられる。

　1990年においては、大都市圏の中心部の都市に、普及率が低いながらもみられるが、疎らである。また、大都市圏の緑辺部に位置する上水道普及率が比較的低い市町村において、専用水道が比較的高い割合でみられる。

4 大阪大都市圏における上水道・簡易水道・専用水道普及に影響を及ぼす要因

4.1 水道の展開に影響を及ぼす制度

　以上のように、普及率に示される大阪大都市圏における上水道、簡易水道、専用水道の展開は、いかなる要因によって生じてきたといえるのか。まず、水道の展開に影響を及ぼす制度の面から検討する。続いて、人口増加や小規模水道の統合、水道用水供給事業との関連性について考察する。

簡易水道が大都市圏縁辺部や大阪府境といった山間部を有する地域にみられた点に関しては、第二次世界大戦後の1952年に簡易水道に対する国庫補助が開始され、農山漁村を中心に敷設が進んだことが背景にあると考えられる。小規模な集落が多い山間部において、簡易水道などの小規模水道の敷設が水道普及の役割を担ってきたとされる（厚生省水道環境部水道行政研究会 1992、pp. 100-101；日本水道史編纂委員会編 1967、pp. 220-222）。

上水道と簡易水道の違いは、基本的には計画給水人口の規模の点にある。ただ、上水道が一市町村一事業を原則として認可を受けるのに対して、簡易水道は運営上の効率性などの観点から一市町村に複数設置される場合がある。しかし、1960年以降は、水道事業経営の効率性の観点から、厚生省によって簡易水道などの小規模水道は、より大きな上水道などに統合され、広域化が進められてきた（厚生省水道環境部水道行政研究会 1992、pp. 11-12、pp. 20-21、pp. 91-107）。そのため、簡易水道が上水道に置き換わることがあっても、上水道が簡易水道に置き換わることは考えにくい。

専用水道については、規模などにおいて一定要件を満たす施設が新設されれば専用水道とみなされ、水道として規制の対象となる。そのため、専用水道は上水道や簡易水道の給水区域内であっても存在する。しかし、1966年の厚生省による通知により、それ以降に分譲された住宅地などの専用水道は、市町村の水道事業による給水が可能になった段階で水道事業に統合することが求められるようになった（厚生省水道環境部水道行政研究会 1992、pp. 53-55）。

以上から、簡易水道は機会があれば上水道に置き換わる可能性がある。専用水道は、上水道や簡易水道といった水道事業の存在とは関係なく設置されるが、分譲住宅地などでは簡易水道や上水道などに置き換わる可能性があるといえる。

4.2　上水道の展開と人口増加

大阪大都市圏の大部分の市町村においては、上水道普及率の上昇により水道全体普及率が高まってきたといえる。水道普及率の上昇には、行政域内に

おける未普及地域への水道の敷設あるいは給水区域内における増加人口に対する給水という二つの側面がある。3.2から、人口急増市町村においては、上水道普及率が著しく上昇した場合とその割合が高いまま推移した場合がある。上述の通り、上水道は水道普及において他の水道の統合を引き起こす存在でもある。そこで、人口増加と上水道普及率上昇との関係性について検討するために、上水道の給水人口について1950年以降における5年ごとの市町村別増加率を図2.7として示し、図2.3、2.4と比較検討することで、大都市圏内において上水道がどのように普及率を高めてきたかを空間的時系列的に検討したい。これにより、2節で述べた都市化の動向や、3.4、3.5で述べた上水道以外の水道の展開との関係性について考える。

　3.3でも述べたように、1950年の時点で、大阪市や、隣接する市町、尼崎市、西宮市、芦屋市などの阪神地方には、上水道がすでに一定程度普及している市町村が分布した。大阪府のほとんどの市町では1960年までに上水道が創設されてはいたものの、普及率が大幅に上昇したのは1960年代である。図2.2a～dと図2.7a～dをみての通り、1950年から60年代後半にかけては、人口増加率が高い市町村よりも上水道給水人口増加率が高い市町村の方が多く、この時期に人口増加率を上回る勢いで上水道整備が進んだといえる。これについては、大阪大都市圏の中心都市に近い人口急増町村においては、増加人口に対する給水による普及に加えて水道未普及地域に上水道が創設されたことで、上水道給水人口増加率が人口増加率を上回ることになったと考えられる。一方、人口が減少、あるいは人口増加が停滞傾向にある大都市圏縁辺部においても、高い上水道給水人口増加率を示す市町村がみられる。こうした市町村では、人口の動向とは関係なく、都市基盤設備として上水道が敷設されたものと考えられる。

　1970年代後半以降は、図2.2e～hと図2.7e～hの通り、上水道給水人口増加率が高い市町村は、大都市圏のより縁辺側にみられるようになり、こうした市町村は人口増加率の高い市町村と概ね一致する。とくに、1970年代後半の兵庫県猪名川町、奈良県生駒市、和歌山県橋本市、80年代前半の大阪府豊能町や猪名川町、80年代後半の兵庫県三田市、三重県名張市などの市町村では、人口増加に対応する形で上水道が普及したものと思われる。

68　第Ⅱ部　都市域における生活用水・排水システムの展開

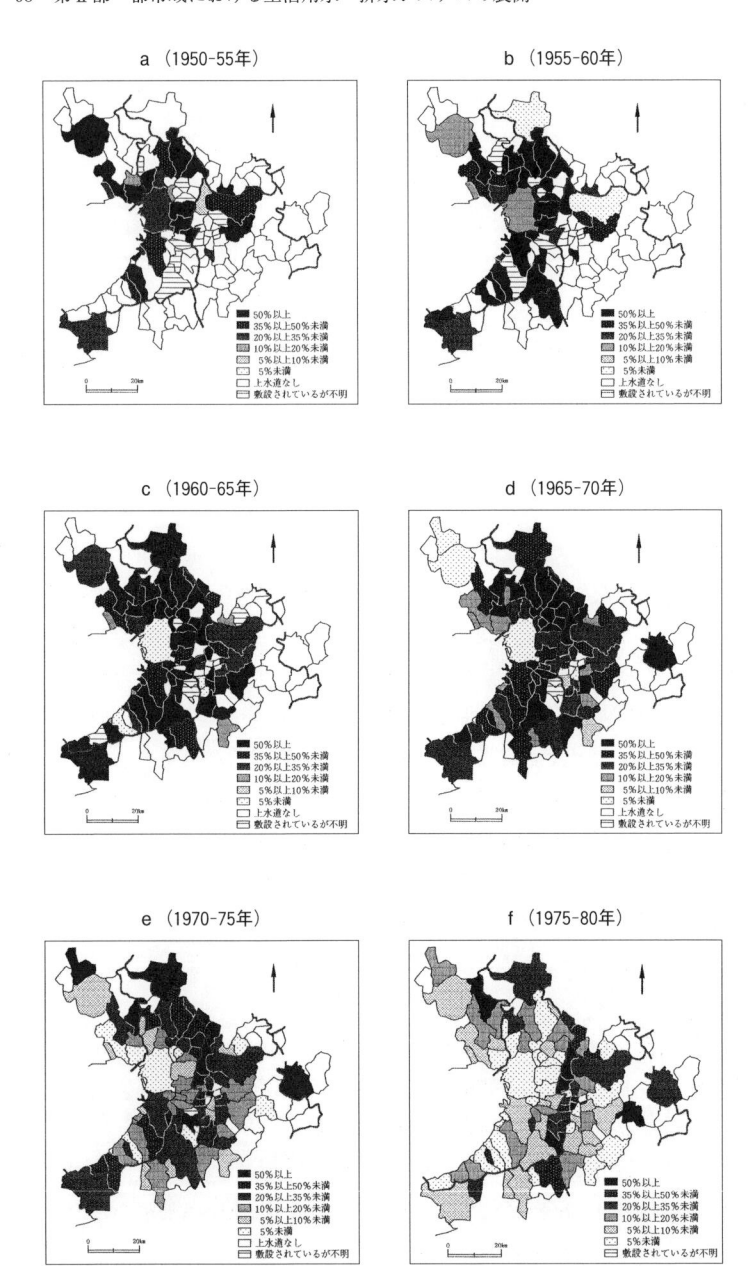

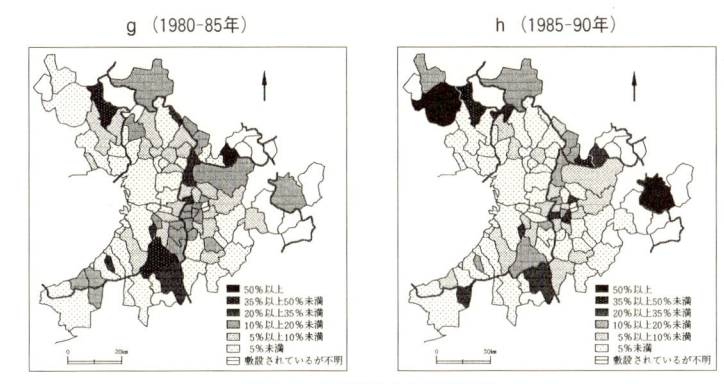

図 2.7 上水道給水人口増加率
資料 国勢調査、水道統計、昭和35年度全国水道施設調書。

4.3 上水道の展開と簡易水道の統合・縮小

1960年には、大都市圏北東側の大阪府枚方市、交野市、寝屋川市では簡易水道普及率が高かったが、1965～70年にかけてみられなくなった。この時期に上水道普及率が上昇していることから、これらの市における簡易水道は上水道へ統合が進んだものと思われる。一方で、大阪府の北部・南部に位置していて山間部を有し、1970年代までに人口が急増した大阪府茨木市、箕面市、池田市、和泉市、島本町、兵庫県宝塚市などでは、普及率が1960年代から70年代にかけて低下しつつも、1990年においてなお簡易水道がみられる。こうした市町では早い時期に社会基盤整備として簡易水道が敷設されたものの、山間部に位置しているため上水道に統合しにくいことが理由だと考えられる。その後、平野部を中心に上水道の敷設が進み給水人口が増大したために、簡易水道普及率が相対的に低下したものと思われる。

また、大都市圏縁辺部に位置して人口が減少あるいは停滞傾向にある市町村において、上水道給水人口増加率が高い値を示している場合がある。1970年代後半の大阪府河南町、京都府八幡市、奈良県平群町、和歌山県橋本市などの市町、1980年代前半の豊能町では、簡易水道普及率が低下していることから、簡易水道の統合による上水道化が進められた可能性が高い。また、簡

易水道がなくなった1970年代後半の兵庫県西宮市、伊丹市、1980年代前半の大阪府岸和田市、兵庫県川西市、1980年代後半の大阪府高槻市、交野市、兵庫県猪名川町は、上水道への統合が完了したものとみられる。

　一方、1970年代前半から90年にかけて、大都市圏縁辺部の大阪府能勢町、奈良県曽爾村、御杖村においては、人口推移が減少あるいは停滞しているものの、簡易水道が新設されたり、簡易水道普及率が大幅に上昇した。生活基盤として新たに簡易水道の整備が進展したものと思われるが、人口規模が小さく計画給水人口の規模が5,000人未満のため上水道に該当せず、水道施設が制度上、上水道ではなく簡易水道となっていたり、集落と集落の距離が離れているために統合できず、分散して簡易水道が存在しているものと考えられる。

　以上から、簡易水道については、山間部を有する市町村の縁辺側に簡易水道の普及率が高い市町村が環状に存在し、その環は年を経て都市圏の縁辺の方へ移動しているといえる。表2.1では簡易水道の普及率が低下し、上水道に置き換わってきたように見受けられた。しかし、実態としては、簡易水道の普及が縁辺部へと広がり、一方で、都市圏の内側からは上水道への統合が進んだものの、大阪府境付近や大都市圏縁辺部の山間部を有する市町村では、効率性の面から現在でも小規模な簡易水道が維持されていると考えられる。

4.4　専用水道について

　大阪大都市圏における専用水道については、人口が増加している市町村において普及率が上昇している場合もあれば、低下したり、専用水道がなくなった場合もある。また、大都市圏中心部の都市に存在する一方で、縁辺部にも存在する。専用水道には、企業の社宅や社員寮、大規模な住宅団地、分譲住宅地などが含まれる。人口増加による都市化以外の要素も含まれることから、都市化との関係性については個別の分析が必要であることを指摘するに留めたい。

4.5 人口増加の上水道普及への影響

　1960年代前半から70年代前半にかけては、人口が減少局面にあった大阪市に隣接する市町村において人口増加が横ばいとなった。こうした市町村では上水道がすでに高普及となっていたことから、上水道給水人口増加率も横ばいとなった。一方、この時期に人口増加が著しい地域は大阪市を取り巻く市町村より縁辺側に環状となって出現した。つまり、中心都市から縁辺側の市町村で本格的な人口増加が始まり、かつ上水道人口増加率も上昇した。こうした市町村においては、人口急増にともなう水需要の急増への対応に迫られたはずである。秋山（1986）が大阪府における大阪府営水道が果たした役割を指摘したように、こうした水需要の増大に対して府県営の水道用水供給事業が生活用水供給を担った。ただし、大阪府営水道の給水能力を上回るような水需要が生じたり、大阪府営水道の供給地域の拡大に追いついていない場合には、当該市町村は水道水の不足に直面し、独自の対応に迫られた。これについては、本論の第4章において茨木市を事例として示す。また、大阪府以外の府県における水道用水供給事業の例として、笠原（1988）による、1970年代後半以降の水道用水供給事業の展開と簡易水道などの統合・拡大で対応した京都府南西部京阪奈丘陵3町の研究例が、まさにこの時期の大阪大都市圏の京都府南部における事例としてあてはまる。また、兵庫県の事例として、県営水道用水供給事業の完成の遅れにより、人口急増による水需要の増大に対応できず、独自の水道水確保に迫られた宝塚市を、本論第5章に事例として示す。

4.6 第二次世界大戦後の大阪大都市圏における人口増加と水道普及

　以上を踏まえて、第二次世界大戦後の大阪大都市圏における人口増加と水道普及について整理する。
　大阪市や隣接する市町、阪神間の市町、奈良市などにおいては、すでに上水道が敷設され、ある程度普及していた。1955年までに人口が増加した大阪

市と周辺市町村、兵庫県の阪神地方において上水道の給水人口が増加し、上水道普及率が上昇した。増加した人口と未普及人口への水道普及が進んだものと思われる。その他の大阪府の市町村では、ある程度の上水道普及率の上昇がみられた。この時期の簡易水道、専用水道の普及状況は不明である。

　1950年代後半には、大阪府北東部と阪神地方においてとくに人口が急激に増加し、上水道普及率も高まった。増加人口と未普及人口への水道普及がさらに進んだものと思われる。人口が減少していたり人口増加が停滞していて、上水道が未敷設であった大阪府の縁辺部（山間町村を除く）や奈良県の市町村では、上水道の創設が相次いだ。他方、大阪大都市圏の縁辺部に位置して山間部を有する町村では、上水道は創設されず、簡易水道による水道の普及が進んだ。

　1960年代前半には、すでに上水道が敷設されている人口急増市町村において増加人口と未普及人口への水道普及が進んだ。1965年には大阪府の広い範囲で上水道普及率が上昇し、上水道が高普及となった。大阪府では、上水道の普及にともなって簡易水道が統合されて簡易水道普及率が低下した市町村もある。一方、人口増加が停滞・減少局面にある山間部を有する市町村や大都市圏の縁辺部では、簡易水道の普及が進んだ。なお、すでに上水道が高普及となっていた大阪市は人口推移が停滞し、水道が高普及状態で維持された。1965年までに山間部の市町村以外をのぞく大阪府と阪神地方の市町村において水道が高普及となり、増加人口への水道普及が進んだ。同様のことは奈良県北部でも生じた。また、簡易水道の上水道への統合が進んだが、大都市圏縁辺部以外の山間部を有する市町村では、簡易水道が比較的高い割合で存在していた。なお、大阪市は水道が高普及状態のまま人口が減少局面に転じた。

　1970年代前半には大阪市に接する市町村の人口急増が収束し、上水道が高普及状態で維持された。人口急増市町村が大都市圏の中心都市である大阪市からみて環状を成して大阪府境付近に分布を示した。この環状のゾーンはすでに上水道が高普及状態となっていて、増加人口への上水道普及が進んで高い上水道普及率が維持されたと考える。この地帯では簡易水道の上水道への統合も進んだ。また、より縁辺側の町村において簡易水道の上水道への統合をともなう上水道の創設がみられた。一方で、新たに簡易水道が設置された

町村もある。また、大阪市に隣接する市で、水道が高普及状態で人口が減少局面に転じたところがある。

　1970年代後半には大阪大都市圏において大幅な人口増加を示す市町村数が減少した。また、これらの市町村は70年代前半よりも縁辺側に環状を成して分布した。この環状の地帯はすでに上水道が高普率を示していることから、増加人口への上水道普及が進んで高い上水道普及率が維持されていたと考えられる。この環状ゾーンでは簡易水道の上水道への統合も進んだ。一方、大阪市に隣接する市では、水道が高普及状態で人口が減少局面に転じた市がある。大都市圏縁辺部の町村では簡易水道による給水が続いている。また、大阪府境付近に位置して山間部を有する市町村においても、普及率は比較的低いながら簡易水道が存在している。

　1980年代前半には、大幅な人口増加を示す市町村数が限られており、これら市町村は70年代後半よりもさらに縁辺側に途切れた環状を成すようにして分布した。大阪市に隣接する市には、70年代後半に引き続いて人口が減少しているものもある。大都市圏の町村では簡易水道による給水が続いている。また、大阪府境付近に位置して山間部を有する市町村においても、簡易水道が低普及率ながら存在している。簡易水道の分布は70年代後半と似通ったものであった。この時期においては、簡易水道の上水道への統合が一部では進んだとみられる。

　1980年代後半は、前半に人口増加を示した市町村の一部でそれを上回る人口増加がみられた。こうした市町村では簡易水道の統合も行なわれ、簡易水道普及率が低下したり、簡易水道がみられなくなったりしている。大阪市に隣接する市においては、水道が高普及状態のまま人口が減少局面に転じた市が増加した。大都市圏の縁辺部の市町村では簡易水道による給水が行なわれている。また、大阪府境付近に位置し山間部を有する市町村では、簡易水道が分布市町村数を減らしながらも低普及率で存在している。

　以上から、第二次世界大戦後の大阪大都市圏における水道普及の展開は、都市圏の縁辺部への上水道の普及、山間部における簡易水道の普及、上水道の普及にともなう簡易水道の上水道への統合、と整理できる。そして、それらに影響を及ぼした要因として、上水道の普及については、第二次世界大戦

前までの一定程度の上水道普及、人口増加とそれにともなう開発の進展、すなわち都市化の進展による水需要の増大が挙げられよう。簡易水道の普及については、村落地域における水道整備による生活環境整備の推進と小規模町村における都市化の進展による水需要の増大が挙げられる。簡易水道の縮小・消滅については、水道事業効率化のための小規模水道の統合政策が要因として挙げられるが、完全に消滅せずに残っている要因として、山間地域においては小規模な簡易水道が分散して給水することの効率性が考えられる。

5 おわりに

　以上、大阪大都市圏における水道普及について検討してきた。上水道は都市化にともなう都市基盤設備として敷設され、普及してきた。一方、簡易水道は都市化が及んでいない地域において生活基盤として敷設されて普及し、都市化の進行によって上水道が拡大されて統合が可能になった段階でなくなるか、あるいは大規模な上水道が給水しにくい山間部において現在も給水する役割を担っている。

　4.5においても記した通り、大都市圏における水道の経営主体は人口増加にともなう水需要の増大に対応する必要に迫られる。大都市圏における生活用水システムの時系列的空間的展開の全体像を明らかにするには、こうした人口増加市町村における水道の経営主体の対応について個別的に事例研究を行なう必要がある。一方、水需要の増大は生活排水の増大に直結するため、生活排水処理としての下水道の整備についても視野に入れた研究が必要である。本章は都市化と水道の展開に限定した検討を行なうために、時代を高度経済成長期以降に限定したが、東京圏や京阪神圏などでは第二次世界大戦前に一定程度の都市化が進展し、水道の普及や下水道の建設がみられた。日本の近代以降における生活用水・排水システムの全体像の解明のためには、こうした地域における詳細な検討が欠かせないものと考える。これについては、本書第3章において取りあげる。

　また、水道普及については、敷設する側から解明を進める一方で、水道が敷設される側、つまり住民側から生活用水システムの展開について解明が必

要である。大都市圏の市町村における人口増加では、社会的増加が大きな位置を占める。他地域から転入してきた住民の多くは、生活用水として水道水を利用することになろう。一方、従来から居住していた世帯では、従来からの生活用水システムに水道が加わることになるが、その利用実態や従来型生活用水システムの存廃については、この研究からは明らかにできない。都市化の段階に応じて実際の生活用水・排水システムがどのように変化してきたかを詳細に調査し、検討する必要がある。その際、従来型生活用水・排水システムの変化の把握が必須である。こうした研究は、水道が普及して間もない既存集落などにおける実態調査を行なうことで、より明らかにされるものと考える。これらについては、本書第6章、第7章において検討する。

なお、専用水道の主体は極めて多様であり、今回の研究手法では普及要因の傾向をつかむことは困難であった。大都市圏における生活用水システムの解明のために、個別的な事例研究によって明らかにする必要がある。

注
1) この場合の近代水道とは、鉄管等を用い有圧で配水するものをいう。これに対し、前近代的水道とは、水源から土管、木樋、溝渠などにより直接引水したものをいう（寺尾1981、pp. 31-36）。
2) 水道法においては、上水道と簡易水道を一般の需要に応じて水を供給する水道事業と位置づけているが、この場合の水道普及率には、水道法上の水道に含まれる専用水道を含めた給水人口を総人口で割ったものを示す。上水道、簡易水道、専用水道の違いについては5)に記す。
3) 本章では、生活用水の水源からの取水・浄水・給水の体系を生活用水システムと表現する。また、発生した屎尿・雑排水の排水・処理・自然界への放出までの体系を生活排水システムと表現する。
4) ただし、従来型生活用水システムが消滅して水道だけとなったところもあれば、水道と並存する形で残っているところもある（肥田1990、p. 77）。
5) 今回対象とする上水道、簡易水道、専用水道について整理する。
　水道法では、水道とは導管などにより、飲用水を供給する施設の総体とされ、水道法に示される水道の種類としては、水道事業、水道用水供給事業、専用水道、簡易専用水道がある。このうち、水道事業は一般の需要に応じて水道により水を供給

する事業をいい、このうち、計画給水人口が101人以上5,000以下である水道による水道事業を簡易水道事業といい、簡易水道事業以外の水道事業、すなわち計画給水人口5,001人以上の水道事業を慣用的に上水道事業とよんでいる。簡易水道は名称こそ「簡易」であるが、施設基準は上水道と変わりがない。水道事業者は給水区域を定め、その区域内の居住者から給水の申し込みがあった場合には給水をしなければならない。簡易水道については、単に給水人口規模が小さいものを簡易水道とした規定であり、水道の施設基準や水質基準は、上水道・簡易水道とも違いはない。

水道事業は市町村営が原則で、その給水区域については、同一行政区域に複数の水道事業がある場合は、積極的に統合されることが望まれている。また、簡易水道は集落が分散していて上水道を敷設できない市町村や、上水道の給水区域から離れているため上水道を引くことができない農山漁村集落などに、社会的基盤として建設された場合がほとんどである。

水道により水道事業者にその用水を供給する事業を水道用水供給事業という。大阪府営水道（現大阪水道企業団）、兵庫県営水道、阪神水道企業団などがこれに該当する。同事業はいわば水道水の卸売りであって、末端給水はしないので、本章では取り上げない。

寄宿舎、社宅、療養所、長期宿泊を目的とする施設などにおける自家用の水道や、その他水道事業の用に供する水道以外の水道で、101人以上の者にその居住に必要な水を供給するものを専用水道という。学校の水道のような居住者のないものは専用水道に該当しないが、寄宿舎がある場合には該当する。他の水道から供給を受ける水のみを水源としていても、一定規模以上の施設があれば専用水道に該当することになるが、その場合、統計上では、水道箇所数は数えられるが、給水人口は水源となる水道に含まれている。なお、2002年の水道法の改正で、給水人口が100人を下回る場合でも、一日最大給水量が一定基準を超える場合には専用水道に規定されることになった。本章では改正前の基準に基づいている。

ビルやマンションなどに設置されるタンクなどによって供給される水道で、水道事業から供給を受けた水のみを水源とするものを簡易専用水道という。簡易専用水道による給水人口は水源となる水道事業に含まれているので、簡易専用水道を独自に取り出して論ずることはしない。

その他の水道として、給水人口が50～100人以下（場合によっては30～100人以下）で人の飲用に供する水を供給する施設を飲料水供給施設というが、水道法には定義されておらず、国庫補助に関する予算執行上の用語である。本章では100人以下の小規模な水道施設を小規模水道と呼ぶことにする。都道府県によっては、飲料水供給施設について、条例を設けて専用水道の定義を100人以下に読みかえた水道を管理している場合があり、例えば兵庫県は条例で給水人口50人以上100人以下の

小規模水道を「特設水道」と定め、管理している。さらに兵庫県では、公衆衛生上必要として、特設水道条例施行規則によって、学校、病院、老人ホームなどに給水する水道を特設水道に含めている（厚生省水道環境部水道行政研究会編 1992, pp. 18-19、pp. 30-32、pp. 53-55、pp. 100-102、pp. 166）。
6) ただし、第6章において猪名川流域の検討を行なうため、猪名川流域には入るが大阪大都市圏には含まれない亀岡市を、本章において取り上げるものとする。
7) 人口は総務庁統計局監修東洋経済新報社編（1985）『国勢調査集大成人口統計総覧』に掲載された値をもとに、1994年の市町村域に組み替えて使用する。
8) 市町村域について、水道事業は市町村により敷設されるものがほとんどであるため、本来であれば各年時点の市町村域を扱うことが望ましいが、時系列的に一貫した把握を行なうとする本章の趣旨から、1994年現在の市町村域に組み替えた人口値を使用する。
9) 大山は小規模水道について、水道法上の水道には規定されない、給水人口31人以上100人以下の水道施設としている。
10) 大山（1999）が行なったように、給水人口100人以下の小規模水道をも研究対象に含めるべきと考えるが、大阪府庁の担当部署に1970年代以前の小規模水道のデータが残っていないため、本章では含めないことにした。
11) とくに京阪神間と大阪市南東部の市町村が著しく上昇した。

文献

秋山道雄（1986）「都市圏の変動と上水の需給構造」田口芳明・成田孝三編『都市圏多核化の展開』東京大学出版会、pp. 215-253。

秋山道雄（1990）「滋賀県の水道と水管理」岡山大学創立40周年記念地理学論文集編集委員会編集発行『地域と生活Ⅱ―岡山大学創立40周年記念地理学論文集―』pp. 223-240。

大山佳代子（1991）「秋田県における上水道普及率の地域特性」秋大地理 38、pp. 3-11。

笠原俊則（1988）「京阪奈丘陵3町における給水空間及び給水状況の変化」立命館大学人文科学研究所紀要 47、pp. 49-77。

嘉田由紀子・小笠原俊明編（1998）『琵琶湖・淀川水系における水利用の歴史的変遷』（琵琶湖博物館研究調査報告6）、滋賀県立琵琶湖博物館。

「近代水道百年の歩み」編集委員会（1987）『近代水道百年の歩み』日本水道新聞社。

厚生省水道環境部水道行政研究会編（1992）『水道行政―仕組みと運用（改訂版）―』日本水道新聞社。

寺尾晃洋（1981）『日本の水道事業』東洋経済新報社。

戸所　隆（1994）「京阪神大都市圏の構造変容と商工業の立地変化」高橋伸夫・谷内

達編『日本の三大都市圏―その変容と将来像』古今書院、pp. 168-190。
日本水道史編纂委員会編（1967）『日本水道史総論編』日本水道協会。
肥田　登（1990）『扇状地の地下水管理』古今書院。
森川　洋（1990）「都市化概念の諸問題」澤田　清編『地理学と社会』東京書籍。
森瀧健一郎（1990）「1973年以降における都市用水需給の動向―過剰開発は過去のものとなったか―」岡山大学創立40周年記念地理学論文集編集委員会編集発行『地域と生活Ⅱ』、pp. 241-254。
矢嶋　巌（1993）「川西市の水道事業」千里地理通信 28、pp. 7-9。

第3章 大阪府の淀川両岸地域における
水道・下水道の普及
―明治期から昭和戦前期までを中心に―

1 はじめに

　日本における水道の普及は、1910年代後半からの都市化にともなって一定の進展をみたとされる（寺尾1981、p.2）。この時期は、東京、京阪神、名古屋という、現在の日本の三大都市圏において、整備が進んだ路面電車や鉄道沿線を中心に都市化が進展し、都市圏が形成されつつあった。
　第二次世界大戦後にはこの鉄道網に沿って住宅地開発や工場進出が急速に進むなど、戦前の都市基盤整備が基礎となって、現在のような三大都市圏域を形成するに至った。水道は都市基盤整備のなかでもっとも基本的なものの一つであった。水道を敷設することで、伝染病・火災対策、経済性、利便性などが期待された。東京、横浜、大阪、神戸といった大都市では、とくにコレラなどの伝染病対策と防火の観点から明治期に近代水道が整備され、その動きは地方都市にも及んでいた。しかし、水道の建設には莫大な費用を要するため、水道条例という法律で定められた水道の市町村営主義の原則のもと[1]、大都市の周辺や村落など十分な財源がなかった地域では整備が進まなかった。そこで政府により水道事業の経営が条件付きで私企業にも認められ、さらに住宅団地などを経営する主体に民営水道敷設を促すために、水道の民営を可能とする法律・水道条例の改正が1911（明治44）年に行なわれた。これを受けて、東京・大阪といった都市の周辺で民営水道設立の出願がなされたが、実質的に市町村営主義の方針は変わらなかったとされ、東京を中心にいくつかの民営水道が設立されたにすぎない。なお伝染病の流行がおさまらない状況に、政府はそれまで巨大都市や港湾、軍事上の要所に限っていた水

道敷設における国庫補助の対象を、1921年度から大市区に接続する町村へも広げ、敷設を推進した。これにより、第二次世界大戦前において水道は、都市とその周辺地域を中心に、市町村営を原則として普及した（寺尾 1981、p. 51；日本水道史編纂委員会 1967a、pp. 196-198、pp. 363-367）。

　かつて日本では屎尿は肥料として利用され、雑排水は無処理あるいは簡便な沈殿などを行なう程度で水域に放流されてきた。都市における下水道建設は、上述の伝染病予防の重要な対策として政府に位置づけられた。近代以降の都市における下水排除については、明治初期に神戸と横浜の外国人居留地に設置された暗渠下水路や、その後東京と横浜に設置された下水排除のための覆蓋溝渠や暗渠下水管があるほか、1883（明治16）年にコレラなどの伝染病対策として政府の指令により東京・神田に整備された下水路があるが、いずれも狭い地域に限定されたものであった。1900年には旧下水道法が制定され、下水道建設の目的は雨水と汚水を排除することで都市の清潔を保つことと規定された。下水道は、水道と異なって事業収入がないとされていたことと、多額の建設費を必要とすることもあって、水道に比べて建設の歩みは遅かった。日露戦争から第一次世界大戦期にかけての工業化と人口集中で、大都市域では生活環境が著しく悪化し、コレラやペストが流行していた。その後、全国の重要港湾都市や大都市で、下水道が計画あるいは一部が建設された。1919（大正 8 ）年には都市環境整備を受益者負担で実施することを定めた都市計画法が制定され、下水道も都市計画事業として受益者負担で実施されるようになった（日本下水道協会下水道史編さん委員会編 1986、pp. 1-2、pp. 51-56）。

　屎尿については、大都市への人口集中や化学肥料が普及する一方で、農村人口の減少による農業の縮小などによって肥料利用が追いつかなくなり、大正中期の都市域では屎尿があふれ出す状態となった。この時期以降、屎尿も下水道で受け入れて処理を行なうことが開始されたが、当然それは下水道が建設された大都市に限られた（日本下水道協会下水道史編さん委員会編 1986、pp. 96-99）。

　昭和期に入ると、都市計画と失業対策事業の側面から下水道建設が進んだが、水道事業と比較して、下水道が整備されたのは地方の中心的都市やごく

一部の大都市周辺町村に限定されており、都市施設として一般的なものとはいえなかった（日本下水道協会下水道史編さん委員会編 1986、pp. 105-107）。

　明治期以降、近世都市が近代都市へと変貌、あるいは新たに近代都市が出現し、それを中心として大正・昭和戦前期には周辺地域へと都市化が広がり、第二次世界大戦後の大都市圏形成へとつながった。このような大都市周辺地域における水道の敷設や下水道建設は具体的にどのようなもので、大都市からいかなる影響を受けたのか。また、他の水道の敷設につながるような影響や、相互的な関係性はなかったのだろうか。そして、こうした明治期から昭和戦前期にかけての大都市とその周辺地域における都市基盤設備としての水道・下水道の展開は、第二次世界大戦後、どのようにして都市圏における広域水道整備を機軸とした生活用水システム[2]や、大規模な流域下水道整備を柱とした生活排水システムの構築につながっていったのか。

　第二次世界大戦前の大都市域における都市基盤整備については、東京や大阪といった大都市を中心に多方面から研究されている。なかでも大阪について近代史研究の芝村は、近代大阪研究の意義の一つとして、産業革命の中軸を担ったという点で、大阪は近世都市の解体、それに続く近代都市の形成過程を明らかにする最も重要な事例であると指摘している。また、近代の大阪は東京に比べて産業資本中心の経済であり、近代的システム・生活様式・意識などがよく表出しているとし、日本の近代都市を研究する上で大阪を取り上げる意義を示している（芝村 1998、pp. 27-28）。

　近代期の大阪やその周辺における都市基盤整備に関しては、極めて多様な研究が行なわれてきた。たとえば、都市圏形成や交通発達に関するアプローチとして石川（1999）、三木（2003）などがあり、交通整備と郊外住宅地開発の展開に関するアプローチとして、水内（1996）や松田敦志（2003）、片木ほか編（2000）などが挙げられる。また、郊外開発の PR を取り上げた大槻（2001）がある。大阪市の街路整備に関する研究例として岡本（2006）がある。一方、大阪周辺に出郷者たちが形成した空間を近代期の都市基盤整備の格差を踏まえて把握した山口（2008）の研究も指摘したい。また、大阪周辺の盛り場形成を区画整理事業との関係性からとらえた加藤（1997）など、枚挙にいとまがない。関西大学地理学・地域環境学教室編（2007）が、まさ

に近代化の中でこうした都市基盤整備をもとに変貌した大阪府旧東成郡を中心とした地域研究を行なった。また、水内・加藤・大城（2008）が、近代から現代の京都・大阪・神戸における多様な都市空間について、都市基盤整備を踏まえた上で生産と消費に関わる分野から広く解説を行なうなど、近代の都市基盤整備との関係性を重視した地域研究も進んできている。

橋本（1996、pp. 124-125）は複雑な様相を呈している大都市圏を複眼的・総体的思考で把握するために、地理学における総合的研究として地誌の意義を訴えた。都市圏の成立そのものが社会・文化・行政が相互的に関わって歴史的に形成されたものであるとの認識から、地域研究の対象として、都市圏は重要な対象たり得ると提起した。関西大学地理学・地域環境学教室編や水内・加藤・大城の研究などは、上述の都市基盤整備との関係性を踏まえて、地図とフィールドワークにより、近代期の大阪市の近接地域や京阪神大都市圏域の形成過程に総合的視野から切り込み、編み直そうとする研究とも位置づけられ、橋本の問題提起に応えるかのような流れを読み取ることができる。とくに水内・加藤・大城の研究は、今後の都市圏における地域研究に重要な視座を与えるものと思われる。

一方、近代期の大阪市とその周辺地域における生活用水・排水システムを中心に捉えた研究として、安田（1992）が挙げられる。安田は近代における大阪郊外での住宅地開発について紹介する中で、大阪が近代都市として発展していく一方、伝染病予防や火災防止のために水道敷設が望まれるような水環境になっていたことや、大気汚染が深刻化していた状況にあったことを挙げ、猪名川流域や阪神間で開発された郊外住宅地を例にして、給排水システムの具体例を紹介している。そのうえで、増加した人口への水道水供給のために、淀川や武庫川を水源とする阪神上水道市町村組合や、淀川を水源とする大阪府営水道が建設され、結果的に第二次世界大戦後の郊外住宅地を支えることになったと述べ、本章の問題提起に対して重要な視座をもたらしている[3]。小野（2001）は、近代期の日本の都市における水道・下水道整備の要因について京都を事例に説明したなかで、大阪の水道創設について取り上げ、表流水飲用が水系伝染病の流行のリスクとなることが水道敷設を強く推進させたとし、大阪で水道創設に至った要因を明らかにした。秋山（1986）は第

二次世界大戦後の大阪府における水道広域化の分析にあたって、第二次世界大戦前に始まる大阪市による市外給水について触れ、大阪市と周辺市町村が水道広域化によって関係を有することになり、それが第二次世界大戦後に大阪府営水道によって進められる水道広域化の下地になったとしている。また、小野（2001）も大阪市が市外給水を行なった範囲を市域として拡張したことについて指摘している。下（1994）は大阪市の下水道事業の展開について排水対策の点から概観し、大阪市下水道にとって浸水対策も重要な意味を有していたことを明らかにしている。大阪市とその周辺地域における水道水源については、嘉田・小笠原編（1998）が、琵琶湖・淀川水系に水道水源を依存する市町村の水道事業の創設時からの水源の変化について全域的調査から明らかにした。大阪市と周辺地域において、人口が増加し周辺地域へと都市化が進む中で、水道水源が次第に琵琶湖・淀川に依存されていく状況を示している。また、大阪市周辺の郊外住宅地における生活用水確保や排水形態について、末尾（1988）、橋爪（2000）、寺内（2000）による郊外住宅地の事例研究において個別的に取り上げられている。大阪府下の各市町村区史誌においては、それぞれの市町村区の生活用水・排水システムに関わる内容が市町村区単位で記されている。

　このようにして断片的・個別的に記されてきた近代期、すなわち明治期から昭和戦前期にかけての大阪市と周辺地域における生活用水・排水システムの変容について、ある種の地域的合理性を有していた従来型の生活用水・排水システムが、どのようにして複雑な近代システムである水道・下水道といった都市基盤設備による生活用水・排水システムへと変容したのか、あるいは第二次世界大戦後に変容することになるのか。この解明のために、いずれ都市化が及ぶ周辺地域を含む圏域を研究対象地域として設定し、都市化の進展にともなう生活用水システムの地域的変化を基準に区分をした時代ごとに、圏域内における都市化との関係から生活用水・排水システムの変容について統合的に編み直すことにより、明治期から大正期、昭和戦前期を経て、第二次世界大戦後に至る大阪市とその周辺地域の生活用水・排水システムの全体像の把握により近づくことができるものと考える。そこで本章では、近代の大阪市とその郊外地域としての淀川両岸地域を事例とした研究を行ない、

近代に水道・下水道がいかに整備されたのか、あるいはされなかったのかを明らかにし、近代期の都市域における生活用水・排水システムの変容を通じた大阪都市圏域の形成過程を把握するための一事例としたい。

　大阪は感潮域である淀川河口に位置するため、良質な地下水に乏しく、さらに満潮時には大阪湾への河川の流出も滞りがちであった。そのため大阪は、近代水道が整備されるまでは、汚染された河川水を生活用水とすることによる伝染病感染の危険性が高い都市であった。また、大阪は明治末期から昭和戦前期にかけての著しい工業化により人口が大幅に増加して、巨大都市へと成長した。大阪府の淀川両岸地域などにみられるように、鉄道網を軸に都市化が進んだ。

　淀川両岸地域の地形は、右岸側が淀川低地帯、台地、丘陵、山地へと移行するのに対して、左岸側では、淀川低地帯から河内平野へと低湿地が広がり、こうした地形とそれに基づく水環境の相違が伝統的な生活用水システムのあり方に違いをもたらしていた。このことは、のちに淀川両岸地域における水道敷設の展開を多様化させ、下水道建設のあり方にも影響を及ぼすこととなった。また、第二次世界大戦後に著しく進展する水道広域化の端緒ともいえる周辺町村への水道水供給が大阪市によって行なわれていたほか、淀川に水源を得て周辺町村への給水を行なうことを目的とした大阪府による水道供水供給事業が着工され、淀川両岸地域は当初からその給水区域に含まれていた。また、大阪市が進めた市域拡張は、水道整備とも密接な関係性を有し、淀川両岸地域へと及んだ。

　他方、生活排水との関連では、淀川両岸地域のうち淀川低地帯は水害常襲地域で、適切な汚水排除とともに雨水排除が重要な問題となっていた。大正期から昭和戦前期には、悪化した水質汚濁対策と、増加人口のための屎尿の処理という問題に直面したが、有効な対策を打つころができなかった。第二次世界大戦後には都市化の影響で水害の多発と水質汚濁の深刻化に抜本的な対策を余儀なくされた。

　淀川右岸地域には1876年に官営鉄道が、そして、1921年に新京阪鉄道が開業した。淀川左岸地域には1908年に京阪電鉄が開業し、これらの鉄道敷設はその後の沿線町村における産業化の基盤となった。こうした鉄道敷設が両岸

地域の都市化や水道・下水道整備にどのような影響を及ぼしたのかという疑問が生じる。左岸と右岸において異なる様相を呈する淀川両岸地域を比較検討することで、この地域の特殊性も浮かびあがり、上述の橋本（1996）の大都市圏における地域研究の意義に関する問題提起に、大都市圏の自然環境という視点が加わることも期待される。

　以上の点から、大阪府の淀川両岸地域は、近代的システムといえる水道・下水道整備にともなう大都市と周辺地域における生活用水・排水システムの変容の一般性を明らかにしていくための研究対象として妥当である。

　本章では、まず時代ごとに住宅地開発や産業の展開などの水道創設につながった要因や、水道水源の確保と水道敷設に至るプロセスを示す。また、開発にともなう水質汚濁や雨水排除の問題の発生状況などを明らかにし、近代の大都市周辺地域における都市化と水道・下水道整備について検討する。その際、水道の創設時期ごとの制度、水道事業の主体、地域の地形・水環境と水道水源との関係性など、水道の展開の多様性に関わる要素と、鉄道敷設・住宅地開発・工場進出といった都市化要素に留意する。また、大阪市が行なった市外給水と、第二次世界大戦後に登場する水道用水供給事業である大阪府営水道の着工に注目し、第二次世界大戦前の大阪市を中心に進みつつあった水道広域化と周辺町村との関わりについて具体的に検討する。さらに、下水道整備が進まなかった当時の大阪市周辺地域の生活排水システムについて、生活雑排水と屎尿処理の視点に分けて明らかにする。以上を踏まえて、淀川両岸地域における第二次世界大戦前の水道敷設と下水道整備が、戦後の水道普及と下水道整備においてどのような役割を果たしたのかを議論する。そして、戦後の淀川両岸地域における大規模開発をともなう都市化の進展とそれによる水需要の増大、水害の多発や水質汚濁の深刻化といった地域環境問題へといかにつながっていくのか検討する。

　なお、淀川両岸地域における明治期から昭和戦前期にかけての都市化の進展が、おもに現在のJR東海道線、京阪本線・交野線、阪急京都線・千里線といった鉄道網の発達によってもたらされたとの観点から、本章では大阪府の淀川両岸地域を次の地域とする。すなわち、中心都市である大阪市と、現在の京阪本線と交野線沿線に位置する門真市、守口市、寝屋川市、枚方市、

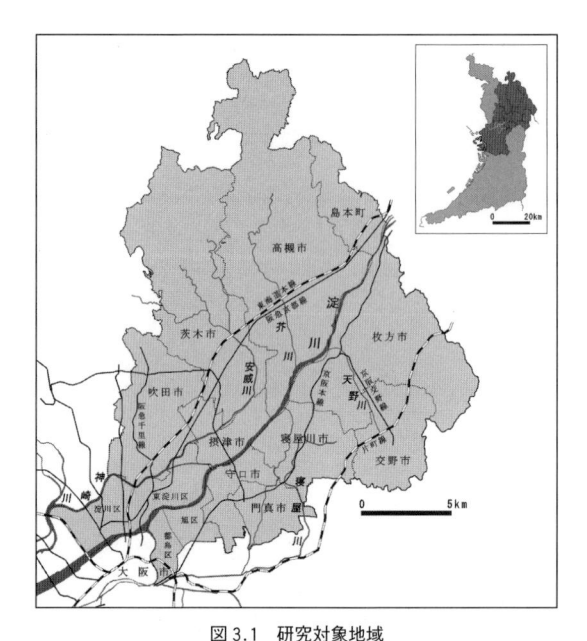

86　第Ⅱ部　都市域における生活用水・排水システムの展開

図 3.1　研究対象地域
資料　国土地理院数値地図 50000（地図画像）「兵庫・大阪」より作成。

　交野市の淀川左岸の市域と、現在の JR 東海道本線、阪急京都線と千里線の沿線に位置する吹田市、摂津市、茨木市、高槻市、島本町の淀川右岸の市町域である。大阪市については、現在は大阪市に含まれるが大阪市の第一次・第二次市域拡張で編入された大阪市東淀川区、淀川区、都島区、旭区、および城東区の一部が京阪本線、阪急京都線、阪急千里線の沿線となる。本来は北区の一部も含まれるが、旧大坂三郷や開発が古い地域を含むことで議論が煩雑になることを防ぐため、北区についてはかつては大阪市に近接する独立した町村を含むことに注意して述べるに留める（図 3.1、図 3.2、図 3.3）。これらの大阪市内の区部は各市域編入後は大阪市域として水道や下水道が整備されたことから、大阪市全体については、水道・下水道行政の流れを中心に述べる。ただし、淀川両岸地域の山間部については、第二次世界大戦前にはほとんど開発が進展しなかったことから、本章では取り上げない。
　なお、本章では、大阪市を除く大阪府下市町村について、周辺地域あるい

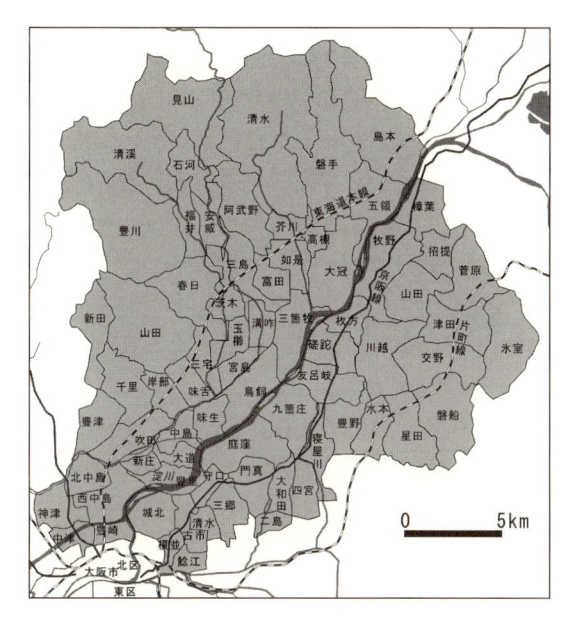

図 3.2 1920年頃の研究対象地域
資料 20万分の1地勢図「京都及大阪」(1919年製版)、5万分の1地形図「大阪東北部」(1914年測図)・「京都西南部」(1913年測図)。

は周辺市町村と表現する。そのうち、大阪市に近接する市町村については近接地域あるいは近接市町村と表現する。ただし、大阪市の市域拡張において、大阪市の接続市町村という表現が用いられ、行政史などでも多用されているが、必ずしも大阪市と境界を一にしているとは限らず、境界を接しない近隣の市町村が含まれている場合がある。そのため、本章では接続町村を近接町村と同義のものとして扱う。なお、近接地域、周辺地域は圏域としてとらえられ、その範囲は相対的なものであり、大阪市の市域拡張にともない時代を経て、近接地域や周辺地域の面積は縮小したものと考えてよい。

　また、本章では近代、すなわち明治期から昭和戦前期までの研究対象地域における生活用水・排水システムの変遷について述べるが、上述の通り、第二次世界大戦後の水道・下水道政策への脈絡を明らかにするという意図から、第二次世界大戦の復興が一段落して日本経済が高度経済成長へと進む1960年

88　第Ⅱ部　都市域における生活用水・排水システムの展開

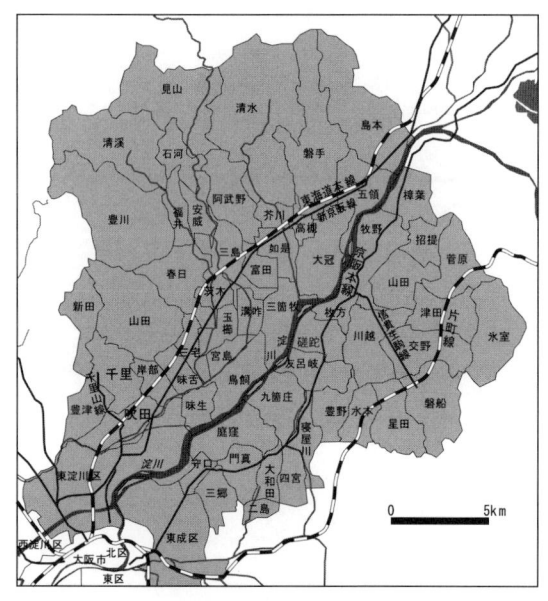

図 3.3　1930年頃の研究対象地域
資料　20万分の1地勢図「京都及大阪」(1932年部分修正)、5万分の1地形図「大阪東北部」(1932年要部修正)・「京都西南部」(1932年部分修正)、2万5千分の1地形図「高槻」(1930年鉄道補入)・「吹田」(1928年修正)・「淀」(1930年部分修正)・「枚方」(1928年修正)。

頃までを扱う。また、研究対象地域における明治期の生活用水・排水システムの説明の必要性から、近世のそれについても触れるものとする。

　研究対象地域の基本資料としては、市町村区が発行する市町村区史誌を用いた。また、水道・下水道の整備についての資料としては、『日本水道史』、『日本下水道史』、『大阪市水道六十年史』、『大阪市水道百年史』、『大阪市下水道事業誌（第一巻）』などを使用した。本章では研究対象地域の都市化を、定量的には人口推移から把握するものとする。それにあたっては、1898年の人口は『帝国人口統計明治31年版』を用いた。また、1910年については『大阪府統計書』に掲載の市町村別現住人口を、1920年以降については同書掲載の国勢調査人口を用いた。

2 明治期から昭和戦前期にかけての淀川両岸地域における都市化

2.1 淀川両岸地域の自然環境

　大阪平野は、比較的降水量が少ない瀬戸内海側の気候下にあり、淀川本流沿いを除けば水資源が決して豊かとはいえない地域である[4]。大阪平野は、六甲変動で沈降している大阪堆積盆地に、淀川や大和川、そのほかの周囲の河川からもたらされた大阪層群とよばれる厚い砂礫が堆積して形成された平野で、淀川両岸はともに常習的に洪水を繰り返してきた低湿な氾濫地帯であり、淀川低地帯ともいわれる。

　淀川はかつて寝屋川市太間付近で左岸に分流し、現在の古川の河道を南流して旧大和川分流とともに河内平野中央部に湖沼や低湿地を形成し、ここから西流して、大阪城の北西付近で再び淀川（現在の大川）に合流していた。この淀川本流と分流にはさまれた枚方市北部西側、寝屋川市、門真市、守口市、大阪市旭区・都島区などの淀川左岸は氾濫原が広がる低平な地域だが、自然堤防も多く、古くから集落が立地した。

　淀川右岸地域では、自然堤防は概して断片的であり、摂津市鳥飼付近に多く見られる。淀川とその派川である神崎川に合流する支流は、平野に出たところに緩傾斜の扇状地を形成し、天井川を成して淀川や神崎川に流入する。また、支流と支流の間はおもに低平な後背湿地となっていて、高槻市南部や茨木市南部では本流の堤防決壊による氾濫のほか、支流の本流への排水不良による水害が繰り返されてきた。淀川右岸地域の平野部に位置する古くからの集落は、こうした後背湿地を避けて立地した。

　吹田市南部から上町台地北端には吹田砂堆と天満砂堆が位置し、古くからの集落が立地した。これらの砂堆より西側には淀川の三角州と干拓地が広がっている。近代以降の地盤沈下で極めて標高が低く、高潮による被害に幾度も遭ってきた。江戸時代の大阪の中心市街地であったいわゆる大坂三郷は、大坂城の位置する上町台地と天満砂堆、そしてその西側の三角州地帯に形成された（太田ほか編 2004、p. 72；小出 1972、pp. 201-206；日本地誌研究所編

1974、pp. 18-20；日本水環境学会編 2000、p. 11）。

　もともと淀川左岸地域は河内地方と呼ばれ、淀川と旧大和川が流入して頻繁に洪水を引き起こしてきた地域である。1885（明治18）年に現在の枚方市付近で淀川本流左岸堤防が決壊して発生した淀川大洪水では、淀川地域が広範囲にわたって浸水した。また、左岸地域を流れる寝屋川が第二次世界大戦後も頻繁に氾濫して水害を発生させていたことはよく知られている。一方の淀川右岸地域では、1917（大正6）年に現在の高槻市付近で淀川右岸堤防が破堤して、低地のほぼ全域で浸水被害が生じた。また、1934・35（昭和9・10）年の豪雨で淀川支流が氾濫を起こし、茨木などで甚大な被害が発生していた。1940年には吹田において淀川の派川である神崎川支流の糸田川が氾濫し、洪水となった。こうした淀川両岸地域での水害に対して、抜本的な治水工事が行なわれ、本研究対象地域において淀川本流を原因とする水害の発生を見なくなるのは、1953年の台風23号による淀川洪水以後のことである。ただし、その後は中小河川の氾濫による水害が発生するようになった（稲見 1976、pp. 35-42、pp. 170-179；吹田市史編さん委員会編 1990、pp. 39-40；枚方市史編纂委員会編 1967、pp. 48-52）。

2.2　淀川両岸地域における都市化

　18世紀後半の近世の最盛期において、大坂は40万人ほどの人口を擁していたが、その後経済の中心が江戸に移ったため人口は減少した。1868（明治元）年の大阪は、大坂三郷を中心とした約 12km^2 に約28万人が住む都市であった。明治期になると、大阪府の綿紡績業は日本最大規模を誇った。後には綿織物も日本最大の生産量を上げるようになり、大正期には大阪府が日本の綿業を主導した。明治期の大阪市は、そうした綿業を中心とする商工業の発展によって近代都市としての発展を遂げた。明治・大正期にかけて、大阪府の人口は大阪市を中心に増加し、増加率も次第に高まっていた（芝村 1998、pp. 31-35；中島 2001、p. 1；日本地誌研究所編 1974、pp. 92-94）。

　明治期以降の工業化で建設された大規模工場は、大阪市に近接する郡部町村に立地した。これらの地域では工場の増加とともに人口も増加し、スプ

ロール的な市街地化が進み、都市環境が著しく悪化していた。また、鉄道の駅、港湾、水道水源地といった大阪市を支える都市基盤設備も、こうした近接地域に建設されていた。そこで、大阪市は1897年に第一次市域拡張を行ない、近接して市街地化が進んだ町村を市域に編入した（日本地誌研究所編 1974、pp. 15-16）。

明治期における大阪府の河内地方や和泉地方の郡部では、近世から綿織物業を中心とする小規模な農村工業が発達してはいたが、経済は農業主体であった。明治期から大正末期にかけて、大阪府の大阪市域外における人口には大きな増加は見られなかった（日本地誌研究所編 1974、pp. 15-16）。図3.4によれば、1898～1910年における淀川両岸地域では、大阪市に近接する町村、吹田・茨木・高槻といった東海道本線沿いの地域中心を除いて、人口増加は停滞していた。

明治末期から大正期にかけての大阪府では、日清・日露戦争、第一次世界大戦を経て、綿紡績業や綿織物工業がさらに発展したが、重化学工業も飛躍的に生産力を高め、規模の拡大と近代化が進んだ。その後1923（大正12）年

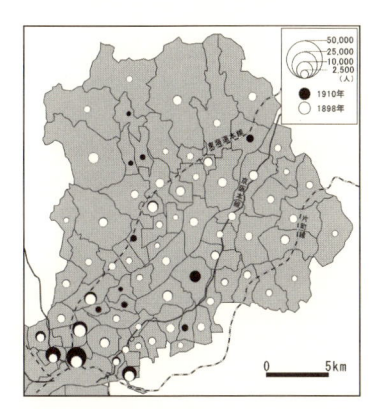

図3.4　1898～1910年における人口の推移
資料　『明治31年日本帝国人口統計』と『大阪府統計年鑑』に掲載の1910年現在人口による。
注　1898年の人口は、1910年の行政域における人口である。行政域と鉄道は1910年時点である。

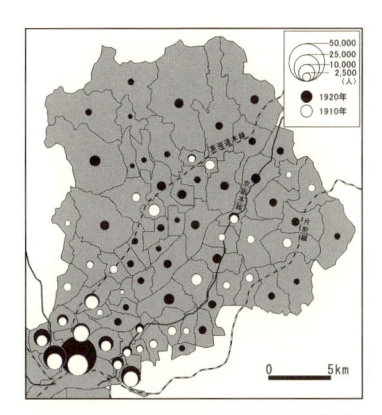

図3.5　1910～20年における人口の推移
資料　『大阪府統計年鑑』に掲載の1910年の現在人口と1920年国勢調査人口による。
注　1910年の人口は、1920年の行政域における人口である。行政域と鉄道は1920年時点である。

の関東大震災による京浜地方の生産力の減退も相まって、大阪府の工業生産は日本最大となった。大阪市では、第一次市域拡張における編入域を中心に工場や人口が急増したため、住宅不足や生活環境悪化などの都市問題が深刻化していた。また、拡張した大阪市のさらに周辺においても工場が増加し、それにともなって人口も急増した（図3.5）、3.3.1に記すように都市的設備の不足などの問題が発生していた（石川1999、pp. 8-11；芝村1998、p. 61）。

鉄道との関連では、1903年に大阪市電が開業し、その後路線を拡張して乗客数を増やした。市電網が基盤となって、市街地は第一次市域拡張区域にも拡大した（新修大阪市史編纂委員会編1994a、pp. 401-409）。この時期の大阪市では、人々は都市中心部に居住し、徒歩や市電での移動が可能な範囲内で通勤するパターンが主であったとされる（三木2003、p. 110）。

そうしたなか、資本家によって大阪市を中心に郊外へと延びる私鉄網が整備され（表3.1）、大正後期から昭和戦前期にかけて、大阪平野周辺の台地、丘陵、山麓などで飛地的に住宅地化が進んだ。淀川両岸地域では、左岸地域には京阪電鉄が、右岸地域には北大阪電鉄が敷設され、電鉄会社や土地会社によって郊外住宅地が建設された。1910年の京阪電鉄開業は沿線における工場の増加にもつながった。図3.6によれば、京阪本線、千里山線、新京阪線沿線には人口増加の著しい町村が見られるが、こうした町村では郊外住宅地開発が行なわれたり、工場が相次いで立地した。大阪市は、今後の市の発展と同時に近接する町村における都市問題の解決のため、1925年に第二次市域拡張を実施した。西成・東成郡全域と住吉郡の大部分を編入し、既開発地域とともに未開発地域を市域に取り込んだ。昭和戦前期の大阪市では、新たに編入されたこれらの地域を中心に人口が増加し（図3.6、図3.7）、工場も立地した。しかし、大阪市の中心部では人口が減少に転じていた（日本地誌研究所編1974、p. 93、p. 98；水内1996、pp. 52-53）。

昭和戦前期における大阪市外の淀川両岸地域では、工業の分散的発展にともなって、人口増加の著しい地域が大阪市から見てより遠方へと拡大した。京阪線や新京阪線沿線においては、大正後期に引き続いて、大阪平野周辺の台地、丘陵、山麓といった高燥地を中心に、電鉄会社や土地会社による飛地的な郊外住宅地開発が行なわれていたが、さらに大阪市周辺の低地帯におい

第3章　大阪府の淀川両岸地域における水道・下水道の普及　93

表3.1　明治期から昭和戦前期にかけての淀川両岸地域における鉄道整備

○淀川右岸地域
1876年（明治9）官営鉄道開業（後の省線、現 JR 東海道本線）
1921年（大正10）北大阪電鉄開業（後の新京阪電鉄千里山線、現阪急千里線）
　　　新京阪鉄道が買収し、1928年に京都まで開業（後の京阪電鉄新京阪線、現阪急京都線）
○淀川左岸地域
1895年（明治28）浪速鉄道が開業（現 JR 片町線）
　　　関西鉄道が買収し、1898年に木津まで延伸、1907年国有化
1908年（明治41）京阪電鉄開業（現京阪本線）
1929年（昭和4）信貴生駒電鉄（現京阪交野線）開業
1930年（昭和5）大阪市電が守口市まで延伸

資料　各市町区史誌。

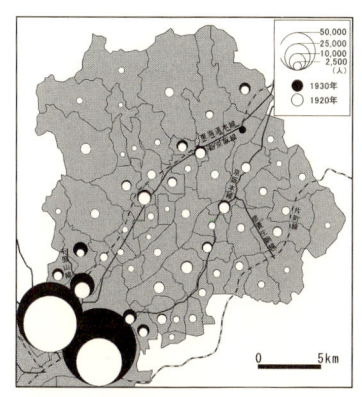

図3.6　1920〜30年における人口の推移
資料　『大阪府統計年鑑』に掲載の国勢調査人口による。
注　1920年の人口は、1930年の行政域における人口である。行政域と鉄道は1930年時点である。

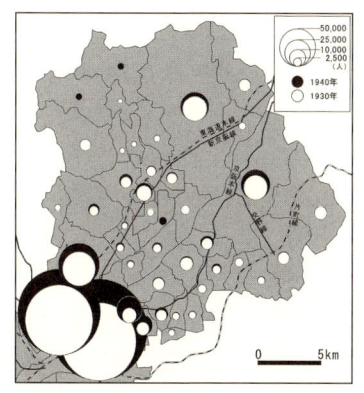

図3.7　1930〜40年における人口の推移
資料　『大阪府統計年鑑』に掲載の国勢調査人口による。
注　1930年の人口は、1940年の行政域における人口である。行政域と鉄道は1940年時点である。

ても市街地化が進展した。この要因として、土地区画整理事業が行なわれて雨水排水が可能な下水道が整備され、第二次市域拡張区域のうちの低湿な水田地域まで市街地として利用可能になったこと、淀川の改修工事の進展もあって、淀川本流の堤防決壊による氾濫がなくなったことが挙げられる。淀川右岸地域では、昭和10年代の電化により駅が新設された東海道本線沿いにおいて、郊外住宅地が開発されるようになった。その結果、郊外から大阪の

都心へ通勤する中間層のホワイトカラーが増え、昭和戦前期においてすでに通勤圏が形成されていた。また、淀川右岸地域では産業道路の整備によって工場立地も進んだ。さらに、市町村合併が進み、吹田が市制を、高槻、枚方が町制を施行した。このようにして、昭和戦前期には大阪市に近接する地域のほか、東海道本線・新京阪線・京阪線沿線の大阪市より遠方に位置する市町村においても人口増加が見られ、通勤通学圏を形成するようになった（石川 1999、pp. 11-16；日本地誌研究所編 1974、p. 98、pp. 213-214；三木 2003、pp. 121-124；水内 1996、pp. 52-53）。

　以上のように、明治期から昭和戦前期にかけての淀川両岸地域における都市化においては、東海道本線の開通や京阪電鉄の開業が工業の分散につながった。大阪市の市域拡張、京阪電鉄や新京阪鉄道の開業と電鉄会社や土地会社による郊外住宅地建設が、周辺地域の住宅衛星都市化をもたらし、第二次世界大戦前の都市圏形成において大きな役割を果たした。また、淀川両岸において飛地的な都市化が進んだ理由として、淀川両岸地域の低湿な氾濫原である淀川低地帯が頻繁に洪水に見舞われていたことから、治水工事がある程度進展するまでは、大阪市に近いとはいえ、こうした地域の開発は後回しにされ、より遠方の、駅が立地した旧集落周辺の高燥地を中心とした開発が先んじて行なわれてきたことが挙げられる。

3　明治期から昭和戦前期の淀川両岸地域における水道・下水道の普及

　1895年に完成した大阪市水道は、人口増加と産業集積にともなう水需要の増大と、1897年における大阪市域の拡張にともなう給水対象地域と人口の増加による水需要の増大に対応する形で、昭和戦前期までに6回の拡張事業を行なった。一方で、大阪市は近接する町村に対して市外給水を行なうことで関わりを持った。このことは第二次世界大戦前に行なわれた大阪市の2度の市域拡張に少なからぬ影響を及ぼした。

　こうした大阪市の水道における施策は、近接町村以外の町村における水道整備や大阪府による対応策にも影響を及ぼした（秋山 1986、pp. 225-232）。そこで、表3.2に示すように、大阪市の水道整備と市域拡張を時代区分の基

表3.2　本研究における時代区分

3.1	近世・明治初期	従来型生活用水・排水システム（1880年頃まで）
3.2	明治中期	大阪市水道創設前夜から第一次市域拡張まで（1880年頃〜97年頃）
3.3	明治末期・大正期	第一次市域拡張から第二次市域拡張まで（1897年頃〜25年頃）
3.4	昭和戦前期	第二次市域拡張から第二次世界大戦期まで（1925年頃〜45年頃）
3.5	戦後復興期	第二次世界大戦直後から高度経済成長期へ（1945年頃〜60年代）

準にして水道・下水道の展開を整理することを試みる（大阪市水道局編1956、p. 480）。これにより、大阪市水道との関係から淀川両岸地域における水道の普及過程について明らかにする。また、大阪市において進んだ下水道整備について展開の要因に留意しながら述べるとともに、公的な下水道が敷設されなかった周辺地域の排水システムの状況を大阪市と対比的に述べることで、明治期から昭和戦前期における大都市域における生活排水システムの一端を明らかにする。なお、明治期から昭和戦前期を中心とした淀川両岸地域における水道の展開について、表3.3、図3.8にまとめた。

3.1　淀川両岸地域における従来型生活用水・排水システム

3.1.1　大坂城下町における生活用水・排水

　大阪は、低平な大阪平野の淀川河口域に位置している。石山本願寺の寺内町を基盤として、豊臣秀吉によって大坂城の城下町がつくられ、江戸期に改造されつつ形成されてきた街路網と水路（堀川）網を基軸とした都市である。堀は市街地の嵩上げのための土砂採取に、そして市街地形成後は水上交通と排水排除のための水路として使用されていた。堀川は江戸期を通して距離が延ばされ、大坂の市中に縦横に張り巡らされていた。大坂は感潮域で、もともと低湿で排水不良になりやすい土地に都市域が拡大した。堀川は大坂の排水除去のためにも重要な存在であった。

　大阪平野の地下に厚く堆積している大阪層群は、豊富な地下水を帯びるとされる（山本1995、p. 79）。近代以降、地質深部の被圧地下水が工業用水として大量に使用されてきたが、近世において一般的に利用できるのは、降水や河川からの浸透による表層の不圧地下水であった。三角州地帯の浅層地下

第Ⅱ部 都市域における生活用水・排水システムの展開

表3.3 明治期から戦後復興期にかけての淀川両岸地域における創設水道と関係水道施設

成立時の所在（給水対象）市町村	創設水道の名称	決定年月	完成・給水開始年月	移管・統合先および年月	当初の水源	備考
旧三郷村・旧守口町（現守口市）	守口市水道		1946年11月（合併・市制）		受水（大阪市）	
旧三郷村・旧守口町（現守口市）	三郷・守口上水道組合水道	1936年3月	1940年1月	守口市、1946年11月	伏流水（淀川）	
旧三郷村（現守口市）	三郷村水道	1934年3月	1936年2月	三郷・守口上水道組合、1936年	伏流水（淀川）	
旧守口町（現守口市）	守口町水道	1924年4月	1925年11月	三郷・守口上水道組合、1936年	受水（大阪市）	
旧門真町（現門真市）	門真市水道		1965年4月		受水（大阪府）	茨田上水道組合の水源施設が移管された。
淀川左岸地域 現寝屋川市、現守口市、現門真市 注3	茨田上水道組合水道	1943年3月	1954年10月	寝屋川市・守口市・門真町、1965年3月	受水（大阪府）	
旧寝屋川町（現寝屋川市）・枚方市の一部	寝屋川市水道		1949年5月		表流水（淀川）	
旧友呂岐村（現寝屋川市）	（芦屋土地株式会社香里園住宅地水道）		1923年4月	寝屋川町、1949年5月	表流水（淀川）	のちに京阪電鉄の経営となる。
旧寝屋川町（現寝屋川市）	大利上水道組合水道		1930年5月	茨田上水道組合、1951年10月	用水路水	1934年に株式会社化され、寝屋川上水道株式会社となった。
旧枚方町（現枚方市）	枚方町水道	1931年12月	1934年2月		伏流水（天野川）	
旧枚方町・旧川越村（現枚方市）	（京阪電鉄住宅地水道）		1912年	枚方市、1933年7月	不明	私人が敷設した施設を京阪電鉄が買収。京阪線東側の200戸に給水。
旧枚方町（現枚方市）	（陸軍造兵廠香里製造所水道）		不明	枚方市、1951年6月認可	地下水	同所は1942年3月に竣工した。水道施設が枚方市水道に使用された。
旧枚方町（現枚方市）	（陸軍造兵廠枚方製造所水道）		不明	枚方市、1947年5月	表流水（淀川）	同所は1938年1月に開設された。水源・浄水場が枚方市水道に使用された。
旧交野町（現交野市）	交野町水道	1961年12月	1963年4月		深井戸	
旧交野町（現交野市）	（交野町私部・倉治簡易水道）	1957年7月	1959年3月	交野町水道、1963年	地下水	
旧吹田町（現吹田市）	吹田町水道	1926年5月	1927年10月	吹田市、1940年	受水（大阪市）	
旧豊津村（現吹田市）	阪北上水道組合水道	1934年1月	1947年9月	吹田市、1947年9月	受水	のちに京阪電鉄が経営。また、阪北上水道組合の水を阪急豊津駅前で受水。
旧千里村（現吹田市）	（千里山住宅地専用水道）		1925年頃	吹田市、1946年1月	深井戸	
旧三島町（現摂津市）	三島町水道	1955年10月	1956年4月（一部通水）		浅井戸・受水（大阪府）	
旧味生村（現摂津市）	（味生簡易水道）		1957年5月	三島町、1965年3月	受水（大阪府）	
淀川右岸地域 旧鳥飼村（現摂津市）	（鳥飼簡易水道）		1959年11月（一部通水）	三島町、1965年3月	受水（大阪府）	
旧味舌村（現摂津市）	（正雀駅前住宅地区私設水道施設）		昭和初期	三島町、1965年3月	浅井戸	1928年の新京阪正雀駅開設以降、私設水道組合による簡易水道施設創設。
旧茨木町（現茨木市）	茨木町水道		1929年3月		伏流水（茨木川）	私人が水道会社の企業許可を出願し、後に水源施設が町に譲渡された。
旧春日村（現茨木市）	（春日丘住宅地水道施設）		1937年頃	不明	農業用溜池（松沢池）	
高槻市	高槻市水道		1943年5月（事業認可）		深井戸	
旧高槻市（現高槻市）	（京阪電鉄住宅地専用水道）		1929年12月	高槻市、1943年	浅井戸	1938年8月簡易水道規制適用、1940年11月水道条例適用。
島本町	島本町水道	1957年11月	1959年11月（一部通水）		地下水	
島本町山崎地区	（寿屋山崎工場専用水道）		不明	不明	不明	100戸程度へ給水していた。

資料 各市町史誌、『日本水道史各論編』から作成。
注1 現在の大阪市域と山間地域を除く淀川両岸地域に、明治期から戦後復興期の間に創設された水道を示す。下流域から上流域の順に並べた。
注2 創設水道の名称に（ ）を付したものは、現時点で名称が判明していない。
注3 茨田上水道組合水道は、当初は、現寝屋川市の旧九個庄町、現守口市の旧窪田町、現大阪市の旧茨田町、現門真市の旧門真町・旧大和田村・旧二島村・旧四宮村の7町村から成っていた。

第3章　大阪府の淀川両岸地域における水道・下水道の普及　97

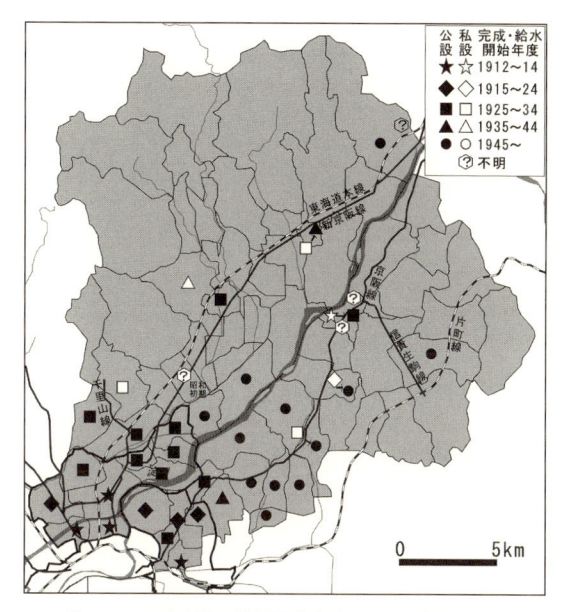

図3.8　1912年以降の淀川両岸地域における水道の普及
資料　『日本水道史各論編』、『大阪府統計書』、各市町区史誌。
注1　研究対象地域の1920年頃の行政域を示す。
注2　研究対象地域の行政域に最初に創設された水道のうち、『大阪府統計年鑑昭和25年版』に掲載されている1949年3月末日までに存在した水道（認可（許可）水道）を示す。未完成（計画・着工済）を含む。
注3　太線の市町村界は、大阪市による1925年の第二次市域拡張区域を示す。
注4　大阪市域内のうち、第二次市域拡張以降に水道が敷設された町村は1925～34年に含む（未確定）。

水によくみられることだが、『守貞漫稿』にも示された通り、大坂の井戸水には塩分が含まれたとされる（大阪市水道局編1996, p. 57)[5]）。

　江戸時代の大坂では、飲み水には大川（現在の旧淀川）や堀川からの汲み水が[6]、洗い物用としては金気や塩分を含む井戸水が、瓶を分けて、用途別に用いられていた。生活排水は、豊臣時代以降に設けられてきた背割とよばれる開渠の下水路に排出された。背割は堀川につながっており、排水は最終的に大阪湾へと排出された。堀川や背割下水へ投棄された塵芥が水の流れや舟の航行を妨げていたことから、大坂町奉行からはこれを禁止する触書や口

達が出されていた。感潮域である大阪は、満潮時には河川流出が滞りがちであったことからも、河川の水質はとても良好といえるものではなかったと考えられている。しかし、大坂の町民は水の汚れをあまり気にせず、生活用水には川の汲み水を用いていたとされる（大阪市下水道局編 1983、pp. 13-28；渡邊 1993、pp. 135-138）。

　江戸時代、屎尿は広く肥料として利用されていた。とくに大坂近在の農村には山林がなく草木灰を得られないため、屎尿は最も重要な肥料であった。大坂で発生する屎尿は金肥として取引され、農村部へと運ばれていた。下屎（大便）と小便とに区別されて商品として取り扱われ、江戸時代後期には大坂の町屋で汲み取りを行なう農村連合組織が存在し、摂河在方下屎仲間が下屎取引を、摂河在方小便仲間が小便取引を行なっていた。明治維新後はそれまでの取引システムが変容し、1874（明治7）年からは大阪府屎尿取締署が管理・運営を行なうようになり、公的には下屎と小便の区別がなく取り扱われるようになった。1888年には大阪四区と近隣の郡部の村により屎尿を利用する者の同業者組織である大阪屎尿取扱組合が結成され、大阪での屎尿の汲み取りが行なわれていた（新修大阪市史編纂委員会編 1991、pp. 291-293；門真市史編さん委員会編 2006、pp. 36-49）。

3.1.2　淀川左岸地域における生活用水

　近代水道が敷設される前の農村地域においては、浅井戸、用水路水、湧き水、谷水などが、それぞれの条件に応じて生活用水として利用されていたものと考えられる。

　淀川左岸地域においては、現在の守口市の中心市街地や、現在の門真市の中心的集落である元町、現在の寝屋川市に含まれる九個荘村の中心集落である大利は、淀川低地帯の自然堤防上に位置する（門真市編さん委員会編 1988、pp. 25-26、付図1；寝屋川市史編纂委員会編 1998、付図1）。現在の守口市北部、門真市北部、寝屋川市西部を給水対象とし、1951年から給水を開始した茨田上水道組合の給水区域では、半数が浅井戸の水を、残りの半数が灌漑用水路の水を、それぞれ簡易濾過して使用していたが、井戸水は鉄分を多量に含んで悪臭を放ち、煮沸しても使用し難いものであった。また、用水路水は

飲用不適であったという。守口では、水道敷設以前に利用されていた井戸水は、水質が悪いうえに黄濁して悪臭を放つものであったという。現在の門真市域に含まれる四宮村のおもな集落は寝屋川の自然堤防に位置するが、1915年の記録によると、ここに新たに開削された井戸の水は飲料水に用いることができなかった。寝屋川から取水していたものの、そのまま生活用水に用いることが難しいものであったという。門真村では、雨水で不足する水を補うこともあったという。また、現在の寝屋川市域の平野部の集落では、飲料水にはおもに井戸水が使われてきたが、大利では井戸水が鉄分を多量に含んで悪臭を放っていたという。枚方で利用されていた井戸水にも大量の鉄分が含まれていたという。以上のように、淀川左岸地域の低地に位置する都市の中心市街地や中心的集落において、飲料に適する地下水を得ることは容易ではなかった（門真市史編さん委員会編 2006、pp. 254-258；寝屋川市役所編 1966、p. 60；日本水道史編纂委員会編 1967b、p. 724、p. 728、p. 809）。

3.1.3　淀川右岸地域における生活用水

　淀川右岸の場合、現在の島本町、高槻市、茨木市の中心市街地は、それぞれ水無瀬川、芥川、旧茨木川の扇状地上に発達した。高槻は地下水の水質・水量とも恵まれ、井戸も多く、湧水も見られたという。島本町や茨木市の中心市街地は天井川沿いに位置し、伏流水を得ることができた。水道敷設以前の茨木市の中心市街地では、伏流水を水源とする親井戸から竹管で各戸給水を行なう旧式水道が多数見られた。鉄気がなく、飲料に適していたという。こうした竹管水道は平野部の村落に広く見られ、水道敷設が進む昭和30年代まで利用されていた。それ以外の集落では、井戸や水路の水などが用いられてきた。ただし、水道敷設以前の島本町では、住民は井戸水を利用していたものの、水量は少なく、鉄分を多量に含んでいたという。

　一方、現在の吹田市の中心市街地は、上述の吹田砂堆上に位置するが、湧水を持つ泉殿宮神社や、水源を求めてビール会社が立地するなど、千里丘陵からの豊富な伏流水が湧出するとされている。また、1927年に公営水道が敷設される以前は、住民は豊富な井戸水を利用していたという。このように、淀川右岸地域の都市の中心市街地では、概して良好な井戸水を得ることができた[7]（茨

木市教育委員会編 1991、pp. 99-102；茨木市史編さん委員会編 2005、pp. 595-601；島本町史編さん委員会編 1975、pp. 33-34；吹田市史編さん委員会編 1989、pp. 125-127；吹田市史編さん委員会編 1990、pp. 24-25；高槻市史編さん委員会編 1977、；日本水道史編纂委員会編 1967b、p. 704、p. 715、p. 732、p. 784；山本 1996a、p. 70；山本 1996b、p. 89)。

3.2 大阪市水道創設前夜から第一次市域拡張までの水道創設と下水道整備

3.2.1 第一次市域拡張までの大阪

1889年の市制町村制施行により、大阪府で市制を施行したのは大阪市と堺市であった。大阪府においては、町村数が12町310村に集約された（大阪府編 1968、pp. 41-42)。この時期の大阪の市街地、すなわち旧大坂三郷の地域は、建物が櫛比する近世さながらの風景が広がっていたと想像される。一方、1885（明治18）年測量の仮製地形図によれば、市街地の外側、本研究対象地域である淀川流域の郡部の平野は水田や畑地が広がる農業地帯であった。だが、市制施行時の大阪市に近接していた町村では、大阪市に連接して市街地が広がり始めていたことがわかる[8]。大阪市参事会が、市域拡張の準備作業として近接する町村を調査したところ、大阪市に接続する町村に大工場が立地していた。また、調査対象のほとんどの町村において、住民はおもに商工業で生計を立てていたことが明らかになった。この時期、大阪駅は曽根崎村、天王寺駅は天王寺村に、大阪港は川北村に含まれていた。後に大阪市水道の水源地となる桜の宮は都島村であった。

3.2.2 大阪における水道創設と下水道整備

本章の冒頭で述べたが、明治期の日本ではコレラなどの水系伝染病対策として、下水道建設に先んじる形で水道が整備されてきた。大阪では、1880（明治13）年に大阪府が宮内庁の下賜金を財源として水道工事を計画しようとしたが頓挫した。1886年にコレラが流行した際も、府は横浜の近代水道を完成させたイギリス陸軍技師の H. S. パーマーを招いて水道の敷設計画を依嘱し着工しようとしたが、実現できなかった。費用が当時250万円と高額で、

公募債や水道会社による敷設も検討したものの、1885年の淀川大洪水、1885、86年のコレラ流行により市民の疲弊が著しいとして見送られた（日本水道史編纂委員会 1967a、p. 158；大阪市下水道局編 1983、p. 39）。その後、1890年に再びコレラが大流行し、大阪では 8・9 月に多数の罹患者・死者が出た。また、同年 9 月に2,097戸の家屋が焼失した新町大火が発生し、防火の見地からも速やかな水道敷設が求められるようになった。そして、大阪私立衛生会が大阪府知事で大阪市長でもある[9]西村捨三会長名で、同月中旬に大阪市の上下水道改良（敷設）工事を要望する建議を大阪市参事会に提出して、水道・下水道敷設の気運を盛り上げた。これらを受けて、同月下旬に大阪市会によって水道敷設が議決され、内務省に認可された。後に国庫補助金も受けることとなった。市制施行で大阪市が発足した翌年のことである。パーマーの計画に修正を加えて1892年に水道敷設工事が着工され、1895年に完成して通水をみた。都島村（現大阪市都島区）に桜の宮水源地が設置され、大川（旧淀川）の水が水源として使用された（大阪市水道局編 1956、pp. 69-71、77-84；新修大阪市史編纂委員会編 1991、pp. 530-533）。

　一方、下水については、新町大火後に新設された家屋に下水溝がほとんど設けられなかったことに対して、市の監督への批判の声が上がった。また、これまでの下水溝の浚渫(しゅんせつ)作業が不十分であるとの指摘がなされていた。さらに、1892年に大阪私立衛生会はコレラ流行の対策として、井戸水汚染の防止のための下水改良工事実施に関する建議書を大阪市会に提出した。以上の状況を受けて、大阪市は1892年より下水道工事の設計を開始し、翌年、在来の下水溝を改良する計画議案を大阪市会に提出した。しかし、市会は紛糾し、調査委員会を設置して工事の妥当性を評価した後、1894年になって修正案を議決した。同年12月に着工し、1897年に工事が完了した[10]。この工事は大阪市最初の下水道事業として位置づけられ、後には「中央部下水道改良事業」と呼ばれることとなった（大阪市下水道局編 1983、pp. 66-75、）。下水道と水道が本質的に異なるものであるにもかかわらず、この工事は上水道敷設事業の付帯工事として行なわれ、事務は上水道布設事務所が担当した。日本下水道協会日本下水道史編さん委員会（1986、pp. 103-104）は「大阪は明治時代にもっとも下水道の普及に効果を挙げた都市となった」と評している。

こうした上水道・下水道の整備により、大阪市における伝染病による患者死亡率は大幅に低下し、伝染病予防に著しい成果を上げたとされる（大阪市水道局編 1956, p.30；大阪市下水道局編 1983, pp.101-103）。また、大阪市参事会が水道敷設の方針を固めてから極めて短期間のうちに内務省の敷設認可を得るに至った要因について、大阪市水道局編（1956, pp.82-83）は「機運の到来」を挙げるとともに、水道敷設を唱える当時の新聞の論説記事を示し、そこに示された大阪府知事西村捨三の功績を挙げている[11]。

3.2.3 大阪市による市外給水の開始

現在の大阪環状線桜の宮駅北側付近に設けられた大阪市営水道の取水・浄水場で浄化された水道水は、いったんポンプで大阪城内に設置された配水池へ送られ、張り巡らされた水道管を通じて大阪市内へ給水された。

大阪市水道では、創設目論見書の作成段階で、給水区域に大阪市内と接続町村を挙げ、市外給水を想定した計画で工事を進めていた。水道敷設の認可を得た1890（明治23）年11月に、大阪市参事会は接続町村への給水方法についての議案を市会に付議したが、議決は先送りにされた。1895年に市会議員が共同して市会に接続町村の編入を建議したなかで、伝染病の予防対策上、接続町村の状況が水道建設による効果を不十分なものにするとして、接続町村を編入する意義の一つとして示した。また、1896年に「郡部に対する給水料の件」として、市外給水の料金が市会において議決され、給水料は市内給水の5割増しとされた（大阪市水道局編 1956, pp.480-481；新修大阪市史編纂委員会編 1991, p.242）。1896年に既に鉄管が敷設されていた東成・西成郡の接続町村に給水が開始され、処理の必要がない浄水がそのまま給水された[12]。しかし、下水道は整備されず、のちに水質汚濁が深刻化した（大阪市下水道局編 1983, p.104）。

1897年に大阪市は合併による市域拡張を行ない（第一次市域拡張）、28町村の全部または一部を大阪市へ編入した。拡張区域には、農地のほか、大阪駅、大阪港、上水道水源地、市街地周辺の工場地が含まれており（新修大阪市史編纂委員会編 1991, pp.240-249）、この拡張の実施によって大阪市の都市機能を市域内に取り込んだともいえる。第一次市域拡張によって市外給水町

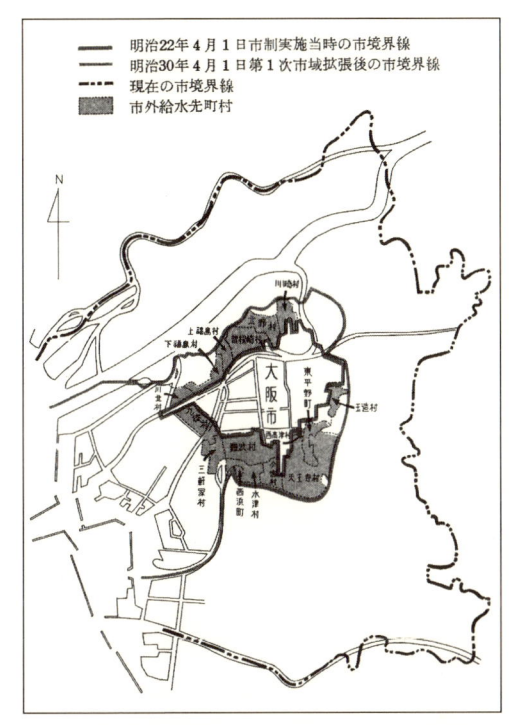

第3章　大阪府の淀川両岸地域における水道・下水道の普及　103

図3.9　第一次市域拡張までの大阪市水道による市外給水先
　　　出典　『大阪市水道六十年史』。

村はすべて大阪市に編入されたため（図3.9）、市外給水は結果として消滅した。

3.2.4　大阪における屎尿処理

　明治政府はコレラの流行に際し、屎尿の汲み取りに対して徹底した管理を行なうよう求めた。1876（明治9）年に大阪府屎尿取締署が作成した取扱規則では、汲み取り方法を制限するなどして、コレラ流行の予防策とした。こうした対策が一般に認識されるようになったことで、それまで商品として取引された屎尿は不衛生なものとして位置づけられるようになったとされる。1879年に明治政府は地方衛生会規則を定め、大阪府はそれに基づいて衛生に関わる組織の結成を促したため、大阪市では1883年頃には自主的な衛生組合

が町ごとに組織された。屎尿汲み取りでは、屎尿汲み取り組合と衛生組合が話し合いで分担する汲み取り人を決めていたが、急激な人口増加で汲み取り側の力関係が強まり、無代価で汲み取るように変化してきたとされる。一方、衛生組合は収入不足に悩み、汲み取り権を掌握して対価を得ようとしたため、1904～06年にかけて市民と農民の衝突が相次いだ。そこで大阪府は衛生組合の制限を行ない、慣習的な汲み取りを継続させた（門真市史編さん委員会編 2006、pp. 42-43；新修大阪市史編纂委員会編 1994a、pp. 556-570）。

3.2.5 鉄道の敷設と周辺地域

かつて、京阪間を結ぶ陸上の交通路としては淀川左岸地域を通る京街道、および右岸地域の西国街道があったが、左岸の京街道のほうが主要路であった。しかし、1878（明治11）年に大阪・京都間に官営鉄道（後の東海道本線）が開通すると、主要交通路は淀川右岸地域に移った。

　右岸地域の吹田村では、東海道本線沿いに大阪麦酒が工場（現アサヒビール吹田工場）を設置して1892年から生産を開始し、同社従業員を中心に人口が大幅に増加した。一方、現在の茨木市域には、1879年に桑原紡績所が創業したが、水力立地の工場で、泉南や大阪市に創業した工場に比べて小規模なものであった。ほかに目立った産業もなく、茨木駅開業後も茨木町の人口増加は明治末期まで緩慢なものであった。なお、茨木駅の貨物の大半は周辺地域で生産された酒米であった。高槻村では、一日あたり鉄道利用客の分析から、明治30年代になっても鉄道利用は一般化していなかったとされる。現在の高槻市域の町村人口は明治末期まで横ばいで推移した。島本村では、京都府との境界付近に山崎駅が開設されたが、本格的な工業の発達や人口増加は大正末期以降で、明治・大正期を通じて人口はほとんど変化しなかった。なお、摂津市域では、駅が設置された1938（昭和13）年まで、住民は日常生活において東海道本線との接点がほとんどなかったとされる。明治初期から中期にかけての摂津市域では、全国平均と同程度の人口増加率を示すに留まっていたという。以上から、淀川右岸地域の官営鉄道開設は吹田村に工場立地による人口増加をもたらしたが、それ以外の町村には大きな影響を与えなかったといえる（茨木市史編纂委員会編 1969、p. 461、pp. 467-470、pp. 494-

496；島本町史編さん委員会編 1975、pp. 509-511；吹田市史編さん委員会編 1989、pp. 119-135；摂津市史編纂委員会編 1977、pp. 655-657、pp. 669-671；高槻市史編さん委員会編 1984、pp. 886-887、890-893；三木 2006、pp. 180-181）。

一方、鉄道が通っていなかった現在の守口市域、門真市域を含めて、淀川左岸地域において工場立地や人口が顕著な増加を示すようになるのは、明治末期の京阪電鉄開業以降であった。

淀川左岸地域では、1896年に大川左岸の城北村友淵に大日本精糖大阪工場と大日本木管都島工場が設立された。大阪市内では河川水路沿いに工場が立地し、水運が重要な貨物の輸送手段となっており、これらの工場も大阪市内から続く大川沿いの水運立地であると考えられる。淀川左岸地域では、1895年に片町・四條畷間を結ぶ浪速鉄道が開業し、1898年にはこれを買収した関西鉄道が同年に京都府の木津まで開通させた。しかし、路線は現在の寝屋川市域の東部、交野市、枚方市域の東部を通過し、現在の寝屋川市や枚方市の中心部からは大きく外れ、これらの地域における人口増加にはつながらなかった[13]。繊維関連を中心とした農村工業も見られたが、依然として農業が中心的な産業であった。現在の寝屋川市域では、後の京阪電鉄開業後においても農村的な特徴は変わらず、目立った商業集積も見られなかったという。現在の枚方市域においては、関西鉄道を利用して観光客が行楽シーズンに枚方市域の名所旧跡を訪れるようになってはいたが、経済の中心は農業および農家副業的な産業であったとされる（門真市史編さん委員会編 2006、p. 54；枚方市史編纂委員会編 1980、p. 240、pp. 268-269；寝屋川市役所編 1966、p. 274、pp. 284-285；三木 2003、pp. 62-63、pp. 75-77；守口市史編纂委員会編 2000、pp. 199-207）。

3.3 第一次市域拡張から第二次市域拡張までの水道普及と大阪市における下水道整備

3.3.1 第一次世界大戦後の大阪市における都市環境悪化

第一次世界大戦終了前後から昭和初期にかけては、東京市や大阪市などの大都市における著しい工業化と人口集中が都市問題を引き起こしていた。そのため、都市計画法や市街地建築物法などの法整備が進むなど、日本におい

て都市政策が展開した時期であった。こうした状況下で、大阪市では周辺地域に敷設された私鉄沿線における住宅地開発が進展し、第二次世界大戦前に郊外が形成される要因になったとされる。

　大阪市の第一次市域拡張実施から2年後の1899年に、編入されなかった北部の接続町村の間で大阪市への編入要望が生じていた。市街地化が進んだ近接町村では、財政が困窮して教育施設や上下水道などの建設が進まず、編入要望が高まっていた。1919年3月の大阪朝日新聞の記事によれば、大阪市と近接地域においては基本的な都市施設が極度に不足していて、狭隘な道路、ゴミ投棄、屎尿の河川投棄、工場の煤煙・廃液による汚濁が著しかったといい、スプロール的な都市化が深刻な問題を引き起こしていたと考えられる（新修大阪市史編纂委員会編1994a、pp. 120-123、pp. 147-150）。

　こうした状況の中で、大阪市は1915（大正4）年に関一助役を委員長とする市区境界変更調査会を組織し、市域拡張の検討を始めた。社会政策の研究者でありながら都市計画にも精通していた関は、都市の経済機能の充実、郊外住宅地開発と高速鉄道による都市人口の分散、緑地を保存を行なうこの都市計画を推進した。とくに、良好な住宅地を形成するために、農村地帯を含めた地域の編入が必要であると考えていた（新修大阪市史編纂委員会編1994b、pp. 11-12、pp. 67-69、pp. 141-147）。

　1919年に公布された都市計画法に基づいて、大阪市は1922年に都市計画地域を指定して認可を受けた。都市計画区域には、のちの第二次市域拡張で大阪市に組み込まれることになる接続町村や、千里、吹田、守口などの周辺町村も含まれていた。市長となっていた関の、都市計画の実効性を高めるためには農村部を含めて一自治体とすることが重要とする考えを反映してのこととされる。具体的な都市計画事業としては、すでに市区改正で進められていた街路整備が組み込まれるとともに、下水道、高速交通機関、河川運河などの整備が進められた。関市長は広大な農村地域を含む西成・東成郡全域を編入する方針を打ち出し、1925年に第二次市域拡張を実施して、接続44町村を大阪市に編入した。新設の東淀川区、西淀川区のうち、淀川以南では上述の通り市街地化が進んでいたが、淀川以北では比較的多くの耕地が残されていた（新修大阪市史編纂委員会編1994a、pp. 147-150、pp. 208-209；水内・加藤・

大城 2008、pp. 110-117)。

3.3.2 隣接町村における市電・私鉄整備と都市化

1921（大正10）年測図の25000分の1地形図によると、1925年の第二次市域拡張で大阪市に編入された豊崎町や中津町、鷺洲町では、大川（旧淀川）や淀川（新淀川）の堤防まで市街地化が進み、大規模工場を含む建物がひしめき合う様子が読み取れる。1921年開業の北大阪電鉄を譲渡された新京阪鉄道は淀川に鉄橋を架設し、1928（昭和3）年に淡路駅と豊崎町の天神橋筋六丁目駅間を開業させた（その後の千里山線、現阪急千里線）。中津村には、大規模な紡績会社ができたほか、1910（明治43）年の箕面有馬電気軌道（現阪急宝塚線・箕面線）の開通などで人家が急増していた（図3.2）。豊崎村では早くから企業や工場が進出して市街地化が進んでいたが、さらに1909年に大阪で発生した「北区の大火」後は、急ごしらえで多数の家屋が密集して建設され、焼け出された罹災者が大量に移入した。中津村は1911年に、豊崎村は1912年に町に昇格した（大阪都市協会編1988、p. 53）。図3.2および図3.5から、豊崎・中津町における著しい人口増加がわかる。

淀川右岸地域の村々には比較的多くの耕地が残されていた[14]。1925年の第二次市域拡張により東淀川区、西淀川区として大阪市へ編入後、都市計画街路と区画整理が竣工し、東淀川区では人口増加が顕著になった。神津村付近は1910年の箕面有馬電気軌道敷設と十三駅の開業などにより発展を見た。同年から開始された箕面有馬電気軌道による電力供給も、付近の市街地化を進展させたと思われる。その後、開業した北大阪電鉄、買収して延伸させた新京阪鉄道の駅周辺で耕地整理組合や土地整理組合による土地区画整理が行なわれ、東淀川区域における住宅地化の進展と人口増加の基盤となった。なお東淀川区域では、従来から淀川・神崎川の水を生かした晒染工業のほか、近代的繊維工業や金属・化学工業の比較的大規模な工場が立地し、大正期を通じて大工場を中心とした工業集積が見られた（新修大阪市史編纂委員会編 1994a、pp. 208-209、pp. 270-271、p. 285；川端編 1956、p. 96、p. 107、pp. 212-218；小田 1988、pp. 8-12)。

淀川左岸地域では1910年に京阪電鉄が開業した。1924年測図の25000分の

1地形図「大阪東北部」によれば、城北村や清水村においては、京街道沿道および京阪電鉄沿線に在来の集落と工場の分布が認められる。また、淀川・大川沿いに在来の集落と、多数の大規模な工場が分布している。大川左岸の城北村（現在の都島区）には、1914年から18年にかけて紡績工場や製紙工場が相次いで設立された。しかし、それらを除いては水田が広がっていた。なお、1922年頃の都島区域の郡部ではまだ田園風景が続いていたとされるが、その後景観は大きく変化していく（大阪都市協会編1993、pp. 72-73）。ただし、同年、大阪市電が都島車庫にまで延伸されており、その後の住宅地化に影響を及ぼしたものと思われる。現在の旭区域では、1910年に京阪電鉄によって電力供給が開始されたことがきっかけとなって市街地化が進展した。古市村では、京阪電車開通前の建物数が355戸で、江戸期とほとんど変わらなかったのが、1917年には733戸、1925年に東成区へ移行する直前では1,543戸と、著しい増加を示したとされる。大阪市に接続する地区の地主には製造業・商業の兼業を営む農業が増加し、小作人にも余業や工場経営などの兼業が増加したという。また、1914年勃発の第一次世界大戦の影響で住宅土地経営会社が耕地の買収に奔走し、宅地造成につながったという（大阪都市協会編1983、pp. 50-61）。

3.3.3 私鉄網の整備と郊外への都市化

(1) 京阪電鉄の開通と淀川左岸地域の都市化　淀川左岸地域には1910年、京阪電鉄が軌道として開業した。これは官営鉄道の開通で凋落しつつあった淀川水運の衰退を決定づけるとともに、左岸地域の都市化を進めた（三木2003）。

三木（2003）によれば、京阪電鉄では1914年から24年の間に、俸給生活者を中心として通勤定期券の購入者が大幅に増加しており、通勤圏としての都市圏形成が進んだ。また、門真市史編さん委員会編（2006、p. 128）において三木は、京阪の定期券利用者の約6割が1914年・24年とも0～8 km区間の利用であることから、現在の門真市周辺が大阪市からの通勤圏の東縁にあたると推察している（三木2003、pp. 121-124；門真市史編さん委員会編2006、pp. 127-130）。1920年の北河内郡における町村別人口密度を比較した京都大

学文学部地理学教室編（1965、pp. 7-8）によれば、大阪市の都市化の影響は、大阪市に隣接する旧守口町などに及んだ程度で、北河内郡一帯は純然たる農村地帯であったとしているが、門真にまで及んでいた可能性がある。なお、人口密度が1,000人／km^{2}を超える町として、本研究対象地域のなかでは枚方町、守口町が挙げられている。

　守口町は明治維新後に次第に寂れ、1910年に京阪電車が開通する直前では約350戸、人口は1,300人前後で、その大部分は農業に従事し、商業者はわずか40戸に過ぎなかったという。京阪開通後は移住者が増え、1912年末では戸数520戸、人口2,041人となった。図3.6にも示されるように、その後、1920～25年にかけて、守口町と三郷村では人口が大幅に増加し、守口町ではその影響によって教育や廃棄物処理などの面で問題を抱えることにもなった。こうした人口増加の背景には、京阪電鉄が1911年から開始した電灯事業がある。森小路から香里にかけての守口町と3村に電気の供給を始めたことから沿線の工業化が進み、現在の守口市域では、庭窪村を中心にメリヤス業が発展した。副業の養蚕から転業する農家が、小作の農地返還をするケースが相次いだという。京阪電鉄の開業を契機に、豊富な農村過剰労働力を求めて繊維系の大企業も進出した。こうして、守口の産業構造は農業中心から工業中心へと変化した（門真市史編さん委員会編 2006, p. 125；守口市史編纂委員会編 2000, pp. 207-208、pp. 266-270、pp. 282-288）。一方、京阪電鉄から離れていた庭窪村では人口に大きな変化はみられなかった。

　現在の門真市域では、1920年の国勢調査時において、有業者数から農業が主力産業であったとされるが、1922年には門真村に大同電力大阪変電所（後の関西電力古川橋変電所）が建設され、都市部への電力供給を担うこととなった（門真市史編さん委員会編 2006, pp. 152-153、pp. 162-164、pp. 171-173）。また現在の寝屋川市域では、大正時代に京都や大阪の問屋の下請けとしてメリヤス工業が発達するなどしたが、大規模生産の域に達するものはなかった（寝屋川市役所編 1966, p. 285）。

　京阪電鉄建設のための用地買収が進む中で、寝屋川市域や枚方市域では、行楽客向けの遊園開発や住宅地開発が行なわれた。郡村（現寝屋川市）では、京阪電鉄によって香里園の遊園事業が行なわれたが失敗した。用地は住宅地

として転売されて関西土地と芦屋土地が住宅開発を始めたが水道水源の不足もあって進まず、本格化したのは昭和期であった（寝屋川市役所編 1966、p. 494；橋爪 2000、pp. 304-305）。

　大正時代の枚方市域では、枚方町においては人口が倍増したが、農村部では停滞もしくは減少した。旧枚方町では、京阪電鉄の開業後の明治末期から大正時代の1919年頃にかけて、中小の繊維工場が進出した。第一次世界大戦後の不況下で一部の工場が淘汰されたが、労働力を求めて新たに大規模な繊維工場が進出した。その際、町による企業誘致活動も行なわれた（枚方市史編纂委員会編 1980、pp. 439-442、pp. 460-466）。

　このように淀川左岸地域では、京阪電鉄の開業で大阪市に接続しないやや遠方の町村が通勤圏に含まれて人口が増加した一方、大阪市に近接する沿線の町村では駅付近を中心にして工場進出とその従業員を中心とした人口増加がみられた（図3.2、図3.5、図3.6）。

　(2)　淀川右岸地域の都市化と北大阪電鉄・東海道本線　淀川右岸地域では、1921（大正10）年に、阪神急行電鉄十三駅と豊津を結ぶ北大阪電鉄が開業し、翌年千里山まで延伸した。後にはこれを京阪電鉄が買収し、新たに設立した新京阪鉄道として、1928年に淡路－天神橋筋六丁目間、および淡路－京都間を開業させた[15]。

　北大阪電鉄が敷設されたことで、千里村、豊津村、吹田町では、大正時代に大幅な人口増加を見た。現在の吹田市域である千里村には大阪から関西大学が移転してきたほか、大阪住宅経営株式会社により郊外住宅地として千里山住宅地が開発された[16]。吹田町においては、国鉄の鉄道官舎や車両工場が設置されたことも人口増加の大きな要因と考えられている。吹田町には、1910（明治43）年に発電所が設立されて以降、電力需用者が増加していった。その後、現在の吹田市域には紡績工場や河川立地の製紙工場が立地した（吹田市史編さん委員会編 1989、pp. 164-165、pp. 209-215、pp. 258-262）。

　現在の摂津市域では、鳥飼村で大正期、とくに第一次世界大戦以降にメリヤス工業が発達したが、農村工業的なもので、淀川対岸の庭窪村（現守口市）における同産業の発展の影響とみられている。この時期、摂津市域には鉄道の駅は設けられておらず、人口に大きな変化はなかった（摂津市史編纂

委員会編 1977、pp. 648-650、pp. 669-671)。

　現在の茨木市域では、明治末期以降、茨木町の国鉄茨木駅周辺で住宅地化が進み、大正時代にかけて人口が大幅に増加した。またその時期に、茨木市域では繊維工業や水車動力による製薬工場が立地したが、第一次世界大戦後の不況や水害被害により、大正期から昭和戦前期におもな工場は閉鎖されたという（茨木市史編纂委員会編 1969、pp. 508-509)。大正期には春日村でも住宅開発による人口増加が見られた（図3.6)。

　現在の高槻市域では、第一次世界大戦による好況を背景にして、芥川村に大規模繊維工場が、磐手村にはバッテリー工場が進出した。とくに繊維工場の立地は芥川村の人口増加につながった（高槻市史編さん委員会編 1984、pp. 765-777)。

　島本村では、大正後期にウイスキー工場と紡績工場が相次いで立地し、図3.6に示されるように、1920～30年に人口が大きく増えた（島本町史編さん委員会編 1975、pp. 530-539)。

　以上のように、淀川右岸地域においては1921年の北大阪電鉄開業による沿線住宅開発によって、また東海道本線の駅が位置した町村では工場進出と一部の郊外住宅地開発によって人口が増加した。

　明治末期から大正期における開発は、大阪市と市街地を接する大阪市周辺部を除くと、駅付近を中心としたいわば飛地的開発であり（日本地誌研究所編 1974、p. 98)、駅から離れた村では、一部で農村的工業の発達が見られたものの、農村風景が広がっていた。これは左岸でも同様であった。

3.3.4　大阪市周辺への水道の拡大

(1)　大都市接続町村への水道敷設のための国による施策　全国的な都市への人口集中を受けて、政府は1918（大正7）年に大都市に接して密接なつながりを有する町村における水道敷設に対しても、国庫補助金を支給することとした。しかし、補助金交付申請が相次いだため、1921年に上下水道普及のための国庫補助選択基準を定めた。これによると、大都市周辺町村の中で六大都市に接続し密接な関係を有する町村における水道敷設の補助は、市の場合と同等に扱うこととされた。また、主要都市に接続する、飲料水の水質が

とくに不良な町村への補助も規定され、大都市周辺の町村に対する水道整備が促進された（日本水道史編纂委員会編 1967a、pp. 196-197）。

　また、国の法律である水道条例により水道事業は市町村営が原則とされていたが、都市化が進展しても水道整備が後手に回っている状況であり、全国的に水道普及が伸び悩んでいた。そこで、国は水道整備を促すために、1911（明治44）年、1913（大正2）年に、相次いで水道条例を改正し、市町村以外の企業者[17]の水道経営を可能にした。これを受けて全国各地で次々と私設水道の設立申請がなされた（寺尾 1981、p. 51；日本水道史編纂委員会編 1967a、p. 197、pp. 363-367）。

　(2)　大阪市水道による市外給水の不実施と水源増強　大阪市は速やかに水道を普及させるために当初は水道料金を定額制とし、共同で使用できる共同栓を広く設置した。この放任給水制のもとで水道水がまさに湯水のように使われたという。また、大阪市への移入人口の増加による水需要の増大と、日清戦争などの戦時景気による工場用水の使用量増大、そして大阪市の市域拡張による新規給水区域の拡大により、たちまち水道施設の能力に不足が生じるようになっていた。一方、1905年、黙認で上水配達をうけていた鷺洲村から市外給水を前提とした水道設置が出願され、1911年にも水道設置が再出願されたが、大阪市水道局は配水能力の不足を理由に不許可とした[18]。大阪市は1908年に水道規則を公布し、分水契約という形式で市外給水を規定してはいたが、大阪市参事会が第2回水道拡張事業が完成するまで原則的に市外給水を実施するべきではないとしたため、給水は行なわれなかった[19]。

　水道水源の不足に際して大阪市水道局は、桜の宮浄水場の施設能力向上を図るとともに、第2回水道拡張事業として新たなる水源地・浄水場の調査を行なった。1907年の市会で、淀川改良工事で整備された新淀川右岸の柴島に浄水場が建設され、1913年に通水した。淀川には水道橋が架設され、柴島浄水場でつくられた水道水は蒸気機関による自家発電で稼働する送水ポンプによって市内の各戸へ直接給水された。また、使用水量を抑制するために全戸に計量メータが設置され、大阪市水道は日本で初めて全計量給水制への移行を果たした。なお、柴島浄水場の完成を受け、効率化のために桜の宮浄水場は1920年に廃止された（大阪市水道局編 1956、pp. 116-119、pp. 483-484；大

阪市水道局編 1996、pp. 82-84)。

　第2回拡張事業終了後、第一次世界大戦の勃発で給水量が増大するとの予測のもとに、1918年から第3回拡張事業を実施して、柴島水源地の取水能力が強化された。しかし、大阪市の水需要の増大は著しく、水道の施設能力強化の必要が生じた。そのため、琵琶湖や宇治川から導水する計画も検討されるなどしたが、結局柴島浄水場の拡張で対応することとなり、1925年から30年にかけて、浄水方法の変更[20]などの第4回拡張工事が行なわれた（日本水道史編纂委員会編 1967b、pp. 665-667)。

　(3) 接続町村への市外給水の実施　水道敷設までの現在の大阪市旭区域では、淀川を水源とする灌漑用水路の水が飲料水に用いられるなどしていた。しかし、雨が降り続くと水が濁り、また毎年のように腸チフスなどの水系伝染病患者が発生していたため、水道敷設が強く要望されていた（大阪都市協会編 1983、p. 61、pp. 186-187)。1912年には東成郡のうちの10町村から、1913年には西成郡のうちの6町村から、大阪市に対して上水分与の出願がなされていた。大阪市は第2回水道拡張での対応を決定し、同拡張事業が通水した1913年から漸次市外給水を開始した。

　1913～24年にかけて、大阪市に接続する町村に次々と市外給水が行なわれた（図3.10)。1924年からは堺市にも市外給水が開始されたが、夏季のみであった。1925年4月の第二次市域拡張で、堺市以外の市外給水対象町村はすべて大阪市に編入された。なお、1913年には、市外給水対象の町村のうち豊崎町、中津町を含む4町村から、財政困窮と低普及を理由に鉄管賃貸の要請がなされ、賃貸期間を20年以内とし月払いするなどの条件で貸与された。また、給水料低減の陳情もあった（大阪市水道局 1956、p. 483；大阪市水道局編 1996、p. 1059)。これらの町村においては、もっとも重要な都市基盤ともいえる水道の整備に予算をかけることが困難だったとみられる。ちなみに、大阪市への編入にあたってそれぞれの町村が提示した編入希望条件には、大阪市の電気事業や交通事業を各町村に整備することと並んで、水道・下水道のすみやかな整備が多く挙げられていた。東淀川区域では、西中島町、豊里村、大道村、中島新庄組合村、北中島村、神津町のいずれにおいても、上水道・下水道整備を求めた（川端編 1956、pp. 102-104)。このように、近接町村に

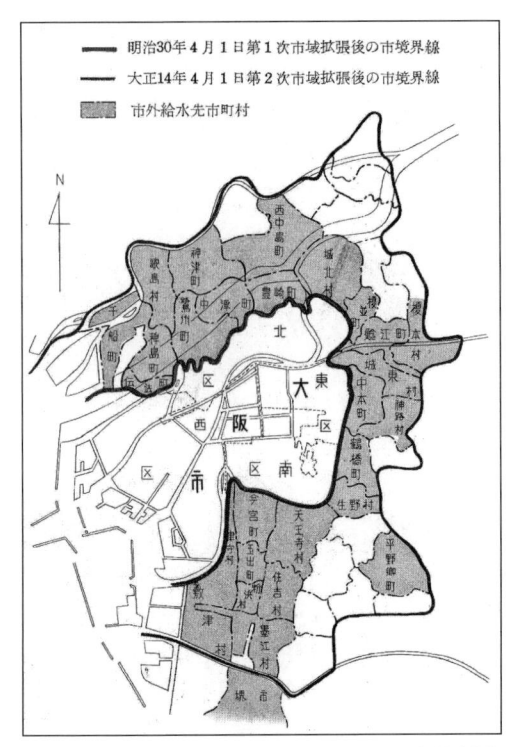

114　第Ⅱ部　都市域における生活用水・排水システムの展開

図3.10　第二次市域拡張までの大阪市水道による市外給水先
出典　『大阪市水道六十年史』。

とっては、水道・下水道整備は大阪市への編入を促す重要な条件の一つであったといえる。

　(4)　周辺地域における私設水道敷設の出願と敷設　大阪市に近接する町村においては、著しい都市化にもかかわらず水道が未普及の状態が続いていた。上述の1913（大正2）年における水道条例改正で私営水道設立が可能となったことを受けて、大阪市周辺でも民間水道の設立申請の動きが相次いだ。同年、東成水道株式会社の設立許可が大阪府に申請された。大阪市に接続する東部18町村を給水対象とし、守口町付近の淀川廃川敷を水源とするものであった。これらの町村には、(3)で記した大阪市に水道の分水願を提出した町村も含まれていた。大阪市では水道拡張工事竣工後に給水する予定である

ことを理由に、城北村など8町村以外について給水許可を出すように大阪府に求めた。また、豊崎村を給水区域とする豊里村水道株式会社の許可が申請されたが、設立願書の不備で却下された。そのほか、同年に墨江村、住吉村など大阪市の南部に接続する町村を給水区域とした帝国水道株式会社の設立許可が申請された。これらの申請はいずれも大阪市の反対で不許可となった。大阪市は水道条例の改正に際し、大阪府に対して大阪市接続町村への給水を目的とした企業出願があった場合に大阪市への諮問を求めていたことから、大阪市が市外給水を行なう可能性がある町村における私営水道敷設設立を阻止していたと思われる（大阪市水道局編1956、p. 489）。

他方、大阪市の近接町村以外の町村において近代水道が本格的に普及するのは昭和期以降であり、鉄道開通にともなって開発された住宅地などで水道が敷設されていた。また、民間水道会社設立が画策されるなどした。

現在の寝屋川市域に含まれる友呂岐村に開発された香里園住宅地では、経営の主体である芦屋土地株式会社によって、1923年に淀川表流水を水源とする水道が敷設された[21]。宅地開発は明治末期から始まっていたが、住宅が増加したことと高台であることから、従来の方法で水がまかなえなくなった。香里園の宅地開発がふるわない原因は上水道未設置にあるとされ、水道工事に際しては後に住宅地開発に再参入する京阪電鉄も出資したという。1925年には住宅地は京阪土地会社の経営に変わり、1928年には同社が合併されて京阪電鉄の経営となり、水道の運営主体も変更された（寝屋川市役所編1966、p. 60、pp. 493-494；橋爪2000、p. 304）。

枚方町では、私人が設置した水道を1912年に京阪電鉄が買収して、約200戸に給水していた[22]（枚方市史編纂委員会編1980、pp. 634-636）。九箇荘村に大利上水道組合[23]が設立されたり、茨木町で民間水道会社設立の動きがあるなど、大阪市から遠方の町村において民間による水道敷設が画策されるようになっていた[24]。

3.3.5 大阪市による屎尿処理の開始と下水道事業

3.2.2で記した中央部下水道改良事業は、おもに大阪市の第一次市域拡張以前の市域を対象とし、生活雑排水の河川への排除を目的としたものであっ

た。当時大阪の市街地では、下水道施設がないため汚水の停滞による悪臭と降雨時の氾濫が問題となっていた。また、1915（明治38）～18年には大阪市内でペストが流行して死亡者が発生し、下水道の改良が課題となった。大阪市は1916年～17年にかけて下水道改良のための調査を実施したものの、財政上の問題から着工は困難とされた。しかし、問題の深刻さから、大阪市は全体の財源計画が立たないまま、市営事業の値上げを財源にして、新市域での応急的な下水道工事に着手した。その後、全費用の3分の1を国庫補助に求めて残りを市債で賄う計画が立てられ、1919～21年にかけて第1回下水道改良事業として新市域の市街地における下水路整備が実行された。この改良事業で設定された10の排水区のうち、8区において自然排水が困難なため、ポンプによる強制排水が行なわれた（大阪市下水道局編1983、pp. 103-106）。

　1900年代における大阪市の人口増加による屎尿の増大に対して、屎尿処理を市営事業化して都市財源とする案が市会で議論された。1913年には市が内務省に申請し、許可がおりたが、それまで屎尿を回収してきた農民側の反対で実施は先送りされた。大阪市の人口増加により屎尿量が増える一方、化学肥料などの普及で需要が減ったこともあり、各地で便槽から屎尿があふれる状態となっていた。対策として大阪市は、応急策としての有料汲み取りと屎尿処理場の建設を打ち出し、1920年から有料汲み取りを実施した。同年、大阪市は淡路島仮屋町に屎尿を原料とする硫安工場を建設して稼働したが、排水公害と悪臭で住民による反対運動が起き、間もなく工場の操業を中止した。なお、1925年における市営の汲取量は、全体の約5％であった。屎尿は大阪市周辺で利用されただけでなく、四国方面まで運ばれたという（大阪市下水道局編1983、pp. 152-153；新修大阪市史編纂委員会編1994a、p. 191、pp. 556-570；大阪市環境保健局環境部監修1994、p. 28）。

　こうした大阪市における屎尿処理の状況は、後述するように、大阪市が下水処理計画を作成して都市計画下水道事業による排水処理を行なっていく動機となる。

　大阪市は、1922年から都市計画第1期下水道事業として排水対策工事を行なった。第1回下水道改良事業の区域外で都市化が進み、そこでの排水対策に迫られたのである。計画区域はいずれも自然排水が困難な地区で、ポンプ

による強制排水が行なわれた。この事業の第1次計画変更では、市岡抽水場に実験下水処理場が開設された。これは、当時問題となっていた河川汚濁と、上記の屎尿処理の問題を解決するための実験施設として位置づけられていた。1914年にイギリスで開発された当時最新鋭の活性汚泥法による下水処理が導入され、1925年から実験が開始された。大阪市のこうした動きは、都市排水の単なる排除から下水処理による浄化へと、水質汚濁への対策を本格化させたと捉えられる[25]。この事業では、都市計画法に基づく受益者負担制度が取り入れられた。総工事費の6分の1に該当する金額が、土地台帳に基づいて都市計画特別（家屋）税として住民から徴収された。また、総工事費から施設の増設費と受益者負担額を引いた額の3分の1が国庫から補助された。それ以外はほとんどが公債によって賄われた（大阪市下水道局編1983、pp. 161-166、pp. 171-176）。

　その後大阪市は、1924～27年度にかけて、1922年の都市計画第1期下水道事業で除外された地区を対象とする都市計画第2期下水道事業を実施した。

3.4　第二次市域拡張後から第二次世界大戦期までの水道敷設と水質汚濁の進展

3.4.1　昭和戦前期の大阪市周辺地域における都市化の進行

（1）淀川左岸地域における都市化　1925年の第二次市域拡張後の昭和戦前期における淀川左岸地域では、現在の守口市域の、とくに京阪沿線の守口町、三郷町で、大阪市へ通勤する住民のベッドタウンとして大幅な人口増加を見た（図3.6、図3.7）。メリヤス工業などの繊維工場の増加も一因となった。1933年以降には、門真市域と守口市域に松下電器（現パナソニック）とその関連工場が立地したことも、この時期の淀川左岸地域における市街地化と人口増加の重要な要因の一つであった。京阪電鉄開業などの交通網整備は工場立地のための重要な条件であった。門真村は1939年に、人口増加と産業発達を背景に町制を施行した（門真市史編さん委員会編2006、pp. 277-279、pp. 357-365；三木2003、pp. 123-124；守口市史編纂委員会編2000、pp. 282-288）。

　現在の寝屋川市域では、前述の通り友呂岐村で京阪電鉄による香里園住宅地の開発が行なわれたものの、人口はそれほど変化しなかった。その後、大

阪市からの移転も含めて食品や機械部品工場が立地したことや、警官住宅や住宅営団などの団地が立地したことで、人口が増加した（寝屋川市役所編1966、p. 9、pp. 285-286）。

現在の枚方市域では、繊維工場の立地などを要因として、枚方町で女性を中心に人口が増加していた。また、表3.3にも示したように2カ所の軍需工場が設立されると、徴用された職員や動員された学徒、そして疎開などにより、人口はさらに増加した（図3.7）。

(2) 淀川右岸地域における都市化　一方、淀川右岸地域では、昭和戦前期に東海道本線沿いに電池関係や醸造関係の工場が立地するようになった。この要因として、1933年頃に京都・大阪間を結ぶ道路として建設された「産業道路」の存在が挙げられる（日本地誌研究所編1974、pp. 206-207）。この道路は現在の大阪府道14号線と国道171号線にあたり、東海道本線に接続し、淀川右岸地域における市街地化を進めた。また、1928年には新京阪鉄道の淡路（東淀川区）・西院（京都）間が開業したことで淀川右岸地域の住宅地開発が進んだ。1937年には東海道本線・山陽本線の京都・西明石間の電化が完成して運行本数が増え、鉄道どうしの本格的な競合が始まった。図3.7によれば、1930～40年では、吹田町、山田村、岸辺村、味舌村、春日村、茨木町、高槻町といった新京阪線沿線の市町村で大幅な人口増加が見られる。

現在の吹田市域では、吹田町、千里村、豊津村で人口増加が続いていた。新京阪鉄道千里山線の駅付近で区画整理が行なわれたり、先述の千里山住宅地のように土地会社による住宅地開発が行なわれたことが背景にある。住民の大多数は、大阪市に通勤するか大阪市で事業を営む人々であったという。吹田においては、大正期までにある程度の工場の集積を見ていたが、1940年における吹田の工業生産額は大阪府の1.5％に過ぎなかった。その後、昭和期にも新たに製紙工場が進出するなどした（京阪電気鉄道編1980、p. 41；吹田市史編さん委員会編1989、pp. 268-264、pp. 311-313）。

現在の摂津市域では、新京阪鉄道の開業により正雀駅が味舌村に設けられ、また東海道本線の電化と複々線工事の結果として1938年に千里丘駅が設置されたことで、急速に住宅地化が進んだ。1930年以降、化学、繊維、金属の工場が淀川沿いに立地したことや、これら2つの駅の開設や上述の京都―

大阪間産業道路開通により味舌村に1940年頃に工場が集中的に立地したことで、摂津市域では味舌村を中心として人口が増加した[26]（摂津市史編纂委員会編 1977、pp. 799-804、pp. 852-854、pp. 882-890）。

現在の茨木市域では、茨木町で明治40年代から東海道線茨木駅東部の宅地開発が始まった。また、駅西部の春日村では、千里丘陵の東部において土地会社による春日丘住宅地の開発が行なわれ、昭和初期以降人口が増加していた。新京阪鉄道も茨木駅を設置したが、開業が不況と重なった上に、駅付近は低湿地で浸水しやすく開発が進みにくかった。茨木市では、昭和戦前期までに大阪都市圏郊外の衛星都市として人口の増加を見、大阪市への通勤者が常住就業者の20％を超えるほどになっていたとされる（茨木市史編纂委員会 1969、pp. 494-496；高槻市史編さん委員会編 1984、pp. 906-907、pp. 911-912；日本地誌研究所編 1974、p. 220）。

1930年の国勢調査によれば、現在の高槻市域では高槻町が高い中心性を有していたという。1929年には新京阪鉄道により高槻町駅北側で住宅が開発されるなど、茨木市と同様、大阪市の衛星都市としての側面も有するようになっていた。高槻町は結びつきが強かった周辺の1町3村と1931年に合併して新たな高槻町となり、1937年に延伸された産業道路を中心として工場進出が相次いだ。1943年には市制を施行して高槻市が発足した（片木ほか編 2000、pp. xxi-xxix；高槻市史編さん委員会編 1984、pp. 903-915、pp. 958-962）。富田町の富田駅東部でも、1935年に新京阪を合併した京阪電鉄によって桜ヶ丘住宅地が建設された（京阪電気鉄道編 1980、p. 41）。

島本村では、1928年に隣接する京都府大山崎町に新京阪線の大山崎駅が開設された。また、すでに立地していた繊維工場が生産能力を増強させて雇用を増やし、人口増加につながった（島本町史編さん委員会編 1975、pp. 590-543）。

3.4.2　昭和戦前期の淀川両岸地域における水道の展開

(1)　昭和戦前期における大阪市水道の拡張　昭和戦前期の大阪市では著しい工業化により人口が増大した。同時に、周辺町村でも人口が増加し急速に都市化が進んでいた。大阪市では水道水源の不足が続き、増加する人口と発

展した産業からの水需要の増大や、災害発生時などへの対応のため[27]、1933年から40年にかけて第5回拡張事業を実施し、淀川からの取水量の増強や浄水能力の強化などを行なった。しかし、人口が予想をはるかに上回る勢いで増加したため、この工事とは別に、1937年の段階で第6回拡張事業の認可申請を行なった。この計画は従来の柴島水源に加えて、現在の枚方市域である樟葉村に新たな水源と浄水場を設置して全体の給水量を増強し、水需要に対応するものであった。しかし、水利権問題で審査が遅れたため、応急工事として1939年から上水道設備増設改良工事を行なって、取水施設や浄水施設の強化を図ったが、未完成のまま1946年に中止された。この工事が完成したのは1954年であった。第6回拡張事業は1940年に認可されて着工したが、日中戦争の影響を予想して、1941年には施設規模を縮小し、水源についても樟葉村で取水した水を庭窪村で浄水処理するなどの変更を行なった。一方で、戦時景気による水需要の増大に対応する必要が生じ、1944年に計画規模と後期の変更の認可申請をしたものの終戦を迎え、1946年3月に第6回拡張事業の工事は中止された。工事が最終的に完成したのは1960年のことであった（日本水道史編纂委員会編1967b、pp. 667-668）。

　(2)　近接町村における公営水道創設と大阪市による市外給水　1918（大正7）年から、国は大都市と密接な関係を有する町村などへの水道敷設を推進するために補助金の交付を始め、全国で相次いで水道が敷設された。1925年末には大阪府内の上水道は4カ所に過ぎなかったが、1945年末では24カ所を数えた。『日本水道史各論編Ⅱ中部近畿』における大阪府の各水道事業の記載内容によると、大阪府では、1895年の大阪市の水道を最初に、堺市（1908年）、守口町（1923）、吹田町（1927年）、豊中町（1928年）、古市町[28]（1928年）と、公営水道の敷設が続いた。

　周辺町村にとっては、都市化の進展により水道や道路などの都市基盤整備が優先課題となったものの、大阪市に編入されなかったことでそのための財源不足に悩んだ。大阪市に接続する三島郡、豊能郡、北河内郡、中河内郡の町村は、第二次市域拡張以降も大阪市への編入運動を行ない、編入による都市基盤整備を望んだ（新修大阪市史編纂委員会編1994b、pp. 198-200；門真市史編さん委員会編2006、p. 252）。

表 3.4 昭和戦前期の淀川両岸地域における水道給水戸数の推移

年度末	三郷町 総戸数	三郷町 給水戸数	守口町 総戸数	守口町 給水戸数	寝屋川上水道株式會社 給水区域内戸数	寝屋川上水道株式會社 給水戸数	枚方町 総戸数	枚方町 給水戸数	吹田町 総戸数	吹田町 給水戸数	阪北上水道組合 給水区域内戸数	阪北上水道組合 給水戸数	茨木町 総戸数	茨木町 給水戸数
1926				1,078										
1927				460						1,590				
1928				1,177						1,590				
1929				1,710						2,942				
1930				1,710						3,447				
1931				1,750						3,977				
1932				1,923						4,358				
1933				2,162						4,692				
1934				2,055				1,012		4,971	不明	1,359		1,039
1935	1,911		1,456	2,476	不明	335	1,456	1,045	7,382	5,210	不明	1,519	2,131	1,071
1936				2,476	不明	332		946		5,559	不明	2,417		1,208
1937				3,235	347	347		1,025		5,979	6,825	2,827		1,359
1938		2,320		4,361	349	349		1,698		6,276	7,145	3,271		1,501
1939		2,621		5,300	350	350		1,677		6,648	7,476	3,721		1,589
1940	3,285	3,269	6,805	5,400	373	373	6,805	1,847	14,458	6,796	8,980	4,741	2,662	1,659

資料 『大阪府統計書』各年版より作成。現在の大阪市域を大阪市を除く淀川両岸地域に位置した水道を全て示した。

注1 枚方町は1938年に殿山町、磋跎村、川越村、山田村、樟葉村と合併して、新たに枚方町となった。
吹田町は1940年に千里村、岸部村、豊津村と合併し、市制を施行した。

注2 総戸数は国勢調査による。

　昭和戦前期の大阪市では各産業活動の発展や人口増加、市域拡張による給水区域の拡大により、増大する水道水需要に給水が追いつかない状態が続き、水道局では柴島浄水場の拡張や浄水方法の変更などによる処理能力の向上によって対応していた。ただし、こうした状況下においても、大阪市は防疫保安の見地から市外給水を行なう必要性を唱え、給水対象町村を増やしていた。第二次市域拡張前から行なわれている堺市への夏季の市外給水は継続されており、1923年には守口町に[29]、1927年には吹田町と兵庫県尼崎市に市外給水が開始された。現在の豊中市域南部の庄内、小曽根、南豊島、中豊島、および現在の吹田市域南東部の豊津の各町村によって1931年に阪北上水道組合が設立され、1934年に大阪市水道からの市外給水が開始された[30]（大阪市水道局編 1956、p.499）。以下で触れる淀川両岸地域の水道における給水戸数を表3.4に示す。

守口町は1922年策定の大阪市の都市計画区域に含まれていた。都市基盤設備の整備の遅れが問題となっていたため、大正末期から昭和初年にかけて、守口町は水道・ガス供給事業、公設市場の設置、京阪電車の高架など、積極的な都市基盤整備を進めた。その中でも、水道敷設は「守口町が進展する都市化への対応として実施した事業の第一にあげられる」と『守口市史第四巻』は述べている。守口町は大阪市の第二次市域拡張に先立つ1923年に、東成郡清水村、古市村とともに上水道調査設計に着手し、1924年に上水道組合を設立した。1926年に通水したが、清水村と古市村が1925年の大阪市の第二次市域拡張で大阪市へ編入されたために組合は解消され、守口町単独での敷設となった。水源は大阪市水道からの市外給水であったが、水道利用料が大阪市の倍という問題が重くのしかかることになり、後述のように大阪市への編入が困難であると判断されると、大阪市水道からの「独立」を画策した。しかし、守口町では人口増加による水道需要の増大で水道水源が不足する事態が続いたため、1940年から水道水源を拡張する工事を開始して伏流水の取水を増強する一方、大阪市に市外給水を申し込んで再契約し、1941年から再び受水を開始した。詳細については後述する（大阪市水道局編 1956、p. 503、p. 506；日本水道史編纂委員会編 1967b、pp. 724-725；守口市史編纂委員会編 2000、pp. 342-346）。

　現在の吹田市域では、吹田町においては、生活用水源として井戸水が利用されていた。しかし、年々湧水量が少なくなっていたことと、人口が増加したことにより、1927年に大阪市水道からの市外給水を水源とする水道が敷設された。工事費約2万9千円のうち、約23％が国庫補助であった（日本水道史編纂委員会編 1967b、pp. 704-705）。豊津村は、上述の通り阪北上水道組合に加入し、1934年から給水を開始した。1940年に吹田町、豊津村、千里村、岸辺村が合併したが、旧豊津村域は阪北上水道組合によって、千里山住宅地は京阪電鉄の専用水道によって給水が継続された。ただし、千里山住宅地では水道水源が不足していたため、阪北上水道組合からも給水を受けていたという（大阪市水道局編 1956、p. 500、p. 509）。

　このように、大阪市の第二次市域拡張で大阪市に隣接することになった町村では、都市化で増大した水需要に対応するため大阪市に水源を依存して水

道を敷設した。水道水を他の事業から受水して事業を経営したのである。

(3) 茨田上水組合設立と大阪府営水道建設計画　守口町は水道や市電の延伸などにより大阪市との結びつきを強めていた。しかし、大阪市の都市計画区域に含められたものの、第二次市域拡張の対象からは外れた。守口町が中心となって吹田町、千里村、豊津村などの接続町村とともに大阪市への編入運動を行ない、1931年には大阪市の関市長へ編入要望陳情書を出すなどしたが、編入の見込が低いと伝えられ、そのまま進展しなかった。一方で、守口町は、周辺の三郷村、庭窪村、門真村との合併の働きかけも行なっていた。

門真村では1927年以降の大同電力大阪変電所による地下水の大量取水により生活用水の不足が恒常化していて、今後の都市化の進展のためにも水道が必要とされていた。現在の門真市域に含まれる大和田村で、1934年に大阪府が実施した農村調査の結果によると、「専用井戸」を有する世帯は半数以下に過ぎず、「流水」[31]を使用する世帯が3割もあった。門真市域では、1936年5月に四宮村で腸チフスが発生した。また、7月には門真村で井戸水が枯渇し、この渇水は大和田村にも拡大していた。このように、現在の門真市域では生活用水の確保に苦慮していた。

こうした深刻な生活・工業用水の不足に対して、1933年に守口町と三郷村が共同で淀川を水源とする水道建設の方向性を探りかけたが、案は放棄された。さらに同年、門真村と三郷村が共同で、守口町は単独で費用が少ない地下水を水源とする上水道敷設を画策したが、ともに井戸水の水質検査が不合格となり実現には至らなかった。1934年に守口町は、大阪市水道による市外給水からの「独立計画」を進行させるべく、門真村、三郷村の上水道敷設計画に加わった。三郷村営水道水源地を庭窪村に設置し、他町村へ給水するという形式で、守口町、三郷村、門真村が淀川水源の水道を共同敷設することになり、庭窪村も計画に参加した。水道計画は、これら4町村の合併案が浮上する中で、一つの計画に統合されたのであった。1935年末には、守口町と三郷村に給水が開始され、守口町水道の大阪市からの「独立」も果たされたが、1936年春の門真村、庭窪村への給水予定が延期された。当面、守口町と三郷村のみ給水となり、この2町村による上水道組合が設立された。のちに門真村、庭窪村への給水は立ち消えとなった。守口町と三郷村の動きと門真

村周辺での生活用水不足問題に対して、上水道未敷設の町村はこの問題を共同して対応する課題として位置づけ、1936年8月に四宮村が中心となって、枚方町と門真・磋砣(さだ)・友呂岐(ともろぎ)・九個荘・庭窪・南郷・大和田・四宮・二島・古宮・横堤の11村が共同で水道を敷設する計画を打ち出した。のちに、すでに水道が敷設されていた枚方町、南郷村、古宮村、横堤村が計画から離脱し、残りの8町村で組合水道を敷設する計画が実行に移されようとした[32]。

　一方、大阪府は泉北・泉南における工業用水確保のために、1934年から水道用水供給事業である大阪府営水道の建設計画を立てていた。この計画では導水管が北河内郡を通過するため、北・中・南河内郡の町村への給水が可能とされており、許認可権者の大阪府は8町村による組合水道敷設計画に難色を示した。これに対して、8町村は組合水道敷設計画を進める一方、郡代表を決めて府営水道の設立を促進する活動も行なった。1936年に府営水道計画に含まれていた北河内、中河内、南河内、泉北、泉南各郡の町村が連合して府営水道促進運動を展開することとなり、組合水道計画は中止となった。一方で、門真村では1937年に単独で上水道を敷設する計画を村会に提出した。その議案では、門真村では井戸水の水質が飲用に適さないことや、河川上流地域での工場建設による水質汚濁、淀川の改修工事による水位低下と海水遡上の影響などが示されたが、計画は頓挫した。同年、門真村と庭窪村が共同で水道を設置する計画が持ち上がったが、日中戦争開戦による資材不足でこれも頓挫した。

　他方、1939年に堺市が淀川の水を予備水源とする計画を策定した。この計画では、水道管の経路となる北河内郡や南河内郡の町村にも給水が可能であった。門真村はこれを利用することで敷設費節減を見込んだが、堺市の水道計画は大阪府営水道（水道用水事業）による工業用水の供給増加へと変更された。大阪府営水道は1940年に計画が具体化し、建設へと動き始めた。当初計画に含まれていなかった三島・豊能郡の町村が計画に加えるよう陳情を行ない、1935年には計画区域に組み入れられていた。しかし、第二次世界大戦のために毎年着工が延期され、結局竣工は戦後となった。一方、大阪府や堺市からの給水をあてにしていた門真町（1939年町制施行）は、1941年に庭窪村、茨田町、四宮村、大和田村、二島村、九箇荘村とともに、大阪府営水

道を水源とする水道事業を行なう一部事務組合である茨田上水道組合の設立を決め、着工した。

　大阪市編入構想や守口町の周辺合併に対して、淀川左岸の町村は、水道敷設をめぐる動きを背景にして、第二次世界大戦後にかけて独自に合併を志向することになったが、水道敷設の遅れもその後の町村合併の枠組みに影響を及ぼしていく。まず1943年には、九箇荘町、友呂岐村、豊野村、寝屋川村が合併して寝屋川町が成立した。

　枚方市域では、枚方町で水道敷設が検討され、町内の井戸の水質検査を実施したところ、飲用に適する井戸が少ないことから、水道敷設計画が迅速に進んだ。淀川支流の伏流水を水源とし、将来の人口増加と接続町村への給水も前提とした計画であった。3.3.3(4)で記した京阪電鉄が経営する上水道について、京阪電鉄が不況のため町に買収を持ちかけてきたが、町は無償寄付を要望した。通水直前になって交渉がまとまり、町が謝礼を支払うこととなった。1933年に町営水道は竣工したが、水源の不良や河川改修の影響などにより水道水の質が悪く、2度の改修が行なわれた。1938年に枚方町と1町3村が合併して、新たな枚方町が成立した。その際、磯砧村は枚方町から水道水供給を受けることを条件としていた。上述の通り、1936年8月に北河内郡の1町11村で水道敷設計画が持ち上がった際に、水道が敷設されていた枚方町は計画から離脱したが、磯砧・友呂岐村は計画に残った（大阪府水道部総務課編1972、pp. 6-8；門真市史編さん委員会編2006、pp. 252-260、pp. 337-339；枚方市史編纂委員会編1980、pp. 637-639、pp. 684-685)。

　このように、昭和戦前期の淀川左岸地域では、生活・工業用水に生じた問題とそれをきっかけとする水道敷設が重要な地域問題となり、大阪市への編入や周辺町村どうしの合併を視野に入れた水道敷設計画がさまざまに画策された。そこに、大阪府による水道用水供給事業、すなわち大阪府営水道の計画樹立と建設延期が影響を及ぼし、結果として周辺町村における水道敷設時期に著しい差異を生じさせることになった。都市化が進む中で水道供給の対象にならなかった住民は、第二次世界大戦後の1951年に大阪府営水道が完成し、それを水源とする茨田上水道組合による水道水供給が開始されるまで、地下水位低下にともなう井戸水の涸渇という深刻な問題と、水系伝染病感染

の脅威にさらされ続けることになる。

なお、淀川右岸地域の高槻町では、大阪府営水道計画と別に独自に公営水道を敷設する計画が1935年に策定された。合併した旧五領村で淀川から取水し、まず東海道本線より北側の地区2万人に給水する計画であったが、実現には至らなかったという（高槻市水道部総務課編1983、p.5）。

(4) 私設水道の計画と敷設　現在の寝屋川市域に含まれる九箇荘村の大利集落では、それまで水源に用いていた用水路が都市化の進展で下水路と化し、伝染病の危機にさらされていた。そこで、区長が中心となって水道敷設計画を立案し、1930年に淀川から導水する二十箇用水を水源とした大利上水道組合水道を完成させた。1932年に村営に移管するべく村会に提案したが否決されたため、九箇荘村で株主を募って1934年に寝屋川上水道株式會社が設立され、水道の運営が行なわれた。会社設立認可にあたっては村長も貢献したという（東1937、pp.573-574；日本水道史編纂委員会編1967b、p.809）。

現在の茨木市域に含まれる茨木町では、近世以来の竹管水道の老朽化や防火の点から、早急な水道敷設が課題となっていた。そこで、有志が私設水道を計画して水道の企業設立を出願し、これがきっかけとなって町営水道敷設の話がまとまった。試掘を行なった水源施設を譲り受けて1928年度に水道敷設工事が行なわれ、1929年に通水した[33]（茨木市教育委員会編1991、pp.99-104；日本水道史編纂委員会編1967b、pp.785-786）。

このように、水道を経営する私法人が設立されたり、水道会社の設立が画策された一方で、郊外住宅地の経営主体などによる水道敷設も進んだ。現在の摂津市域の味舌村では、新京阪線の正雀駅前に住宅地が開発された。浅井戸を水源とする簡易水道施設が敷設され、私設水道組合の運営によって生活用水が供給されていた（摂津市史編纂委員会編1977、pp.1095-1096；日本水道史編纂委員会編1967b、pp.785-786）。

春日村の郊外住宅開発においては、当初は井戸が利用されていたが十分な水量が出なかった。その後、1937年に松沢池を水源とする簡易水道が敷設されたことで、急速な宅地開発が進んだという（茨木市教育委員会編1991、p.98）。この簡易水道は住宅会社によって設置されたものとみられる。

昭和初期の高槻町では、都市化の影響で地下水の水質が年々悪化するとと

もに、水位も下がっていたという。さらに、1924、29、39、44年の旱魃で、飲料水は欠乏していた。高槻町では、新京阪鉄道が経営する新京阪高槻町駅北側の住宅地に給水する目的で、1929年に阪神水道株式会社が発起人となって水道が敷設された[34]。1943年の高槻町の市制施行に際し、事業者の京阪電鉄から記念として水道事業が無償譲渡され、これが市営水道の発足となった[35]。高槻市では市営水道発足にともない、水道未普及地区住民からの水道敷設の要望が強まったものの、財政難であった上に、政府からの民政予算抑制の通達もあったため、水道事業の拡張ができなかった。水道未普及の地区では引き続き井戸が利用されたほか、河川敷に濾過装置を施した樽や桶を設置して飲料水を得るなどしていたという。なお、1930年に郊外住宅地として開発された桜ヶ丘住宅地では、生活用水に井戸水が用いられていた（高槻市史編さん委員会編1977、p. 98；高槻市水道部総務課編1983、pp. 4-12、pp. 15-16、p. 39）。

　大阪住宅経営株式会社によって千里村に1915年から開発された千里山住宅地の平面図に記載される宣伝文には、「上水道、暗渠の下水道、混擬土雨水路等完備す」とあり、当時の理想とされる住環境の基準を物語るものであったという。ただし、ポンプが詰まってしばしば故障して断水となり、吹田町の朝日麦酒に依頼して樽詰めの水を各戸給水したこともあったという（吹田市史編さん委員会編1989、pp. 213-219；末尾1988、p. 29）。

　現在の寝屋川市域に位置する香里園住宅地では、3.3.4(4)に記したように、住宅地開発の成功のため、京阪電鉄も出資して1923年に水道が敷設された。京阪電鉄地所課による香里園・牧方朝日丘経営地［ママ］の分譲案内図には、香里園では「飲料水は大淀川を水源とする完備した上水道により給水」されているとし、上水道には点を振って強調している。また、同じ図面の朝日ヶ丘の案内では、「経営地の設備　飲料水は本社の設備になる上水道が完備して居ります」とし、いずれも水道の整備が重要な宣伝要素とされていたことがわかる。少なくとも、昭和戦前期の周辺地域における郊外住宅地においては、水道施設は基本的な設備となっていたと考えられる。

　(5) その他の水道　この時期に敷設されたその他の水道施設として、枚方付近に敷設された軍用水道の存在について触れておく。枚方には1940年頃に

陸軍砲兵工廠の兵器工場が2カ所開設され、それぞれに専用水道が敷設された（表3.3）。戦時体制下で資材調達が厳しく、全国的に公営水道の建設が遅れていたなかで、軍事関係施設の水道敷設は優先されていた。

3.4.3 昭和戦前期における下水処理

(1) 失業者対策としての下水道整備　これまで述べてきたように、下水道は衛生確保の見地から、都市計画の一環として全国の主要都市において整備が進んできた。第一次世界大戦後の不況、関東大震災による被害を経てからは、失業者救済のために下水道工事を実施するという側面が加わった。1929（昭和4）年の世界恐慌以降、全国各地で失業者対策の下水道工事が実施されたが、対象は主要都市に限られ、東京郊外の一部の町を除いて衛星都市での下水道建設はなかった。1933年には、帝国議会に水質汚濁を防止するための法律制定の建議が、衆議院議員からなされた。これは実現はしなかったものの、生活排水や工場排水による公共用水域における水質汚濁が問題となっていたのである。水道・下水道事業者が加入する日本水道協会が、下水の放流水と工場排水の水質規制を自主的に定めて実施するなど、水質汚濁防止についての認識が上下水道事業関係者に生じつつあったという（日本下水道協会下水道史編さん委員会編 1986、pp. 103-123）。

(2) 大阪市における水質汚濁の進行　1885（明治18）年の淀川左岸地域を中心とする大洪水を受けて、1897年以降、内務省直轄で淀川改良工事が行われた。これによって新淀川が開削され、1910年に毛馬閘門（けまこうもん）が設置されたことで、大川（旧淀川）への流入水量が制御されるようになった。大川に注いでいた寝屋川などの河内平野諸河川の水が流入しやすくなったものの、大阪市内を縦横に結んでいた枝川[36]の流量は減少した。折からの工業化の進展と人口増加により、大量の生活排水や工場排水が排出されるなどして、枝川では水質汚濁が進んだ。また、枝川は感潮河川であるため、干満作用による流下と逆流でヘドロが堆積した。大阪市内の河川への排水流入は、船の航行、衛生・美観上の点から問題となっていた。

大阪市はこれに対して1914年度から枝川の浚渫と改修工事に乗り出したが、枝川の水質汚濁を改善することはできなかった。その後、1926年から36年に

かけて枝川の導水工事が行なわれた。雨水の自然流入以外の排水を断つ下水処理設備の導入は財政的に困難であったため、可動堰を設置して清浄な河川水を枝川の末端まで流入させることで浄化を図った。

しかし、その後の戦時体制下の大阪では河川の水質汚濁がますます進行した。著しい工業集積と人口の増加にともない、工場や家庭からの排水が激増したことに加えて、河川への屎尿やゴミの不法投棄も行なわれていた。1937年に大阪市保健部は、土木部と共同で河川浄化運動を主催し、関係者による懇談会や協議会を催したり、運動の宣伝普及、塵芥投棄の取締や浚渫作業などを行なった。この運動は河川港内浄化運動と名称変更されて、1943年まで実施された（新修大阪市史編纂委員会編1994b、pp. 82-83、pp. 173-175；大阪市建設局監修1995、pp. 35-55、pp. 90-91；大阪市環境保健局環境部監修1994、p. 23）。

(3) 大阪市における下水道の整備　1923年に大阪市によって下水処理計画が作成され、希釈処理と高度処理（活性汚泥法）による、屎尿の混合処理を前提とした下水処理案が打ち出された。その後、1925年の大阪市の第二次市域拡張を経て、下水処理計画は第2次下水処理計画として、新市域を含むように変更された。1928年には新市域を含む総合大阪都市計画が認可を受け、1931年から事業化した。その中には下水道計画も含まれ、河川汚濁と屎尿処理の問題の解決のために、第2次下水処理計画で計画された最新の汚濁除去処理のための設備を備えるとされていた。

しかし、大阪市では第二次市域拡張による新市域の都市発展が著しく、新たに市街地化した区域への下水道の建設を急遽実施せねばならなくなった。そこで旧市域の中で都市計画第2期下水処理事業までに下水道が建設されなかった人口密集区域の下水道改良と、1934年の室戸台風による高潮被害を受けての改良を目的に加えた都市計画第3期下水道事業を、1928～38年にかけて実施した。これは失業者対策も兼ねていた。この事業の緊急実施のため、第2次下水処理計画の着手は先送りされた（大阪市下水道局編1983、pp. 199-206、pp. 215-217、pp. 229-230；新修大阪市史編纂委員会編1994b、pp. 13-17、pp. 78-79）。

大阪市では、第1次都市計画事業で街路整備事業が進展し、地下鉄御堂筋

線の着工も迫っていた。そこで、このタイミングを都心部の下水処理計画実施のための好機ととらえ、1931年、水質浄化のための下水処理を対象区域を都心の一部に絞って行なうことを主たる目的とした都市計画第4期下水道事業[37]に着工し、1941年に完成させた。都市計画第1期下水道事業以降の事業と同様に受益者負担を求めたが、従来河川に汚水を直接放流していた区域では、処理場までの下水幹線が新たに必要であるとして、他よりも高い負担を求めた。なお、政府は下水道工事に対する国庫補助の廃止を打ち出したため、国の支援なく行なわれた。この第4期下水道事業によって日本で初めて下水道料金が徴収されることになり、一定水量以上の水道使用者に対して使用水量に応じた負担が求められた。また、汲み取り式便所を廃して水洗トイレから下水道へ排水することが可能となった。

都市計画第3期下水道事業、第4期事業から除外された市域西部を中心とする周辺地域においては、水質汚濁が悪化していた上に、浸水被害も多発していた。1934年には室戸台風で深刻な高潮被害を受けた。1935年に頻発した豪雨では想定を超えた降水量をみた。そこで、大阪市はこれらの事業の完了を待たずに、市域の市街地全域に対する下水道改良と、改良済み地区を含む第2次下水処理計画事業を統合して実施することになり、都市計画第5期下水道事業として1937年に着工した。しかし、第二次世界大戦下で工事続行が困難となり、1944年に工事は中止された。この事業は20％の出来高であったという（大阪市下水道局編 1983、pp. 161-166、pp. 171-176、pp. 311-312；新修大阪市史編纂委員会編 1994b、pp. 147-148）。

（4）周辺地域における水質汚濁と対応　昭和戦前期の大阪市の周辺地域では、都市化の進行で水質汚濁が顕在化していたものの、莫大な費用を必要とする下水処理が行政によって計画されることはなかった。さらに戦時体制下で疎開工場から新たな排水が発生したことなどにより、水質汚濁は一層深刻になったと思われる。

大阪市水道局は、淀川から取水する柴島浄水場などの水質検査から、淀川の汚染進行を問題視し、危機感を抱いていた。淀川上流では工場や人口の増加によって排水量が増加していた。そこで、淀川本流と主要支流の両岸において大阪市の水道水源に影響を及ぼす可能性がある計画を禁止・制限する法

案制定を望む論文を発表している（大阪市環境保健局環境部監修1994、p. 23；大阪市水道部1933、pp. 61-63）。

(2)で記した枝川の導水工事の結果に関して、1938年の大阪市会予算委員会で土木部長は、上流の寝屋川、鯰江川、平野川が汚濁していて「十分な効果が発揮できない」と述べたように、大阪市周辺地域でも都市化が進み、河川の水質汚濁が進行していた（大阪市建設局監修1995、p. 55）。3.4.2(4)で記した九箇荘村の大利水道組合における水道敷設以前の状況に示されるように、生活排水や工場排水などの流入で、河川や用水路の水質汚濁が進んでいたのである。

現在の守口市域では、1927年から36年にかけて土地区画整理組合による土地区画が行なわれ、住宅地化が進んだ。その際に水路が整備され、生活排水が排出されるようになったと思われる。現在の門真市域では、1933年の松下電器の工場誘致に際し、門真村から守口町にかけての地主が耕地整理を行なった。例えば、1932年には京阪電鉄大和田駅が設置される前に耕地整理が行なわれて工場が進出し、その際に水路が整備された。これらの水路に工場排水も排出されたものと思われる。なお、こうした民間による土地区画整理や実質的に開発を目的とした耕地整理の費用は、土地売却の価格に転嫁されたものとみられている（門真市史編さん委員会編2006、pp. 357-364；守口市史編纂委員会編2000、pp. 423-424）。

現在の高槻市域には、第二次世界大戦下での工場疎開や高槻町による工場誘致などを要因として、1930年代後半から40年代前半に多数の工場が進出した。1930年代後半にはこうした工場からの排水が農業用水を汚濁させて問題となったが、抜本的な解決が図られることはなかった（高槻市史編さん委員会編1984、pp. 1001-1002）

前述の香里園住宅地では、「下水は本地自体が高地であるのみならず完全に施工された排水工事の為停滞するような恐れは更にありません」と、排水工事がなされていることが宣伝されている。また、千里山住宅地でも、暗渠の下水道、コンクリートの雨水路の整備が宣伝されている（橋爪2000、pp. 306-308；吹田市史編さん委員会編1989、pp. 215-216）。こうした下水道は集合処理された後に放水されるものではなく、水洗トイレの屎尿のみを個別処

理浄化槽で浄化処理して放水するものであったと考えられている。これらの浄化槽は汚濁物の除去率が低いと考えられ、さらに生活雑排水は無処理で河川流域へ放水されていたと推測される。こうした状況下で、郊外住宅地周辺では水質汚濁が進んだと見られる（安田1992、pp. 34-35；金子・河村・中島1998、p. 30）。

3.5　第二次世界大戦直後から高度経済成長期直前までの水道普及と下水道整備

3.5.1　第二次世界大戦後の淀川流域における都市化の進展

　大阪市では、第二次世界大戦の終戦時に大幅な人口減少を見ていたが、その後は阪神工業地帯の復興を基盤として1964年まで人口増加が続いた。一方で、第二次世界大戦後には大阪市以外の市町村においても人口が増加し、大阪府全体でも人口が大幅に増加した。しかし、大阪市が府全体の人口に占める割合は、1960年の54.8％を最高に、以後は低下が続いた。徐々に大阪府全体の人口が増加していく中で、その大半を大阪市以外の市町村が占めるようになる。中でも、淀川両岸地域の低地帯に位置する市の人口増加は顕著なものであった（日本地誌研究所編1974、p. 91、p. 97）。第2章に示されたように、第二次世界大戦後の淀川両岸地域では、大阪市に近い衛星都市から大幅な人口増加を見て、その人口急増地域は年を経て郊外へ移動していった。また、淀川両岸地域では、高速道路などの道路網の整備により、工場の立地や流通機能の整備も進んだ。こうして、急激な産業発達と人口増加よる都市化により、淀川両岸地域では農耕地が大幅に減少し、平地や丘陵を中心に市街地が広がる景観となっていった（日本地誌研究所編1974、pp. 204-207、pp. 212-218、pp. 221-227、pp. 239-251；樋口2006、pp. 192-193）。

3.5.2　第二次世界大戦後の淀川両岸地域における水道普及

⑴　水道施設の戦災からの復旧と拡張　第二次世界大戦中のアメリカ軍による空襲を受けた都市では、水道施設に甚大な被害を生じた場合が多い。また、戦時体制下で十分な設備投資ができなかったために、全国的に水道施設の老朽化が進み、漏水対策が急がれた。第二次世界大戦直後の水道関係の工

事は、戦災からの復旧工事と漏水対策工事が中心であった。その後、人口が回復するにつれ、給水量に不足が生じる都市が相次ぎ、全国的に水道事業の施設拡張が行なわれた。そして、大都市部の工業地帯の復興とともに人口が集中し始め、高度経済成長期には都市部を中心に膨大な水需要が生じ、水道の整備が進められた。他方、1953年以降は簡易水道に対して国庫補助が行なわれるようになったことで小規模水道の敷設ブームが起き、全国的に村落地域における水道普及が進展した（日本水道史編纂委員会編 1967a、p. 216；矢嶋 2004、p. 80）。

(2) 大阪市水道の拡張工事再開　大阪市では、1948年頃から水需要の増大に対する施設能力の増強に迫られたものの、抜本的な対策は財政的に困難であった。そこで大阪市は、3.4.2(1)で述べた、第二次世界大戦前に着工していた第5回拡張工事を1948年から再開し、水道の給水能力を強化した。しかし、さらなる水需要増大の予想に対応する必要が生じたため工事内容を変更する一方、1953年からは第6回拡張工事を再開した。この変更では、庭窪村を暫定取水地点とし、大阪府営水道との共同取水を行なって庭窪浄水場で浄水処理をすることとされた（日本水道史編纂委員会編 1967b、pp. 668-669）。

なお、大阪市域に接続し市外給水が行なわれてきた6町村が1955年の第三次市域拡張によって大阪市に編入されたこと、その後も大阪市水道局が他の接続市町村に市外給水を続けてきたこと、そして、次に述べる大阪府営水道の展開とともに大阪市による市外給水量が縮小してきたことについて、ここで触れておく（秋山 1986、p. 231；大阪市水道局編 1956、pp. 507-508；大阪市水道局編 1996、pp. 1062-1077）。

(3) 大阪府営水道と淀川左岸地域における水道普及　大阪府営水道は1951年に完成し、水源不足で苦慮していた守口市、大阪府営水道の完成を待っていた茨田上水道組合のほか、堺市、八尾市、旧布施市といった、多くの水道未普及人口を抱えていた市町へも水道用水を供給し始めた。その後、給水対象市町村の人口増加で用水供給量が限界に達したが、数度にわたる施設拡張工事を行い、給水対象区域を広げて供給量を増大させてきた（表3.5）。そして、工業用水道を事業に加えて、高度経済成長期とその後の大阪府下市町村における人口増加と阪神工業地帯の工業生産増大を支えた（秋山 1986、pp.

134　第Ⅱ部　都市域における生活用水・排水システムの展開

表3.5　1982年3月末現在の淀川両岸衛星都市における水道水源（m³／日）

		水源				実受水量に占める府営水の割合	取水能力
		表流水	伏流水	地下水	受　水		
淀川左岸地域	守口市	60,500	—	—	43,000	99.8%	103,500
	門真市	—	—	—	61,960	100.0%	61,960
	寝屋川市	12,700	—	—	113,600	88.8%	126,300
	枚方市	130,000	—	—	30,900	100.0%	160,900
	交野市	—	—	10,870	24,000	100.0%	34,870
淀川右岸地域	吹田市	29,400	—	42,600	108,660	97.2%	180,660
	摂津市	—	—	16,500	27,500	97.7%	44,000
	茨木市	—	8,788	20,200	97,100	100.0%	126,088
	高槻市	—	—	42,900	109,000	100.0%	151,900
	島本町	300	—	14,700	—	—	15,000

資料　『府営水道30年のあゆみ』より作成。

252-253；大阪府水道部 2002、pp. 4-22、pp. 76-93；矢嶋 2008、pp. 162-167）。

　3.4.2(3)で記したように、淀川左岸地域において水道整備整備のために1942年に結成された茨田上水道組合の敷設工事は、水源としていた大阪府営水道建設の遅れで、第二次世界大戦後に完成した。同組合による水道事業の通水は府営水道が完成した1951年で、全域への通水は1953年であった。寝屋川町の九箇荘町に給水していた寝屋川水道株式會社は、1951年に茨田上水道組合に吸収された（寝屋川市役所編 1966、pp. 60-62）。その後、1953年に茨田町が大阪市に編入されて組合から脱退した。その他の加入町村については、三郷町と守口町が1946年に合併して守口市が成立し、1957年には庭窪町と合併した。1951年には寝屋川町が市制を施行した。1956年には門真町が大和田村、四宮村、二島村を編入した。

　しかし、守口市の旧庭窪町域、門真町、そして寝屋川市の九箇荘町域については、茨田上水道組合による給水が続いた。同組合は給水区域の人口が著しく増加すると、大阪府営水道からの受水量を増加させることで給水能力を高めて対応した。1965年には茨田上水道組合が解消され、各市町による水道事業に移管・統合された（門真市水道局総務課編 2007、p. 1；日本水道史編纂委員会編 1967b、pp. 809-812）。

守口市は、不足していた水道施設を増強するべく、1946年から水道事業の拡張に乗り出し、大阪府営水道からの受水を開始する一方で、大阪市からの市外給水を継続した。なお、庭窪町で水道給水が行なわれたのは、茨田上水道組合による給水が開始された1951年になってのことであった（守口市史編纂委員会編2000、pp. 69-71）。

門真市（1963年市制施行）は茨田上水道組合解散後に水源施設などを引き継ぎ、大阪府営水道からの受水を水源として水道事業を経営することとなった（門真市水道局総務課編2007、p. 1、pp. 20-23）。

1949年に、寝屋川市域に位置した香里園住宅地水道が寝屋川町に無償譲渡され、寝屋川町水道が発足した（寝屋川市役所編1966、pp. 60-62）。寝屋川市水道は1968年から大阪市水道による市外給水の受水を開始している。寝屋川市域に大阪市の豊野浄水場が設置された際の経緯によると考えられる（大阪市水道局編1996、p. 1063）。

枚方市水道では、旧陸軍砲兵工廠の二つの水道施設について、一方を水道水源として活用し、もう一方は1951年認可の第1回拡張工事として水道施設を統合するなどして、水道水源の不足に対応した（表3.3）。その後の人口増加によって、淀川支流の伏流水源を増強する第2回拡張工事、さらに淀川からの取水量を増強するなどした第3回拡張工事を実施した。大阪府営水道による水道用水の供給が開始されるまで自己水源の開発を進め、人口増加や産業の発達による水需要に対応した（日本水道史編纂委員会編1967b、pp. 728-729）。

農村的色彩が強かった現在の交野市域には、1950年代に主要集落に簡易水道が設置された。1955年に合併によって発足した交野町は、町域内の簡易水道を統合して上水道とする計画を立て、1963年に完成させた。後には大阪府営水道からの受水を開始し、依存度を高めてきている（交野市史編纂委員会編1981、pp. 635-636、pp. 642-645）。

（4）大阪府営水道と淀川右岸地域における水道の普及　吹田市は、新京阪鉄道によって敷設された千里山水道と、合併した旧豊津村域の阪北上水道組合による給水区域を、第二次世界大戦直後の1946年、1947年に相次いで統合した[38]。一方、第二次世界大戦直後の大幅な人口増加によって水需要が増大

しため、吹田市の水道は1948年から第1回拡張工事を行ない、大阪市からの受水量（市外給水量）を増加させて施設能力を強化した。その後、市域内に深井戸水源を新設するなど自己水源を開発して水需要の増大に対応したものの、1960年に大阪府営水道による給水が開始されて給水量が大幅に増強されるまでは、大阪市水道の市外給水が、吹田市の水道のおもな水源となっていた（大阪市水道局編 1956、pp. 509-510；日本水道史編纂委員会編 1967b、pp. 809-812）。

　現在の摂津市域では、味舌町が3.4.2(4)で述べた私設水道組合の水道水源地を譲り受けて1955年から水道創設工事を行ない、1956年に一部通水した。同年に味舌町、味生村、鳥飼村が合併して、後に摂津市になる三島町が成立した。当初はおもに旧味舌町を中心に給水が行なわれた。1959年には大阪府営水道からの給水が開始され、三島町の水道水源として大きな役割を果たすことになる。味生村は大阪市に要請して1949年から同村内の企業や村役場に直接給水を受けていたが、合併による三島町成立後は町が水道事業を経営することになった。大阪市による三島町への市外給水は1966年度まで続いた[39]（大阪市水道局編 1956、pp. 505-509；大阪市水道局編 1996、pp. 1062-1063；日本水道史編纂委員会編 1967b、pp. 785-786）。

　茨木町では、第二次世界大戦後の人口増加や隣接町村との合併によって水需要が増大する一方、水道においては既存の伏流水源の湧出量が減少していた。そのため伏流水の水源地を増設することで対応したが、水需要の増大が施設能力を上回る状態が続いた。1959年に大阪府営水道からの受水が開始されたものの十分な量の水が供給されなかったことから、伏流水の自己水源をさらに開発することで増大した水需要へ対応する状況が続いた（矢嶋 2008、pp. 160-165）。

　1943年に京阪電鉄から水道施設を引き継いだ高槻市は、第二次世界大戦後にその拡張事業に乗り出し、相次いで水源地の増強や施設の更新を行なって給水区域を拡張した。その後の工場誘致策にともなって人口が大幅に増加し水需要が増大したため、新たな水源施設の確保に追われたが、1961年から大阪府営水道の受水が開始されると、受水率を高めて対応した（高槻市水道部総務課編 1983、pp. 15-39；日本水道史編纂委員会編 1967b、pp. 714-716）。

島本町では、伝染病予防や火災対策の必要性から町営水道を敷設したが、それは1959年になってのことであった。水道水源は地下水であり、町内に立地する洋酒メーカーの工場も同じ地下水を水源に用いていたため、水道水に対する町民の評判は高かったという。島本町が大阪府営水道から受水を開始したのは1998年度のことであった（島本町史編さん委員会編 1975, pp. 586-587）。

3.5.3 周辺地域における下水道整備

(1) 第二次世界大戦後の下水道政策　連合国軍総司令部（GHQ）の指示の元、アメリカ軍による空襲被害を受けた下水道の復旧を進めるために、国は戦災復興における下水道事業への国庫補助率を高めた。さらに、国は失業者対策の公共事業として新たな下水道建設を進める方針を打ち出した。1950年からは、都市に隣接する町村への国庫補助を都市と同等に引き上げ、下水道建設を推進したが、進捗しなかった。

1958年9月の狩野川台風豪雨によって、東京都西部の山手地区を中心に水害が発生した。この頃から急激な都市化にともなう中小河川の氾濫が全国で多発するようになったとされる。同年4月には抜本的に改正された旧下水道法が公布され、都市域における浸水防止と都市環境改善のために、合流式下水道を前提とした下水道整備が行なわれることとなり、1960年代から本格的な建設が進んだ。同時に建設省（現国土交通省）関係者の間で下水道の広域化に関する議論が進み、水質対策と浸水対策を兼ねた流域単位での下水道整備のあり方が検討され、のちに流域下水道という排水システムの一形態につながった。

屎尿処理に関しては、GHQは屎尿を肥料として使用することを問題視していた。しかし、国は長年の習慣や資源難の点から中止できないとして、屎尿の処理方法や処理施設改善のための研究を進めた。ところが戦後の経済復興の中で化学肥料が普及し始めると屎尿は利用されなくなり、余剰が生じるようになった。1950年頃の時点で、下水処理場を有している都市は7都市に過ぎず、下水放流による処理が困難であり、全国的に屎尿処理が問題化した。これが抜本的に解決されるのは、1960年代以降に屎尿処理施設の建設が急速

に進んだことと、後の下水処理施設整備の進展による（稲見 1976、pp. 174-175、p. 179；金子・河村・中島編 1998、pp. 143-144、pp. 209-212；高橋 1988、pp. 9-10；日本下水道協会下水道史編さん委員会編 1986、pp. 151-152、pp. 159-167、pp. 173-176）。

　(2)　第二次世界大戦後の大阪市下水道の施設復旧と緊急的工事　大阪市の臨海部は、第二次世界大戦前から進んでいた地盤沈下により、高潮による水害の脅威にさらされていた。そのため、戦災を受けた下水道施設の復旧と、1945年9月の枕崎台風による高潮被害の施設復旧が、戦後すぐの大阪市の下水道事業であった。また、1950年のジェーン台風による高潮の被害を受けて、高潮対策関連事業として排水施設の整備が行なわれた。一方、浸水対策は高潮対策と比べて国の補助が少なく、工事は進捗しなかった。大阪市では浸水被害が多発していたにもかかわらず、応急的な工事が行なわれたのみであった。しかし、1952年7月の豪雨で水害が発生して、市域周辺部を中心に約12万戸が浸水し、これが契機となって、浸水対策のための下水道事業が大阪市の単独予算で行なわれた（大阪市下水道局編 1983、pp. 353-354、pp. 368-370）。

　その後、大阪市内の河川における水質汚濁が深刻化した。豪雨による浸水被害も相次ぎ、1961年には第二室戸台風による深刻な高潮被害も発生した。他方、農村部で屎尿の需要が減退したため大阪市では余剰が出るようになり、深夜に河川や水路、下水のマンホールに不法投棄するものも現われた。大阪市は屎尿対策として下水幹線の途中に屎尿流注場を設置した。しかし、その処理が追いつかず、下水処理場が増設されるまでの対応策として、1952～60年には屎尿の海洋投棄が行なわれた（大阪市環境保健局環境部監修 1994、p. 33）。下水道による抜本的な対策として、大阪市は1960年度から下水道整備10カ年計画に基づく工事を実施した。これにより、浸水・屎尿処理・水質汚濁対策としての整備が行なわれたほか、自動車交通の発達にともなう道路網整備を目的として、小河川や排水路を道路に転用するための下水管渠の整備が進められた（大阪市下水道局編 1983、pp. 447-450）。

　(3)　周辺地域における下水道整備の開始　淀川左岸地域では、住宅地の拡大と工場進出によって雨水流出量が増大する一方で、寝屋川水系の改修が進捗せず排水設備が不十分であったことから、浸水被害が多発していたという。

1953年の台風13号による豪雨では、淀川両岸地域において中小河川の氾濫による水害が発生していた。守口市が、1947年に都市基盤整備として浸水対策と生活排水のために下水道整備に乗り出し、1952年には公共下水道の整備を開始した。門真町では1963年度に単独公共下水道計画を立案した。寝屋川市では後述の寝屋川北部流域下水道の建設まで下水処理対策が行なわれなかった。枚方市では1958年に香里ヶ丘団地から引き継いだ汚水処理場が最初の公共下水道事業となり、その後、公共下水道が建設された。交野市では1968年に屎尿処理との合併式処理場を建設し、下水道事業を開始した。

都市化によって1960年代以降全国で多発するようになった浸水被害と深刻な水質汚濁への対策のためのケーススタディとして、1965年、建設省は寝屋川流域において上述した流域下水道の建設に乗り出した。大阪府および関係市町が下水道へ期待したのは、とくに浸水対策であったという。1966年には、大阪市、守口市、門真市、寝屋川市、大東市、枚方市、東大阪市、四条畷町、交野町を対象とする寝屋川北部広域下水道組合が発足し、寝屋川北部において流域下水道が建設され、下水処理が広域的に行なわれることとなった。これにより、淀川左岸地域における浸水対策と水質改善が期待されたが、実際には低湿地や丘陵部で続く著しい都市化に施設の整備が追いつかなかった。その歪みの一端は、地盤沈下の影響も加わって、1972年に大東水害として現われることとなった（稲見1976、pp. 174-193；日本下水道協会下水道史編さん委員会編1986、pp. 299-300；日本下水道協会下水道史編さん委員会編1987、pp. 60-63、p. 107、pp. 109、pp. 112-113、p. 116、p. 130）。

淀川右岸地域では、吹田市が1954年に下水道整備のための調査を開始し、1958年にまず雨水排除のための下水道建設の認可を得て、浸水常襲地帯の対策に着手した。摂津市では、浸水対策のために1965年から都市下水路事業に着手した。茨木市は1962年に市域中心部の浸水対策として、雨水排除のための施設整備に着手した。高槻市では、雨水排除を目的として1960年に認可を得て下水道事業に着手した。

また、淀川右岸地域では、千里ニュータウンの開発にともない、大阪府による公共下水処理場建設が進められ、1963年から処理が開始された。さらに千里ニュータウンの建設計画の出現や日本万国博覧会の開催決定で、関係市

町による広域下水道の整備が検討され、安威川流域下水道（1967年決定）、淀川右岸流域下水道（1970年決定）による下水処理計画が立案されるに至った。しかし、こうした千里ニュータウンを代表とする淀川右岸地域での大規模住宅地開発の進展に雨水対策工事が追いつかず、北摂水害とよばれる1967年の都市型水害の発生につながった（稲見1976、pp. 174-193；日本下水道協会下水道史編さん委員会編1987、pp. 57-59、pp. 103-106、pp. 110-111、p. 124、p. 133）。

屎尿の処理は、人口急増によって大阪市以外の市町においても深刻な問題となった。吹田市では1954年から市が直接収集を行ない農家に肥料としての使用を依頼したが、じきに処理しきれない状態となったため、1962年に屎尿処理施設を完成させて対応した。門真町も町営の屎尿処理場を完成させ、1963年から事業を開始した。このように各市町は屎尿処理施設の建設を進めたが、一方で上述のように下水道事業が進展したため、屎尿の処理は次第に下水処理に委ねられることとなる（門真市史編さん委員会編2006、pp. 659-670；吹田市史編さん委員会編1989、pp. 453-456）。

4 水道普及と下水道整備の特性

4.1 水道普及と下水道整備の要因

淀川両岸地域における水道普及と施設の拡張、下水道整備につながる要因について時代ごとに整理し、さらに圏域ごとにまとめることで、淀川両岸地域にみられる水道普及と下水道整備のあり方に多様性を生じさせた要因について考察する。

4.1.1 時代的にみた要因

近世から明治初期まで、都市的景観が見られた大坂あるいは大阪においては、従来型の生活用水・排水システムが存在していたが、水域へのゴミの不法投棄が相次いでいた。河口域の三角州に位置する大坂では、井戸水が金気や塩分を含んでいて飲料に向かず、水質がよいとはいえない河川水が飲用さ

第3章　大阪府の淀川両岸地域における水道・下水道の普及　141

れていた。屎尿は商品として利用されていたため、比較的適切に処理されていた。水道・下水道の敷設は、明治期にコレラなどの水系伝染病が多発するようになり、対策として議論されるようになった。大坂(大阪)の近接地域や周辺地域においても従来型生活用水・排水システムが機能していたが、低湿な淀川左岸地域では飲料に適した井戸水を得るのが困難であったため、表流水のほか雨水さえ用いられていた。伝染病が発生すれば飲料水確保が深刻な問題となりうる地域であった。淀川右岸地域では、多くの集落が扇状地や砂堆上に位置していたため比較的良好な地下水が得やすく、生活用水として用いられてきた。淀川左岸地域は、良好な地下水を得にくい地域が広く分布していたため表流水を中心とした利用がみられ、伝染病の危機にさらされるようになった場合には、飲料水確保が深刻な問題となりうる地域であった。大坂(大阪)も淀川左岸の周辺地域と同様の状態であったが、人口が集中していたため、この問題はことさら深刻であったと考えられる。

　明治中期から末期において、中心都市である大阪市では産業が勃興し、人口が増加した。水系伝染病の流行と火災を防止するために、国庫補助を受けて公営水道が敷設され、同時に伝染病対策を主因にして下水道も整備された。これらは世論を背景に、大阪府知事の政治主導で進められた。公営水道の敷設はさらなる人口増加と産業の発達につながった。その一方で、伝統的屎尿処理システムも存在していた。大阪市の近接地域では人口が増加し、大阪市による市外給水を水源に公営水道が敷設された。これを基盤に人口はさらに増加したものの、下水道が未整備であったため水質汚濁が深刻化し、伝染病が頻繁に発生するようになった。近接町村における水道敷設は、大阪市にとっては伝染病対策であり、当該町村にとっては伝染病対策と都市基盤整備であった。この近接町村における水道敷設の背景には、高料金とはいえ大阪市からの市外給水による浄水受水によって、浄水場などの初期投資を抑えられたことがある。大阪市の市外給水を受けた近接町村は、第一次市域拡張で大阪市に編入された。周辺地域には都市化は及ばず、従来型生活用水・排水システムが機能していた。

　明治末期から大正期にかけての大阪市では、第一次市域拡張域を中心に工場立地が進み人口も急激に増加したことで、市内の水環境が著しく悪化した。

そこで、大阪市は都市計画の認可を受け、受益者負担で下水道整備を開始した。また、水需要の増大と浪費により水道水源が不足していたため、浄水場を新設するとともに、全戸に計量メータを導入し、浪費を抑えた。大阪市の市域拡張によって新たに近接地域となった町村では、人口と工場の増加による住環境悪化を受けて、水道を敷設し大阪市から市外給水を受けることを要望した。水道敷設は大阪市の浄水場新設後にようやく実現したが、これらの町村は第二次市域拡張で大阪市に編入された。

このように、大阪市に近接することになった地域では、伝染病対策と都市基盤整備を目的に水道が敷設された。周辺地域では、私鉄の整備とともに大阪市や近接地域の環境悪化を受けての郊外住宅地の建設が始まった。それらには水道が敷設された場合が多いと考えられるが、水道が郊外住宅地の基本的施設となっていたものとみられる。なお、大阪市の近接地域を含む周辺地域では排水システムが従来型のままであったため、低湿な淀川左岸地域を中心に水質汚濁が進んでいたとみられる。

昭和戦前期の大阪市では、第二次市域拡張区域を中心に水需要が増大したため、水道水源の増強を行ない、浄水方法も化学薬品を用いたスピーディなものへと変えられた。大阪市では工場排水や生活排水の流入、不法投棄で水質汚濁が深刻化したため、都心部において下水処理と下水道料金の徴収を開始した。新たに近接地域となった市町村では鉄道網の整備による人口増加と工場立地で水需要が高まる一方、河川や用水路の水質汚濁が問題となった。また、井戸水を大量取水する近代産業の立地で地下水が涸渇する影響が生じたため、大阪市からの市外給水を受けて水道が敷設されたり、淀川左岸地域では水道用水供給事業である大阪府営水道の完成を待って、組合形式で水道が敷設されることが決まった。近接地域では、工場や住宅用地開発のための民間主体の耕地整理や土地区画によって排水路としての下水道整備がなされたが、処理施設をともなう下水道が整備されることはなく、水質汚濁が続いた。なお、土地区画や耕地整理の費用が売却の際の取引価格に転嫁されたと思われることから、こうした下水道は実質的に「受益者負担」で整備されたといえる。近接地域以外の周辺地域では、水道会社による私設水道や郊外住宅地の会社が経営する水道が計画されたり敷設されたりしたが、とくに淀川

左岸地域の低地で水道会社によって計画された私設水道の敷設目的は、営利追求というよりは汚水流入に対する生活防衛であったといえる。一方、郊外住宅地の水道は、郊外住宅販売のための必須の施設として設置されたといえよう。ただし、こうした郊外住宅地での水道施設は必ずしも万全なものではなかった。また、これら水道の敷設による使用水量の増加は生活雑排水の排出量をさらに増加させ、水質汚濁を進行させたものと思われる。周辺地域でも処理施設を有する下水道が整備されることはなく、水質汚濁が続いた。いずれの地域においても、第二次世界大戦の戦局悪化で、水道や下水道の拡張工事が中断され、施設の老朽化も進んだ。

　戦後復興期の大阪市では、水道は空襲による被害からの復旧と老朽化対策工事に追われた。また、下水道施設も空襲と高潮災害の被害を受け、復旧工事に追われた。戦後しばらくすると、水量不足解決のために水道拡張工事が行なわれたが、下水道では政府の方針で高潮災害対策の工事が優先され、浸水対策や水質汚濁対策の工事は後回しで実施された。近接地域と周辺地域では、産業の誘致も要因となって、人口が急激に増加した。これらの水需要の増大で水道水量が不足したため、第二次世界大戦の戦局悪化で滞っていた施設の拡張工事が行なわれた。また、私設水道が次々と公営水道に統合された。水需要の増大に対しては、大阪市の近接地域では大阪市営水道からの市外給水を受けて対応した場合が多いが、周辺地域では、水需要の増大で不足した水量を域内の水資源開発で確保せざるを得なかった。淀川右岸地域では、水道水源の増強にはおもに地下水が利用されたが、低湿地で地下水の質が良好ではない淀川左岸地域では、建設が再開された大阪府営水道の完成を待つしかなかった。水道用水の供給が始まると、こうした市町は大阪府営水道への依存を強めて水需要に対応した。完成が遅れた淀川左岸地域の市町村組合水道の区域には、大阪府営水道の完成でようやく水道が普及したところもある。近接・周辺地域においては散発的に下水道が整備されていた。丘陵地を中心とした宅地開発の進行で雨水流出が増大し、他方で本来的に低湿な地域でも住宅開発が行なわれ、浸水被害が多発し、深刻な水害も発生した。とくに淀川左岸地域では水質汚濁の進行も深刻化していた。抜本的な対策として流域下水道が整備され始めたのは、1960年代半ば以降のことであった。

4.1.2 圏域からみた要因

大阪市の都市膨張にともない、時代を経て都市化が周辺地域へと進むなかで、大阪市自体も市域拡張により面積を広げ、その結果、市域に近接する地域はさらに周辺部へと移動し、大阪府内において大阪市に近接しない地域の面積は狭められてきた。

中心都市としての大坂あるいは大阪市は低湿地であることから、もともと排水が滞りやすく、水質汚濁が生じやすい環境にあった。そのため、淀川両岸地域においては大阪市がもっとも早い段階で水道と下水道建設を開始し、のちには施設拡張を進めた。それを支えたのは大都市大阪の財政力と、大都市優先の国庫補助制度であったといえる。

大阪市に近接する地域は、もともと財政力が小さい農村であり、水道や下水道整備に予算をかけることは困難であった。そのため、大阪市からの給水に依存し、編入によって水道・下水道などの大阪市と同水準の都市基盤整備がなされることを望んできた。大阪市への編入により整備は行なわれたが、近接地域では下水道整備が遅れ、水質汚濁が進んだ。

周辺地域では、行政によって水道を敷設する資金的な余裕がない場合が多く、民間会社が立ち上げられるなどして水道が敷設された場合もあれば、近代的な都市基盤設備として住宅会社によって水道が敷設された場合もある。また、府が計画した水道用水供給事業からの受水を水源とし、資金や水道水源が不足する複数市町村が組合形式で水道を敷設する取り組みも行なわれた。水道水源としては、おもな都市の中心市街地が扇状地上に発達した淀川右岸地域では、地下水を主たる水源とした。低湿な平野が広がる淀川左岸地域では、地下水の水質が悪い場合が多かったため、一般に表流水が用いられた。また、水源不足から水道の敷設が困難な場合もあった。なお、農地を市街地開発する際に下水道が整備されたが、処理施設を持たない排水路としての下水路であり、水質汚濁が進行した。

このように、明治期から昭和戦前期における淀川両岸地域の水道の展開は、経営主体と水源の点で多様なものとなった。一方、下水道について、本格的な整備が行なわれたのは、ほぼ大阪市に限られていた。

4.2　第二次世界大戦後への影響

　まず、第二次世界大戦の末期には、戦局悪化のために淀川両岸のほとんどの地域で水道拡張工事は中断、あるいは縮小された。ところが、物資、資金とも不足していたはずの終戦直後、水道整備は加速度的に進められた。安定給水は市町村の復興と発展の基盤としてとらえられ、優先されたのである。

　第二次世界大戦後に人口が急激に増加して発達した大阪府下の衛星都市においては、のちに淀川水系のダム開発、琵琶湖総合開発などの大規模水資源開発によって水道用水が安定的に確保されるようになるまで、戦前に敷設されていた水道がつなぎのような存在となった。ただし、第二次世界大戦前に生活用水確保に苦慮した淀川左岸地域では比較的早期に水道用水供給事業（大阪府営水道）からの受水が始まったが、右岸地域では受水が遅れ、供給開始まで地下水で凌いだ。

　第二次世界大戦前に計画、着工された大阪府営水道は、こうした戦後に発達した衛星都市に水道水を供給する重要な存在となり、それゆえに水資源開発を強力に推し進める立役者ともなった。また、受水する都市のなかには、大阪府営水道の存在を根拠に、人口増加を引き起こす大規模な住宅地開発を進めた地域もある。

　近代において、郊外住宅地における水道の敷設や大阪市の水道整備は、健康で文化的な近代的生活の象徴であった。一方で、水道を敷設せずに開発された住宅地や、都市化の影響で使用してきた井戸の湧出量が減少した地域では、生活用水確保への不安が生じた。先進的な水道整備が、茨木町にみられたような、近代水道未普及地域における私設水道敷設の動きに影響を与えたであろうことは、想像に難くない。

　そもそも大正期から昭和戦前期の郊外住宅地開発が、中小河川上流域における浸透域としての植生や農地の破壊と、その結果としての雨水流出増加を引き起こす開発の先駆けとなったことは否めない。そして、郊外住宅地における生活排水システムは下水処理をともなわない単なる排水排除であり、流域の水質汚濁を進める原因となったはずである。こうした郊外住宅地開発が、

水質汚濁や大気汚染が進んだ大阪市からの移住者を前提としたものであったことは、結果的には皮肉なことといえる。郊外住宅開発スタイルは、第二次世界大戦後、丘陵部を中心としたさまざまな規模での宅地開発の進展へとつながった。それは雨水流出量の増大を引き起こし、その後の都市型水害発生の原因ともなった。

戦後の抜本的な下水道整備は、水道整備とそれを根拠とする住宅地開発・産業誘致が優先されたため後回しにされた。その結果として、高度経済成長期にかけて排水量が増大し水質汚濁が進行した。また、大規模な住宅地開発によって雨水流出量が増大し、水害が多発することになった。そのため、究極的な解決手段として、流域の排水を集めて処理をする流域下水道が、日本で初めて、この淀川両岸地域に建設されるに至ったのである。

4.3　淀川両岸地域に水道普及の多様性と下水道整備の格差を生じさせた要因

水道事業は本来的は市町村営が原則とされた。ところが、明治期から高度経済成長期直前までの淀川両岸地域における水道普及では、水道の事業体は多様であった。事業主体者あるいは事業推進の主導権者は、市町村、他市（大阪市）、公設組合、私設組合、私企業（土地開発主体、水道会社）、個人と、多様であった。また水道水源も多様で、浄水受水（大阪市の市外給水）、用水・浄水受水（大阪府営水道）、地下水、表流水（淀川・用水路など）がみられた。

地形や水の条件に違いがある淀川左岸と右岸において、鉄道敷設によって飛地的都市化が起きた。都市化が及んだ時期とその時期ごとの水道へのニーズや制度の違いを背景として、それぞれの水道が、主体・枠組み、取水可能な水源、資金といったそれぞれの条件に応じて水道を敷設させた。その結果として、水道の実質的主体者と水道水源のあり方が多様なものとなった。水道に比べて莫大な費用がかかる下水道は、国庫補助のあり方に規定され、第二次世界大戦前の本格的な整備は、大都市である大阪市に限られた。

5 おわりに

　明治期から昭和戦前期までの大阪府の淀川両岸地域における水道普及と大阪市における下水道の整備は、大阪の都市膨張を可能にした。そして、第二次世界大戦後に他県にも及ぶ大阪市の都市圏拡大のなかで、郊外における大規模都市開発へとつながっていった。そのことが各地域における水害発生や環境破壊の要因となったといえる。大阪市の関一市長がその高邁な理念のもと、良好な環境の都市生活を希求して周辺地域を含めた都市計画を行ない、市域拡張を進めた中で、大阪市水道による市外給水は最も重要な都市基盤整備として市域拡張の一翼を担った。しかし、数十年の時を経てその影響は大阪市の周辺地域、さらには他県にまで開発となって及び、それらの地域環境を損ねることとなってしまった。

　本章では、明治期から昭和戦前期の淀川両岸地域における生活用水・排水システムの組織的な展開について、通史的に概観したに過ぎない。これを大阪大都市圏における生活用水・排水システムを中心とした、より精度の高い地域研究へと敷衍させ、大都市と周辺地域という生活の場に暮らした人々の水との関わり合いの本質を見いだすことが必要である。そのためには、さまざまな用途の水利用と排出について多面的に把握することが望まれる。具体的には、工業用水の確保や排水、農業用水・排水システム、耕地整理組合や土地整理組合による耕地整理や土地区画の進展、淀川や支流域での治水工事と生活用水・排水システムの関連などが明らかにされる必要がある。また、水道整備を条件とした町村合併や、大正期・昭和戦前期における大阪市の周辺町村への国庫補助についての研究も求められる。さらに、山間部の生活用水・排水システムの実態を明らかにする必要もある。他流域との比較研究も有効であろう。

注
1) 水道は1890年制定の水道条例によって、市町村が経営することが規定されていた。

2) 本章では、生活用水の水源からの取水・浄水・給水の体系を生活用水システムと表現する。また、発生した屎尿・雑排水の排水・処理・自然界への放出までの体系を生活排水システムと表現する。
3) ただし、紹介されている生活用水・排水システムに関係する内容は、大阪市と阪神間、猪名川流域を中心とした大阪市の周辺地域の事例を並列したものであり、後述するような圏域を意識したものではない。
4) 気象庁ホームページサイトによる年間降水量平年値では、大阪1,306.1mm、枚方1,395.8mm、豊中1,335.4mm（以上、統計年次は1979～2000年）で、日本の平均年降水量である約1,700mmと比べて少ない（仁科2007、p. 80）。
5) 現在でも大阪市内中心部の河川・水路は広く感潮域にあり、塩分を含む河川水の浸透の影響が考えられる。
6) 大川の水を汲んで売り歩く水屋が存在していた。
7) ただし、茨木市最南部の低地帯に位置する島地区では、水田地帯に自噴井があり、生活用水に用いられていたが、鉄気が多く含まれていたという（茨木市教育委員会編1991、pp. 102-103）。淀川右岸地域であっても、淀川に近い低地帯では地下水の水質は良くなかった。
8) たとえば、北野村、難波村、曾根崎村、玉造村などがそうであった。
9) 1889年制定の市制で、東京・京都・大阪の3市は、特例として府知事が市長を兼務することになっていた。1898年に廃止されるまでこの特例が適用された。
10) 予算240万円の上水道工事が着工し、予算1,800万円の築港工事を目前に控え、下水道工事に63万円の巨費を投じる案に議論が紛糾していた。なお、これらの巨額の費用の大部分は公債の発行によって賄われた（新修大阪市史編纂委員会編1991、pp. 224-225）。
11) 上述のように、西村捨三は大阪私立衛生会の会頭として上下水道敷設の建議を行なったほか、大阪市会の水道敷設議決の翌日に内務省に赴いて敷設認可を申請し、内務省・大蔵省に対して補助金下付の申請を行なったとされる（大阪市水道局編1956、pp. 82-83）。
12) 西成郡の川崎村、北野村、曾根崎村など12町村、東成郡の東平野町、玉造村、難波村、天王寺村の、計16町村であった。（大阪市水道局編1956、p. 482）。
13) 寝屋川市域には駅も設けられなかった。
14) この当時の東淀川区には、おもに現在の東淀川区・淀川区と、北区の一部が含まれる。1943年に区域が再編成され、淀川以南は北区と大淀区（1989年に現在の北区に合区）に、淀川以北は東部の東淀川区と、西部の現淀川区に分けられた。このときの東淀川区は、1974年に現在の東淀川区と淀川区に分けられた。
15) 十三・京都間は第二次世界大戦後に阪急京都線に、天神橋筋六丁目・千里山間は

15) 阪急千里線の一部となる。
16) 後に経営は京阪電鉄に移管する。
17) この場合の企業者には、個人、会社、組合、府県があった（日本水道史編纂委員会編 1967a, p. 366)。
18) 1911年には第2回水道拡張の工事中で、対応が困難であった。
19) ただし、市外であっても軍関係施設へは給水を行なっていた。
20) それまでは、砂濾過を中心とする緩速濾過を行なう施設のみであったが、薬品投入で濾過速度を早める急速濾過施設を導入した。
21) 当時は郡山手住宅地といい、現在の枚方市出口付近に浄水場が設置された（寝屋川市役所編 1966, p. 929)。
22) うち7戸は川越村であった。
23) 後に株式会社化され、寝屋川上水道株式会社に名義変更した。後述する。
24) 本研究対象地域には含まれないが、現在の大東市域に含まれる住道村で、住道上水株式会社が水道を敷設し、1932年に完成させた（住道町誌編纂委員会編 1956, pp. 144-152)。
25) 他の処理場は汚水を希釈放流していた。
26) これらの工場は従業員社宅を有していた。
27) 1934年の室戸台風の影響から、非常時の給水確保に対応した。
28) 現在は羽曳野市に含まれる。
29) ただし、1936年に契約解除された。後述する。
30) これらの地域は、防疫保安の見地から、第4回水道拡張工事で大阪市の上水供給区域に組み入れられていた。
31) 河川や用水路水と思われる。
32) この枠組みは、後にこの地域における町村合併問題に影響を及ぼすことになる。
33) 水源は当時の茨木川左岸の堤内地の伏流水で、配管管で直送配水されたが、余り水が茨木市殿町に設置された鋼鉄製の配水塔に揚水され、各戸へ加圧給水されたという。
34) 「私設水道布設許可申請書」は京阪電鉄が申請しており、その後経営者が京阪電鉄に替わったことがわかるが、その年次と理由は現時点では不明である。この水道は、1938年に簡易水道規則の適用を受けて簡易水道として経営され、1940年には水道条例の適用を受けて私設水道として認可された。1943年に高槻市に無償譲渡されるまで、私設水道事業として経営された（高槻市水道部総務課編 1983, pp. 6-8)。
35) ただし、1946年に水道担当職員が配属されるまで、京阪電鉄の社員が施設管理を担ったという。
36) 堀川を含めて、大川（旧淀川）の派川を総称して枝川と呼ぶ。
37) 本来の名称は都市計画下水道事業である。

150　第Ⅱ部　都市域における生活用水・排水システムの展開

38) 1947年に阪北上水道組合は解散した（大阪市水道局編 1956、p. 509）。
39) 『摂津市史』によれば、味生村には、1955年の時点で水道施設が全くなかったとされ、『日本水道史各論編Ⅱ中部近畿』の三島町の頁においてもとくにその記載はない。

文献

秋山道雄（1986）「都市圏の変動と上水の需給構造」田口芳明・成田孝三編『都市圏多核化の展開』東京大学出版会、pp. 215-253。
東　光治（1937）『河内九箇荘村郷土誌』九箇荘村役場。
石川雄一（1999）「戦前期の大阪近郊における住宅郊外化と居住者の就業構造からみたその特性」千里山文学論集 62、pp. 1-22。
石川雄一（2004）「大正期・昭和初期における住宅郊外の誕生と通勤事情」富田和暁・藤井　正編『図説大都市圏』古今書院。
稲見悦治（1976）『都市の自然災害』古今書院。
茨木市教育委員会編（1991）『わがまち茨木―水利篇―』茨木市。
茨木市史編纂委員会編（1969）『茨木市史』茨木市。
茨木市史編さん委員会編（2005）『新修茨木市史第十巻』茨木市。
大阪市環境保健局環境部監修、地球環境センター編集発行（1994）『大阪市公害対策史』。
大阪市下水道局編、大阪都市協会編集協力（1983）『大阪市下水道事業誌第一巻』大阪市下水道技術協会。
大阪市建設局監修、「大阪の川」編集委員会編、大阪都市協会編集協力（1995）『大阪の川―都市河川の変遷―』大阪市土木技術協会。
大阪市水道局編集発行（1956）『大阪市水道六十年史』。
大阪市水道局編集発行（1996）『大阪市水道百年史』。
大阪市水道部（1933）「大阪市は何故に水源保護取締を要求するか」水道協会雑誌 5、pp. 61-70。
大阪都市協会編（1983）『旭区史』旭区創設五十周年記念事業実施委員会。
大阪都市協会編（1988）『大淀区史』大淀コミュニティ協会大淀区史編集委員会。
大阪都市協会編（1993）『都島区史』都島区制五十周年記念事業実行委員会。
大阪府水道部総務課編（1972）『府営水道20年のあゆみ』大阪府水道部。
大阪府水道部総務課編（1983）『府営水道30年のあゆみ』大阪府水道部。
大阪府水道部編集発行（2002）『大阪府水道部50年のあゆみ』。
大阪府編集発行（1968）『大阪百年史』。
太田陽子・成瀬敏郎・田中眞吾・岡田篤正編（2004）『日本の地形6　近畿・中国・四国』東京大学出版会。

大槻恵美（2001）「"使う"自然と"売る"自然―環境との関係を考える―」橋本征治編『人文地理の広場』大明堂、pp. 30-33。
岡本訓明（2006）「近代大阪における「軒切り」の展開について」歴史地理学48-2、pp. 19-40。
小田康徳（1988）「阪神工業地帯の歴史」河野通博・加藤邦興編『阪神工業地帯―過去・現在・未来―』法律文化社、pp. 1-26。
小野芳朗（2001）『水の環境史―「京の名水」はなぜ失われたか―』PHP研究所。
笠原俊則（2004）「明治期以降における都市河川の変遷」日下雅義編『地形環境と歴史景観―自然と人間の地理学―』古今書院、pp. 214-225。
嘉田由紀子・小笠原俊明編（1998）『琵琶湖・淀川水系における水利用の歴史的変遷』（琵琶湖博物館研究調査報告6）、滋賀県立琵琶湖博物館。
片木　篤・藤谷陽悦・角野幸博編（2000）『近代日本の郊外住宅地』鹿島出版会。
交野市史編纂委員会編（1981）『交野市史（交野町略史復刻編）』（1963年初版発行、1970年改定増補版発行）交野市。
加藤政洋（1997）「戦前・大都市近郊の土地開発にみる場所の創出と景観―大阪・今里新地を事例にして―」人文論叢（大阪市立大学大学院文学研究科）26、pp. 52-72。
門真市史編さん委員会編（1988）『門真市史第一巻近現代本文編』門真市。
門真市史編さん委員会編（2006）『門真市史第六巻近現代本文編』門真市。
門真市水道局総務課編集発行（2007）『門真市水道事業年報（平成19年度版）』。
金子光美・河村清史・中島　淳編著（1998）『生活排水処理システム』技報堂出版。
川端直正編（1956）『東淀川区史』東淀川区創設三十周年記念事業委員会。
関西大学文学部地理学教室編集発行（2005）『大阪・天六界隈地理散歩―天満巡検ハンドブック―』。
関西大学文学部地理学・地域環境学教室編集発行（2007）『地下鉄今里筋線を歩く―もう一つの大阪を知る地理散歩―』。
京都大学文学部地理学教室編（1965）『大都市近郊の変貌―大阪府門真市における都市化と工業化について―』柳原書店。
京阪電気鉄道編集発行（1980）『京阪70年のあゆみ』。
小出　博（1972）『日本の河川研究』東京大学出版会。
芝村篤樹（1998）『日本近代都市の成立―1920・30年代の大阪―』松籟社。
島本町史編さん委員会編（1975）『島本町史本文編』島本町役場。
下　政一（1994）「大阪市の下水道整備の特色―排水対策から水環境を考える―」水資源・環境研究7、pp. 47-52。
新修大阪市史編纂委員会編（1991）『新修大阪市史第5巻』大阪市。
新修大阪市史編纂委員会編（1994a）『新修大阪市史第6巻』大阪市。

新修大阪市史編纂委員会編（1994b）『新修大阪市史第7巻』大阪市。
吹田市史編さん委員会編（1989）『吹田市史第3巻』吹田市役所。
吹田市史編さん委員会編（1990）『吹田市史第1巻』吹田市役所。
末尾至行（1988）「大阪市の北郊千里丘陵の変貌」末尾至行・橋本征治編『人文地理—教養のための22章—』大明堂、pp. 25-32。
住道町誌編纂委員会編（1956）『住道町誌』大阪府住道町役場。
摂津市史編纂委員会編（1977）『摂津市史』摂津市役所。
高槻市史編さん委員会編（1977）『高槻市史第1巻本編Ⅰ』高槻市役所。
高槻市史編さん委員会編（1984）『高槻市史第2巻本編Ⅱ』高槻市役所。
高槻市水道部総務課編（1983）『通水40年史—高槻市水道事業のあゆみ—』高槻市水道部。
高橋　裕（1988）『都市と水』岩波書店。
地学団体研究会大阪支部（1999）『大地のおいたち—神戸・大阪・奈良・和歌山の自然と人類—』築地書館。
寺内　信（2000）「千里山住宅地／吹田—千里山住宅地と大阪住宅経営株式会社—」片木　篤・藤谷陽悦・角野幸博編『近代日本の郊外住宅地』鹿島出版会、pp. 347-366。
寺尾晃洋（1981）『日本の水道事業』東洋経済新報社。
中島　茂（2001）『綿工業地域の形成—日本の近代化過程と中小企業生産の成立—』大明堂。
仁科淳司（2007）『やさしい気候学増補版』古今書院。
日本下水道協会下水道史編さん委員会編（1986）『日本下水道史—行財政編—』日本下水道協会。
日本下水道協会下水道史編さん委員会編（1987）『日本下水道史—事業編下—』日本下水道協会。
日本水道史編纂委員会編（1967a）『日本水道史総論編』日本水道協会。
日本水道史編纂委員会編（1967b）『日本水道史各論編Ⅱ中部近畿』日本水道協会。
日本地誌研究所編（1974）『日本地誌第15巻大阪府・和歌山県』二宮書店。
日本水環境学会編（2000）『日本の水環境5　近畿編』技報堂出版。
寝屋川市史編纂委員会編（1998）『寝屋川市史第一巻』寝屋川市。
寝屋川市役所編集発行（1966）『寝屋川市誌』。
野間晴雄・吉田圭介（2006）「水が逃げない川—大阪府・寝屋川—」地理 52-5、pp. 81-84。
橋爪紳也（2000）「香里園／枚方—京阪電鉄の郊外開発　鬼門を神域で鎮める—」片木　篤・藤谷陽悦・角野幸博編『近代日本の郊外住宅地』鹿島出版会、pp. 299-314。
橋本征治（1996）「地域研究としての大都市研究—「文化」と「複雑性」の視点から

の試論—」大阪市立大学地理学教室編『アジアと大阪』古今書院, pp. 124-141。
樋口忠成 (2006)「大阪東郊」金田章裕・石川義孝編『日本の地誌 8 近畿圏』朝倉書店, pp. 185-203。
枚方市史編纂委員会編 (1967)『枚方市史第一巻』枚方市。
枚方市史編纂委員会編 (1980)『枚方市史第四巻』枚方市。
堀越正雄 (1981)『水道の文化史—江戸の水道・東京の水道—』鹿島出版会。
松田順一郎 (2001)「景観変遷にかかわる時間オーダー—大阪府河内平野の古環境を例として—」橋本征治編『人文地理の広場』大明堂, pp. 26-29。
松田敦志 (2003)「戦前期における郊外住宅地開発と私鉄の戦略—大阪電気軌道を事例として—」人文地理55-5, pp. 86-102。
三木理史 (2003)『水の都と都市交通—大阪の20世紀—』成山堂書店。
三木理史 (2006)「交通」金田章裕・石川義孝編『日本の地誌 8 近畿圏』朝倉書店, pp. 180-185。
水内俊雄 (1996)「大阪都市圏における戦前期開発の郊外住宅地の分布とその特質」大阪市立大学地理学教室編『アジアと大阪』古今書院, pp. 48-79。
水内俊雄・加藤政洋・大城直樹 (2008)『モダン都市の系譜—地図から読み解く社会と空間—』ナカニシヤ出版。
守口市史編纂委員会編 (2000)『守口市史 (本文編第四巻)』守口市。
矢嶋　巖 (1993)「川西市の水道事業」千里地理通信 28, pp. 7-9。
矢嶋　巖 (2004)「山間地域における生活用水・排水システムの変容—スキー観光地域兵庫県関宮町熊次地区—」, 人文地理 56-4, pp. 80-96。
矢嶋　巖 (2008)「大都市圏の衛星都市における水道事業の展開—茨木市の水道事業の場合—」水資源・環境研究 20, pp. 159-168。
安田　孝 (1992)『郊外住宅の形成／大阪—田園都市の夢と現実—』INAX。
山口　覚 (2008)『出郷者たちの都市空間—パーソナル・ネットワークと同郷者集団—』ミネルヴァ書房。
山本荘毅 (1995)「日本の地下水 近畿地方Ⅴ大阪府(2) 阪神の地形地質 2」月刊水 37-13, pp. 76-79。
山本荘毅 (1996a)「日本の地下水 近畿地方Ⅴ大阪府(7) 島本町の地下水 (つづき)」月刊水 38-4, pp. 70-73。
山本荘毅 (1996b)「日本の地下水 近畿地方Ⅴ大阪府(8) 淀川沿岸の不圧地下水」月刊水 38-5, pp. 86-89。
吉越昭久 (2001)「都市の水文環境の変化」吉越昭久編『人間活動と環境変化』古今書院, pp. 33-45。
渡邉忠司 (1993)『町人の都大坂物語』中央公論社。

第4章　大阪大都市圏の衛星都市における水道事業整備
―大阪府茨木市の事例―

1　はじめに

　人間社会と水との関係性について扱った研究は、きわめて多様なアプローチで行なわれてきている。筆者の関心は、生活用水・排水システム[1]のありようとそのシステムが時代に応じてどのように変わってきたのか、その変化をもたらした要因は何であったのかについて考えていくことにあり、地表面における地域的な差異や共通性を明らかにする地理学の立場からアプローチしてきた。とくに、近畿地方の大都市圏域における水道事業の展開や、山間集落における水道や生活排水処理施設の整備に焦点を当てて研究を行なってきた（矢嶋 1993・1995・2004・2006）。

　日本の大都市圏の水道事業の展開に注目した研究のうち、秋山（1986・1990）、原（1997）、嘉田・小笠原編（1997）、伊藤（2006）などは、府県や流域圏を対象地域とし、末端水道事業の普及過程や需要構造の変化などについて明らかにしている。また、各地域で進んだ水道用水供給事業からの受水を中心とする水道広域化についての影響などが議論されている。個別の市町村の水道事業の展開と背景について取り上げた研究も見られるが、圏域や地方を単位としたものが多く、水道事業の展開の地域性や圏域構造などを明らかにしている。一方で、大都市圏の衛星都市における水道事業の展開について分析を行なった研究としては、原田（1986）、笠原（1988）、矢嶋（1993）などがあり、1980年代までに大都市圏の衛星都市の水道事業が水道用水供給事業への依存を強めてきたことや、水道施設の統合が進められてきたことが明らかにされている。

第4章 大阪大都市圏の衛星都市における水道事業整備

　日本では、人口増加の伸び悩みや産業活動の停滞、節水機器の普及による一人あたり水使用量の減少などにより、水道用水供給量が1990年代後半から漸減傾向を示すようになっている。こうした状況に対し、水道事業にはより一層の効率的経営が求められている。水道水源は地域的脈絡を反映した存在であり、水道事業の展開を制約することもある（矢嶋1993）。また、過剰な水源開発は水道事業の健全な経営に対して悪影響を及ぼす。

　本章の目的は、京阪神大都市圏の衛星都市で、1960年代から70年代にかけて急激な人口増加と事業所の集中を見た大阪府茨木市を事例に、第二次世界大戦後から2000年代半ばまでの上水道事業[2]の展開と要因を明らかにすることにある。とくに、研究事例が多いとはいえない1990年代以降の水需要停滞・漸減期における大都市圏衛星都市の水道事業についての一事例として、本章を提示したい。研究にあたっては、水需要の状況から茨木市の水道事業の展開を4時代に区分し、展開の要因について、人口や事業所数の推移、水源の動向、開発の進展などから時代ごとに検証する。

　茨木市は、北半が北摂山地の山間部に、南半が北摂山地からの丘陵地帯から淀川右岸低地帯の平野部にかけて位置し、その市域は概ね京都府亀岡市を源流とする淀川分流の神崎川水系安威川流域に含まれる（図4.1）。安威川では1967年7月の北摂水害を受けて安威川ダムの建設が大阪府によって計画され、2007年に治水・利水ダムとして建設されることが国土交通省から認可された。

　茨木市は1948年に旧茨木町と3村が合併して成立した。近代における旧茨木町は地域の行政の中心として発展し、1928年における私鉄の開業がきっかけとなって大阪市の衛星都市として人口増加を見た。高度経済成長期以降に淀川右岸低地帯からおもに山間部に向かって住宅開発や工場進出による都市化が進展した。これらによる水需要の増大にともなう水道水源不足に、当初は自己水源の開発で対応したが、後には大阪府営水道からの受水に水道用水源の大部分を依存した。その後も大規模な開発が続いて水需要が増大した。この研究の時点で人口は漸増傾向にあるが、水道用水の需要は1990年代から停滞するようになり、2000年代には減少に転じた。また、上述の安威川ダムの建設計画においては、茨木市などの大阪府下市町村の水道水源不足対策と

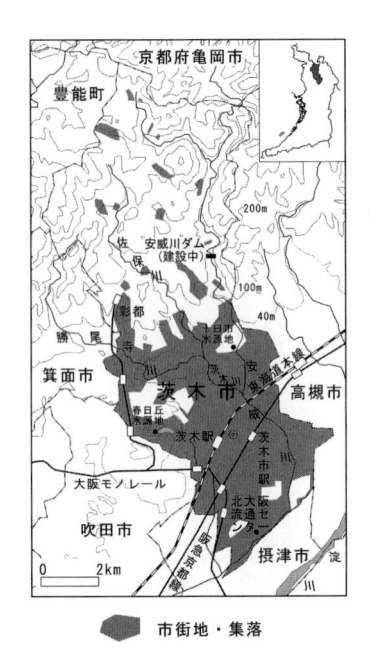

図4.1　大阪府茨木市の概略図

資料　20万分の1地勢図「京都及び大阪」（2003年修正）、2万5千分の1地形図「吹田」・「高槻」（2001年修正）、安威川ダムパンフレットより作成。

して大阪府営水道への水道用水供給が目的に加えられ、ダム建設が推進される根拠とされた。このように、都市化と水需要の動向という点で、大都市圏の衛星都市として一般性を有するとともに、市域に水道用水供給を目的の一つとするダム建設計画を有するという点からも、茨木市は本章の研究対象事例としてふさわしいといえる。

なお、秋山（1986）は大阪府営水道を中心とした大阪府の水道水供給体制を、水道供給の安定性における地域差の解消という点から評価したうえで、この体制下では都市圏郊外における新たな水需要の発生などに際しても新たな水供給体制を整備するような対応が不要であるとし、府営水道に新たな水需要を制御していく可能性を見いだしている。本章ではこうした指摘につい

ても考察を試みる。

2 第二次世界大戦直後の水道事業の拡張

　近代水道敷設以前の旧茨木町では、江戸時代に敷設されたと考えられている竹管水道がみられた。近代水道は1929（昭和4）年に旧茨木町に敷設されたものが最初で、水源は茨木川左岸の堤内地（畑田）の伏流水であった（図4.2）。『日本水道史』によれば、水道敷設の要因は竹管水道の老朽化や防火であった（茨木市教育委員会編1991、日本水道史編纂委員会編1967）。

　第二次世界大戦後まもなく、茨木市では住宅開発による人口の増加や工場などの都市的事業所の増加が始まった。旧茨木町の上水道は、人口増加に応じて給水量が増加したものの、水源井の湧水量が減少していたため、時間給水が続く状態となっていた。そこで、1948年3月に旧茨木川の伏流水を水源とする第2水源地（上中条水源）を増設して対応した（図4.2）。計画給水人口の増加が図4.3から読み取られる。1948年1月に旧茨木町は周辺3カ村と町村合併（市制施行）を行ない、給水区域が合併先へと拡大され、給水人口が増加した。さらに、「茨木川の改修工事の影響」で旧茨木川沿いの第2水源地の揚水量が急激に減少し、十分な給水が出来ない状態となり[3]、「新規給水工事は中止の状態」となった（日本水道史編纂委員会編1967）。また、夏季には水道の断水が常態化していたほか、井戸水を使用している一部地域で夏季に消化器系伝染病が発生するなどしたという（『茨木市広報』4号（1950）、9・25号（1952）など）。

　この頃の茨木市は財政赤字が深刻化し、市の発展と税収増加のために工場誘致が必須のものと位置づけられていた一方で、市域の南半部を中心に宅地化が進み、人口が増加した。『茨木市広報』37号（1953年）に掲載された当時の市長の施政方針演説によれば、市長は税収増による財政再建のために大工場と住宅地を誘致するとし、その達成のために継続事業である水道事業の完成を急ぐ必要があると力説している。

　これらの状況に対応し新たな工場・住宅の誘致をはかるために、茨木市では1952年から水道拡張事業（第1次拡張事業に相当）が実施され、1954年に

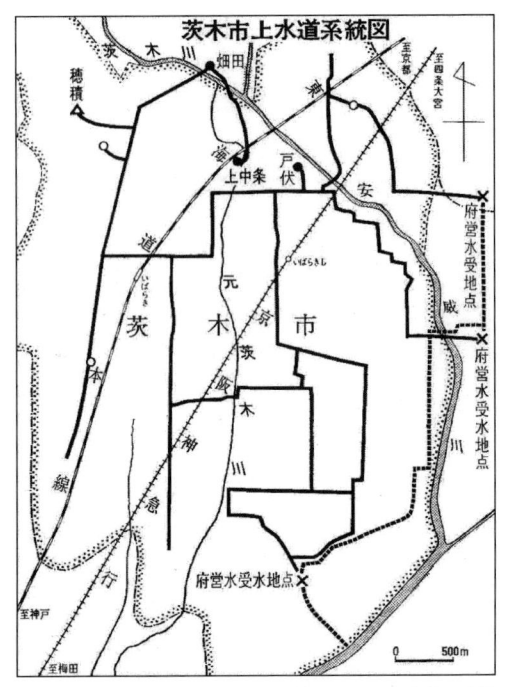

158　第Ⅱ部　都市域における生活用水・排水システムの展開

図 4.2　茨木市水道事業の第 3 次拡張事業時の上水道の系統
出典　『日本水道史各論編Ⅱ中部近畿』(p. 735) に掲載の図の
河川名を修正した。

は安威川伏流水を水源とする第 3 水源地（戸伏）の新設が行なわれた（図4.2）。戸伏水源地は元々は安威川伏流水が湧出する池で、灌漑用水として用いられていたが、残った耕作地への灌漑用水の確保を条件に、市が自治会から水源地として提供を受けた。この拡張事業では、将来的に合併が予想される近隣地域への給水も構想に入っていたという（茨木市教育委員会編 1991；茨木市史編纂委員会編 1969；日本水道史編纂委員会編 1967）。

　第 1 次拡張事業が完成すると毎夏のように発生していた断水が解決した。そして、確保された水量を基に工場誘致が進められた（茨木市議会史編さん委員会編 1988）。『茨木市統計情報』第 9 号（1968年）に掲載された1967年末現在の製造工場一覧（従業者10人以上）によれば、1950年代後半以降、大手家電メーカーや大手食品メーカーの工場などの大小多数の工場が、茨木市に

おいて操業を開始していた。しかし、工場からの税収の伸びは市の予想を下回り、財政危機に拍車がかかったという。合併で引き受けた各村の債務に加え、第1次拡張事業での水源地の新設費用も結果として市財政の累積赤字を増加させた。また、人口増加に伴う道路の整備や学校の設置などによる支出の増大も相まって、茨木市の財政は著しい累積債務を抱えた。1956年5月には茨木市は財政再建団体に指定され、1965年度末まで国の管理下で財政再建を進めるに至った（茨木市議会史編さん委員会編 1988）。

なお、『（茨木市）水道事業年報』によれば、合併した北部の山間部では1950年代半ばに市によって簡易水道が敷設された[4]。

3 高度経済成長期における水需要の増大への対応

3.1 自己水源開発による対応

『昭和35年版大阪府統計年鑑』によれば、茨木市における1959年10月1日現在の人口に対する水道普及率は、上水道が57.5％、簡易水道が1.1％、専用水道が0.9％で、水道普及率は59.5％であった。『水道統計』によれば、1970年度末には、上水道が94.1％、簡易水道が2.6％、専用水道が2.7％と、水道普及率は99.4％に達し、茨木市ではこの時期に水道普及率の著しい上昇を見た。1950年代後半から70年代前半にかけて、大阪府の淀川流域右岸の都市では著しい人口増加をみるが、図4.3からこの時期の茨木市においても人口が大幅に増加したことがわかる。また、図4.3では流入人口も増加していることから、茨木市において事業所が増加し、それにともなって水需要が増加したと考えられる。

1950年代後半以降の茨木市では、電鉄会社、住宅公団、そして中小の不動産業者によって住宅地化が進められた。また、東海道本線沿線を中心に弱電機工業や食品工業を中心とする工場が多数進出した（日本地誌研究所編 1974）。図4.4に示されるように、1960年代には工業用途や営業用途の需要も増大しており、事業所の増加も茨木市の水需要を増大させたといえる。茨木市水道部の内部資料によれば、1968度年の大口需要者10位のうち、9位ま

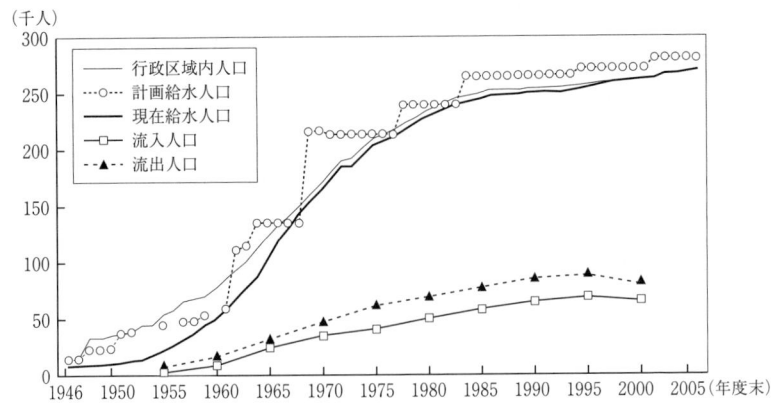

160 第Ⅱ部 都市域における生活用水・排水システムの展開

図4.3 茨木市水道事業の給水人口と茨木市の流出・流入人口の変化

資料 1946～59年度は『上水道統計』、1960年度は『昭和35年度全国水道施設調書』と『日本水道史 各論編 中部近畿』、1961～2004年度は『(茨木市) 水道事業年報』、2005・2006年度は茨木市水道部内部資料による。流入・流出人口は『大阪府統計年鑑』に掲載される国勢調査年ごとの数値による。

注 行政区域内人口は、水道事業が営まれている行政区域の人口を示す。流出人口は、国勢調査において茨木市に常住していて通勤・通学で他の市区町村へ流出する人口を示し、流入人口は他の市区町村に常住していて通勤・通学で茨木市へ流入する人口を示す。

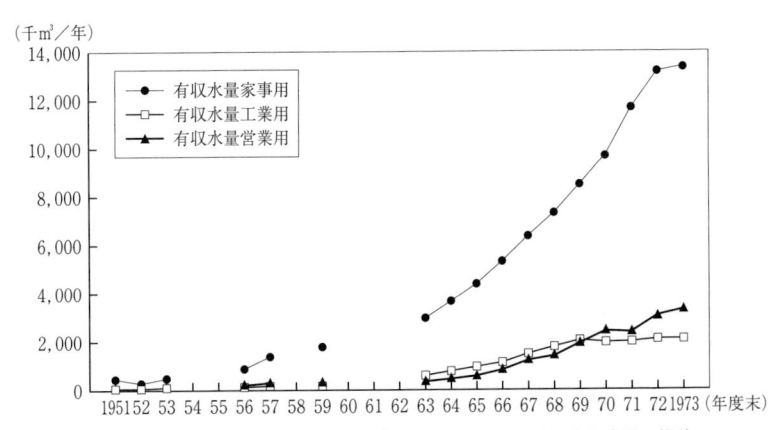

図4.4 1951～73年度の茨木市水道事業における主な用途別有収水量の推移

資料 1951～53・56・57・59年度は『上水道統計』、1963～73年度は『(茨木市) 水道事業年報』による。なお、1960～64年度の『水道統計』では茨木市の全てのデータが欠落している。また、1958年度の『上水道統計』の数値は、茨木市に限って1957年度と同じ値であったことから使用しなかった。1954・55年度の『上水道統計』の用途別水量データは未入手である。

注 有収水量とは、料金の徴収の対象となった水量を示す。

(千m³/年)

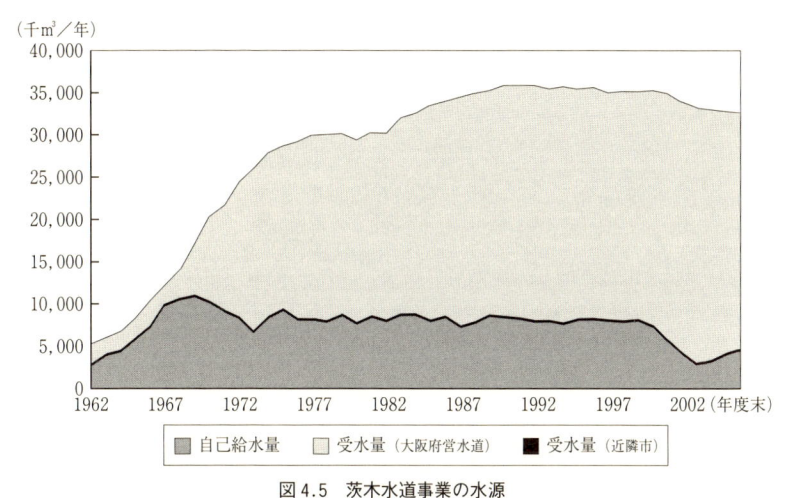

図4.5 茨木水道事業の水源
凡例: 自己給水量／受水量（大阪府営水道）／受水量（近隣市）

資料 『〔茨木市〕水道事業年報』、茨木市水道部内部資料による。
注　合計値は1988年度末までは総配水量に、1989年度末以降は総給水量に該当する。自己給水量は、1983年度末までは自己取水量、1988年度末までは自己配水量に該当する。

でが製造業の事業所であった。加えて、1950年代の合併による市域の拡大とそれにともなう給水区域の拡大で、図4.3に示すように給水人口が急激に増加した。また、一人一日あたり平均給水量も1963年の151リットルに対して、1973年には307リットルと倍増した。

こうした状況に対して、茨木市は1958年に大阪府水道用水供給事業（大阪府営水道）からの浄水を水源とすることを決定して、1958年より第2次拡張事業を実施し、1959年より受水を開始した。大阪府営水道は1957～59年度にかけて第3次拡張事業を行ない、給水対象区域を北部大阪地域へと拡大していたのである（秋山1986、大阪府水道部編1993）。しかし、茨木市ではその後も急激な人口増加と給水人口の増加が続いた。増大する水需要に対して、図4.5に示されるように自己水源の取水量を増加させて対応した。しかし、1958年から4年連続で部分的な断水が発生し、1962年夏には全市域が断水寸前になった（茨木市議会史編さん委員会編1988）。そこで、1962年から第3次拡張事業を実施し、同年に松沢池上流側に地下水を水源とする春日丘水源地を新設したほか、1964年には安威川右岸の伏流水を水源とした十日市水源地

を新設した。以上のように、水需要に対して自己水源の開発で対応した要因としては、茨木市では大阪府営水道からの受水を開始したものの、増大する給水対象市町村の水需要に大阪府営水道が対応できなくなっていたことが挙げられる。大阪府営水道の浄水施設が庭窪浄水場に限られ、1962年に日最大給水量が水利権量を上回るなどしていたのである（大阪府水道部編 2002）。

3.2 大阪府営水道からの受水量の増加

茨木市では第3次拡張事業が目標年次に達する前に、人口や水需要が計画した給水人口や最大給水量を上回った。財政再建下における人口急増に際して、1963年に就任した新市長は道路整備、学校施設、上水道、衛生処理場に支出を重点化させる施策をとった（茨木市議会史編纂委員会編 1988）。そして、表4.1にも示されるように、茨木市は第3次拡張変更事業、第4次拡張事業と、矢継ぎ早に水道事業の拡張を行なった。

一方、大阪府水道部は大阪府営水道の第4次拡張事業を行ない、1963年に村野浄水場を新設して浄水供給量を強化した。しかし、水利権量が水需要に追いつかない状態が続き、琵琶湖総合開発事業や淀川水系でのダム開発などにより水源を確保した。これを受けて茨木市では第3次拡張変更事業において、1967年度から大阪府営水道からの受水量を増加させることで増大する水需要に対応した。しかし、すぐに給水人口が計画給水人口を上回る状況となり、1969年度からの第4次拡張事業では、大阪府営水道からの受水量を大幅に増加させるとともに、水質が悪化していた戸伏水源に深井戸を新設するなどして、自己水源を増強した。また、1970年の大阪万博景気での人口急増に際しては、第4次拡張事業の変更を行なって給水対象区域を丘陵部に広げ、配水池を増やして需要の少ない夜間に配水池に貯水させることで配水力を高めるなどの対策を講じた（茨木市議会史編さん委員会編 1988）。

他方、茨木市を含む北部大阪地域は1967年7月に集中豪雨によって大きな被害を受け、治水対策として安威川にダムを建設する計画が浮上した。折からの水需要の増大もあって、茨木市議会は1967年9月に、大阪府へ安威川に多目的ダムを建設する要望を提出することを全会一致で議決した（茨木市議

表4.1 大阪府茨木市の水道事業の展開

事業名	認可年月	起工年月	計画年度	竣工年月	一日最大給水量(m³)	計画給水人口(人)	一人一日計画最大給水量(ℓ)	一人一日計画平均給水量(ℓ)
創設	1927.12	1928.1		1929.3	1,670	10,000	167	100
上中条水源新設工事		1947.10		1948.3				
第1次拡張	1952.3	1952.4	1964	1954.3	4,180	22,000	190	130
第2次拡張	1957.3	1957.4		1960.3	9,500	38,000	250	170
第2次拡張変更	1960.3			1961.3	14,500	58,000		
第3次拡張	1961.12	1962.4	1971	1966.3	44,000	110,000	400	290
第3次拡張変更	1963.12		1971	1968.3	52,000	130,000		
第4次拡張	1969.2	1969.4	1975	1972.3	84,000	210,000	400	320
第4次拡張変更	1972.12			1973.3				
第5次拡張	1973.3	1973.4	1975	1976.3	111,300	210,000	530	420
第1次配水管整備		1976.4	1978	1979.3				
第6次拡張	1978.5	1978.4	1981	1982.3	125,800	236,000	533	420
第2次配水管整備		1982.4	1983	1984.3				
第7次拡張	1984.5	1984.4	1990	1991.3	127,000	261,000	486	370
第3次配水管整備		1992.4	1995	1996.3				
第8次拡張	1995.3	1995.4	2003	2002.3	140,000	268,000	522	434
第9次拡張	2002.3	2002.4	2010		132,000	276,000	478	398

資料 『(茨木市)水道事業年報』による。
注 上水道事業に関わるものだけを掲載した。なお、創設から第1次拡張事業までは、旧茨木町による事業である。第2次拡張事業の目標年次は示されていない。

会史編さん委員会編 1988)。

　茨木市の水道事業は施設整備や府営水道の受水費の負担の増加などで苦しい経営を強いられた。水道料金が大幅に値上げされたほか、1974年度から料金制度が用途別から口径別に改められた。その後、事務の合理化による経費の削減の効果もあって、水道事業は1980年度には黒字に転換したという(茨木市議会史編さん委員会編 1988)。

　この時期には山間部でいくつかの簡易水道が整備されたが、1972年5月の『茨木市議会だより』31号には簡易水道が未設置の2集落への対応を求める質疑がなされ、水道未設置集落をなくすべく、敷設が推進されていたことが窺える。1971年に策定された『茨木市総合計画』では、簡易水道の統合も示唆されている。

『茨木市総合計画』では、河川水質の汚染とそれによる水道水源とする河川伏流水の水質悪化が懸念され、水質汚濁防止対策の必要性が指摘されている。また、地盤沈下の進行で深井戸水源の開発が期待できないことや、護岸工事の進展や市街地化の影響で伏流水の増強も見込みにくくなっていることも指摘されている。その上で、増大する水需要への水源対策としてダム建設などによる表流水の利用拡大が提案され、当面は大阪府営水道からの受水に依存せざるを得ないことや、国の財政援助の必要性が述べられている。当時の茨木市の水道事業がダム建設による水道水源確保に解決策を見出そうとしていたことがわかる。これとも関連するが、のちに大阪府は多目的ダムとして安威川ダムの建設に本格的に乗りだしていく。

4　経済低成長期から1980年代後半にかけての水需要の漸増

　第一次石油危機後の茨木市の人口は、幾分緩やかになったものの、1980年代に入ってからも増加を続けた。一方、図4.5に示されるように、第一次石油危機を経て茨木市の水需要の伸びは鈍化していた。そこで、茨木市では水需要予想の見直しを行ない、当面は既存設備で対応できると判断し、1976年度から送配水管の整備を中心とした第1次配水管整備事業に乗り出した（茨木市議会史編さん委員会編1988）。

　1974年には市域南部の低湿な水田地帯に北大阪流通センターと北大阪トラックターミナルが開場され、周辺地域にも事業所が集中することになった。図4.6からも1975〜78年にかけて卸売・小売業などの事業所が急増したことがわかる。また、北部の丘陵部において大規模な宅地開発が進められた。これらの状況を受けて1980年代前半には総配水量が再び増加に転じ、1990年頃まで水需要が増大を続けた（図4.5）。1975年5月の『茨木市議会だより』31号によれば、議会で大規模宅地への水道水給水の規制や大阪府営水道水からの受水による対応などが議論されており、大規模住宅地への水道整備が水道事業の問題になっていたことが窺われる。また、茨木市の内部資料の大口需要者リストによれば、1975年度以降の上位10事業所では、製造業事業所が減少し、流通業、住宅開発、教育・医療機関などが給水量上位を占めるよう

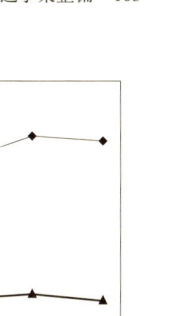

図4.6 茨木市における事業所数の推移

資料 『大阪府統計年鑑』による。

になった。この時期の用途別有収水量の推移を示すデータはないが、大口需要者の上位を占める事業所の有収水量の推移によれば、これを裏付けるように流通業や教育・医療機関の給水量が増加している。

1979年には、1971年策定の「茨木市総合計画」が見直された。それによれば、水道設備の先行投資と大阪府営水道の浄水受水費が水道事業経営の負担になっていることが指摘されているが、自己水源の取水量の低下も指摘され、当面は大阪府営水道からの受水に依存するとある。

1978年度から第6次拡張事業が実施され、予想される水需要の増大のための施設整備が進められた。一方で、丘陵部での大規模住宅地開発がさらに進み、人口増加による新たな水需要が生じた。これらの大規模住宅地に隣接し、水源が不足している集落の簡易水道が上水道に統合された。また、第2次配水管整備事業が行なわれ、出水不良地区が解消された。

1984年12月に策定された新たな「茨木市総合計画」（第2次茨木市総合計画）では、再び水需要が増大したことに対し、第7次拡張事業の推進のほかに、安威川ダム建設の促進や自己水源の更新、大阪府営水道からの受水量の増強といった水源の安定確保が対策として示されている。また、1981年に打ち出された「北部丘陵地区開発整備計画」への対応と山間部の水道未普及地域の解消、送配水設備の更新といった施設の整備拡充を行なうとされている。

さらには山間部の簡易水道の上水道への統合などの簡易水道整備、水質の安全性確保が水道の重要施策として示されている。

　茨木市では人口増加によって1983年度に給水人口が計画給水人口を上回る見通しとなったことを受けて、1984年度より第7次拡張事業を実施し、浄水池の増強による給水能力の向上を図ったほか、水道業務の集中管理化や効率運営化を進めた（『（茨木市）水道事業年報』）。1985年には、春日丘水源地での地下水取水を停止したが、1988年度には十日市水源地の深井戸水源を整備し、一定程度の自己水源を維持した。このことは図4.5に示される自己水源の給水量の動向にも現われている。

　なお、1988年に大阪府による安威川ダムの建設が決定されたが、水利権は大阪府営水道が有し、茨木市にダム利水についての費用負担が生じることがなくなった[5]。

5　1990年代以降の水需要の停滞・漸減

　図4.3に示されるように、茨木市では人口増加にともなって給水人口が増加基調を示す。その一方で、図4.5に示されるように水道事業の総給水量は1990年代から横ばいとなり、2000年頃からは減少に転じた。用途別有収水量ではいずれの用途においても減少傾向にあり、大口需要者についての茨木市水道部の内部資料によれば、特定の事業所をのぞいて製造業事業所の多くが大口需要者の上位10位から姿を消し、上位には流通業や医療・教育機関などの事業所が占めるようになった。しかし、そうした事業所においても多くで水需要が減少していることが読みとれる。茨木市では、1992年度から第3次配水管整備事業を行ない、効率的事業運営や災害への対応を進めた。

　1995年策定の「第3次茨木市総合計画」では、国際文化公園都市や安威川ダム、第二名神高速道路を開発の軸とした市域北部の山間部の大規模開発が打ち出された。国際文化公園都市については、「彩都（さいと）」という名称で、箕面市との市境付近の山間部において住宅地を中心とした市街地開発が行なわれた。また、水道事業については、自己水源の不安定性や高コストを理由として、増大する見込の水需要を大阪府営水道からの受水に依存する方向性が打

ち出されている。

　「ふれっしゅ水道計画」を受けて高規格の水道整備が茨木市でも打ち出され、配水池容量の向上、給水ブロックの統合、直結給水の拡大などの整備が第8次拡張事業として1995年度から実施された。また、山間部においては水道未普及地域の解消のために、1999年まで簡易水道などの敷設が進められた[6]。

　大阪府水道部編（2003）は、大阪府営水道が淀川という単一水源に依存していることの問題性を示して水源の分散の必要性を述べ、水需要の減退の中で不要と指摘されながらも進めてきた安威川ダムの利水上の必要性の根拠とした。これに対応して、大阪府営水道は1980年から進めてきた第7次拡張事業について、1989年の変更認可で安威川と紀ノ川を水源に加えた。また、2001年の事業変更では、給水区域に能勢町と豊能町を加えた。この変更事業は2010年度を目標年次とし、当初計画の265万m^3よりも12万m^3少ない253万m^3で計画された。安威川ダムは、規模を縮小し利水機能を著しく縮小したことで、国土交通省によって2007年に全体計画が認可され、治水機能を中心としたダムとして建設が進められている。

　2005年に策定された「第4次茨木市総合計画」では、水源の面で不安定である簡易水道を上水道に統合し、茨木市の全域において上水道による給水を行うことが目標とされた。また、上述の彩都の建設の進行を受けて今後も水需要が増加するとしている。一方、大阪府営水道の豊能町・能勢町への送水管が市域北部の山間地域を通ることになったことを受けて、これを水源として分散する簡易水道を上水道へ統合し、茨木市の水道事業を一元化する第9次拡張事業を打ち出し、整備を開始した。しかし、国際文化公園都市の開発計画が縮小される見通しとなったことや総給水量の漸減傾向を受けて、図4.5に示されるように計画一日最大給水量を引き下げた。

　図4.5にも示されるように、茨木市では2000年頃より自己水源の給水量が減少し、一時的に大阪府営水道からの受水量が増加している。茨木市水道部での聞き取りによれば、この理由は老朽化した水源地に関する費用計算を行なった結果、改築を行なうよりは廃止し、残った十日市水源地の重点的整備に充てる方が得策と判断したことによるという。これ以降、2000年度に十日

市水源において新たな深井戸を築造した一方で、伏流水の取水を停止した。また、2002年度には戸伏水源を廃止した。2003年度には十日市水源地の浄水施設の耐震化工事を、2004・2005年度には同水源地の浄水施設の更新工事を行った。そして、2007年度からは同水源地の浄水施設におけるクリプトスポリジウム[7]対策設備の整備を行なっている。茨木市では総給水量の減少が続く中で自己水源量を増加させており、今後も自己水源を保持していく方針であることが窺える。なお、上述の費用計算においては大阪府営水道からの受水費が比較されているはずであり、大阪府営水道からの受水の費用を圧縮してコストを低減し、水需要の減退が続く時代に備えているものと思われる。

6　おわりに

　京阪神大都市圏の衛星都市である大阪府茨木市における水道事業の展開を振り返ると、第二次世界大戦後の復興期に財政立て直しのために住宅開発や工場などの都市機能の誘致を進め、社会資本として供給能力が不足していた水道施設を増強した。また、新たに合併した地域への給水を行ない、給水区域が拡大した。

　高度経済成長期の茨木市では、著しい人口増加と工場などの事業所の増加と一人あたり水使用量の増加によって水需要が増大し、水道水源が著しく不足した。大阪府営水道の施設能力が強化されるまで、茨木市の水道事業は自己水源の増強を繰り返し、府営水道の増強後は受水量を大幅に増加させた。また、水害を受けて市域内に計画が浮上したダム建設に水道水源確保の期待が高まった。

　経済低成長期から1980年代後半にかけての時期は水需要の伸びが鈍化し、茨木市は配水管整備を進めた。しかし、その後も続いた住宅地開発、流通センターなどの開設、流通業、教育・医療機関などの事業所の増加により水需要が再び増大したため、府営水道からの受水の増強によって水源確保を行なった。

　1990年代以降の茨木市では水需要が停滞傾向となったものの、山間部で進められることになった大規模開発で水需要の増加が見込まれたため、大阪府

営水道からの受水を増加させる計画で水道整備を進めた。しかし、その後も水需要の停滞・減少傾向が続いたため、計画一日最大給水量が削減された一方で、自己水源の整備が進められている。これは受水費を抑えコストを圧縮するためと思われる。また、大阪府営水道の給水対象域が拡張されたことで、山間部の分散した簡易水道などの統合が可能になったため、安定給水を目的として市域全体の生活用水システムを水道事業によって給水するべく整備を進めている。2000年代に大都市圏の水需要が減退する中で着工した安威川ダムでは、水道用水供給のための利水機能が大幅に縮小された。

以上から、茨木市における水道事業の展開に影響を与えた要因をまとめると、戦後復興期の財政立て直しを目的とした都市機能（住宅地・工場）誘致、高度経済成長期の急激な人口移入と事業所の立地、経済低成長期にも続いた開発による人口移入と事業所増加、水道未普及地域からの給水要望などが水需要を増大させ、水道事業による対応を促した。また、1990年代以降の水需要の停滞・漸減は自己水源比率を高め、大阪府営水道からの受水を減少させることによるコストの低減の必要性を生じさせた。そして、茨木市の水道事業における計画一日最大給水量の削減を促したといえる。

なお、第二次世界大戦後の茨木市における水道事業の展開は、自己水源を保持しつつも大阪府営水道を通じて水源の淀川への依存を強めることで成り立ってきた。これは施設増強によって受水先の大阪府営水道に十分な対応力が生じていたためである。秋山（1986）が指摘したように、大阪府営水道が衛星都市の水需要の増大に対応し、大阪府の水道水供給体制の安定性を高める存在として機能してきたことが本事例からも確かめられた。一方、水需要の減少に対しては、茨木市は自己水源の増強と大阪府営水道からの受水の削減によるコストの低減で対応しようとしていることが窺えることから、本事例から大阪府営水道が水需要の減少に対しても機能している点を指摘できよう。

本章では京阪神大都市圏の衛星都市の水道事業の展開についての一事例を示したに過ぎない。今後も京阪神大都市圏内の他の市町村の水道事業についての事例研究を進めることで、大都市圏の水道事業の展開の一般性や地域性を明らかにしていくことが求められる。また、排水量や市街地化にともなう

雨水流出量の増加に対する茨木市の下水道整備について研究を進める必要がある。

注

1) 本稿では、生活用水の水源からの取水・浄水・給水の体系を生活用水システムと表現する。また、発生した屎尿・雑排水の排水・処理・自然界への放出までの体系を生活排水システムと表現する。
2) 水道の定義については、第2章注5) を参照のこと。
3) 1949年に旧茨木川は廃川にされた。旧茨木川の伏流水に影響を及ぼした「改修工事」が具体的にどの工事にあたるのかは不明である。
4) ただし、十日市水源地の供用開始と後の増強で、1964年には上中条（第2）水源地が、1968年には畑田（第1）水源地が廃止された。
5) 1997年3月の茨木市議会第2回定例市議会の市長の答弁による（茨木市議会会議録検索システム、2007年10月30日閲覧）。
6) 1995年に山間部の2集落から早期の水道の設置を求める陳情書が提出されたと『(茨木市) 水道事業年報』の年表に記されている。この2集落には1997年に給水が開始された。
7) 原生動物の原虫類に属する耐塩素性の水系病原性生物で、各種の動物に寄生する。下痢を引き起こす。水道による感染例も報告されている（『水道用語事典』）。

文献

秋山道雄 (1986)「都市圏の変動と上水の需給構造」田口芳明・成田孝三編『都市圏多核化の展開』東京大学出版会。
伊藤達也 (2006)『木曽川水系の水資源問題―流域の統合管理を目指して―』成文堂。
茨木市議会会議録検索システム　http://www.kensakusystem.jp/ibaraki/
茨木市議会史編さん委員会編 (1988)『茨木市議会四十年史―市制施行四十周年記念―』茨木市議会。
茨木市教育委員会編 (1991)『わがまち茨木―水利篇―』茨木市。
茨木市史編纂委員会編 (1969)『茨木市史』茨木市。
大阪府水道部編 (1993)『大阪府水道部40年のあゆみ』大阪府水道部。
大阪府水道部編 (2002)『大阪府水道部50年のあゆみ』大阪府水道部。
大阪府水道部編 (2003)『大阪府水道事業将来構想―WATER WAY 21―』大阪府水道部経営企画室。

笠原俊則（1988）「京阪奈丘陵3町における給水空間および給水状況の変化」立命館大学人文科学研究所紀要47。
嘉田由紀子・小笠原俊明編（1998）『琵琶湖・淀川水系における水利用の歴史的変遷』滋賀県立琵琶湖博物館。
寺尾晃洋（1981）『日本の水道事業』東洋経済新報社。
日本水道史編纂委員会編（1967）『日本水道史』日本水道協会。
日本地誌研究所編（1974）『日本地誌第15巻大阪府・和歌山県』二宮書店。
原田敏治（1986）「住民が作った上水道―都市化と組合水道―」地理31-2。
矢嶋　巌（1993）「川西市の水道事業」千里地理通信28。
矢嶋　巌（1995）「都市圏における生活用水利用の展開―猪名川流域の都市化との関連で―」関西大学大学院文学研究科修士論文（未公刊）。
矢嶋　巌（2004）「山間地域における生活用水・排水システムの変容―スキー観光地域兵庫県関宮町熊次地区―」人文地理56-4号。
矢嶋　巌（2006）「スキー観光と生活用水・排水システム―兵庫県養父市福定でのフィールドワークから―」土屋正春・伊藤達也編『水資源・環境研究の現在―板橋郁夫先生傘寿記念―』成文堂。

第5章　衛星都市の水道事業における水源確保
― 兵庫県宝塚市を事例に ―

1　はじめに

　日本において水道普及率が飛躍的に高まったのは1960年代であった。水道普及率は2008年度末で97.5％と、きわめて高い普及状態にある。一人あたりの使用水量も大幅に増加したこともあり、この1960年代の時期に生活用水の使用量は著しく増大した。これにより、水道水源はとくに大きな影響を受けた。高度経済成長期から1980年代にかけて、日本人の一人一日あたり生活用水使用量は増大し続けたが、1990年代には横ばいとなり、2000年代には減少傾向に転じた。生活用水使用量全体の伸びも1990年代半ばから横ばいとなり、2000年以降は漸減している（国土交通省土地・水資源局水資源部編 2010、寺尾 1981）。

　水道事業は、水道法により原則として市町村営が定められている。また、給水区域内における需要に対応することが求められている[1]。そのため、人口が急増した大都市圏において、原則的に市町村が水道を整備し、末端における需要の増大に対応することが求められてきた。

　日本における都市化の進行は明治期半ばから始まった。都市への人口や産業の集中が最も激しかったのは、第二次大戦後、とくに高度経済成長期であった。大都市域では人口の郊外化をともないながら都市圏域が広がり、周辺域にも次々と衛星都市が形成されて現在に至っている。水道もそれに追いつくように敷設、拡張され、年を経て中心部から周辺部へと高い普及率を示すようになった。都市圏の中心都市とそれに隣接する衛星都市では、早くから人口が停滞・減少し、一人一日あたり水使用量の停滞・減少傾向もあって、

生活用水需要も停滞・減少傾向に転じている[2]。近年では、都市圏周辺の衛星都市において、人口急増が収まって、生活用水の需要が停滞に転じている事例が報告されている（矢嶋 2008）。

一方、都市圏では、都市化の進行とともに高度な灌漑システムによって維持されてきた水田を中心とする農地が潰廃され、市街地へと置き換わってきている。これに関して、1990年に、総務庁行政監察局が水資源開発・利用についての行政監察結果をまとめ、そのなかで農業用水における水利用の合理化についても勧告している。そこでは、都市化の進展にもかかわらず農業用水の都市用水への転用が十分に行なわれておらず、水需給が逼迫している地域において余剰農業用水の都市用水への転用を進める必要性を指摘していた（総務庁行政監察局編 1990）。森瀧（2003）は、農業用水の都市用水への転用が叫ばれても、実際に水利権が転用されることはほとんどなく、都市用水の新規需要はおもに新たなダム建設によって賄われてきたと指摘する。森瀧はこの要因として、安価な水利転用よりも費用を要する大規模水資源開発が望まれてきたことや、1973年以降の都市用水需要の停滞によって転用を促進させる要因が減退したことを挙げている。なお、もともと都市近郊で農業用水から上水道への水利転用が行なわれているとされるが、地域差が大きく関東地方が大半を占め、近畿地方ではあまり進んでいない（農林水産省農村振興局整備部水資源課 2010）。その関東地方における転用についても十分といえないとする指摘もある（森瀧 2003）。

農業用水の水道用水への転用は容易なものではない。1950年代後半の非大都市圏域の山間農業集落における農業用水の水道用水への転用事例では、代替水源の確保や金銭的補償がなされたり、渇水時における農業用水優先の条件設定などが求められたりしたという。そして、それは水利権者自身が水道の恩恵を受ける場合も含まれた（矢嶋 2004・2006）。なお、近年では水環境の復元の見地から、市街地化の進展で不要とされてきた農業用水を評価する指摘もあり（秋山 2008）、農業用水をそのまま都市用水に転用することが良策であるとはいえない。

森瀧（2003）は、ダム建設と広域水道についても検討している。寺尾（1981）を引用しながら1960年代以降の水道広域化政策が推進された経緯に

ついて説明し、とくに水道用水供給事業が広域化を実際に担い、この事業の拡大がダム建設促進のテコとされてきたとしている。また、1990年代以降に水道用水の需要増が落ち着いてくると、竣工したダムが利水面において過剰施設と位置づけられるようになってきたとされる。こうした水道用水供給事業からの受水を開始したことで、加入自治体では自己水源、とくに表流水や浅井戸・伏流水[3]といった地域在来の水源が廃止される傾向が強くなったことを指摘した。ただし、近畿地方の水道事業体においては、積極的に水道用水供給事業からの受水を進めてきた事業体が多いものの、受水開始後も自己水源を保持している割合が高い点を指摘している。その理由について、森瀧は歴史的背景の存在を示唆しているが、実際の近畿地方における水道事業の水源確保はいかなるものであったのだろうか。

　近畿地方の都市圏域における水道事業の展開については、秋山（1986・1990）、嘉田・小笠原編（1997）などが府県や流域圏を対象地域として研究を行なった。これらの研究では、末端水道事業の普及過程や需要構造の変化などについて明らかにされてきた。また、各地域で進んだ水道用水供給事業からの受水を中心とする水道広域化についての影響などについて議論されている。個別の市町村における水道事業の展開と背景について取り上げた研究も見られるが、圏域や地方を単位とした研究が多く、水道事業の展開の地域性や圏域構造などが明らかにされてきた。大都市圏の衛星都市における水道事業の展開について分析を行なった研究としては、1980年代までの展開について明らかにした笠原（1988）、矢嶋（1993）などがあり、大都市圏の衛星都市の水道事業が、住宅開発や人口増加に対応し、給水区域を拡張したり、水道水源を水道用水供給事業への依存を強めたりしてきたことや、水道施設の統合を進めてきたことが明らかにされてきた。日本において生活用水需要が停滞局面に転じたとされる1990年代前半以降についての研究事例は矢嶋（2008）などに限られる。

　2000年代になって生活用水需要の減退がはっきりしてきているなかで、都市圏の衛星都市の水道では、創設や初期の拡張事業から年月が経ち、水源などの施設の大幅な更新時期に直面している水道事業も少なくない。また、府県単位での水道事業の統合や、水道用水供給事業による末端給水、PFI

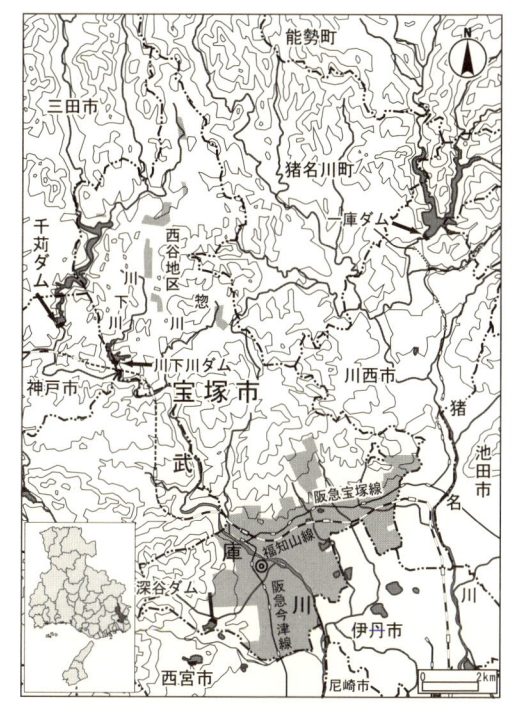

⬣ 宝塚市域における市街地、おもな集落
図5.1 宝塚市の概要
資料 20万分の1地勢図「京都及び大阪」(2003年修正) より作成。

(Private Finance Intiative) 方式導入などの方向性についての示唆もある (厚生労働省水道課2008)。衛星都市の水道は今後どのように水源を保持していくべきなのだろうか。そして、衛星都市の水道事業はどのように運営されていくべきなのだろうか。こうした課題について考えていくためには、衛星都市の水道事業について、創設期から現在に至るまでの事業の展開と背景、対応としての水源確保という点から整理することが必要である。

本研究の目的は、京阪神大都市圏の衛星都市で、とくに1960年代以降に急激な人口増加を見、ダムを水源とした水資源確保に追われた兵庫県宝塚市 (図5.1参照) を事例に、水道事業の展開と要因を明らかにすることである。

表5.1 宝塚市水道事業の展開

事業名	認可年月	計画年度	事業期間	1日最大給水量 (m³)	計画給水人口 (人)	一人一日計画最大給水量 (ℓ)	一人一日計画平均給水量 (ℓ)
創設（小浜村）	1950.9	1963	1950.9-1952.6	3,600	20,000	180	125
創設（良元村）	1951.7	1963	1951.7-1954.3	3,600	20,000	180	125
第1期拡張	1956.9	1967	1956.9	10,000	50,000	200	150
第2期拡張	1956.11	1961	1956.11-1958.3	8,900	44,000	202.3	150
第3期拡張	1959.3	1974	1959.3-1966.3	20,000	66,600	300	200
第3期拡張1次変更	1960.4	1974		20,000	68,900	290	193
第3期拡張2次変更	1961.12	1974		20,000	69,400	288.2	191.6
第3期拡張3次変更	1963.3	1965		21,000	65,000	320	250
第4期拡張	1966.2	1975	1966.2-1973.3	56,000	140,000	400	350
第4期拡張1次変更	1969.3	1975		56,000	140,000	400	350
第5期拡張	1972.8	1975	1972.8-1977.6	84,150	165,000	510	408
第5期拡張1次変更	1973.8	1975		84,150	165,000	510	408
第5期拡張2次変更	1976.4	1975		100,000	192,300	520	416
第6期拡張	1981.3	1997	1981.3-1999.7	124,350	250,000	497	373
第6期拡張1次変更	1994.3	2005		112,100	233,900	479	383
第7期拡張	2003.3	2015	2003.3-	113,800	245,000	464	371
第7期拡張1次変更	2005.3	2015		113,800	245,000	464	371
西谷簡易水道事業	1969.7	1979	1969.8-1972.9	830	4,700	150	100
第1期変更	1978.3	1984	1979.4-1979.8	2,000	4,700	310	230
廃止	2003.2						

資料　宝塚市上下水道局総務課編（2009）、宝塚市水道局編（2002）より作成。

　それを踏まえて、研究事例が多いとはいえない1990年代以降の水需要停滞・漸減期における衛星都市の水道事業が抱える水道水源に関する問題について検討する。
　宝塚市は大阪平野の北西端に位置し、流況差が大きく農業水利の制約が厳しい武庫川流域に市域の大部分が含まれる。1960年代以降の急激な人口増加による水需要の増大に対しては、水資源開発公団が建設を予定したダムを水源として兵庫県が計画した水道用水供給事業である猪名川広域水道からの受水を水源として期待したものの、ダム建設の着工が遅れて水道水源が著しく

不足したため、独自に水道専用ダムを建設して水源を確保し、完成した猪名川広域水道からの受水を延期した。また、水需要の伸び悩みや老朽化した水道施設の更新時期を念頭に、近年では水道水源としての水道用水供給事業の複数化も視野にあるとされるなど、衛星都市の水道事業が抱えてきた水源に関する問題について考えていくための研究対象として興味深い。宝塚市の水道事業の展開について概観することで、大都市圏の衛星都市の水道事業が1980年代までの水需要増大期と1990年代以降の水需要停滞期に抱えてきた水源に関する問題について考える。

宝塚市の水道事業の歴史やデータについては、地域計画・建築研究所編(1987)『宝塚市水道史』、宝塚市上水道局編集発行（2002）『宝塚の水道—通水50年のあゆみ—』、宝塚市上下水道局編集発行（2009）『宝塚市水道マスタープラン—心豊かに健やかな生活をささえる水道を目指して—』、宝塚市上下水道局総務課編集発行（2009）『平成20年度版宝塚市水道事業概要』、宝塚市制三十年史執筆編集編（1985）『宝塚市制三十年史』、新聞記事が資料となる。また、宝塚市上下水道局に聞き取りを行ない、事実関係を確認した[4]。水道事業の展開については、表5.1に概略した。

2　大阪平野における水道事業の展開

京阪神大都市圏の主要都市が含まれる大阪平野は、年間降水量が比較的少ない瀬戸内側の気候区に含まれる。河川流量が多く年間を通じて安定している淀川本流以外の河川は、流量の季節変化が比較的大きい。低平な土地が広い範囲をしめる大阪平野では古来稲作が発達し灌漑用水網が整備されていたことから、水道事業が水源として河川表流水や伏流水に新たな水利権を確保することは容易ではなかったものと思われる。

大阪平野の淀川河口域に位置する大阪市を中心とした都市域では、人口や産業がとくに近代期から著しく集積してきた。大阪市では伝染病防止のための衛生的な飲料水の供給と防火のため、淀川を水源とする水道が敷設された。大阪市は人口増加や産業発展による水需要の増大に対して淀川を水源とする水道施設の増強を図った一方で、隣接する市町村へも給水していた。つまり、

大阪市によって水道の広域化がなされていた（秋山 1986、大阪市水道局編 1996、矢嶋 2009）。大阪市や神戸市の周辺に位置する衛星都市では、第二次大戦前に一定程度の都市化が進んでいた（石川 1999）。このうち茨木、泉大津、枚方、西宮などでは独自水源によって第二次大戦前に公営水道が敷設された。大東や寝屋川のように私営水道会社によって水道が敷設された場合もある（日本水道史編纂委員会編 1967、矢嶋 2009）。

1930年代、大阪府下市町村における生活・工業用水の不足が深刻化した。そのため大阪府は1934年から淀川を水源とする府営の水道用水供給事業である大阪府営水道の建設計画を打ち出した。しかし、着工は第二次世界大戦後となり、完成したのは1951年であった。大阪府営水道は、その後の数度にわたる拡張工事で給水量を大幅に増強し、供給対象区域を広げて供給量を増大させ、大阪府下市町村の人口増加を支えた[5]（秋山 1986、大阪府水道部 2002、矢嶋 2008・2009）。

神戸市では六甲山地南麓の小河川に築造した2カ所のダムを水源とする水道が1901（明治34）年に敷設された。その後の水需要の増大に対応するために、市域外である武庫川支流に千苅ダム（図5.1）を建設する拡張工事を実施したが、水需要の増大で水道水源の不足が続いた。第二次大戦前に水道が創設された西宮町や尼崎市では、隣接する町村を合併して給水区域を広げたことも要因となって、水源の水量が不足していた。そこで、兵庫県が主導して神戸市と阪神地方南部の市町村に水道水を供給する阪神上水道市町村組合（現在の阪神水道企業団）が1936年に設立され、1942年から浄水の供給を始めた。当初の構成市町村は3市2町11村で、合併が進んだ現在は神戸市、芦屋市、西宮市、尼崎市によって構成される（日本水道史編纂委員会編 1967、阪神水道企業団編 1987）。

大阪市の周辺に位置する衛星都市では、第二次大戦後、とくに高度経済成長期以降に大幅な人口の増加を見た。これらの都市においては、人口急増や産業集積により水需要が増大すると、水道を創設するか既設水道の施設を拡張して対応する必要が生じた。現在の阪神水道企業団や大阪府営水道に当初から加入していた場合は、それらの水道用水供給事業に水道水源を依存して水需要の増大に対応した。しかし、この時期に水道用水供給事業に加入して

おらず水道水源を依存することができなかった場合は、都市化による水需要の増大に苦慮し、さまざまな方法で水源を確保せざるを得なかった。こうした衛星都市の水道事業では、農業水利の制約などから水道水源を河川の表流水に求めることが困難であったことも要因となって、多くの場合、水道水源を深井戸や河川の伏流水に求めた。後に水道用水供給事業からの受水が開始されると、自己水源を保持しつつ受水量を増やした。

　例えば兵庫県川西市では、1960年代以降に市域中北部の丘陵地域で大規模な住宅開発が進められて人口が急増し、水道水源が不足した。1960年代に市域内に多目的ダムである一庫(ひとくら)ダムの建設が予定され、兵庫県営の水道用水供給事業である猪名川広域水道の水道用水源として使用されることになり、川西市の水道水源としても期待された。しかし、ダム建設が遅れたため猪名川広域水道からの受水ができず、川西市水道事業からの分水を水源とする別の市営水道事業を敷設したほか、宅地開発に関する指導要綱を制定し、住宅団地開発業者が水源を確保して水道を敷設、給水することを義務づけた。川西市水道事業は、受水開始後も自己水源を維持している（川西市水道局編 2010、矢嶋 1993）。後述の通り、宝塚市も猪名川広域水道の建設の遅れにより影響を受けた。

　なお、兵庫県営水道用水供給事業である兵庫県広域水道は、1968年に一庫ダムを水源とする猪名川広域水道として計画が浮上し、1971年に認可を受けた事業である。1980年に猪名川・東播・西播広域水道が事業統合されて改称され、旧猪名川広域水道は多田浄水場系とよばれている。1938年の阪神大水害による猪名川の氾濫をきっかけに、内務省土木局が1940年にダムの建設に着手したが、資材不足で中止された。1953年9月の台風13号による洪水を機に治水工事の再検討がなされ、さらに、高度経済成長による水需要の増大から猪名川の利水が唱えられるようになった。1960年にダム建設計画が復活して関係調査が行なわれ、水資源開発公団が事業主体となって1968年に一庫ダム建設に向けて動き出した。当初の計画では1968年着工、1974年度完成予定であったが、ダム建設反対運動で建設が延期され、1974年に着工、1982年に完成し、1984年に竣工した。一庫ダムにより大阪府・兵庫県の市町の水道事業と兵庫県広域水道には新規に水利権が割り当てられた。多田浄水場系にお

ける当初の加入市町は尼崎市、伊丹市、宝塚市、川西市、猪名川町で、1995年度からは西宮市が加わり、各市町における水需要の実態に合わせて給水量の割り当てが変更されている（川西市史編集専門委員会編 1980、兵庫県企業庁編 2006、水資源開発公団一庫ダム建設所編 1984、矢嶋 1993）。

また、1950年代後半から80年代後半まで人口が大幅に増加した大阪府茨木市では、大阪府営水道から安定して水道用水を供給されるようになるまで、自己水源を増強して対応した。それ以降も、高額な受水費を背景にして自己水源の深井戸を一定程度維持した。一方で、市域内に府による建設が決まったダムを水源として期待していたが着工されず、大阪府営水道からの受水量を増やしてきた。しかし、1990年代に入って水需要が伸びなくなると、高コストな大阪府営水道からの受水を減らして自己水源比率を高めてきた（矢嶋 2008）。

このように、需要の増大に対応できる水源を有していなかった都市圏周辺の衛星都市には、生活用水需要の増大への対応に苦慮した場合がある。そして、多目的ダムやそれを水源とする水道用水供給事業による水源確保に期待がかけられたが、建設の遅れの影響を大きく受けた。人口急増が収束すると水需要の停滞に現実的に対応せざるを得なかった。

3　宝塚市における水道事業の創設と水需要増大への対応

3.1　宝塚市を流れる武庫川

宝塚市はその広い範囲が武庫川の流域に含まれる。武庫川は流域面積約 500km^2、河川延長約 65.7km の二級河川で、丹波山地を源流とし、三田盆地や武田尾渓谷を経て大阪平野北西端へ至った後は、六甲山地と伊丹丘陵にはさまれる武庫川低地帯を流れて大阪湾へと注ぐ。流域は瀬戸内側の気候区に位置し、冬季に少雨となる。また、洪水量と渇水量の差が大きい[6]（日本地誌研究所編 1973、兵庫県 2010）。流域には、兵庫県篠山市、三田市、神戸市北区、西宮市、宝塚市、伊丹市、尼崎市、大阪府能勢町が含まれる。武庫川低地帯では、図 5.2 に示した通り宅地化が進んでいるが、かつては稲作が

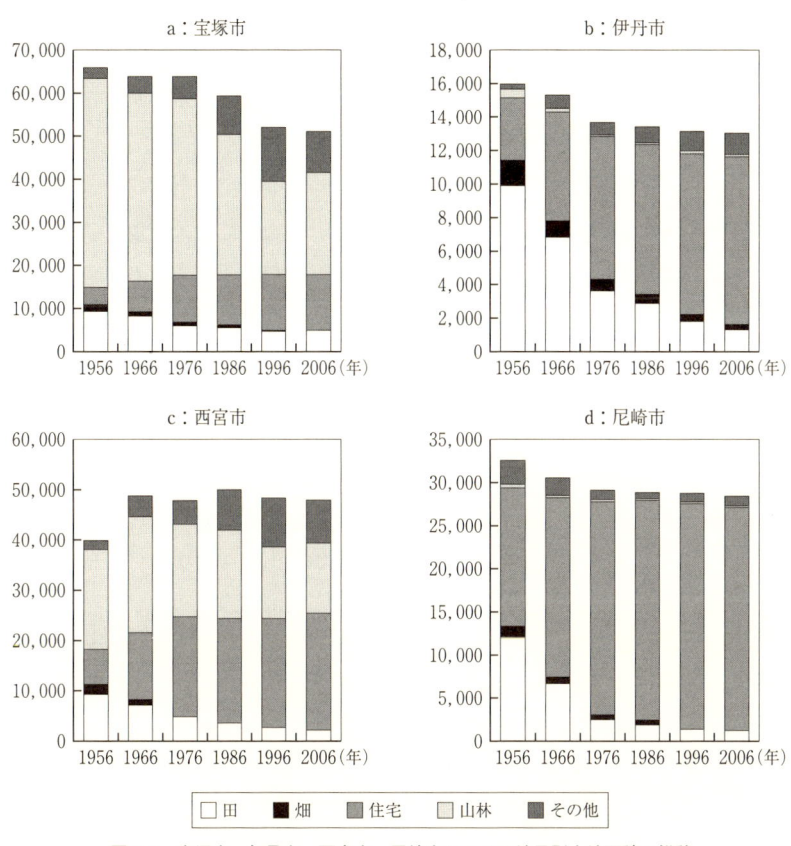

図5.2 宝塚市・伊丹市・西宮市・尼崎市における地目別土地面積の推移
注1：単位は、1956・1966年が反、1976・1986・1996・2006年が千m²である。
注2：数値は1月1日現在の課税対象地積を示し、総数は課税対象地積の合計である。
資料　兵庫県統計書より作成。

凡例：□田　■畑　■住宅　□山林　■その他

盛んで、武庫川などを取水源とする農業用水路網が張り巡らされていた。昭和20年代頃から流量が減少するようになり、関係する農業水利組織間で取水に関する協定を結ばれるなどしてきたという。流量の減少は、宝塚市の水道整備において下流域の農業水利組織との関係に影響をもたらしたとされる（地域計画・建築研究所編 1987）。

なお、宝塚市周辺の地下水は六甲山地の黒雲母花崗岩に由来するフッ素を

含み、これに起因する斑状歯の発症が水道事業の展開にも影響を及ぼした（地域計画・建築研究所編 1987）。

3.2 公営水道の敷設

現在の宝塚市の区域では第二次大戦前に一定程度の都市化が進んでいた。もともと宝塚市は、武庫川の渓口に発達した集落である、左岸の川辺郡小浜村（のちの1951年に町制を施行して宝塚町）と右岸の武庫郡良元村が、1954年に合併して成立した。明治時代中期以降、小浜村が温泉場として発展し、武庫川両岸に旅館や店舗が建ち並んだ。1897（明治30）年に阪鶴鉄道（現福知山線）が開通したことである程度の観光客の増加を見たとされるが、観光地としての本格的な発展は1910年の箕面有馬電気軌道（現阪急宝塚線）の開通以降である。同社による観光施設の開設を中心とした観光の発展もあり、大正期には市街地が形成されていた。また、郊外住宅地も建設され、私設の小規模水道施設などによって給水されていた（宝塚市史編集専門委員編 1977、日本地誌研究所編 1973、水内 1996）。

宝塚では、1892年に宝塚温泉の宿泊施設などに給水を行なう株式会社形式の宝水会水道が敷設されて以降、旅館や郊外住宅地に給水を行なう私設の小規模水道施設が複数敷設されていた。元来、宝塚付近は、武庫川沿い以外は段丘上であり、地下水位が深く、飲料水事情はよくなかった。1934年に小浜村で防疫や防火を目的とした村営水道敷設計画が持ち上がり、敷設に向けて動き出したが、昭和恐慌の影響で頓挫した。良元村では、1916（大正5）年に宝塚温泉が平塚嘉右ヱ門の手に渡り、彼が設立した（株）宝塚温泉が宝水会水道を譲り受けて水道事業を拡張し、温泉地区への給水を行なっていた。平塚は阪急今津線沿線の武庫川右岸を中心に宅地開発・住宅分譲を展開し、小規模水道施設を敷設したことでも知られる（宝塚市史編集専門委員編 1980、地域計画・建築研究所編 1987）。

第二次大戦後の北摂地域では1955年までに人口が急増し、通勤ラッシュが深刻化していたとされる（三木 2010）。図5.3に示されるように、宝塚市においても、1955年には約9,500人の通勤・通学での流出人口が見られた。そ

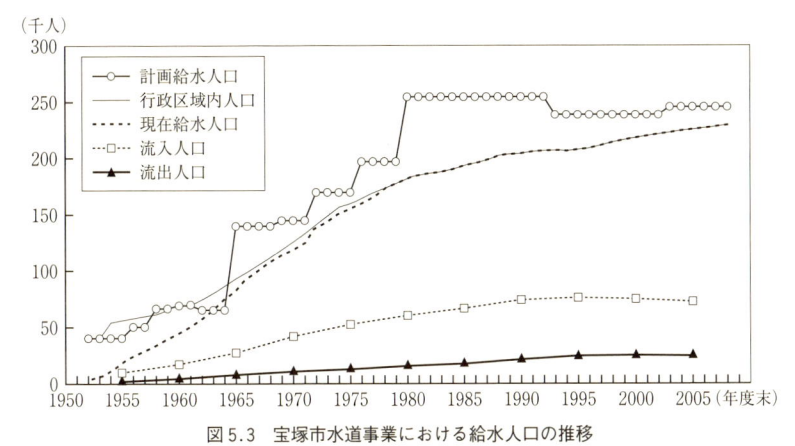

図5.3 宝塚市水道事業における給水人口の推移

注1：行政区域内人口は、水道事業が営まれている行政区域の人口を示す。
注2：計画給水人口は認可年における計画人口を示し、必ずしも当該年度における計画人口を示すものでない。

うしたなかで、小浜村、良元村の双方において、公営水道が敷設されることとなった。

　小浜村では、1950年に水道敷設認可を得た。前述のように、1951年には町制を施行して宝塚町へ改名した。この頃、宝塚温泉の武庫川両岸地区では、各戸の井戸によって需要をまかなえない状態であったという。『宝塚市水道史』に掲載される、小浜村議会に提出された水道敷設議案や提案理由説明と1950年10月16日付神戸新聞記事によれば、人口増加に伴う飲料水の悪化と欠乏、フッ素含有問題の解決、観光都市としての防災などが、水道敷設のための理由として挙がっている。水源を武庫川の伏流水に求める計画であったことから、申請に当たって、取水予定地点のすぐ下流側の水利組合から水道設置の承諾を受けていた。しかし、1952年に灌漑用水への影響を懸念する武庫川下流域の西宮・伊丹・尼崎市（以下、下流域3市とする）の農業水利組織による反対運動が起きた。この頃下流域では夏の渇水期に灌漑用水が不足するようになり問題化していたのである。県が武庫川支流惣川に建設中の砂防ダムをより大規模なものに変更して放流するなどの条件がつけられたことで、伏流水の取水が認められることとなり、宝塚町水道は1952年に通水した。敷設に当たって、全国各地で水道設計を行なっていた梶本寅之助技師を招聘し

た（地域計画・建築研究所編1987）。

　良元村においては、水道があった宝塚温泉以外の地区では、元々水量が十分ではない井戸水に頼らざるを得なかった。上述のように、おもに平塚嘉右ヱ門によって郊外住宅地として開発が進み、私設水道が敷設されていた。平塚が経営する（株）宝塚温泉は、1945年に宝塚興業（株）、1950年には宝塚上水道（株）へと商号変更を行ない水道事業を持続していた。しかし、第二次大戦後の人口増加で給水人口が1万人を超え、簡易水道として当時の法における限界に達していたうえに、メータ未設置の給水栓が半数以上を占めていたことや配水網の問題から、水量不足による断水がたびたび発生していた。保健衛生の点から、良元村を中心とした地域で、斑状歯の原因となるフッ素の井戸水における含有量についての学術調査が行なわれていた。さらに、アメリカ合衆国駐留軍（GHQ）が、良元村の住宅、ゴルフ場、宝塚ホテルなどを接収し、宝塚興業が中心となって水道水を供給したが、水量が不足していたことに加えて、観光地としても公営水道敷設が求められていた。また、昭和の大合併の流れのなかで、周辺市町村との間で合併問題も起きていた。

　こうした状況のもとで、1950年に良元村は、小浜村水道を設計した梶本技師を嘱託として招いて水道敷設を計画し、1951年に水道敷設の認可を得て着工した。計画では、水源は灌漑用水の一部とされたが、地元水利組合との調整に時間を要したうえに、1952年には下流域3市の農業水利組織が反対し、工事が遅れた。水源を宝塚町からの分水に変更する案が村議会で可決され準備も進んだが、宝塚町の水源問題で頓挫した。水道敷設断念が懸念されるなか、県の仲介をきっかけに西宮市から浄水の分水を受けることとなり、良元村の水道は1954年に通水した（地域計画・建築研究所編1987）。

3.3　宝塚市の成立と水道事業の統合

　昭和の大合併の流れのなかで、1954年に宝塚町と良元村が合併して宝塚市が成立した。合併時、公営の旧宝塚町水道、旧良元村水道、私営の宝塚上水道（株）、後述する組合営の北摂上水道事務組合の四つの上水道事業が存在していたが、これらには連絡がなく、水の融通もできなかった。そこで宝塚

市は、「宝塚市上水道総合計画」を策定し、宝塚上水道（株）を買収したうえで、旧宝塚町、旧良元村の水道を統合することとした。これに基づいて第1期拡張事業を計画し、1956年に認可を得て統合を実施した（地域計画・建築研究所編 1987）。

上述の通り、宝塚では第二次大戦前から私設小規模水道施設が設置され、この時期には15を数えた。1952年に国が簡易水道に対する補助金制度を創設したことがきっかけとなって全国的に簡易水道などの小規模水道施設の建設が相次ぐ「簡易水道ブーム」が起き、全国的に小規模水道施設が多数設置された。しかし、維持管理が不十分なために水系伝染病が発生するケースが多発していた。1957年の水道法制定後、水道を所管した旧厚生省は、都道府県に対してこうした水道の統合を指示する通達を出した。これを受けて兵庫県は1958年に水道法施行細則を施行し、小規模水道施設の公営水道への統合を市町村に指導した。宝塚市も昭和40年代までにほとんどの私設小規模水道施設を統合した（地域計画・建築研究所編 1987、矢嶋 1999）。

一方、1955年に宝塚市域に編入された旧長尾村と旧西谷村への給水を目的とした第2期拡張事業が計画されていたが[7]、計画段階において水源に予定していた武庫川支流惣川の県砂防ダムから十分な取水ができないことがわかった。このため、第2期拡張事業では西宮市からの浄水の分水を水源とすることになり、一日最大給水量が当初計画から縮小され、目標年度も繰り上げられて申請され、1956年に認可、着工された（地域計画・建築研究所編 1987）。

宝塚市の南東部に位置する雲雀丘・花屋敷地区は、大正期から開発が始まった高級住宅地で、旧西谷村と川西市にまたがる。第二次大戦後にこの地区の住宅地がGHQに接収されると、GHQ住宅地向け水道が敷設された。GHQ撤収後に旧川西町と旧西谷村が共同運営する北摂上水道町村組合（のちに北摂上水道事務組合に改称）が水道施設を無償で借り受け、住民に給水を行なった。しかし、運営をめぐって旧川西町と旧西谷村が対立し、猪名川の水源地が汚染されたこともあって十分な給水ができない状態となっていた。とくに花屋敷地区では、生活用水供給を含めた行政サービスが十分に受けられないことを理由に、1956年頃から川西市への分市・編入運動が表面化して

いた。1956〜60年度まで財政再建団体となっていた宝塚市は、財政収入の点から分市を食い止める必要があった。一方、川西市も編入に積極的な方針を示していたため、宝塚市は水道事業の第2期拡張事業を推進して、分市を食い止めるべく当該地区への水道整備を重点的に進めようとしたが、給水をめぐって宝塚市と川西市が対立する事態にまで至った。住民投票の結果を受け、分市は不成立となり、北摂上水道事務組合は両市に移管されて解散した（川西市史編集専門委員会編 1980、水道通水50周年記念誌編集委員会編 2004、宝塚市制三十年史執筆編集編 1985、地域計画・建築研究所編 1987、中島 2000）。

図5.3を見ての通り、1950年代後半の宝塚市では急速に人口が増加した。この時期、阪急線沿線の駅に近い農地や溜池が住宅地化されるなどし、新たな水需要が生じていた（宝塚市史編集専門委員編 1977）。

こうしたなか、旧宝塚町が設置した武庫川伏流水の井戸が武庫川の砂利採取や護岸工事の影響で枯渇するようになった。宝塚市は無許可で1957年から92年まで、水道原水として武庫川から表流水を取水していた（朝日新聞1992年12月20日朝刊記事、宝塚市上下水道局総務課編 2009、読売新聞1992年12月19日大阪版朝刊記事）。水源不足と合併による水需要の増大、分市問題、農業水利組織との交渉の困難さを背景にして、無許可取水を始めたものとみられる。

3.4　武庫川伏流水の取水と農業水利組織との交渉

1959年に認可された第3期拡張計画では、伏流水を取水する浅井戸水源を新設し、私設水道水源を買収して水源とする計画であったが、水源の新設については下流域3市の農業水利組織からの反対を受けた。そこで、地元水利組合の灌漑用水からの分水を計画したが、再び下流域3市の農業水利組織からの反対を受けた。これに対して、神戸市水道の水源地である武庫川支流の千苅貯水池が宝塚市と神戸市の境界に位置し（図5.1参照）、かつ導水管が宝塚市域を通っていることから、1960年に宝塚市は神戸市に対して臨時分水を要請したが、水不足による断水を懸念した神戸市議会議員の反対で見送られた。1960年には遊園地である宝塚ファミリーランドから臨時分水を受けて

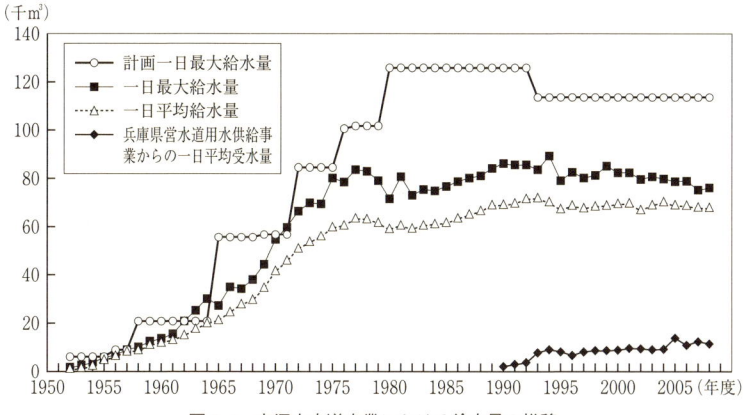

図5.4 宝塚市水道事業における給水量の推移

注1：一日最大給水量は、年度内で一日あたり給水量が最大となった値である。計画一日最大給水量は、認可年度における計画上の最大給水量を示し、水道事業者が年度ごとに設定する計画給水量とは異なる。
注2：兵庫県営水道用水供給事業からの一日平均受水量は、受水による年間配水量を当該年度の日数で割返して算出した。
資料　宝塚市水道局編（2002）、宝塚市上下水道局総務課編（2005・2009）、兵庫県企業庁（2006）より作成。

急場をしのいだ[8]。他方、宝塚市は1960年には第二次大戦前からの住宅地に給水をしていた私設水道を相次いで編入したが、水源の買収ができず、水道の水量不足はさらに悪化した。1959年を目標にして開発されていた日本住宅公団による大規模な団地も、水道水源の不足から工事が一時延期されるという事態も生じた。高台地区では断水が生じるようになり対策が行なわれたが、水量不足から断水が続き、問題化していた。宝塚市は、下流域3市の農業水利組織との交渉を重ね、毎年補償費を支払うこと[9]や、宝塚市が県を通じて神戸市に対して千苅貯水池の水を夏季に放流させることを確約させることなどによって農業水利組織側のために水量を確保すること、宝塚ファミリーランドからの分水の配水管を切断するなどとした内容を含む覚え書きを、宝塚市と下流域3市の農業水利組織が交わすことで水源井戸の設置が合意され、1961年に浅井戸水源の設置が認められた。さらに武庫川支流惣川における灌漑用水の分水を水源とする浄水場が建設されるなどして水源が確保された。図5.4にも示されるように、1960年代後半の宝塚市水道では、計画一日最大

給水量が大幅に増加して給水状況が一時的に安定した（地域計画・建築研究所編 1987）。

3.5 人口急増と武庫川表流水取水による対応

前述の通り、宝塚市では1950年代後半から阪急沿線を中心に比較的小規模な住宅開発が進んでいたが、市域丘陵部において大規模な宅地開発が進み、図5.3にも示されるように、1960年代前半以降、さらに人口が急増した（宝塚市史編集専門委員編 1977）。それに応じて、図5.4に示されるように、宝塚市では水需要が大幅に増大した。宝塚市の水道事業は送配水管兼用のポンプ直送方式を採用していたために、丘陵部における宅地開発で生じた高台地区では断水が起きるようになっていた。宝塚市では、水源水量の不足が見込まれるとして第4期拡張事業に着手した。主要水源は武庫川の非灌漑期における表流水に求め、武庫川の水量が不足する灌漑期のために、農業用溜池を改造して深谷貯水池を建設し、予備水源として利用することとなった[10]。しかし、1965年頃から武庫川における夏季の水位が低下していたため、第4期拡張事業1次変更を行って、取水量を当初計画から減らすこととなった。取水については、1972年に下流域3市の農業水利組織と妥結した[11]。また、水源として浅井戸や深井戸も新設された。そのほか、安定給水のために送配水管を分離し、配水池別配水区域制で給水を行なうこととなった。そのため、配水池や加圧所の新設・改良が図られるなどした（地域計画・建築研究所編 1987）。

1970年夏は渇水となったうえに、人口増加による水需要の増大や送配水管分離工事の遅れの影響で施設能力が追いつかず、宝塚市の高台地区では断水や出水不良が続いた。このため、申請した水利権が未許可状態のままで、宝塚市は表流水の取水を開始した。旧建設省の許可を経て、県による利水が許可されたのは、1972年に下流域3市の農業水利組織が取水を了解したことが確認された後の1973年であった（地域計画・建築研究所編 1987）。また、水源確保のために、1970年以降、市立中学校の敷地内の井戸から、県による事業変更の認可を得ずに取水を行なっていた。その井戸は旧宝塚町が昭和20年代

に建設した町営住宅の水道のためのもので、1961年に近隣に浄水場が設置されたことで使用されなくなっていた（読売新聞1992年12月20日大阪版朝刊記事）。

後述するが、深谷貯水池は完成後に貯水池の水のフッ素濃度が基準を上回っていたため、緊急時以外は水道用水としては使用されなかった。その代わりに、宝塚市は灌漑期においても無許可で武庫川から取水をしていた（朝日新聞1994年8月30日付夕刊記事）。

なお、生活用水をおもに井戸水に求めていた市域北部の西谷地区に対する給水のために、1969年に生活の向上を目的とした簡易水道が計画され、1971年に完成した。その水源として川下川に玉瀬ダムが建設された（宝塚市水道局編 2002）。

3.6 一庫ダム建設遅延と独自のダム建設

1960年代後半から70年代前半にかけての宝塚市では、1969年に人口増加を抑制する方針を定めてはいたものの、引き続き人口の急激な増加が続いていた[12]。1975年から武庫川流域下水道の供用開始が予定され、一人あたり水使用量の増大が予想されていた。図5.4 にも示したように、1960年代後半の宝塚市水道における最大給水量の実績値は、施設能力を上回る状態となった。そのため、宝塚市では第4期拡張事業の完了前の1972年度から、第5期拡張事業に乗り出した。本章2節で触れた通り、宝塚市は猪名川広域水道による水道用水供給事業に参画していたが、同事業の完成は1975年度へ変更された。そこで短期の計画として第5期拡張事業が立てられ、認可を受けた。この事業では、人口増加による需要の増大に対応した水源と、斑状歯対策としてフッ素濃度の低い水源の確保が計画された。この計画は、主要水源として、武庫川支流の川下川に水道専用ダムの川下川ダムを建設し、ダム水を水路で導水し、途中の渓流水も集水して水源とするものであった。また、深井戸を掘削して水源とすることとなった。川下川ダムは1974年に本格的に着工し、1977年に竣工した（図5.1参照）。ダムとしては極めて短期間に建設されたとされる。なお、ダムの建設地は、流域面積の大きさや、将来の嵩上げも可

能な狭窄部の存在、上述の玉瀬ダムに関連して水利権や一部の用地が取得済みであったことから選定されたという（地域計画・建築研究所編1987）。

一方で、フッ素濃度の高い地下水を処理し、フッ素を除去する装置の技術開発が大学研究者から持ちかけられ、実験を重ねたうえで既設の浄水場に実際に設置されることが決まった。第5期拡張事業1次変更において、当該浄水場の処理方法の変更が認可され、1975年からフッ素除去装置が稼働した。しかし、コストが高くつくうえに、川下川ダムが完成して水道水源に余裕ができたことから、1977年にフッ素除去装置の使用は停止された（地域計画・建築研究所編1987）。

簡易水道によって給水されていた西谷地区は、1960年代前半から後半にかけての小規模な住宅地開発にともなう人口増加、一人あたりの生活用水需要の増加、レジャー施設の誘致で、水需要が増大していた。川下川ダムの建設にともなって西谷簡易水道の水源となっていた玉瀬ダムが水没した後は、川下川ダムの水が供給され、最大給水量も増強された（地域計画・建築研究所編1987）。

一庫ダムの建設がさらに遅れて猪名川広域水道からの受水が見込めなくなったことから、宝塚市は第5期拡張事業の第2次変更を申請し、未完成であった川下川ダム貯水池水源からの給水量を増加させ、浄水場の施設能力も増大させた、また、既存の浅井戸水源地に深井戸と浄水場を新設して対応した（宝塚市水道局編2002、地域計画・建築研究所編1987）。

4　県営水道用水供給事業完成後の水源対応

4.1　水需要の停滞と県営水道用水受水の延期

図5.4に示されるように、前述の川下川ダムの建設を中心とした第5期拡張事業の完成で、1970年代後半の宝塚市では水道水源に余裕ができ、人口増加による水需要の増大に水道施設の供給が追いつく「「後追い」という状況から抜け出した」とされる。とはいえ、それまでの時期に比べて率は低下したものの人口増加が続いた（図5.3参照）。また、川下川ダムの建設により、

水道事業の経営は厳しい状況となっていた。一庫ダムの建設が着工され、県営水道用水供給事業からの給水に目途がついたこともあり、第6期拡張事業では、水源を同事業からの受水と新規に開削した深井戸に求め、計画給水人口と一日最大給水量を増加させ、フッ素濃度の高い井戸や老朽化した井戸を縮小・閉鎖するとともに、施設の管理運営の合理化を図ることとした（宝塚市史編集専門委員編1977、地域計画・建築研究所編1987）。

　しかし、その後宝塚市の人口増加は緩やかとなり、給水人口増加も鈍化した。また、一人あたり水使用量の増加が頭打ちとなってきたうえに、市街地北東部における大規模宅地開発が延期された。これらの水需要の停滞と既存水源の余裕につながる条件が重なったことに加えて、県営水道用水供給事業の受水料金が宝塚市にとって高額であったことから、1983年度に予定されていた同事業からの受水開始は先延ばしされた。その受水が始まったのは1990年のことで、大規模住宅地の開発による水需要の発生に対応することがきっかけであった（宝塚市水道局編2002、宝塚市上下水道局からの聞き取り）。

4.2　1994年の列島渇水への対応

　図5.3に示されるように、1990年代になると宝塚市の人口増加はさらに緩やかなものとなったが、人口の増加基調は続いた。しかし、図5.4に示されるように、1990年代以降、水需要は横ばいとなった。とはいえ、1990年に県営水道用水供給事業からの受水が開始されると、宝塚市はその受水量を増加させてきた。

　先述の通り、宝塚市が1957年から水道原水として武庫川から表流水や市立中学校敷地内にある伏流水の井戸から無許可取水していたことが1992年に明らかになると、県から是正と井戸使用の申請を求められた。宝塚市は表流水取水を停止した一方、第6期拡張事業計画を変更し、深井戸水源の新設を含む水源の変更を行なって対応した。ただし、伏流水を使用するために下流域3市の農業水利組織との間で話し合いが行なわれ、謝罪のうえで取水のための補償金が支払われた（朝日新聞1992年12月20日朝刊記事、同1993年3月4日朝刊兵庫面記事、読売新聞1993年12月12日大阪版朝刊記事、宝塚市水道局編

2002、宝塚市上下水道局総務課編 2009)。

　また、灌漑期において予備水源として利用されることになっていた深谷貯水池がフッ素濃度の高さから利用されず、灌漑期にも武庫川表流水を水源としていたことが1994年に発覚すると県に是正を求められ、通常よりも低い水圧で送水する減圧給水で対応した（朝日新聞1994年8月20日朝刊兵庫面記事、同1994年8月30日夕刊記事、同1994年9月10日朝刊記事）。

　1994年の「列島渇水」時には、川下川ダムや一庫ダムの水位が大幅に低下して夏季からは取水量が制限され、県営水道用水供給事業からの水道用水供給量も減らされた。こうした状況は1995年5月まで続き、宝塚市では時間断水が発生することが懸念されたが、武庫川が基準を上回る水量を保っていたため、宝塚市が取水許可を受けながら使用していなかった武庫川表流水の水利権を年度末まで暫定的に使用することで対応し、時間断水を回避した（朝日新聞1994年12月10日朝刊記事）。宝塚市はこれまでの水需要増大に対応した水源確保で、川下川ダム、県営水道用水供給事業、地下水、武庫川表流水などの多様な水源と浄水場を持ったことにより、複雑な配水経路を組み替えることで1994年の渇水に対応できたと考えられる（朝日新聞1995年1月8日朝刊兵庫面記事、宝塚市上下水道局への聞き取り）。なお、阪神間北部での水不足はその後も続き、一庫ダムの取水制限は1995年5月中旬まで続いた（朝日新聞1995年5月13日朝刊兵庫面記事）。

　この間の1995年1月に発生した阪神・淡路大震災では宝塚市は震度7を記録し、水道施設も大きな被害を受けた。給水区域の約70％の世帯で断水となり、その解消までに約20日間を要した（宝塚市上下水道局総務課編 2009）。図5.4 にも示されるように1995年度の配水量が減少しているが、列島渇水による水不足が生じているなかで、震災による施設の破損により給水ができなくなったことにより、結果的に水需要が抑えられたことは否めない。

4.3　今後の課題・マスタープラン

　第7期拡張事業において宝塚市は、国による水道原水中における病原虫対策の方針に基づいて、浅井戸を水源とする浄水場の更新を行なった。また、

安定供給と一部の未普及地区の解消を図ることを目的として、市域北部の西谷地区に敷設されていた簡易水道を上水道事業に統合した（宝塚市水道局編 2002）。さらに、第 7 期拡張事業第 1 次変更では、深井戸水源が増設された。これは、武庫川右岸の地下水の揚水量が減少傾向にあることを受けてのことである（宝塚市上下水道局からの聞き取り）。一方で、県営水道用水供給事業への申し込み水量が徐々に引き上げられ、受水の割合が高まってきている（宝塚市上下水道局総務課編 2009）。

市域北部の西谷地区については、水道水を南部から送水し、県営水道用水供給事業からの受水に切り替える工事が2006年度から進んでいる。浄水場を減らすことによるコストの低減も狙いとなっている（宝塚市上下水道局編、2009；宝塚市上下水道局からの聞き取り）。これに関しては、本研究の時点で、西谷地区を横断する形で第二名神高速道路の建設が進みつつあるとともに、市によって「宝塚新都市計画」に基づく開発が進められている。この計画には当該地区における産業・物流拠点の形成も含まれており、そのための都市基盤整備としての水道の整備と見られる（宝塚市都市産業活力部都市整備室都市計画課編 2002）。

厚生労働省の政策である地域水道ビジョンに基づいて作成された「宝塚市水道マスタープラン」によれば、近年の宝塚市では人口が漸増しているものの、一人一日あたり給水量は減少傾向にある。他方、このマスタープランによれば、今後の開発計画による水需要の発生を念頭に、既存の水源施設の老朽化が進んでいることや、地下水の地下水位の低下傾向、川下川ダムや一庫ダムの流域における近年の少雨傾向を受けて、恒久的な渇水対応を行なう必要性があるとされ、水道水源の見直しが行なわれている。その結果、小規模浄水場の統合・廃止を進めるとともに、将来の安定水源量を算出して明らかとなった2015年度の一日最大給水量推計値における不足分を、県営水道用水供給事業からの受水量増量のほか、同事業以外の水道用水供給事業から確保することを検討すると示唆されている（宝塚市上下水道局編 2009）。

以上から、宝塚市では水需要の減退が進むなか、多様な水源を維持しつつ、受水源の複数化も視野に入れて、より安定的な給水体制の構築を目指そうとしているといえる。

5 おわりに

　以上を踏まえて、宝塚市の水道事業の展開とその要因について、水道水源との関連から整理すると、自然環境の面では、宝塚中心部はもともと井戸水に恵まれない地域で、地下水には斑状歯の原因となるフッ素が多く含まれていた。中心部を流れる武庫川は季節による流況差が大きく、武庫川の農業水利の制約が大きかったうえに、武庫川や地下水の水位も低下傾向にあった。
　近代期における郊外鉄道開発にともなう観光地化・住宅地化に対応して、多数の私設水道が敷設された。第二次大戦後に公営水道が整備されたが、これには保養施設や郊外住宅として建てられた高級住宅がGHQに接収されたことによる水道整備の必要性も影響した。水源確保では、下流域の農業水利組織から大きな制約を受けた。
　1950年代における国の小規模水道統合政策を受けて公営水道への統合が進められたほか、「昭和の大合併」では、水道整備が合併の条件とされたことで、水道水源の増強が必須となった。高度経済成長期を中心とする人口急増による水需要の増大は、水道施設の後追い的整備につながった。下流域の農業水利組織からの制約のなかで水源の増強に成功したが、一部は表流水の無許可取水で補なった。一庫ダムを水源とする県営水道用水供給事業の建設が決定されると水源として期待されたが、ダム建設が延期されたため、独自にダムを建設して水道水源を確保した。このダムについては簡易水道敷設のために水利権を取得済みであったことが、水源地選定の主たる条件となった。
　このように、1980年代前半までは人口増加による水需要増大への対応のため、宝塚市の水道事業は水道水源の確保に追われた。とくに、武庫川の水量に影響を及ぼす表流水や浅井戸を水源とするためには、地元や下流域の農業水利組織との交渉と補償は必須のものであった。しかし、どの水源によっても単独での量的充足が困難であり、深井戸の掘削、県営水道用水供給事業への参画、市単独での水道用ダム建設、地下水のフッ素除去装置の設置、表流水や伏流水の無許可取水と、あらゆる方法で水道水源を確保することに迫られた。表流水の無許可取水は、水源に問題が起きたことがきっかけとなった

ケースと、既設の施設が使われたケースがあったが、農業水利組織の承認と上級官庁への許可申請が必要なケースの代替として行なわれた。無許可取水については、武庫川における農業水利の厳しい制約のなかで急激な人口増加による水需要の著しい増大への対応を迫られていた状況において、手間や時間のかかる交渉を避けるべく行われ、そのまま継続されたものと考えられよう。

　1980年代前半における県営水道用水供給事業からの受水開始の延期については、同事業の建設の遅れを主たる要因として独自に水道水源ダムを建設したことで、水道水源に余裕が生じたことによるが、ダム建設費が水道事業経営に重くのしかかった。また、県営水道用水供給事業からの受水費も宝塚市には高額なものであった。

　1990年代以降、県営水道用水供給事業からの受水が行なわれたのは、大規模住宅地開発による水需要が見込まれたことがきっかけであった。しかし、1994年の列島渇水においては、自己水源の川下川ダムとともに、県営水道用水供給事業の水源である一庫ダムの水位も著しく低下し、断水が懸念される状態となった。宝塚市水道にとって県営水道用水供給事業からの受水は、当初の期待に反し、不安定かつ割高な水源として位置づけられるものとなってしまったと推測される。そして、近年の少雨傾向や施設の老朽化のため、水道用水供給事業からの受水量の増量や受水先の複数化などによる水源の安定確保が課題となっている。

　宝塚市水道事業の水道水源確保の検討から、衛星都市の水道事業における水源確保の困難さがわかる。水道創設時から水源確保に苦しんできた宝塚市は、受水開始後も表流水を含む複数の自己水源を保持しており、森瀧（2003）が示した近畿地方の水道事業体の傾向にほぼあてはまる。厳しい自然的・社会的条件のもとで苦労して確保してきた自己水源を保持しつつ、相対的に高コストな県営水道用水供給事業にも依存して水源を分散化することで、水源に関わるリスクを低減させようとしているとみられる。なお、宝塚市は兵庫県阪神地方の水道事業の水源供給に大きな役割を果たしている阪神水道企業団から受水することはなかった。もし人口急増期に同企業団から受水をしていれば、宝塚市の水道水源の展開は現状とは大きく異なったものと

なっていたかもしれない。

　矢嶋（2008）によれば、大阪府営水道が衛星都市の水需要の増大のみならず、1990年代以降の水需要の減退に対しても機能しているとされたが、不安定要素を持つ一庫ダムを水源とする兵庫県営水道用水供給事業多田浄水場系については、こうした機能が十分に発揮される状態であるとはいえない。兵庫県企業庁は渇水時などに柔軟に対応できる体制をとるべく、浄水場を連絡管で結ぶ工事を進めており、水量の不安定要素を減らそうとしているが、こうした整備がさらなるコストの増大につながり、県営水道用水供給事業に加入する市町の水道事業の経営にとって負担となる可能性がある。

　水道用水供給事業は道府県や地域ブロックを単位として整備されてきた。しかし、巨大な水需要を持つ大阪市水道が早くから水需要が停滞していたことや、大阪府営水道、阪神水道企業団の水源にも余裕がある状況に鑑みると、より早期から府県を超えて都市圏域内で水道水源を確保していく視座が必要ではなかったのかと感じる。本来水は地域性を有する存在であり、大規模地域間移動は望ましいこととはいえない。しかし、大規模水資源開発によって生じた施設がある限り、当面はそれらを有効に活用していくことを考えていかねばならないと考える。それが闇雲な都市化を助長し、なおかつ水の地域性の破壊を進めるという問題点があるものの、歴史的経緯を同じくし、利害をともにすることが多い大都市圏内の衛星都市において、府県の境界が水道水源確保の難易につながり、その確保のための労力に著しい差異が生じていたことに不条理を感じざるを得ない。

　農業水利に関しては、水道事業による河川からの無許可取水は許される行為ではないが、水に窮乏した衛星都市の水道事業担当者が、慣行や制度と需要の狭間で苦しみながら水道水源の確保に当たらねばならなかった状況は健全とはいえない。また、本事例の限り、1990年の総務庁行政監察局による指摘はほとんど生かされなかったといわざるをえない。

　水田や農業水利が持つ環境に対する役割の大きさは認めつつも、本事例から見る限り、都市圏において農業用水利の転用が進まない現状に問題がないとは到底思えない。1994年の列島渇水時には、農業水利権や水道用水への転用について関心が集まり、新聞紙面にそれらの記事が取り上げられるなどし

た。しかし、渇水が過ぎるとこの問題についての関心は下がり、ほとんど報道されなくなる。都市圏における急激な都市化は水道の整備が基本的条件であった。水需要が縮小しつつも、老朽化した水道施設の更新が各地の都市において必要となってきている現状において、農業用水の歴史的経緯を尊重しそれが環境に果たす機能を評価しつつ、より実情に合わせた農業用水のあり方について再検討していく必要を感じる。

　本事例で見た衛星都市では、時には政治的解決を行ないながら水道事業を営み、都市化による水需要の増大に対応してきた。近年水道事業の民営化やPFI方式の導入なども議論されているが、本事例から、水道事業では、今後も行政が主体となって対応する必要がある課題が少なくないと考える。そうした課題には、現在の都市圏全体における水の需給に見合った広域供給体制の再構築や、農業水利のあり方についての見直しが含まれる。

　なお、2010年11月2日に大阪広域水道企業団の設立が許可され、2011年4月から大阪府営水道が同企業団に移管される予定となった。また、兵庫県企業庁が2011年4月から5年間、水道用水供給事業の供給単価（水道料金）を値下げする方針を固めたとともに、事業計画の見直しに着手したなどとする報道があった。これらの動きを注視していく必要がある。

注
1) 水道の定義については第2章注5) を参照のこと。なお、上水道と簡易水道は、一般の需要に応じて水を供給する水道事業と位置づけられ、水道事業者は給水区域を定め、その区域内の居住者から給水の申し込みがあった場合には給水をしなければならない。同一行政区域に複数の水道事業がある場合は、積極的に統合されることが望まれている。また、水道事業者に用水を供給する事業を水道用水供給事業といい、水道の広域化を担うことで、水道事業の技術的・財政的基盤の強化、料金格差の是正、適正な維持管理が期待されている（厚生省水道環境部水道行政研究会編 1992 ; 厚生労働省水道課ホームページ「水道の基本統計」）。
2) 大阪市では、1960年代半ば以降給水人口が、1970年代前半以降給水量が減少に転じている。尼崎市も同様の傾向を示している。ただし、大阪市については、家庭用の水需要が1980年代後半まで増加し続け、1990年代以降は停滞したが、近年は漸増

傾向にあるとされる（尼崎市水道局編 2010；大阪市水道局編 2000；大阪市水道局編 2010）。
3）『水道用語辞典』によれば、表流水は地表水とほぼ同義で、一般に河川水、湖沼水を指す。伏流水は、河川水のうち河床や旧河道などに形成された砂利層を伏流する水を指す。地下水のうち浅井戸水は不圧地下水で、一般的に深さ10～30m以内で取水される比較的浅い地下水で、河川近傍で取水される伏流水を含む場合がある。後掲される深井戸水は、地下水のうち被圧地下水を取水する井戸による地下水である。
4）2010年10月、11月に宝塚市上下水道局において、施設部担当者に聞き取りを行なった。
5）大阪府営水道について、大阪市を除く府下42市町村が2010年11月に大阪広域水道企業団を結成し、府営水道を譲り受ける方針となっている（朝日新聞2010年7月30日大阪地方版記事）。本研究ではこの件についての議論は行なわないが、寺尾（1989）が企業団方式による広域水道経営における問題点を示していたことは指摘しておきたい。
6）武庫川の武田尾付近では、1983年の台風10号による災害を機に、治水ダム建設計画が兵庫県によって策定され、1985年に国の建設認可を得たが、反対運動がおき、2010年1月にはダム建設計画が見送られる方針が固まった（兵庫県2010、毎日新聞2010年1月27日朝刊記事）。
7）旧長尾村の合併条件には、合併区域における水道の整備が含まれていた。また、旧西谷村の合併条件には、後述する雲雀丘・花屋敷地区における水道整備を5年計画で実施することが含まれていた。西宮市からの分水は第6期拡張事業第1次変更時まで続いた（地域計画・建築研究所編1987、宝塚市水道局編2002）。
8）この臨時分水をめぐっても、下流域3市の水利組合からの反対で開始直後に分水が停止されたが、宝塚市長の要請を受けた西宮市長による調整で分水が再開された（地域計画・建築研究所編1987）。
9）この補償金の支払いは、1967年に一時金を支払って打ち切りとなるまで続いた。打ち切りが実現した背景として『宝塚市水道史』は、西宮市、伊丹市、尼崎市における宅地化の進展による灌漑面積の減少を挙げている（地域計画・建築研究所編1987）。図5.2に示したとおり、実際に各市における水田の面積は大幅に減少している。
10）農業用溜池は地元水利組合から賃借した。嵩上げして貯水量を増やすために、池端の土地を所有するゴルフ場から用地を買収した（地域計画・建築研究所編1987）。
11）この取水は耕地の宅地化にともなう余剰灌漑水分とされた（地域計画・建築研究所編1987）。

12) 急激な人口増加に対して宝塚市は、1969年の改正都市計画法に基づく用途地域の指定による開発の制限や、大規模開発に対する水道新設許可の制限を行なっていく方針をとり、急激な人口増加を抑制する方針へと転換を図っていた。そのため、第5期拡張事業における予想人口は、実績値よりも低い値が採用されたとされる（宝塚市史編集専門委員編 1977、地域計画・建築研究所編 1987）。

文献

秋山道雄（1986）「都市圏の変動と上水の需給構造」田口芳明・成田孝三編『都市圏多核化の展開』東京大学出版会、pp. 215-253。

秋山道雄（1990）「滋賀県の水道と水管理」岡山大学創立40周年記念地理学論文集編集委員会編集発行『地域と生活Ⅱ―岡山大学創立40周年記念地理学論文集―』pp. 223-240。

秋山道雄（2008）「環境用水の性格と機能」環境技術 36-2、pp. 9-19。

尼崎市水道局編集発行（2010）『水道・工業用水道ビジョン』。

石川雄一（1999）「戦前期の大阪近郊における住宅郊外化と居住者の就業構造からみたその特性」千里山文学論集 62、pp. 1-22。

大阪市水道局編集発行（1996）『大阪市水道百年史』。

大阪市水道局編集発行（2000）『大阪市の水道技術』。

大阪市水道局編集発行（2010）『大阪市水道事業概要』http://www.city.osaka.lg.jp/suido/page/0000100680.html

大阪府水道部編集発行（2002）『大阪府水道部50年のあゆみ』。

笠原俊則（1988）「京阪奈丘陵3町における給水空間および給水状況の変化」立命館大学人文科学研究所紀要 47、pp. 49-77。

嘉田由紀子・小笠原俊明編（1998）『琵琶湖・淀川水系における水利用の歴史的変遷』滋賀県立琵琶湖博物館。

川西市史編集専門委員会編（1980）『川西市史第三巻』兵庫県川西市。

川西市水道局編集発行（2010）『川西市水道事業年報平成21年度版』。

厚生省水道環境部水道行政研究会編（1993）『水道行政―仕組みと運用（改訂版）―』日本水道新聞社。

厚生労働省水道課（2008）「水道ビジョン」http://www.mhlw.go.jp/topics/bukyoku/kenkou/suido/vision/index.html

厚生労働省水道課（2010）「水道の基本統計」http://www.mhlw.go.jp/topics/bukyoku/kenkou/suido/database/kihon/index.html

国土交通省土地・水資源局水資源部編（2010）『平成22年版日本の水資源―持続可能な水利用に向けて―』海風社。

水道通水50周年記念誌編集委員会編（2004）『通水50年の歩み』川西市水道局。
水道用語辞典作成委員会編（1996）『水道用語辞典』日本水道協会。
総務庁行政監察局編（1990）『水資源の開発・利用の現状と問題点―総務庁の行政観察結果からみて―』大蔵省印刷局。
宝塚市史編集専門委員編（1977）『宝塚市史第三巻』宝塚市。
宝塚市上下水道局編集発行（2009）『宝塚市水道マスタープラン―心豊かに健やかな生活をささえる水道を目指して―』。
宝塚市上下水道局総務課編集発行（2009）『平成20年度版宝塚市水道事業概要』。
宝塚市水道局編集発行（2002）『宝塚の水道―通水50年のあゆみ―』。
宝塚市制三十年史執筆編集編（1985）『宝塚市制三十年史』宝塚市。
宝塚市都市産業活力部都市整備室都市計画課編（2002）『たからづか都市計画マスタープラン―2002―』、http://www.city.takarazuka.hyogo.jp/?PTN=LV3&LV2=11&LV3=55&LV4=2&regid=275。
地域計画・建築研究所編（1987）『宝塚市水道史』宝塚市水道局。
寺尾晃洋（1981）『日本の水道事業』東洋経済新報社。
寺尾晃洋（1989）「飲み水の政治経済学」上井久義・和田安彦・鉄川　精・寺尾晃洋・小幡　斉共著『なにわの水』玄文社、pp. 183-241。
中島節子（2000）「雲雀丘／宝塚」片木　篤・藤谷陽悦・角野幸博編『近代日本の郊外住宅地』鹿島出版会、pp. 367-382。
日本水道史編纂委員会編（1967）『日本水道史各論編Ⅱ 中部・近畿』日本水道協会。
日本地誌研究所編（1973）『日本地誌第14巻京都府・兵庫県』二宮書店。
農林水産省農村振興局整備部水資源課（2010）「くらしと農業用水」http://www.maff.go.jp/j/nousin/mizu/kurasi_agwater/index.html
阪神水道企業団編集発行（1987）『阪神水道企業団五十年史』。
兵庫県（2009）『武庫川水系河川整備基本方針―流域及び河川の概要に関する資料―』http://web.pref.hyogo.jp/contents/000124236.pdf
兵庫県（2010）『武庫川水系河川整備計画（原案）《改訂版》』http://web.pref.hyogo.jp/hn04/hn04_1_000000070.html
兵庫県企業庁編集発行（2006）『兵庫県企業庁40年のあゆみ』。
三木理史（2010）『都市交通の成立』日本経済評論社。
水内俊雄（1996）「大阪都市圏における戦前期開発の郊外住宅地の分布とその特質」大阪市立大学地理学教室編『アジアと大阪』古今書院、pp. 48-79。
水資源開発公団一庫ダム建設所編集発行（1984）『一庫ダム工事誌』。
森瀧健一郎（2003）『河川水利秩序と水資源開発―「近い水」対「遠い水」―』大明堂。

矢嶋　巖（1993）「川西市の水道事業」千里地理通信 28、pp. 7-9。
矢嶋　巖（1999）兵庫県但馬地域における水道の展開、千里山文学論集 62、pp. 41-64。
矢嶋　巖（2004）「山間地域における生活用水・排水システムの変容―スキー観光地域兵庫県関宮町熊次地区―」人文地理 56、pp. 410-426。
矢嶋　巖（2006）「スキー観光と生活用水・排水システム―兵庫県養父市福定でのフィールドワークから―」土屋正春・伊藤達也編『水資源・環境研究の現在―板橋郁夫先生傘寿記念―』成文堂、pp. 215-246。
矢嶋　巖（2008）「大都市圏の衛星都市における水道事業の展開―大阪府茨木市の場合―」水資源・環境研究 20、pp. 159-168。
矢嶋　巖（2009）「都市圏における生活用水・排水システムの近代化―昭和戦前期までの大阪都市圏を中心として―」橋本征治編著『"モダン"の諸相』モダンの会、pp. 139-156。

第6章 猪名川流域における生活用水システムの展開

1 はじめに

　第1章のおわりに記したとおり、都市圏では、水道普及により従来からの生活用水システムに水道が加わることにより、従来型生活用水システムの利用はいかに変化するのだろうか。また、存廃状況はどのようなものなのだろうか。さらに、都市化の段階に応じてこれらの変化に違いがあるのだろうか。こうした生活用水の利用実態は、水道普及率によって把握することはできない。

　本章では、都市圏において生活用水システムがどのように展開してきたかの実像に迫るべく、従来型生活用水システム水道敷設による変化を、都市圏内の都市化の段階が異なる地域ごとに把握することを試みる。それにあたっては、都市化段階が異なる大都市圏の中心部から縁辺部に向かってある程度まとまった領域を対象地域として設定することで、都市化の進行を具体像としてとらえることが可能であると考える。本章ではこの領域として流域を該当させ、都市化段階ごとに市町村を分類したうえで、考察を行なうことを試みる。それを踏まえ、行政による生活用水に関係する調査結果を参考にして、実際の家庭における生活用水システムの展開や水道水に対する意識について把握する。以上から、都市化による分類を基準とした流域市町の生活用水システムの展開の全体像の解明を試みる。

　まず、生活用水システムの展開を流域で検討する意義について考えたい。秋山（1988、pp. 60-62；1994、p. 13）や伊藤（1987、p. 26）[1]が述べているように、環境や水利構造、水資源などの流域管理との関連から、流域を対象地

域として設定する妥当性は高い。家庭における生活用水システムの展開を想定すると、当初は井戸やわずかな量の取水にすぎぬ沢水や川水の利用にとどまっていた従来型生活用水システムが、大量の取水をする水道事業から給水されるようになり、それで不足する場合には広域水道を通じて他の流域の河川からも給水されるようになる。現在の大阪大都市圏における市町村のほとんどがこの状態に該当する（秋山1990b, p. 7）。こうした場合、水源となる河川の流量に少なからぬ影響が及ぶと想定されるほか、生じた大量の排水の流入が下流域に大きな影響をもたらすことが想定される。したがって、生活用水システムの展開の検討には、取水源と排水先への影響の点から、流域を意識した視点を持つことが極めて重要である。

　生活用水システムと都市化の進展との関連についての時系列的空間的な検討をより詳細に行なうためには、これに見合った都市化の指標の設定が必要となる。それには、都市化が生活用水のシステムになにがしかの影響を与えうる要素が含まれる指標が望ましい。すなわち、生活用水システムの変化をもたらしうる要因として考えられるものに、人口増加による水需要の増大にともなう水量不足、人口の高密度化、農村的土地利用の減少、都市的土地利用の拡大による生活用水源の水質悪化などが挙げられよう。これらから、本章では都市化を人口の増加と密集、都市的土地利用の拡大、農村的色彩の減退としてとらえ、3節ではそれらに相当する指標に基づき、都市化について検討する。

　さて、これらの流域と都市化の双方の視点から、大阪大都市圏において研究対象地域として妥当な流域を検討したい。まず、流域が大阪大都市圏に含まれているうえに、その流域の範囲には大都市圏の中心部から縁辺部までの地域が含まれている必要がある。そこで、2章における都市化と水道普及率の関係性についての検討結果を踏まえて、猪名川流域を対象とすることとした（図6.1、図6.2）。猪名川流域は、上流から下流までそのほとんどが大阪大都市圏に含まれ、市町村数も多い。流域の市町は、図6.3に示したとおり、大阪府豊中市、池田市、箕面市、豊能町、能勢町、兵庫県尼崎市、伊丹市、宝塚市、川西市、猪名川町、京都府亀岡市の11市町で、2府1県にまたがるが、ほとんどは大阪府・兵庫県である。

204　第Ⅱ部　都市域における生活用水・排水システムの展開

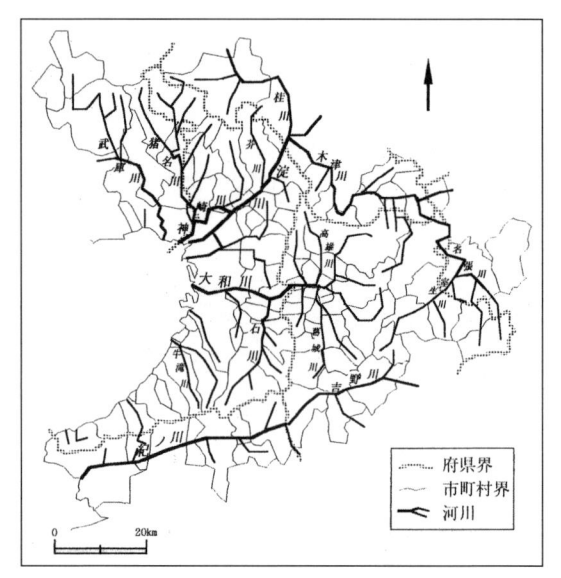

図6.1　大阪大都市圏の主な河川

　第2章で記したとおり、下流域の尼崎市は大阪大都市圏の中でも最も早期に都市化が進んだ阪神地方に含まれる。一方、上流域の能勢町は、急激な都市化の波にさらされ始めたところで、町域内には都市化が進んでいない地区も有しているものと思われる。そして、鉄道の敷設や道路整備にともなって、尼崎市・豊中市から能勢町・猪名川町の方向に向かって、下流側から上流の方向に都市化が進行し、人口増加を経て水道普及率が著しく上昇したことから、生活用水システムに大きな変化が生じたことが予測される。
　河川の水資源をめぐっては、上流域と下流域で歴史的に利害が対立してきた場合が多く、本研究においてこうした要因による影響を少なくして検討するためには、上・下流で府県が分かれない流域が研究対象地域として望ましいと考える。猪名川流域は、猪名川を挟んでほぼ両岸に大阪府と兵庫県の市町村が位置するものの、それぞれの府県において市町村が上流域から下流域まで連なるため、妥当である。また、こうした位置関係から、両府県の政策の違いも比較できる可能性があると思われる。
　なお、亀岡市においては、人口のほとんどが本流域にはないと思われるが、

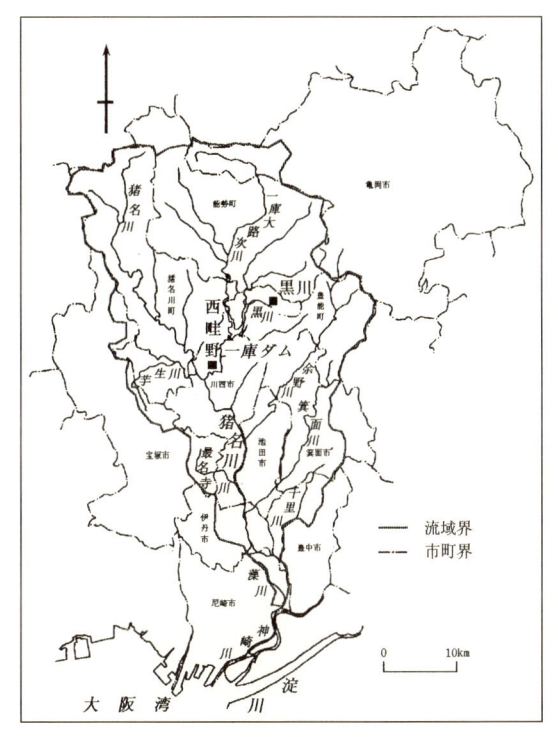

図6.2 猪名川水系の概略

　同市における猪名川流域の地域では団地の造成が行なわれ、大阪大都市圏への通勤も見られるとされ、これらには専用水道による給水が行なわれており、本研究の趣旨に鑑みて研究対象地域に含まれることは妥当である[2]。市域の大半が猪名川流域に含まれない尼崎市、伊丹市、宝塚市、豊中市のいずれも、水道事業において猪名川に水利権を有しており、水道事業を通じて猪名川に強くかかわっている。水道事業の水道用水源としては、尼崎市の全てと豊中市、箕面市、伊丹市の大部分が淀川水系に包合され、ほかは猪名川水系に含まれる。宝塚市はおもに武庫川水系に含まれ、一部が猪名川水系に含まれる。本研究では、以上のように猪名川流域を設定する。

　研究方法については、まず2節において猪名川流域の概観について述べる。3節では、諸研究に基づいて都市化の指標について検討したうえで、猪名川

流域の市町について、都市化指標としたデータから都市化の動向を検討し、類型化する。4節では、その類型に基づいて従来型生活用水システムの展開、水道創設の経緯、家庭レベルの生活用水システムの変容について、都市化類型に基づいて明らかにする。

2 猪名川流域の概観

猪名川流域の概観については『猪名川五十年史』が詳しい。ここでは、流域を大まかに概観するにとどめたい。

猪名川は淀川水系に属し、淀川から分派し大阪湾に流入する神崎川に合流する一級河川である。図6.2に示したとおり、本流は兵庫県猪名川町の最北部に源を発し、東谷盆地を流れてくる一庫大路次川を合流し、多田盆地を抜け、鼓ヶ滝の狭隘部をすぎると流れは緩やかになり、余野川と合流して大阪平野に出る。伊丹で一旦、右に藻川を分流するが、まもなく合流し、神崎川へと注いでいる。神崎川はその後6.5kmほどで大阪湾に流入する。流域面積は383km^2（山地286.7km^2、平地96.3km^2）で、幹川流路延長43.2kmである。

猪名川流域では、尼崎市や池田市の中心市街地は近世においては城下町であった。戦国期に城下町であった伊丹市の中心市街地は、近世においても酒造業を基幹産業とする在郷町として繁栄した。明治後期に阪神工業地帯が形成されるにつれて、尼崎市や伊丹市では旧城下町を中心に都市化が進んでいくが、以後は大阪市を中心とした鉄道網の整備により、沿線を中心に都市化が進んだ[3]。第二次世界大戦で、阪神工業地帯に含まれる猪名川流域の南部は大きな被害を受け、尼崎市では人口が大幅に減少した。しかし、第二次世界大戦後の阪神工業地帯の復興にともない、流域南部で人口の集積が再び始まった。さらに大阪大都市圏の拡大にしたがって、南部を中心に住宅開発による人口増加も始まった。1960年代後半に入ると流域南部での住宅団地開発はほぼ終息し、川西市、宝塚市、箕面市、豊能町、猪名川町の丘陵地に開発が移り、これらの地域は人口の急増をみることとなる（藤岡1983、pp. 38-40）。また、これらの地域ではゴルフ場の開発も著しく進んだ（赤阪1978、

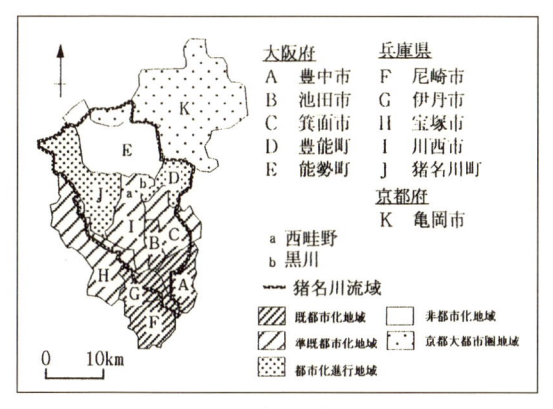

図6.3 猪名川流域の市町

p. 13；笠原 1978、p. 27）。

　こういった宅地開発と、とくにゴルフ場の開発の進行を原因として、猪名川の中・上流域では水文環境に影響が及び、流出率の上昇や水質の悪化が指摘されている（笠原1978、pp. 29-33）。また、保水力の低下により流量の減少がみられ、上水道で水不足をきたした市もあるという（赤阪1978、pp. 12-15）。そして、第5章でも述べたように、人口急増による水需要の増大への対応策として、水道水源として期待していた一庫ダムの完成が遅れたことが重なって、猪名川の中・上流域の市町の水道事業では深刻な水量不足となり、さまざまな対応を迫られた（矢嶋1993；2011）。

3 猪名川流域における都市化の動向

　ここでは先に定義した都市化の概念に基づいて都市化の指標を定めたのち、具体的に猪名川流域の都市化の動向を検討し、流域の市町の類型化を試みる。
　都市化の指標はさまざまあり、その類型にもさまざまな名称がつけられている。木内（1979、pp. 95-101）は人口増加率の変化に基づき、大都市圏を、都心地域、完成地域、成長地域、中間地域、農村地域、過疎地域に区分している。高橋・菅野・永野（1984、p. 130）は、都市化をはかる指標として、人口的側面、土地利用面、都市的要素の増大、農村的要素の後退を挙げてい

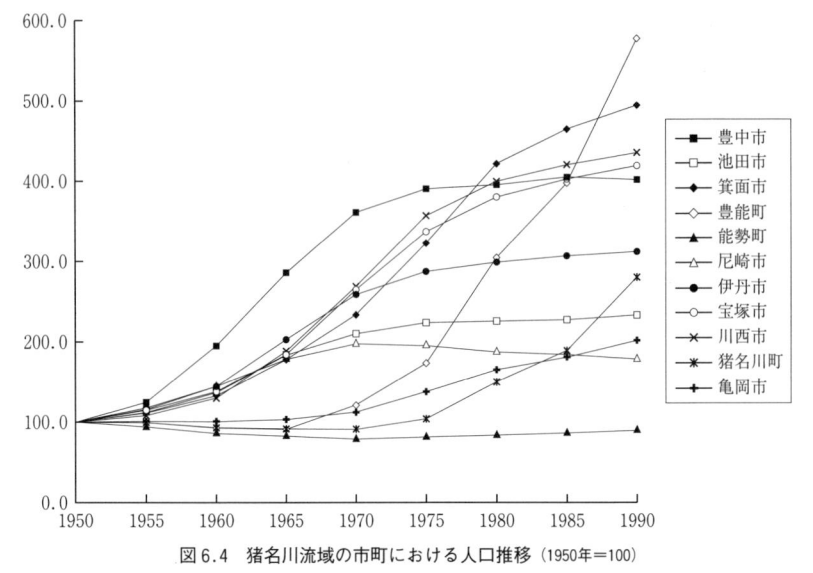

図6.4 猪名川流域の市町における人口推移（1950年＝100）

資料　国勢調査による。

る。神頭（1986、p. 33；1989、p. 55）は都市化を人口形態、居住形態、産業雇用形態によって説明されるとし、これらに関する指標を用いて空間的都市化成長モデルを構築した[4]。森川（1990、pp. 1-9）は、都市化とは土地や住民が農村的なものから都市的なものへと変化していく過程としている。

　以上を踏まえ、本章では都市化を人口の増加と密集、都市的土地利用の拡大、農村的土地利用の減少と残存といった側面からとらえ、猪名川流域の都市化を概観し、これにより、流域市町の都市化による類型化を試みる。指標としては、人口の変化、宅地と田畑といった土地利用の変化[5]、可住地面積における人口密度を用いる。なお、可住地面積における人口密度とは、人口を、市町村の総面積から林野面積と湖沼面積（1 km²以上）を差し引いた面積で割ったものである[6]。単なる人口密度を用いた場合では、人の住まない山林面積が含まれ、市町村によって面積の差が大きいため、都市化の具体像をみるにはふさわしくない。しかし、可住地面積における人口密度を用いることにより、人の住まない山林面積が除かれることから、都市化の状況をより鮮明に把握することが可能になるとともに、耕地という非都市的土地利用

図6.5 猪名川流域の市町における人口増加率の推移（%）

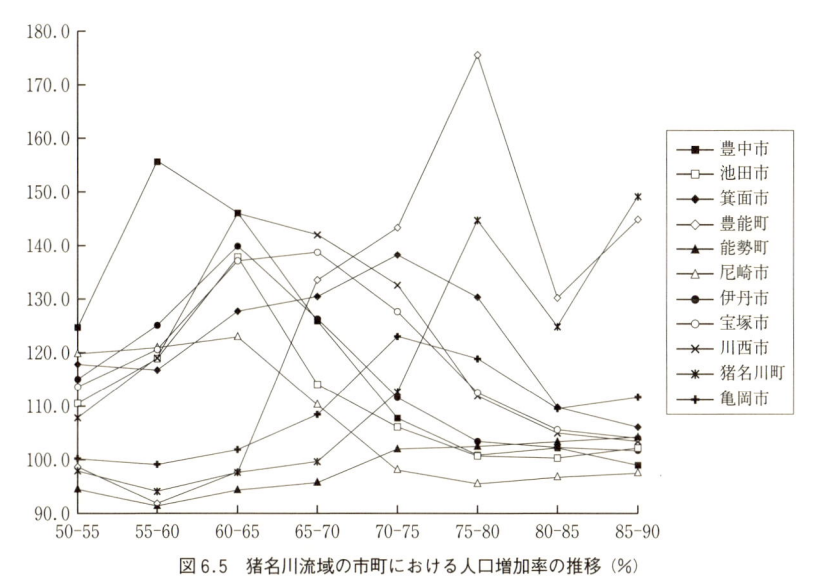

資料　国勢調査による。
注　50-55は1950-1955年を示す。

が指標に組みいれられるため、今後の都市化のポテンシャルや農業的要素の残存をもとらえることが可能であると考えた[7]。

3.1　人口の変化

猪名川流域における人口の変化を図6.4、表6.1に示した。これらから、その人口増加の波が大阪大都市圏の中心部から縁辺部の方に向かって、すなわち下流域から上流域に向かって進んできた様子が把握できることは前に記したとおりでもある。

この都市化の進行の様子をより鮮明に示すために、1950年を100として市町の人口の推移を示した図6.4について検討したい。これによると、1960年代までは、豊能町、能勢町、猪名川町以外の全ての市において人口が増加傾向にある。そのなかで、まず1970年代前半に尼崎市における人口増加が終息し、減少へと転じている。高いペースで増加を続けていた豊中市は1970年代

表6.1 猪名川流域の市町における水道給水人口の推移（人）

		1950年	1955年	1960年	1965年	1970年	1975年	1980年	1985年	1990年
豊中市	人口	88,515	131,172	203,621	291,932	357,059	382,910	390,615	404,440	407,727
	水道全体				278,492	369,615	397,301	401,012	412,976	406,814
1928年	上水道	52,951	98,468	173,364	278,492	369,115	396,971	401,012	412,976	406,814
	簡易水道					500	330			
	専用水道									
池田市	人口	45,177	50,104	59,300	82,473	93,739	98,923	99,643	100,074	103,553
	水道全体				84,784	93,719	98,990	99,976	100,408	103,599
1938年	上水道	不明	32,577	50,785	84,215	93,032	98,404	99,323	99,879	102,449
	簡易水道			456	569	687	586	473	449	421
	専用水道							180	80	729
箕面市	人口	24,757	28,062	36,053	43,840	58,225	80,418	102,678	112,421	120,395
	水道全体				38,411	57,607	79,990	102,294	113,819	120,266
1951年	上水道	—	11,980	18,000	36,392	55,810	78,246	101,716	112,623	119,640
	簡易水道			367	1,019	547	564	578	561	526
	専用水道				1,000	1,250	1,180		635	100
豊能町	人口	4,112	4,079	3,758	3,680	5,364	7,495	13,203	16,898	24,860
	水道全体				800	2,552	5,139	10,660	14,521	21,991
1982年	上水道	—	—	—	—	—	—	—	13,620	19,164
	簡易水道			797	800	2,552	4,789	6,351	790	731
	専用水道						350	4,309	102	2,096
能勢町	人口	12,057	11,426	10,467	9,906	9,871	10,089	10,445	10,385	11,133
	水道全体				373	861	3,259	3,326	5,243	8,803
	上水道	—	—	—	—	—	—	—	—	—
	簡易水道			149	373	739	3,150	3,119	5,093	8,527
	専用水道				122	109	207	150	276	
尼崎市	人口	289,019	366,820	405,955	508,834	542,048	534,952	514,021	501,773	504,678
	水道全体				482,458	551,582	543,513	520,256	507,468	496,726
1918年	上水道	177,195	269,228	351,000	472,192	551,582	543,513	520,256	507,468	496,726
	簡易水道									
	専用水道				10,266					
伊丹市	人口	55,646	70,946	94,439	123,777	150,951	168,956	174,313	179,827	186,593
	水道全体				102,340	154,179	173,506	176,375	182,131	185,278
1936年	上水道	24,964	41,810	61,425	97,002	151,736	167,116	176,219	181,975	185,278
	簡易水道						1,946			
	専用水道				5,338	2,443	4,444	156	156	
宝塚市	人口	48,405	51,140	69,783	95,366	126,442	159,942	182,681	193,713	204,550
	水道全体				83,970	122,602	159,120	184,608	195,302	201,879
1952年	上水道	—	22,977	44,990	83,670	119,172	155,706	181,063	191,873	198,471
	簡易水道				300	3,430	3,414	3,545	3,429	3,408
	専用水道									
川西市	人口	32,555	35,158	44,025	63,043	87,114	116,104	129,706	136,406	143,492
	水道全体				50,248	76,452	114,738	129,377	136,397	140,221
1954年	上水道	不明	23,147	49,196	74,071	111,362	126,928	136,397	140,221	
	簡易水道			125	470	771	119	824	—	—
	専用水道				582	1,610	3,257	1,625		
猪名川町	人口	7,747	7,610	7,178	7,052	8,294	8,247	11,582	14,554	22,209
	水道全体				674	500	4,169	9,593	13,657	21,797
1979年	上水道	—	—	—	—	—	3,104	8,595	12,807	21,776
	簡易水道				178					
	専用水道				496	500	1,065	998	850	21
亀岡市	人口	42,381	42,537	42,355	44,201	48,005	60,205	70,447	76,854	85,635
	水道全体				24,833	34,795	52,598	64,979	73,342	82,808
1959年	上水道	—	—	6,752	14,168	20,496	36,275	48,152	55,491	64,277
	簡易水道			4,971	9,803	13,661	15,950	16,417	17,120	17,463
	専用水道				862	638	373	410	731	1,068
既都市化地域小計	人口	478,357	619,042	763,315	1,007,016	1,143,797	1,185,741	1,178,592	1,186,114	1,202,551
	水道全体				948,074	1,169,095	1,213,310	1,197,619	1,202,983	1,192,417
	上水道	255,110	442,083	636,574	931,901	1,165,465	1,206,004	1,196,810	1,202,298	1,191,267
	簡易水道			456	569	887	2,532	473	449	421
	専用水道				15,604	2,943	4,774	336	236	729
準既都市地域小計	人口	105,717	114,360	149,861	202,249	271,781	356,484	415,065	442,540	468,437
	水道全体				172,629	256,661	353,848	416,279	445,518	462,366
	上水道	—	34,957	86,137	169,258	249,053	345,314	409,707	440,893	458,332
	簡易水道			492	1,489	1,318	4,097	4,947	3,990	3,934
	専用水道				1,882	6,290	4,437	1,625	635	100
都市化進行地域小計	人口	11,859	11,689	10,936	10,732	13,658	15,742	24,785	31,452	47,069
	水道全体				1,474	3,052	9,308	20,253	28,169	43,788
	上水道	—	—	—	—	—	3,104	8,595	26,427	40,940
	簡易水道			922	978	2,552	4,789	6,351	790	731
	専用水道				496	500	1,415	5,307	952	2,117
流域全体	人口	650,371	799,054	976,934	1,274,104	1,487,112	1,628,241	1,699,334	1,747,345	1,814,825
	水道全体				1,147,383	1,464,464	1,632,323	1,702,456	1,755,255	1,790,182
	上水道	255,110	477,040	729,463	1,115,327	1,435,014	1,590,897	1,663,264	1,725,109	1,754,816
	簡易水道			6,865	13,212	18,957	30,518	31,307	27,442	31,076
	専用水道				18,844	10,493	11,108	7,885	2,704	4,290

資料　国勢調査、水道統計、『日本水道史各論編』による。

注　市町名の下の年次は『日本水道史各論編』による上水道創設年を示す。

第6章 猪名川流域における生活用水システムの展開　211

表6.2　猪名川流域の市町における水道普及率の推移（％）

		1950年	1955年	1960年	1965年	1970年	1975年	1980年	1985年	1990年
豊中市	人口	88,515	131,172	203,621	291,932	357,059	382,910	390,615	404,440	407,727
	水道全体				95.4	103.5	103.8	102.7	102.1	99.8
1928年	上水道	59.8	75.1	85.1	95.4	103.4	103.7	102.7	102.1	99.8
	簡易水道									—
	専用水道					0.1	0.1	—	—	—
池田市	人口	45,177	50,104	59,300	82,473	93,739	98,923	99,643	100,074	103,553
	水道全体				102.8	100.0	100.1	100.3	100.3	100.0
1938年	上水道	不明	65.0	85.6	102.1	99.2	99.5	99.7	99.8	98.9
	簡易水道			0.8	0.7	0.7	0.6	0.5	0.4	0.4
	専用水道				—	—	—	0.2	0.1	0.7
箕面市	人口	24,757	28,062	36,053	43,840	58,225	80,418	102,678	112,421	120,395
	水道全体				87.6	98.9	99.5	99.6	101.2	99.9
1951年	上水道	—	42.7	49.9	83.0	95.9	97.3	99.1	100.2	99.4
	簡易水道			1.0	2.3	0.9	0.7	0.6	0.5	0.4
	専用水道				2.3	2.1	1.5	0.0	0.6	0.1
豊能町	人口	4,112	4,079	3,758	3,680	5,364	7,495	13,203	16,898	24,860
	水道全体				21.7	47.6	68.6	80.7	85.9	88.5
1982年	上水道	—	—	—	—	—	—	—	80.6	77.1
	簡易水道			21.2	21.7	47.6	63.9	48.1	4.7	2.9
	専用水道				—	—	4.7	32.6	0.6	8.4
能勢町	人口	12,057	11,426	10,467	9,906	9,871	10,089	10,445	10,385	11,133
	水道全体				3.8	8.7	32.3	31.8	50.5	79.1
	上水道				—	—	—	—	—	—
	簡易水道			1.4	3.8	7.5	31.2	29.9	49.0	76.6
	専用水道					1.2	1.1	2.0	1.4	2.5
尼崎市	人口	289,019	366,820	405,955	508,834	542,048	534,952	514,021	501,773	504,678
	水道全体				94.8	101.8	101.6	101.2	101.1	98.4
1918年	上水道	61.3	73.4	86.5	92.8	101.8	101.6	101.2	101.1	98.4
	簡易水道									
	専用水道				2.0					
伊丹市	人口	55,646	70,946	94,439	123,777	150,951	168,956	174,313	179,827	186,593
	水道全体				82.7	102.1	102.7	101.2	101.3	99.3
1936年	上水道	44.9	58.9	65.0	78.4	100.5	98.9	101.1	101.2	99.3
	簡易水道						1.2			
	専用水道				4.3	1.6	2.6	0.1	0.1	—
宝塚市	人口	48,405	51,140	69,783	95,366	126,442	159,942	182,681	193,713	204,550
	水道全体				88.1	97.0	99.5	101.1	100.8	98.7
1952年	上水道	—	44.9	64.5	87.7	94.3	97.4	99.1	99.1	97.0
	簡易水道						2.1	1.9	1.8	1.7
	専用水道				0.3	2.7	—	—	—	—
川西市	人口	32,555	35,158	44,025	63,043	87,114	116,104	129,706	136,406	143,492
	水道全体				79.7	87.8	98.8	99.7	100.0	97.7
1954年	上水道	—	不明	52.6	78.0	85.0	95.9	97.9	100.0	97.7
	簡易水道			0.3	0.7	0.9	0.1	0.6	—	—
	専用水道				0.9	1.8	2.8	1.3	—	—
猪名川町	人口	7,747	7,610	7,178	7,052	8,294	8,247	11,582	14,554	22,209
	水道全体				56.2	72.5	87.4	92.2	95.4	96.7
1979年	上水道	—	—	—	—	—	37.6	74.2	88.0	98.1
	簡易水道				2.5					
	専用水道				7.0	6.0	12.9	8.6	5.8	0.1
亀岡市	人口	42,381	42,537	42,355	44,201	48,005	60,205	70,447	76,854	85,635
	水道全体				94.1	102.2	102.3	101.6	101.4	99.2
1959年	上水道	—	—	15.9	32.1	42.7	60.3	68.4	72.2	75.1
	簡易水道			11.7	22.2	28.5	26.5	23.3	22.3	20.4
	専用水道				2.0	1.3	0.6	0.6	1.0	1.2
既都市化地域小計	人口	478,357	619,042	763,315	1,007,016	1,143,797	1,185,741	1,178,592	1,186,114	1,202,551
	水道全体				94.1	102.2	102.3	101.6	101.4	99.2
	上水道	53.3	71.4	83.4	92.5	101.9	101.7	101.5	101.4	99.1
	簡易水道			0.1	0.1	0.1	0.2	—	—	0.0
	専用水道				1.5	0.3	0.4	—	—	0.1
準既都市地域小計	人口	105,717	114,360	149,861	202,249	271,781	356,484	415,065	442,540	468,437
	水道全体				85.4	94.4	99.3	100.3	100.7	98.7
	上水道	—	30.6	57.5	83.7	91.6	96.9	98.7	99.6	97.8
	簡易水道			0.3	0.7	0.5	1.1	1.2	0.9	0.8
	専用水道				0.9	2.3	1.2	0.4	0.1	0.0
都市化進行地域小計	人口	11,859	11,689	10,936	10,732	13,658	15,742	24,785	31,452	47,069
	水道全体				13.7	22.3	59.1	81.7	89.6	93.0
	上水道	—	—	—	—	—	19.7	34.7	84.0	87.0
	簡易水道			8.4	9.1	18.7	30.4	25.6	2.5	1.6
	専用水道				4.6	2.7	9.0	21.4	3.0	4.5
流域全体	人口	650,371	799,054	976,934	1,274,104	1,487,112	1,628,241	1,699,334	1,747,345	1,814,825
	水道全体				90.1	98.5	100.3	100.2	100.5	98.6
	上水道	39.2	59.7	74.7	87.5	96.5	97.7	97.9	98.7	96.7
	簡易水道			0.7	1.0	1.3	1.9	1.8	1.6	1.7
	専用水道				1.5	0.7	0.7	0.5	0.2	0.2

資料　国勢調査、水道統計、『日本水道史各論編』による。
注　市町名の下の年次は『日本水道史各論編』による上水道創設年を示す。

前半には停滞となった。同様に池田市も1970年代前半には停滞期に転じた。箕面市、宝塚市、川西市はその後も人口増加を続け、宝塚市、川西市は1970年代後半まで、箕面市は1980年代前半まで人口急増が続く。一方、人口推移が減少傾向であった町のうち、豊能町が1960年代後半から、猪名川町が1970年代前半から増加傾向に転じ、両町とも1980年まで人口急増が続いている。能勢町は人口推移の停滞傾向が続いている。

　次に、5年間の人口増加の率が20％を超える時期を人口急増期とみなして、これらの市町における5年ごとの人口増加率の推移を示した図6.5により、人口増加率のピーク期を明らかにしたい。これによると、尼崎市は他市町と比較して大幅な人口増加を体験しないまま、1970年代前半以降減少へと転じた。次に豊中市が1950年代後半に、ついで伊丹市や池田市がピークを迎える。そののちは川西市や宝塚市が、やや遅れて箕面市がピーク期を迎える。そして、豊能町と猪名川町がピーク期となり、現在も高い増加率が続いている。なお、能勢町は停滞のまま推移している。

3.2　土地利用の変化

　土地利用はいかなる変化をしてきたのであろうか。ここでは固定資産税の課税対象土地面積の用途の違いに注目して、土地利用変化の市町による時期の違いをつかみたい。

　まず、宅地の推移から検討する。全面積に占める課税対象となる宅地面積の変化を示した図6.6によれば、尼崎市と豊中市、伊丹市では宅地面積の比率が比較的高く、しかも早期に増加していることがわかる。池田市は増加の時期は早いが、宅地の占める比率は低い。箕面市、宝塚市、川西市は、尼崎市、豊中市、伊丹市に比べると増加の時期がやや遅れる。豊能町と猪名川町ではさらに遅れる。能勢町では顕著な増加はみられない。

　田の面積が占める割合の推移を図6.7に示した。これによれば、豊中市と尼崎市では比較的早期の1960年代前半から後半に低下し、現在の面積比率は低い。池田市と伊丹市も1960年代前半から大きな低下を示すが、その傾向は1970年代前半まで続く。そして、尼崎市と比べて1990年における田の面積の

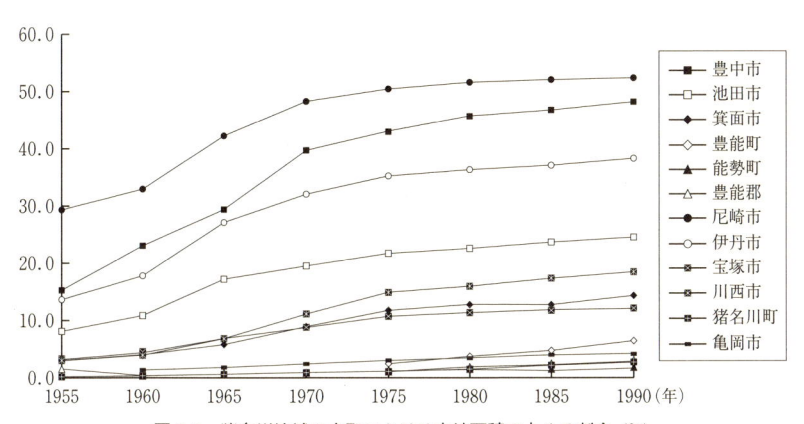

図6.6　猪名川流域の市町における宅地面積の占める割合（％）

資料　各府県統計書。

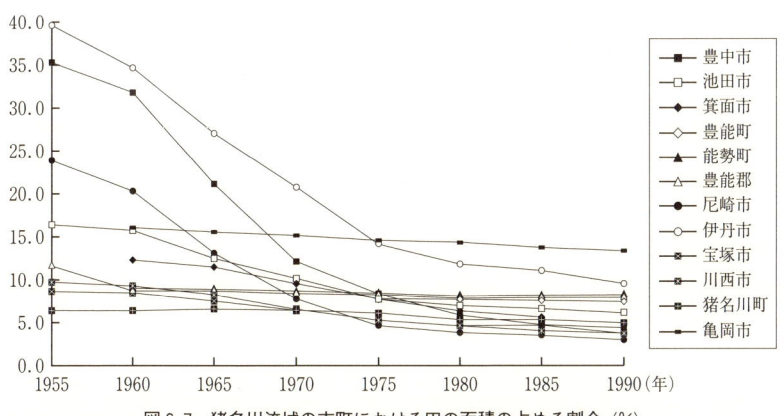

図6.7　猪名川流域の市町における田の面積の占める割合（％）

資料　各府県統計書。

占める割合が高い。箕面市、宝塚市、川西市は1960年代後半から、豊能町と猪名川町はさらに遅れて減少が始まる。

3.3　可住地人口密度の変化

次に、1960年以降の可住地人口密度について検討する。数値の推移を図

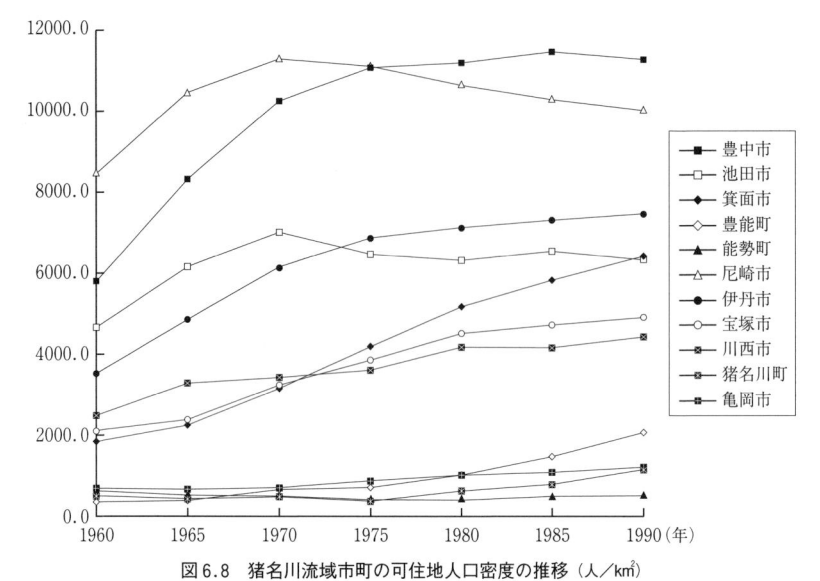

214 第Ⅱ部 都市域における生活用水・排水システムの展開

図6.8 猪名川流域市町の可住地人口密度の推移（人／km²）
資料 国勢調査、京都農林統計年報、大阪農林統計年報、兵庫農林統計年報。
注 可住地人口密度の定義は本文参照。

6.8に、空間的変化を図6.9に示した。これらによると、尼崎市は1960年には既に高い密度を示し、豊中市、池田市が次いでいる。尼崎市は1970年がピークで、その後は比較的高い密度で停滞・漸減で推移する。豊中市は、1975年以降高い密度のまま停滞で推移する。池田市では、1970年をピークに、尼崎市と豊中市の3分の2程の密度で停滞が続いている。

それ以外の都市では、1990年まで密度の上昇を示している。このうち伊丹市では、1975年以降は密度の上昇の度合いが緩やかになるものの、増加が続いている。1990年に池田市と同程度の比較的高い密度を示している箕面市では、1990年まで密度の増加基調が続いた。また、当初箕面市と同程度の密度であった宝塚市や川西市では、箕面市程の上昇率ではないものの、増加傾向で推移している。だが、1990年の可住地人口密度は池田市や伊丹市よりも低い。豊能町と猪名川町では、近年密度の上昇がみられるものの、密度自体は小さい。以上から、年を経て大都市圏の中心部から縁辺部へと高い密度の地域が拡大してきているといえる。

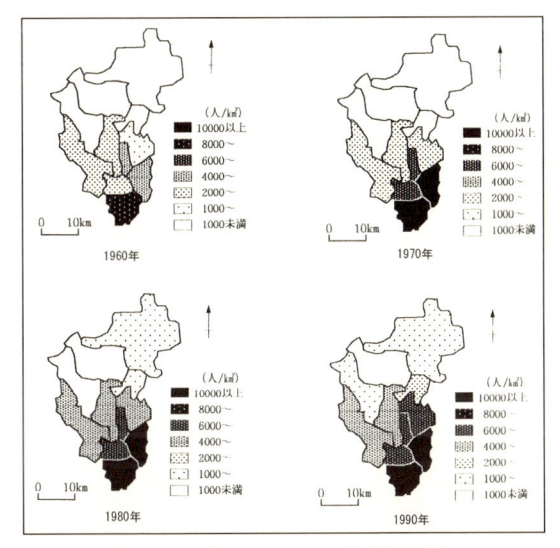

図 6.9 猪名川流域市町の可住地人口密度
資料 国勢調査、京都農林統計年報、大阪農林統計年報、兵庫農林統計年報。
注 可住地人口密度の定義は本文参照。

3.4 猪名川流域の都市化の動向と類型

　以上の 3.1～3.3 に示した猪名川流域の市町における都市化の動向について整理する。まず、人口の推移からは、早期に人口が増加し、かつ早期に停滞もしくは減少に転じた尼崎市、豊中市のグループと、それに続いて人口増加が始まった池田市、伊丹市のグループ、続いて人口増加が始まり、近年停滞化した宝塚市、川西市と、その勢いが落ちてきた箕面市のグループ。1980 年代後半まで急激な人口増加が続いている豊能町、猪名川町のグループ。そして人口の大幅な増加を経験していない能勢町、さらに都市圏を異にする亀岡市とにわけられよう。

　また、土地利用の点からは、宅地化は人口の増加と比例して進み、農地の減少は人口の増加と反比例する形で進行しており、一般的な都市化傾向と合致している。

可住地人口密度の点からは、1970年代前半に都市化がほぼ終わり、高水準の人口密度のまま推移している豊中市、尼崎市のグループ。1970年代前半から後半にかけて都市化がほぼ収束し、比較的高水準で停滞してきている池田市、伊丹市のグループ。1960年代前半から90年まで都市化が続いているが、密度が比較的低いことから今後まだ都市化のポテンシャルを有している箕面市、宝塚市、川西市のグループ。1970年代前半から都市化が続いているが、密度自体は比較的低い段階にあり、今後都市化のポテンシャルを有している豊能町と猪名川町のグループ。密度が低い値のまま横ばいで推移し本格的な都市化を経験していない能勢町。そして、都市圏を異にする亀岡市とにわけられよう。

　これらの状況から、猪名川流域の市町を次のように類型化したい。すなわち、都市化が比較的早期に収束した豊中市と尼崎市、都市化が比較的早期に収束したもののまだ都市化のポテンシャルを有している池田市と伊丹市、中期に著しい都市化が始まり近年勢いは収まってきたものの都市化のポテンシャルを有している箕面市、宝塚市、川西市。これらの市町のなかで最後に都市化が始まり、1990年まで続いている豊能町、猪名川町。本格的な都市化を経験していない能勢町。そして、都市圏を異にする亀岡市といった5類型が可能であろう。しかし、都市化のポテンシャルを有するものの、早期に都市化が止まり、数値的には長く停滞が続いている池田市と伊丹市に関しては、豊中市と尼崎市と同じ傾向を示しているとみなすものとする。以上を踏まえて

　既都市化地域：豊中市、池田市、尼崎市、伊丹市
　準既都市化地域：箕面市、宝塚市、川西市
　都市化進行地域：豊能町、猪名川町
　非都市化地域：能勢町
　非大阪大都市圏地域：亀岡市

といった類型を設定する。そして、都市化進行地域と非都市化地域の接する地域を、まさに都市化が及ぼうとするという状態から、本章では「都市化前

線地域」とよぶことにする。ただし、分析の指標としたデータが市町村単位である都合上、行政域で区切らざるを得ないために便宜的に設定したのであり、同じ市町域内であっても市町によっては農村的色彩が強い非都市化地域を有する場合もある。

4 都市化と生活用水システムの展開

3節で記述した都市化の動向と設定した類型に基づいて、本節では猪名川流域の生活用水システムの展開を検討する。それにあたっては、まず、行政史などの資料に基づいて、水道創設期以前にみられた生活用水システム、つまり従来型生活用水システムについて触れた後、上水道の拡大過程について概観する。そのうえで、行政の調査資料に基づいて猪名川流域の家庭レベルでの生活用水システムの展開の把握を試みる。

4.1 従来型生活用水システム

旧尼崎町では海に近いために井戸水の水質が悪く、1903（明治36）年の調査では、旧尼崎町内の1,632の井戸のうち、飲用に適するものは27にすぎなかった。したがって、水屋に飲料水を依存する家が少なくなかった。その水屋は、水質のよい地域の寺の井戸水を汲んで売っていたようである。1907年頃に水屋は8軒あり、全町戸数の約3分の1に給水していた。このような水不足の状態から、河川の水が飲料に用いられることも多かったという。ちなみに、1905年の世帯数が3,337戸であったことから、次の伊丹における事例と同様に、共用の井戸が少なくなかったとも推定できる（尼崎市役所市史編集室編1970、p. 406、p. 428）。

伊丹市立博物館編（1989、pp. 32-33、p. 130）では、伊丹市の旧在郷町地域と村落部について、それぞれ従来の生活用水システムに関して聞き取り調査を行なっている。それによると、伊丹市の旧在郷町地域では、金気が多く、深井戸を掘る必要があったものの、井戸水には恵まれていた。そのため、1936年に水道が敷設されたものの、普及は全戸数の約27％にすぎず、水道が

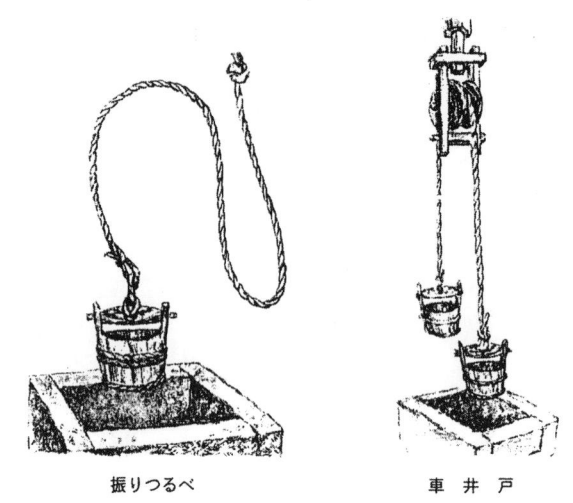

218　第Ⅱ部　都市域における生活用水・排水システムの展開

振りつるべ　　　　　　　　車井戸
図 6.10　振りつるべと車井戸
出典　伊丹市立博物館編（1989，p. 55）

来たのは第二次世界大戦後という家も少なくなかった。1914（大正 3）年の記録によると、当時の伊丹町 1,720 戸の世帯数に対し、約 700 の井戸があった。また、5、6 〜 10 軒を一単位として「呑合」という共同井戸の利用を単位とする組織が存在したことが報告されている。洗濯は川と井戸で行なわれたが、大きなものは猪名川の河原で洗うこともあったという。

また、伊丹市立博物館編（1989、pp. 53-66）によると、伊丹市の村落部のうち、猪名川河岸のいくつかの村落では川から水を引いていたが、おおかたの村落では、井戸から水を汲み、土間の水瓶に運んでいたという。汲み上げる際には汲み桶に縄がついた「振りつるべ」と、「クルマキ（滑車）」と汲み桶を使う車井戸の二とおりがあった（図 6.10）。ただしクルマキがあったのは上層の家だけであったという。なお村々に水道がついたのは 1955 年以降で、昭和 40 年代という村も少なくなかったという。台所の排水は、外の排水溝に流れるようになっていた家もあれば、溜桶にためて、風呂の水とともに肥料として利用した家もあったようである。

こうした尼崎や伊丹の事例は、かつての猪名川流域の人々の生活用水システムに共通する姿ではないかと考える[8]。しかし、いつまでこうしたシステ

ムがみられたのかについては、残念ながら明確にはされていない。従来型生活用水システムの変容について、具体的な調査による解明が必要であろう。

4.2 水道の創設と展開

次に近代的な生活用水システムといえる上水道について、猪名川流域の市町における拡大過程を、『日本水道史』や各市町史などに記された上水道敷設の経緯に基づき概観する。猪名川流域市町の上水道事業の設立理由は以下のようになっている。

豊中市：浅井戸の水質不良（日本水道史編纂委員会編 1967、p. 688）。住宅の誘致（豊中市史編纂専門委員会編 1963、p. 217）。

池田市：住宅衛星都市としての必要性（池田市史編纂委員会編 1971、p. 485）。町民からの声（日本水道史編纂委員会編 1967、p. 700）。

箕面市：人口の増加による井戸水の水量不足（日本水道史編纂委員会編 1967、p. 774）。

豊能町：具体的な理由の記載はないが、「環境整備に一役果たしてきた」ことが記されている（豊能町史編纂専門委員会編 1987、p. 852）。なお、現在の給水区域にはもともと簡易水道があった。

尼崎市：地勢上水質が悪い（日本水道史編纂委員会編 1967、p. 847）。井戸の水質が悪く、河川の水も利用されていた（尼崎市役所市史編集室編 1970、p. 428）。

伊丹市：井戸水の水質が悪く、水質は鉄分を多量に含んで飲料に適さない（日本水道史編纂委員会編 1967、p. 882）。地下水に恵まれていて不自由はなかったが、（伊丹市立博物館編 1989、p. 32）、住宅地としての開発の進行に対応（伊丹市史編纂専門委員会編 1972、p. 416）。

宝塚市：人口の増加による井戸水の水量不足、フッ素による斑状歯病の発生（日本水道史編纂委員会編 1967、p. 912）。地形的に地下水位が低く水量も少ない（地域計画・建築研究所編 1987、pp. 85-86）。

川西市：工場の廃液による井戸水の汚染（日本水道史編纂委員会編 1967、p. 927）。井戸水の湧水量の減少と工場排水による水質の悪化（川

西市史編集専門委員会編 1980、p. 490)。
猪名川町：井戸の水質不適と、大型団地開発による今後の人口増加に対応
(猪名川町史編集専門委員会編 1990、p. 487)。
亀岡市：もともと地下水に乏しい地で、飲料水に困窮していた（日本水道史編纂委員会編 1967、p. 641)。

ただし、伊丹市のように記載が資料により異なるものもあり、市町個別の特殊事情の記載以外は、検討の際に注意を要する。また、亀岡市中心市街地は猪名川流域ではなく、猪名川流域に該当する地域は上水道や簡易水道などの施設の給水対象地域とはなっておらず、私営の専用水道が団地への給水を行なっているとされ、詳細は不明である[9]。そのため、亀岡市の上水道事業についてはふれない。

さて、表6.1、表6.2によると、まず、上水道創設時期について既都市化地域、準既都市化地域、都市化進行地域、非都市化地域の間で時期的なズレがある。上水道普及率の上昇の時期も、既都市化地域、準既都市化地域、都市化進行地域、非都市化地域の間でズレがある。すなわち、都市化地域の尼崎市、豊中市、伊丹市、池田市は第二次世界大戦前に水道が創設されている。準都市化地域の箕面市、宝塚市、川西市では1950年代前半に水道が創設された。都市化進行地域の豊能町、猪名川町は1970年代以降に創設された。非都市化地域の能勢町では上水道が創設されていない。既都市化地域では早い時期から高い普及率を示し、都市化進行地域では遅れて高い普及率を示すようになる。第2章によれば、1980～90年にかけて川西市や猪名川町では簡易水道がみられなくなり、上水道への統合が考えられる。専用水道は、当初、尼崎市や伊丹市に多いが、これは工場への給水を目的としたものが中心である。それ以外の地域では、工場のみならず、団地への給水を目的としたものが多い。

以下、4.2.1～4.2.4において、各都市の水道担当部署が発行した水道事業年報や、1990年における各都市の水道担当部署への聞き取り結果を元にして、地域区分ごとに各市町の水道の展開を概略する。

4.2.1 既都市化地域

　豊中市の上水道は、深井戸を水源として1928（昭和3）年に通水した。人口増加による水需要量の増加に対して、第二次世界大戦前には井戸の新設で対応した。戦後は新たに井戸を新設したほか、猪名川に水利権を求めて取水を始めたり、大阪府営水道から受水をするなどして対応した。この研究の時点では受水への依存率は約9割になっている。

　池田市の上水道は、猪名川支流の余野川の伏流水を水源として1938年に通水した。第二次世界大戦後の人口増加による水需要の増大に対しては、猪名川に単独で水利権を求めたり、一庫ダム建設にあたって水利権分配に加わることで、一庫ダムに水利権を確保するなどして対応してきたが、人口推移の停滞にともなって給水量の増加も停滞するようになった。なお、大阪府営水道からの受水の予定はあるものの、この研究の時点ではまだ行なってはいない。また、北部の山間地域には簡易水道がある。

　尼崎市の上水道は、神崎川の表流水と藻川の伏流水として1918（大正7）年に通水した。その後水量の不足と水質の悪化から当初の水源は廃止され、阪神水道企業団からの受水を中心として、水源を淀川に依存している。なお、一庫ダムを水源とする兵庫県営水道事業にも水利権を有してはいるが、この研究の時点では行使していない。

　伊丹市の上水道は給水区域を旧伊丹町一円とし、猪名川の伏流水を水源として1936年に通水した。第二次世界大戦後の人口増加による水需要の増加に対しては、武庫川に水利権を得たり、工業用水（淀川水源）を転換した。後には兵庫県営水道事業からの受水を始めるなどして対応してきた。

4.2.2 準既都市化地域

　箕面市の上水道は、猪名川支流の箕面川の表流水を水源として1951年に通水した。人口増加による水需要量の増加に対して、大阪府営水道からの受水を始め、後には深井戸を新設して対応している。なお、箕面市の南東地域に位置する従来からの集落に給水するために1964年に簡易水道が敷設されたが、都市化にともなう上水道の給水区域の拡大により3年後に上水道に統合された。また、北部の山間の地域には1959年と1967年に簡易水道が敷設され、こ

の研究の時点では給水を続けている。

　宝塚市の上水道については第5章で詳述したが、合併前に二つの町がそれぞれ独自に敷設の計画を打ち出し、旧良元村は1954年に西宮市からの分水を水源として、旧小浜村では合併後の1955年に武庫川の伏流水を水源として通水している。とくに旧良元村の場合は飲料水のフッ素過多に対処したものであった。なお、旧小浜村の上水道は宝塚上水道（株）からの移行に大きく依存していた。人口増加による水需要の増大に対しては、一庫ダムの水利権分配に加わり[10]、対応しようとした。しかし、ダム建設の遅れから、独自に武庫川の支流にダムを建設して対応し、1990年から一庫ダム分の水を兵庫県営水道から受水した。また、北部の山間地域には1971年に簡易水道が敷設された。

　川西市の上水道は、猪名川の伏流水を水源として1954年に通水を開始した。人口増加による水需要の増大に対して、猪名川に単独で水利権を求めて対応してきたほか、一庫ダムの水利権分配に加わったが[11]、前述のとおり、ダム建設の遅れから、北部水道を設置して、一時的に市内に2カ所の市営上水道を経営したり、伊丹市からの分水を受けるなどして対応した。また、市内に造成された団地では開発の抑制を目的とした指導要綱により水道の敷設が義務づけられ、各々私営の上水道、簡易水道[12]、専用水道を設置して、市水道への統合まで対応することを余儀無くされた。また、1957年に中部の地域に簡易水道が敷設されたが、これはこの地域の地下水に炭酸水が多く含まれていることによるものであった。この簡易水道や北部水道、私営水道群は、1982年までに一つの上水道に統合された。

4.2.3　都市化進行地域

　豊能町の上水道は、一庫ダムの水利権を水源として創設される予定であったが、一庫ダムの完成の遅れから、猪名川支流の初谷川の伏流水を水源として1982年に通水した[13]。給水区域は早くから都市化が進んだ西部であり、東部は村落部は簡易水道に、スプロール的な大規模住宅地は専用水道により給水されている。

　猪名川町の水道も、一庫ダムの水利権分として兵庫県営水道からの受水により創設される予定であったが、一庫ダムの建設の遅れから、猪名川の伏流

水[14]と宝塚市からの分水を水源に1974年に通水した。

4.2.4 非都市化地域
能勢町には上水道はなく、簡易水道による給水を行なっている。なお、町への聞き取りによれば、一部を除いて簡易水道と統合する計画が存在する。

4.2.5 各地域における水道の展開
以上から、既都市化地域で、1990年現在において数十万人規模の人口を擁する豊中市、尼崎市では、井戸水の水質不良を要因として、比較的早期に上水道が敷設された。しかし、水源の水質悪化や人口増加による水量の不足から、水源を淀川に変えてきた。池田市と伊丹市では、井戸水の良好な水質から上水道敷設が豊中市や尼崎市よりは遅れたものの、第二次世界大戦前に敷設がなされたのは、もともと都市域が形成されていたことと、早い時期からの住宅地開発の進行に起因するものと思われる。人口の急増による水量の不足に対して、伊丹市では水源を淀川に変えてきたが、池田市では自己水源でまかなっているうちに人口増加が停滞し、この研究の時点では淀川用水域からの受水を行使していない。

準既都市化地域で中流域にある箕面市、宝塚市では、上水道創設の理由に人口の増加による井戸の水量の不足を挙げ、川西市では工場排水による水質の汚染という特殊な事情を挙げている。いずれの都市も人口の急増により水源が足りず、それぞれ独自の対応を行なった。宝塚市は市域のほとんどが武庫川流域に含まれるために、武庫川に独自の水源を設けた。小支川の箕面川しか有さない箕面市では早くから大阪府営水道からの受水を行なっていたため、主にこの受水量を増やすことで対応してきた。また、猪名川本流が貫流する川西市は猪名川に水源を求めたり、住宅開発事業者に水道敷設を義務づけ、一庫ダムの建設延期に対応した。

都市化進行地域では水道の創設期と人口急増の時期が重なったため、町域を流れる川をそれぞれ水源として一庫ダム完成までしのいだ。

以上から、猪名川流域における上水道は、都市化による水質の悪化と水量の不足を主たる要因とし、最下流域では元来の水質不良も要因となり、創設

されてきた。水源については、いずれも当初は自流域で対応しようとするが、人口が増大し、水源として不足するようになると、豊富な用水域に水源を求めるようになる。猪名川流域の場合、この傾向は都市化の進んだ下流側の地域ほど明らかに表われる。簡易水道は都市的生活の導入による水量の不足や、農薬などによる水質の悪化[15]を主たる要因として敷設された。また、都市化が進行して、上水道の給水区域が近づいてきた場合や、簡易水道の給水人口が増加するなどして水需要の増大に対応する必要が生じたときに、上水道への移行や上水道との統合が行なわれる。なお、専用水道の場合は、工場への給水は別として、都市化が急激に進展する場合に水道への統合の移行措置として、私営で敷設されたり、小規模な宅地への給水を目的として敷設されることがある。ただし、川西市では私営の上水道や簡易水道の敷設もみた。

4.3 猪名川流域における家庭レベルでの生活用水システム

4.1に示されたように、猪名川流域では生活用水システムにおける水道化が進行してきたが、第2章5節にも記したとおり、実際に水道が敷設されることにより全ての世帯で水道に切り替えを行なったのかどうかは不明で、生活用水システムの用途全般で水道化が進んだのかどうかも明らかではない。

そこで本節では、猪名川流域やそれに近い地域の行政機関によって実施された生活用水に関する調査を参考にして、実際の家庭における生活用水システムと流域におけるその展開過程を明らかにしていく。具体的には従来型生活用水システムの分布、用途、意識、また、水道利用における用途、意識などについて検討する。

行政機関の調査については、水道事業体がアンケート調査を行なったものとして、都市化地域の豊中市（1989年以降4回実施、水道週間フェア会場来場者むけのアンケート、1989年6月実施でサンプル数1,360、1992年6月実施で同1,020、1993年8月実施で同866、1994年6月実施で同1,360）、準都市化地域の宝塚市（1990年6月実施、回収数53.7％、回収数1,072）のものがある（豊中市1994、宝塚市1991）。また、猪名川流域からは外れるが、既都市化地域として関西情報センター編（1989）の大阪市民向けアンケート調査（1989年

2～3月実施、回収率41.9％、回収数1,786）も参考になるであろう。

豊中市の調査は水道水の水質や家庭内での対策に関する質問項目が中心で、1994年については自己水源である猪名川が給水されている住民と、カビ臭が指摘されている淀川の水が給水されている住民にわけてみることができ、かつ、豊中市民なのかそうでないのかも区別できる。そこで本研究では、回答者全体、豊中市民で区別をする。また、豊中市民のうちの猪名川系の水の利用者と淀川系の水の利用者を、それぞれ猪名川系、淀川系と区分をして扱う[16]。また、水道週間フェア会場来場者ということで、生活用水について関心の高い人たちが回答者となっている可能性が高いことにも注意をする必要があろう。

宝塚市の調査は市民向けで、水道水の水質、料金、水道事業経営などに関する質問が中心である。大阪市の調査は、使用量、使用形態、節水、水質など、生活用水の利用について全般にわたる。

なお、既都市化地域の市水道事業体が実施した、市民に対しての井戸の利用状況などのアンケート調査（1979年7月実施、回収率80.3％、有効回答数987）があるが、どの市かは明らかにできない。

また、兵庫県企画部（1991）では全県を13のカテゴリーにわけ、生活用水の調査を行なった（1990年10～11月実施、回収率47.4％、有効回答数1,895）。そのなかで、阪神近郊地域の都市として、伊丹市、宝塚市、川西市のうちのいずれか1市が、また、阪神臨海地域として神戸市東灘区、灘区、兵庫区、長田区と尼崎市、西宮市、芦屋市のいずれか1市区が取りあげられているが、双方とも、どの市区かは特定出来ない[17]。なお、質問項目は生活用水の利用の全般にわたる。なお、猪名川町が含まれる都市周辺地域についての記述も存在するが、都市周辺地域は東播磨地域を対象として行われており、猪名川流域から大きく外れ、また、淀川の用水域にも含まれていない都市であるため、これについては本章では援用しないことにする。

兵庫県の保健衛生担当部局が行なった調査として、兵庫県保健環境部編（1988）による、東西約2.3km、南北約2.1kmのメッシュ内の井戸の分布と水道との併用の状況の調査（1988年実施）がある[18]。また、伊丹市域では伊丹保健所（1988、pp. 37-44）の井戸利用者に向けての調査（1987年9～12

月実施、サンプル数184[19]）が行なわれた。

従来型生活用水システムについては、すでに引用しているが、伊丹市立博物館の聞き取り調査があり、伊丹市の都市部と村落部の生活用水システムについて触れている。

都市化進行地域の非都市化地域においては、援用に適する調査は見いだせなかった。

4.3.1 従来型生活用水システムの検討

(1) 井戸の分布　1988年に兵庫県の猪名川流域の市町における飲用井戸について兵庫県保健環境部が行なった調査によると（兵庫県保健環境部編1988）、猪名川流域の兵庫県側の既都市化地域から非都市化地域まで、全般に井戸が存在していることがわかる（図6.11参照）。この調査ではメッシュ内の全ての井戸が記載されているわけではない。台帳における掲載数で分布をみると、伊丹丘陵上に比較的多く存在するように思われる。また、川西市、宝塚市、猪名川町の中心市街地や、川西市の旧多田村や旧東谷村の中心市街地に比較的多く存在する。川西市や猪名川町の村落部でも多いが、調査時に水道未普及地域であった場合もある。

この資料では、井戸と水道の併用をしているのか、あるいは井戸のみでの利用なのかが区別されている。この水道と併用されている井戸を「併用井戸」といい、水道と併用されていない井戸を「専用井戸」という。図6.11で、この専用井戸が占める割合を概観してみると、準都市化地域の川西市では南端部を除いて全般に低く、都市化進行地域の猪名川町では川西市よりも若干高い割合を示した[20]。伊丹市も同様に低いが、川西市の南端部と伊丹市の北端部では比較的高い割合を占めており、注意を引く。一般に市境付近は都市化が及びにくい。準都市化地域の宝塚市についてはメッシュ内のサンプル数が少ないので注意を要するが、全般に高い割合を示している。

一方、猪名川流域内における既都市化地域のある都市のアンケート調査（1979年実施）によると、この都市では井戸の利用世帯は約6％であった。また、兵庫県企画部（1991、pp. 32-34）によると、既都市化地域と位置づけられる阪神臨海地域では、井戸のある世帯は3％であり、阪神近郊地域では、

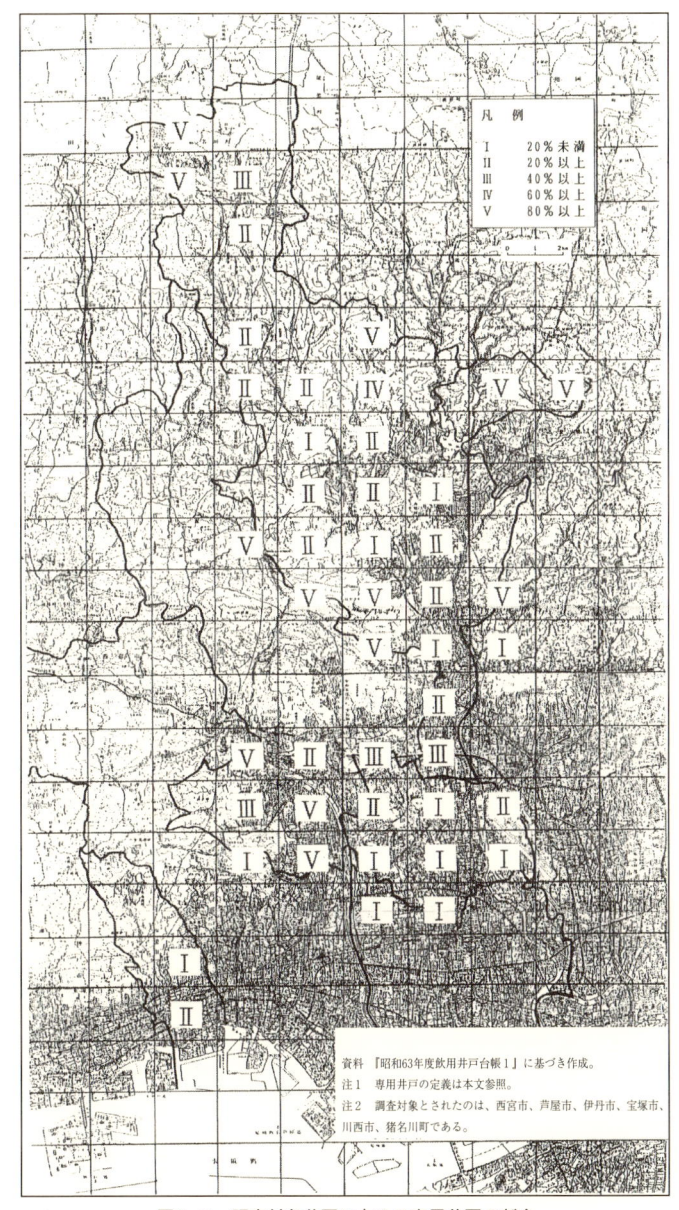

第6章 猪名川流域における生活用水システムの展開　227

図 6.11　調査対象井戸に占める専用井戸の割合

同 4 %であった。

　以上から、既都市化地域では井戸自体の分布は少なく、準既都市化地域、都市化進行地域となるにつれて、専用井戸の比率が高くなるように見受けられる。また、既都市化地域においても、専用井戸が存在することがわかる。

　(2)　水道水と井戸水の併用　次に、水道水と井戸水が実際どのように併用されていたかを考える。既都市化地域のある都市のアンケート調査（1979年実施）によると、約 6 %の井戸の利用世帯のうち、井戸の実際の使用状況については、ほとんど水道水としたものが46%、水道水が主体としたものが約33%、井戸水が主体としたものが約 9 %、ほとんど井戸水としたものが約 3 %となっている。1979年の調査であることから、その後の井戸水利用の後退が想定されるが、既にこの時点で井戸水の利用が少なくなっていることを指摘したい。

　伊丹市を所管している伊丹保健所（1988、p. 38）によると、調査対象の184世帯のうち、水道のみの世帯が約 3 %、水道主体の世帯が約61%、井戸主体の世帯が約18%、水道のみの世帯が18%となっており、やはり水道の利用が主体になっていることがわかる。

　兵庫県保健環境部編（1988）について、併用井戸利用世帯のうち、水道水主体か、井戸水主体かについてのみ区別が記載されている伊丹市の世帯について計算したところ、全調査対象井戸 473 のうち、井戸のみ利用している世帯が約13%、水道と併用している世帯が約87%となっている。水道と併用している世帯のうち、水道中心の世帯が全体の約71%、井戸中心の世帯が約16%となっている。そのため、水道利用中心の世帯が大半であるといえ、伊丹保健所（1988）の調査と同様の傾向を示しているといえる。しかし、これをメッシュ毎にみると、地域によりかなり差異がある。傾向としては南北による差異はあるが、東西による差異はあまりない。メッシュによって母数にばらつきもあるので東西をまとめ、南から、南端部、南部、北部、北端部と便宜的にわけてまとめたのが表 6.3 である。これによると、南側ほど水道中心の利用の割合が高くなり、逆に、北側ほど井戸中心の利用の割合が高くなることがわかる。つまり、井戸のみの利用世帯が北側で割合が高くなる傾向がみられる。伊丹市域では大阪湾に近い南部から北部に向かって都市化が進

表6.3 伊丹における井戸の利用状況

	南端地域	(%)	南部地域	(%)	北部地域	(%)	北端地域	(%)	伊丹市計	(%)
井戸利用水道主体	28	84.8	201	77.9	99	59.3	9	60.0	337	71.2
井戸利用井戸主体	2	6.1	30	11.6	38	22.8	4	26.7	74	15.6
井戸のみ利用	3	9.1	27	10.5	30	18.0	2	13.3	62	13.1
合　計	33	100	258	100	167	100	15	100	473	100

資料　『昭和63年度飲用井戸台帳Ⅰ』。
注　伊丹市内の地域区分については本文参照。

展したと考えられるが、この割合の違いが都市化の影響によるものなのか、あるいは地形や地質との関係であるのかは定かではない。

兵庫県企画部編（1991、p. 33）によると、先に記した阪神近郊地域の4％の井戸利用世帯では井戸の使用割合が高く、「ほとんどが井戸利用の世帯」、「井戸が主体の世帯」が合わせて43％にのぼっている。しかし、阪神臨海地域にある3％の井戸利用世帯ではこれらの世帯は0％である。本調査は兵庫県全市町を13のカテゴリーにわけているが、阪神近郊地域の43％という数値は全カテゴリー中2番目と極めて高い。用途の記載がないため、井戸利用の内容については不明だが、井戸利用世帯の生活用水の利用における井戸の必要度の高さが窺える。逆に、阪神臨海地域では、井戸利用世帯の生活用水の利用において、井戸の必要度は極めて低いといえる。

(3) 水道水・井戸水の用途別利用とその理由　以上に示されるように、井戸利用においては水道との併用が一般的である。次に、これらがどのように使い分けられているのかについて検討する。

先に示した既都市化地域のある都市のアンケート調査（1979年実施）によると、井戸水の利用用途は、散水が62％、掃除が約29％、洗濯が約24％、調理が約12％、手洗い・洗面が約5％となっている。飲料利用が少なく、雑用水的な利用が高い。

伊丹保健所（1988、p. 38）によると、井戸水の利用用途は、散水が最も高く約90％で、以下順に洗濯63％、風呂55％、煮沸飲用50％、食器洗い41％、生水飲用37％となっている。これらから、既都市化地域では、飲料水として井戸水の存在を求めるよりは、雑用水としての井戸水の存在を求める方が多

いことがわかる。兵庫県企画部編（1991、p. 33、pp. 54-55）では、井戸利用の具体的な用途はわからない。

　それでは、なぜ井戸水を使うのか、その利用にかかわる意識について考える。先に示した既都市化地域のある都市のアンケート調査（1979年実施）によると、使用の理由としては、「昔から使っているから」を挙げた人が約43％、「水道料金節約」が約26％で、「おいしい水を使いたい」を挙げた人は約9％にすぎない。また、伊丹保健所（1988、p. 39）によると、井戸水使用の理由については、飲用を中心とした利用をしている世帯では冷たさや味などを挙げたものが多いが、全体としては「井戸があるから」と答えたものが多く、冷たさや味を挙げた世帯は多くはない。また、今後、水質検査を受ける意志がないとした世帯の大部分が井戸水を飲料用にしていないことを指摘している。これらから、この都市の場合、井戸水を飲料用というよりは雑用水的に用いている状況が窺える。ただし、前者は調査年次が古いため、利用の事情は変化していると思われる。

　兵庫県企画部編（1991、pp. 54-55）によると、将来の井戸の利用が「減る」と答えた世帯が阪神臨海地域では25％、阪神近郊地域では29％であった。また、「変わらない」とした世帯が順に75％、71％で、「増える」とした世帯はともになく、多くの世帯が今後井戸水利用の増加を見込んではいないといえる。

　なお、伊丹保健所（1988、p. 37）によると、以前に保健所に水質検査を依頼した際に挙げられた理由は、「汚染の心配」と「水質を知りたい」に大別されるという。後者については、「飲料用としての利用を考えて」と答えたものが多かった。その水質検査で不適合と判断された利用者108世帯のうち、「飲用をやめた」が約31％、「煮沸している」などの措置をしたものが約17％ある。しかし、「なにもしていない」が約54％あり、飲用をしているものはそのうちの約43％になる。なお、同時に行なった水質検査では、99の飲料用井戸のうち、水質基準に不適合であったのは約52％であった。

　(4)　小括　以上から、井戸利用に関してまとめると、この研究の時点で猪名川流域においては、全世帯のうち井戸の利用世帯の占める割合は既都市化地域、準既都市化地域とも極めて低いと思われるが、ある程度の世帯数の存

在は考えられる[21]。とはいえ井戸水に対する価値観の違いから、地域ごとに井戸水の用途に違いがみられるといえる。

既都市化地域の井戸利用者にとっては、井戸水は、あくまで水道水の補助的水源であり、重要な役割を占めているとはいえない。その用途も、撒水、洗濯などの雑用水的利用が中心で、飲料用に用いる人は多くはない。利用の理由として「あるから使っている」や「水道料金の節約」を挙げる人が多く、井戸水の持つ、冷たい、おいしいといった特性を求めているわけではない。したがって、今後の井戸水に対しての期待は低い。しかし、一部の利用者は飲料用にこだわり、今もなお、飲料用の利用を続けているといえる。

準既都市化地域の井戸利用者にとっては、井戸は比較的重要な水源であり、飲料用水も含めて井戸に大きく依存する世帯も少なくない。しかし、今後の井戸水に対しての期待は低い。

都市化進行地域の井戸利用者にとっては、井戸は重要な水源である場合が少なくなく、利用者によっては水道を引かずに井戸のみの利用をしているところもあり、その重要度が窺える。

以上のように、井戸利用について、その空間的分布の概要は確認できた。しかし、時系列的な変遷については明らかではない。

4.3.2 意識調査にみる水道水利用

(1) 水道水のおいしさ　水道水についての意識を検討していきたい。大阪市における調査（関西情報センター編 1989）によると、大阪市では水道水の水質に対する不満・不安を挙げるものが約59％ある。また豊中市の調査によれば水道水の水質への不安を挙げるものが約68％となっている（豊中市水道局編 1994）。

兵庫県企画部編（1991、pp. 97-98）によると、水道水の味について、阪神臨海地域では「おいしいと思う」が2％、「ふつう」が48％、「まずいと思う」が50％との回答であった。また、阪神近郊地域では「おいしいと思う」が6％、「ふつう」が73％、「まずいと思う」が21％となっている。

宝塚市の調査では、水道水について、「おいしいと感じる」が約27％、「カルキ臭が強いと感じる」が約27％、「ヤカンなどに白いものがつく」が約

17％，「色や濁りが気になる」が約14％となっている。はっきりとおいしくないという姿勢を示したものは3％であった（宝塚市水道局編1991）。

　以上に示される違いについては、水道水源を淀川に依存しない宝塚市と、水道水源を淀川に依存している大阪市や豊中市との違いであるとみられる。また、水道水の安全性について宝塚市の調査では、「マスコミ報道に接したときに気になる」が約58％，「以前から問題があると感じていた」が約22％と、安全性に不安を抱いているものが少なくない[22]。

　(2)　水道水の飲用方法　水道水の飲み方について、大阪市の調査では、複数回答で「煮沸」44％，「何もせず」約38％，「浄水器」約9％となっている（関西情報センター編1989）。

　豊中市の調査では、「煮沸」約48％，「浄水器」約38％，「汲みおき」約9％となっている。これについては、猪名川系の市民と淀川系の市民双方ともほぼ同じ傾向を示しているが、煮沸については淀川系が49％としたのに対し、猪名川系では40％と差がある。水質への不安では猪名川系と淀川系で差はなく、また、ここには示さないが、その不安である内容においても淀川系と猪名川系で比率に差がない。利用者側が自らの水道の水源が淀川系なのか、猪名川系なのかを認識しているとは考えにくい。しかし、ここで「煮沸」といった実際的な行動において大きな差が出たということは、水道水に関して、実際の水質や水の味とは関係のないところで、意識に影響を及ぼす要素が存在する可能性も指摘できよう（豊中市水道局編1994）。

　宝塚市の調査では、水道水の飲用への処置（複数回答）として、「何もせず」が約60％，「生水を飲まない」が約20％，「浄水器の利用」が約10％となっている。また、水道水の水質確保のために、「水源流域での開発規制」を挙げたものが多く約38％，「水質検査の徹底」が約30％，「水処理技術の向上」が約16％と続いている（宝塚市水道局編1991）。

　(3)　家庭用浄水器・ミネラルウォーター・高度処理水　井戸水と違い、水道用水では、用途別の利用の違いなどはないが、近いものとして、近年利用の増加がみられるという家庭用浄水器・ミネラルウォーターの利用や、高度処理水への関心などを取りあげる。

　浄水器の利用については、豊中市の調査では、回答者全体の約46％，市民

の約47％にのぼるが、水源が猪名川系と淀川系の場合において差はほとんどみられない。ただし、1989年（サンプル数1,268人）の調査では、浄水器の利用者は約19％、1992年では約40％であり、増加してきた様子が窺える（豊中市水道局編1994）。兵庫県企画部編（1991、p. 42）によると、浄水器の利用は阪神近郊地域では9％、阪神臨海地域では13％となっている。

ミネラルウォーターについては、豊中市の調査では「常用している」、「数回買ったことがある」を合わせると、全回答者の約76％である。1993年の約67％、1992年の約72％と比べると、利用傾向が強まってきているといえる（豊中市水道局編1994）。兵庫県企画部編（1991、p. 75）によると、阪神臨海地域では「良く買う」、「ときどき買う」を合わせて28％、阪神近郊地域では同16％となっている。豊中市が兵庫県と比べて数値が高いのは、おそらく先に指摘したように回答者が生活用水について関心が高い可能性が大きいことによるものと思われるが、水道用水の大半を淀川系に依存している豊中市や阪神臨海地域で高くなっていることに注目する必要があろう。

高度処理水については、大阪市の調査によれば、「高くてもよりよい水を望む」としたものが約52％、「今のままでよい」が約42％である（関西情報センター編1989）。豊中市の調査では、料金が高くなるがそれでも希望するかとの問いに、「希望する」としたものが市民の約61％、「希望しない」が約9％、「わからない」が約28％となっている。猪名川系と淀川系という水源の違いで比較すると、猪名川系の方が「希望する」が低く、「希望しない」が高いが、それぞれ2、3％の差にすぎない（豊中市水道局編1994）。また準都市化地域の宝塚市の調査では、「水処理コストにかかわらず早急に導入するべき」が約20％であるが、「多少のコスト上昇で可能なら導入するべきである」が約41％、「水処理コストの上昇につながるので必要がない」が約11％と、コストが高ければ導入の必然性を感じないとする市民の意識がみられる（宝塚市水道局編1991）。このことから、少なくとも宝塚市の調査対象者は、水道水の味に関して、大阪市や豊中市の調査対象者ほどには不満を感じていない様子がわかる。

準都市化地域である宝塚市の水道水源は、第5章に記したように武庫川河川水、地下水、猪名川河川水である。こうした非淀川水源の水道水を使用す

る宝塚市の住民は、家庭レベルにおいて水道水の飲用にはあまり手をかけないで済んでいるのではないだろうか。また、高度処理水については、余計なコストをかけるのならば必要はないといった意識や、水道水の水質の向上はかまわないが現状に特に不満はないといった状況が浮かびあがってくる。

しかし、既都市化地域で、水道水にカビ臭が認められる淀川用水を使用している大阪市や豊中市における調査対象者の多くは、水道水をまずいと感じ、その飲用にあたってはいろいろと手間や費用をかけている実状が見いだされる。そして、高度処理水については、コストが上昇してもなお導入が望ましいとする。現状の水道水の水質が不満であるために、飲料用水の用途別水源を水道水そのものには求めず、いわば他の水源ともいいうる浄水器の利用や、ミネラルウォーターに求めようとする住民が多いといえる。

4.3.3 都市化前線地域における研究の必要性

4.3.2に述べたことから、飲料水の水質・味に対する利用者のニーズは一定以上のものがあり、現在有する家庭内の水源[23]で、利用者が主観的に最も質が高いと思っている水源の質が悪化し、一定のラインに達しなくなった場合、もしくは水質の主観的レベルが高くなり、今まで最も高次であった水源の質が相対的に低くなり、一定のラインに達しなくなった場合には、人はより高次の質の水源を求めようとする傾向があるといえる。しかし、その水質はあくまで利用者の主観であり、必ずしも科学的に測定された水質ではない。ただし、水質を測定することにより、主観的な水質が変わる場合があることや、逆に、科学的には低次と判断された水を利用し続ける場合があることは、伊丹保健所の指摘（1988、pp. 41-42）に示されているとおりであろう。この利用者が主観において決定する水質を「心理的水質」と呼び、科学的検査により把握される水質を「科学的水質」と呼び区別したい。この心理的水質の悪化が従来型生活用水システムの変化にいかなる影響を及ぼし、変化させてきたのか。4.1に述べたことから、水道は、従来型生活用水の科学的・心理的水質の悪化や水量の不足を受けて、敷設が要求されるといえる。そして、敷設された水道も、家庭で水道水に対する心理的水質が悪化した場合や、水道が量的に需要に追いつかなくなった場合に、なにがしかの変化、例えば水

源の変更、水利権の確保、上水道への統合、高度処理水の導入などを迫られる。

5 おわりに

　本章では、都市化による分類を基準とした流域市町の生活用水システムの展開の全体像の解明を試みるために、まず、大阪大都市圏に含まれる猪名川流域を対象にして、都市化段階で市町を分類した。そのうえで、分類ごとに市町の水道拡大過程を把握し、さらに行政による生活用水に関係する調査結果を参考にして、実際の家庭における生活用水システムの展開や水道水に対する意識についての把握を試みた。

　その結果、猪名川流域において、都市化による水質の悪化と水量の不足を主たる要因とし、最下流域では元来の水質不良も要因となり、上水道が創設されてきた。水源については、いずれも自流域で対応しようとするが、人口が増大して水源が不足するようになると、豊富な用水域に水源を求めるようになった。簡易水道は都市的生活の導入による水量の不足や、農薬などによる水質の悪化を主たる要因として敷設されたが、都市化が進行して、上水道の給水区域が近づいてきた場合や、簡易水道の給水人口が増加するなどして水需要の増大に対応しなければならなくなったときに、上水道への移行や上水道との統合が行なわれる。なお、都市化が急激に進展した場合には、専用水道が上水道への統合の移行措置として敷設されたり、小規模な宅地への給水を目的として敷設されたりすることがある。

　また、各地域における住民意識の検討から、準既都市化地域では住民の心理的水質がまだ悪化するにまで至っていなかったが、既都市化地域では既に心理的水質が悪化していたといえる。そこで、本章で触れた既都市化地域や準既都市化地域以外の、都市化進行地域や非都市化地域といった、いわば「都市化前線地域」において、住民レベルで従来型生活用水から水道水利用への変化の実情把握を行ない、住民が抱く心理的水質について検討していく必要がある。

　水道以外の水源において、心理的水質の他に水量的充足は極めて重要であ

る。水道の利用においては蛇口をひねれば豊富な水を得ることができるので、水量的充足は満たされる。しかし、家庭内の自己水源である井戸利用の場合、水量的充足を得られなかったり、心理的水質が悪化することがありうる。このため、各行政の調査では主眼となっていなかった従来型生活用水システムの世帯レベルでの水量的充足についても調査を行ない、検討を行なっていく必要がある。

　猪名川流域における生活用水システムの全体像を明らかにするためには、家庭レベルでの生活用水システムの変容の実態解明が必要である。とくに、資料の不足から本章で触れることのできなかった2地域、すなわち、水道敷設が準既都市化地域ほど古くはなく、従来型生活用水システムの記憶が残っている可能性がある都市化進行地域と、水道の敷設が近年で、それによって生活用水システムが変化し始めていると思われる非都市化地域において、聞き取りによる詳細な調査をおこない、生活用水システムの時系列的空間的展開を把握することが必要である。

　当時の都市化前線地域である既都市化地域や準既都市化地域の水道敷設による変化を、今から振り返ることは困難である。だが、都市化の進行に応じて都市化前線地域はより縁辺部へと移動してきている。そこで、現在の都市化前線地域や最近まで都市化前線地域であった地域で、水道敷設がまだ記憶にある地域の従来型生活用水システムの変化を把握し、複数の地点を比較することにより、かつて既都市化地域や準既都市化地域で起こっていた状況を推測することも可能となるのではないだろうか。これにより、猪名川流域全体の生活用水システムの展開の解明へとつながりうる。

　そこで、第7章では準既都市化地域に位置づけられる川西市において、都市化進行地域と非都市化地域に該当する集落を取り上げ、都市化にともなう水環境の変化や水道の敷設による生活用水システムの変化と、それにより影響を受けたと推測される生活排水システムの変化について聞き取り調査から明らかにし、生活用水システムの時系列的空間的展開についての把握を試みる。

注
 1) 伊藤は流域全体の視点が必要であることを指摘し、さらにある河川から取水を行なっている地方自治体の水道事業の存在する範域をある河川の配水域として設定している。
 2) 亀岡保健所からの聞き取りによる。
 3) 安田（1992、p. 14）によれば、現阪急宝塚線沿線で土地開発・住宅地経営が盛んになった。
 4) ウェーバーやジェイコブスの都市の定義に鑑み、山田編（1978）が整理した、都市に関する三つの性質、すなわち、密集性、非農業的土地利用、異質性（商工業）に基づいている。
 5) 土地利用については、豊能町と能勢町の1970年以前のデータを、箕面市と亀岡市の1955年のデータを欠く。
 6) 当該地域にはこれに当たる湖沼は存在しない。
 7) 例えば、都市化が進行すると、可住地面積人口密度は高くなってくるが、これは耕地の残存度によって差が生じるはずである。すなわち、究極的に都市化が進んだ地域では、極めて高くなり、さらには減少に転じているかもしれない。ある程度高い値で停滞している場合は、都市化は究極的な域までは達しておらず、宅地に転用が可能な耕地がまだ残存しており、今後都市化するポテンシャルを有しているといえる。
 8) 下水文化研究会（1989、pp. 9-29）による多摩川流域の事例でも、細かい差異や消滅の時期的なズレこそあれ、流域全般に同様の生活用水システムが存在したことが示されている。
 9) 亀岡保健所からの聞き取りによる。
10) 兵庫県営水道からの受水として加わった。
11) 10)に同じ。
12) 通常の場合、水道事業は公営が原則である。
13) 1984年以降は猪名川からの取水を始めた。
14) 漁業水利権の転用を行なった。
15) これに関しては桜井（1984、pp. 172-174）が指摘している。
16) 1994年のアンケート対象者1,360人の内訳は、猪名川系10.4％、淀川系72.9％、他市12.6％、不明4.2％である。
17) 当該地域の回収率は42.8％、有効回答数214である。
18) ただし、尼崎市を除く。また、この調査はメッシュ内の全ての井戸が拾い上げられてはいない。
19) うち、飲料用に用いている井戸99について同時に水質検査を行なっている。

20) この段階での水道未普及地域は考慮に含まない。
21) これに関連して、伊丹保健所（1988）は、水道普及率が99.6％であることから一般家庭では水道が普及していると予測していたが、水道未敷設の世帯が、本調査対象世帯の約18％を占めていたことに触れ、市内全域でより多数の世帯が水道未普及で生活していると推察している。すなわち、従来型生活用水システムのみの生活が、少なからずなされているといって差し支えないであろう。
22) ただし、第5章において記したとおり、宝塚市の場合は、地下水にフッ素が多く含まれているという固有の事情が存在する。水道水の地下水源も例外ではなく、宝塚市では対策に追われた。『宝塚水道史』でもこの件には大きくページを割いており、関心が窺える。
23) 浄水器、水道、井戸、湧水など、家庭で得ることができる水源全てを含む（地域計画研究所編 1987）。

文献

赤阪　晋（1978）「丘陵の大規模宅地開発―猪名川流域―」赤阪晋編『図説地域研究』地人書房.
秋山道雄（1988）「水利研究の課題と展望」人文地理 40-5.
秋山道雄（1990a）「滋賀県の水道と水管理」岡山大学創立40周年記念地理学論文集編集委員会編集発行『地域と生活Ⅱ』.
秋山道雄（1990b）「琵琶湖・淀川水系における水問題について」水道事業研究 127.
秋山道雄（1994）「水環境研究の課題と展望―資源管理との接点を中心に―」1994年度人文地理学会大会発表要旨.
尼崎市役所市史編集室編（1970）『尼崎市史第3巻』尼崎市役所.
池田市史編纂委員会編（1971）『池田市史』池田市.
伊丹市史編纂専門委員会編（1972）『伊丹市史第3巻』伊丹市.
伊丹市立博物館編集発行（1989）『聞き書き伊丹のくらし―明治・大正・昭和―』.
伊丹保健所（1988）「井戸の使用実態について」『昭和62年度兵庫県地域保健所行政推進事業報告書』.
伊藤達也（1987）「木曽川流域における水利構造の変容と水資源問題」人文地理 39-4.
猪名川五十年史編纂委員会編（1991）『猪名川五十年史』建設省近畿地方建設局猪名川工事事務所.
猪名川町史編集専門委員会編（1990）『猪名川町史第3巻』猪名川町.
笠原俊則（1978）「猪名川流域における開発とそれにともなう水文環境の変化」人文地理 30-6.
川西市史編集専門委員会編（1980）『川西市史第三巻』兵庫県川西市.

関西情報センター編集発行（1989）『昭和63年度水使用に関するアンケート調査報告書』。
木内信蔵（1979）『都市地理学原理』古今書院。
下水文化協会編集発行（1989）『近世（江戸時代）以降の多摩川流域の下水文化の変遷と考察』。
神頭広好（1986）「3大都市圏の都市化過程に関する考察」経済地理学年報 32-4。
神頭広好（1989）「空間的都市化成長モデル―わが国3大都市圏を対象にして―」経済地理学年報 35-4。
桜井 厚（1984）「川と水道―水と社会の変動―」鳥越皓之・嘉田由紀子編『水と人の環境史―琵琶湖報告書―』御茶の水書房。
高橋伸夫・菅野峰明・永野征男（1984）『都市地理学入門』原書房。
宝塚市水道局編集発行（1991）『水道事業の市民アンケート調査報告書』。
寺尾晃洋（1981）『日本の水道事業』東洋経済新報社。
地域計画・建築研究所編（1987）『宝塚水道史』宝塚市水道局。
豊中市史編纂専門委員会編（1963）『豊中市史第三巻』豊中市役所。
豊中市水道局編（1994）『水道利用者アンケート調査結果報告書』豊中市水道サービス公社。
豊能町史編纂専門委員会編（1987）『豊能町史本文編』豊能町。
日本水道史編纂委員会編（1967）『日本水道史各論編中部近畿』日本水道協会。
兵庫県企画部編集発行（1991）『兵庫県民の水使用に関する調査報告書』。
兵庫県保健環境部編（1988）『昭和63年度飲用井戸台帳1（西宮・芦屋・伊丹・宝塚・川西）』。
藤岡謙二郎（1983）「猪名川流域3市3町」藤岡謙二郎監修、歴史地理学研究所編『近畿野外地理巡検』古今書院。
森川 洋（1990）『都市化と都市システム』大明堂。
矢嶋 巖（1993）「川西市の水道事業」千里地理通信 28。
安田 孝（1992）『郊外住宅の形成―大阪―田園都市の夢と現実（INAX ALUBUM 10）―』INAX。
山田浩之編（1978）『都市経済学』有斐閣。
各市町水道担当部局発行の水道事業統計年報。

第7章　都市化前線地域の生活用水・排水システム
　　　―川西市西畦野・黒川を事例に―

1　はじめに

　第6章では、猪名川流域を既都市化地域、準既都市化地域、都市化進行地域、非都市化地域に区分し、水道の展開について概略的に把握したうえで、家庭レベルでの生活用水システムの変化の実像把握に迫ろうとした。具体的には、猪名川流域における生活用水システムの全体像を明らかにするために、既存調査を援用して、従来型生活用水システムとしての井戸利用の現状や水道水に対する意識から明らかにしようとした。しかし、資料の不足から、水道敷設が準既都市化地域ほど古くはなく従来型生活用水システムの記憶が残っている可能性がある都市化進行地域と、水道の敷設が近年で、それによって生活用水システムが変化し始めていると思われる非都市化地域における生活用水システムの時系列的空間的展開については、十分に明らかにすることができなかった。

　家庭レベルでの生活用水システムの変容の実態解明のためにも、これらの都市化前線地域に位置する都市化進行地域や非都市化地域において、聞き取りによる詳細な調査を行ない、生活用水システムの時系列的空間的展開を把握することが必要である。これにより、既都市化地域や準既都市化地域が都市化を迎えていた時期における生活用水システムの変容を推測することも可能と思われる。そこで、兵庫県川西市において、都市化進行地域と位置づけられる西畦野（にしうねの）と、非都市化地域に該当するといえる黒川の2集落を取り上げ、生活用水・排水システムの変化について明らかにし、変化をもたらした要因について明らかにする（図6.2、図7.1）。その際、水道敷設によって生活用

第 7 章　都市化前線地域の生活用水・排水システム　241

図7.1　西畦野と黒川の位置

出典　国土地理院50000分の1地形図「広根」(1988年修正)。

表7.1　川西市西畦野と黒川の世帯数・人口

年	西畦野 世帯数	西畦野 人口	黒川 世帯数	黒川 人口
1955	77	405	88	408
1960	74	401	84	358
1965	75	375	75	331
1970	—	342		286
1975	116	473	68	250
1980	167	682	64	229
1985	244	901	56	186
1990	286	1,075	59	188
1991	357	1,230	63	194
1992	392	1,356	—	195
1993	401	1,357	62	185

資料　『川西市統計資料』。
注　—は不明である。

水システムがいかに変化してきたのかについて注目するとともに、生活用水と排水のシステムの関係性についても注目する。

　川西市では、第二次世界大戦前から南部を中心に、近郊住宅地として人口の増加がみられていた（川西市史編集専門委員会編1980、pp. 274-294）。しかし、本格的な都市化が始まるのは第二次世界大戦後で、大阪大都市圏の拡大により衛星都市として人口が急増する。とくに1960年代から70年代後半にかけては急激な人口の増加がみられる（図6.4）。このうち、1960年代前半までの人口増加は南部地域での密集住宅の建設にともなうものであり、1960年代後半以降の増加は中・北部の大規模団地の開発によって居住した人口によるものである（川西市史編集専門委員会編1980、pp. 531-536）。その後人口増加の勢いは収まり、微増となっている。

　西畦野と黒川では、1955年の時点では、ともに約400人ほどの人口があったが、その後減少した（表7.1、図7.2参照）。西畦野の人口は1970年代前半以降には増加に転じて急増し、1993年には1,357人となった。黒川では人口

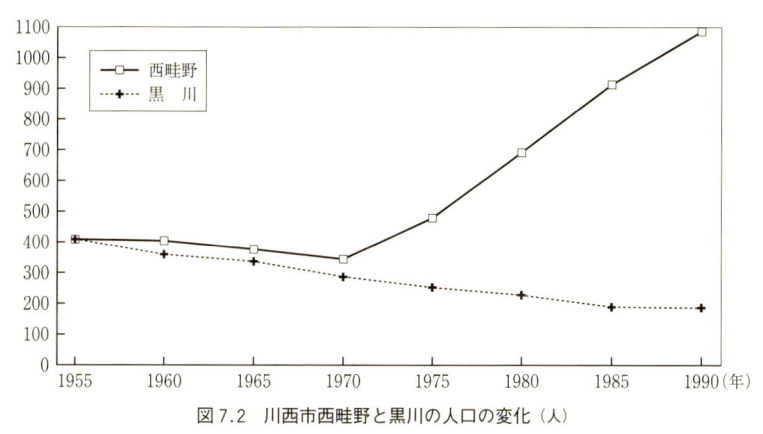

第7章 都市化前線地域の生活用水・排水システム 243

図7.2 川西市西畦野と黒川の人口の変化（人）
資料 『川西市統計資料』。

減少が続き、1993年には185人となった。第6章3節で示した分類では、川西市は準既都市化地域に位置づけられるが、以上に示される人口の推移から、集落スケールでみると、西畦野と黒川はそれぞれ都市化進行地域と非都市化地域に該当するといえる。また、上水道の敷設は、西畦野が1974年、黒川が1991年であり、第6章の最後に指摘したように、調査対象地域における水道普及年が比較的近年である地域が望ましいとする条件に照らしても、両集落を研究対象として取り上げることは適切であるといえる。

　川西市では、急激に増加した人口に対する水道水供給のための水源が不足していた。市内を貫流する猪名川の支流に一庫ダムが建設されることとなり、水道水利権をこれに求めることとなっていたが、ダムの完成が大幅に遅れた。そこで、川西市は、市域北部に開発された中・北部の住宅団地への給水は団地造成業者に行なわせた。川西市では、1967年に宅地開発指導要項が制定され、大規模団地の開発業者に団地の社会基盤施設の建設が義務づけられた（川西市史編集専門委員会編 1980、pp. 548-552）。水道整備もその中に含まれており、各団地ごとに私営の上水道や簡易水道、専用水道が経営された。一方で、中・北部に位置する旧来の集落に対しては、川西市北部水道事業という別の市営上水道を創設し、伊丹市からの分水により1974年から給水を開始した。研究対象地の一つである西畦野には、この事業により上水道が敷設さ

れた。その後、一庫ダムの完成により十分な水が確保されたことから、1981年から82年にかけて、私営の上水道や簡易水道、専用水道、北部水道事業などは全て上水道事業に統合された（矢嶋 1993、pp. 7-9）。その後の拡張工事により、本研究が行なわれた1990年代前半には、市域のほとんどが給水対象区域となっている。

　都市化にともなう開発に起因する水環境の変化、たとえば河川水や地下水などの水質や水量の変化は、生活用水システムに影響を与える点で重要な意味を持つ。黒川は流域の最上流部にあり、集落の上流にはゴルフ場や団地などの宅地はない。しかし、西畦野の場合、一庫大路次川（ひとくらおおろじ）の上流側の地域においてゴルフ場の開発が進み、数多くの施設が開設された（赤阪 1978、pp. 12-13；猪名川町史編集専門委員会 1990、pp. 518-520）。また、一庫大路次川の西畦野より上流側の川西市、豊能町、猪名川町において、多数の大規模住宅地が開発された[1]（笠原 1978、pp. 25-27）。聞き取りによれば、かつては一庫大路次川の水量はもっと豊かで、川石に水草がついていなかったなど水質も良好であったといい、西畦野の住民は一庫大路次川の水文環境の悪化を指摘していた。笠原（1978、pp. 22-37）は、ゴルフ場と大規模住宅団地の開発が猪名川流域の水文環境や水質に及ぼした影響について調査した。これによれば、1974年の西畦野の近隣の観測地点[2]における一庫大路次川の水質については、この地点の上流に位置する2カ所の観測地点や下流に位置する猪名川本流との合流地点と比べて、BOD（生物学的酸素消費量）値とSS（浮遊物質量）値が急激に増加しており、初谷川流域のときわ台、東ときわ台および阪急北ネオポリス（大和団地）による影響と推測している（笠原 1978、pp. 35-36）[3]。

　西畦野の世帯数は1993年現在で401世帯だが、1965年までは70数世帯で推移してきていることから、古くから居住しているのは70世帯程度と思われ、他は団地を中心に移住してきた世帯と思われる。そこで、古くから居住している21世帯と、水道敷設以前に移住してきた3世帯[4]からの、合計24世帯から聞き取りを行なった[5]。このうち、現在も農業を行なっている世帯が19世帯含まれる。一方、1993年現在黒川には62世帯が居住しており、従来から居住している農家4世帯から聞き取りを行なった[6]。

聞き取り項目は、生活用水・排水システムの段階の変遷、水道敷設の受けとめ方、井戸の現状と井戸水利用の変化の理由、渇水時の対応、浄水器・ミネラルウォーターの利用、用途別利用水源（各生活用水・排水システムの段階）である。また、農業的属性との関連を検討するために、家族構成と農業従事の状況、耕作面積と山林の所有（薪炭利用との関連）についても聞き取りを行なった。また、西畦野に移住してきた世帯については、前住地での生活用水・排水システムの状況についても尋ねた。

2 川西市西畦野の生活用水・排水システム

2.1 西畦野の概観

　上述のように、川西市西畦野は都市化進行地域に該当するといえる。西畦野は丘陵の縁に発達した集落で、猪名川の支流である一庫大路次川に沿いに位置する（図7.3）。西畦野における急激な人口増加は、上水道が敷設されてからのことである。最初の開発は1970年代前半の新興住宅地で、集落に近い水田が宅地化された。1970年代後半には集落内に新興住宅地がつくられ、近年まで増え続けてきたという。1980年代後半からは、従来からの集落の向かい側に位置する一庫大路次川左岸の地区が住宅団地として開発された。これらの開発の進展により、西畦野では人口が大幅に増加した。これらの従来からの集落、集落に近い住宅地、川向かいの住宅団地は、川西市の統計上では一つに扱われているが、それぞれに自治会をつくっていて、社会集団を違えている。特に川向かいの地域は距離が遠い上に、小・中学校区が異なり、ほとんど接する機会がないという（福田1991、pp. 17-18）。

　西畦野では、集落内に開発された宅地からの排水が、集落内の用水路に排水されるようになったため、従来から住んでいた住民の中には井戸水の汚染について不安を感じるようになった人もみられた。

　古くからの西畦野の集落は、標高75～90m程に位置し、集落の北側には標高100～140m程の丘陵が広がっている。また、丘陵上には二つのゴルフ場があり、一方は猪名川流域では最も古く1920年に、他方は1965年にそれぞ

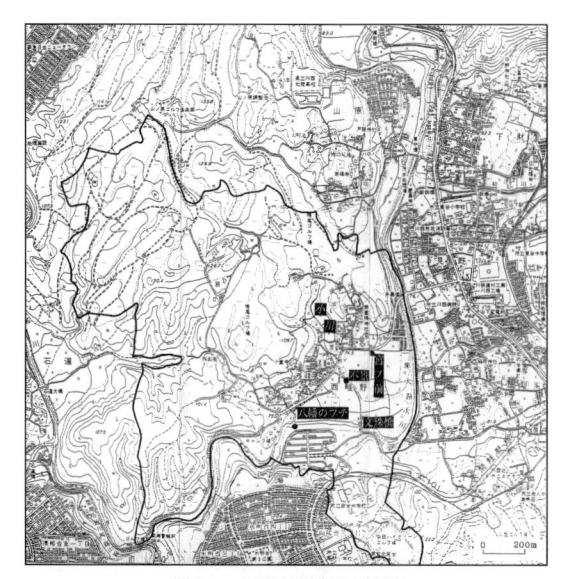

図7.3　川西市西畦野の概観
出典　川西市全図（10000分の1）。約30％に縮小。

れ開設された（川西市史編集専門委員会編 1980、pp. 544-545）。なお、前者のゴルフ場の開設以後、西畦野のムラ社会は、水利や雇用などの面で、このゴルフ場と深いかかわり合いを持ってきているとされる（福田 1991、pp. 12-16）。

　西畦野の集落には、小河川である「小川（おがわ）」が流れている。小川は古くからのゴルフ場から流れてきているが、聞き取りによれば、住民はゴルフ場からの排水流入による水質の悪化を感じていた。また、一部の住民には、ゴルフ場の農薬散布による従来型生活用水源への影響を感じている者がある一方で、ゴルフ場の環境への影響がマスコミなどで取りあげられるようになってからこうした認識をするようになったのではないかとする声もあった。

2.2　西畦野の生活用水源

　西畦野において現在までにみられた生活用水源のうち、飲料用にも用いら

れる水源としては、上水道（浄水器を使用している場合も含む）、井戸、沢水、不景の湧水が挙げられる。また、飲料用には用いられない水源として、大川、ため池、ドンボリ・イケ、宮ノ前の用水路、小川、用水路が挙げられる。

　井戸には、掘り込み式のものと、打ち込みパイプ式のものとがある。なお、かつては水の汲み上げに、振りつるべや車井戸が用いられたが、のちには電動ポンプが用いられるようになっている。ドンボリはドンブリともいい、ドンボリやイケは、天水や湧水が自然にたまったか、用水路水を引き入れた池状のものをいう。大川とは一庫大路次川のことで、おもに文殊橋か対岸の八幡のフチで利用された。

　聞き取りによると、井戸の水の出は世帯によってかなりの差があるとされる。その理由としては、西畦野は集落の北側の「山が浅い」ために西畦野は井戸水が乏しい地域であることが、井戸水の出具合の多少にかかわらず、どの世帯からも聞かれた。また、西畦野は「山が浅い」ために沢水が乏しく、集落内を流れている「小川」の水量は少ないという。ただ、20年ほど前は今よりも水量が多かったとの話が聞かれたが、減少した理由の正確なところはわからない。この井戸の水の出具合が、上水道以前の各世帯における生活用水システムのあり方に違いをもたらしているとみられる。また、世帯における井戸水の出具合は、上水道の敷設に対する印象を異なるものにさせているとみられる。1974年における上水道の敷設は、西畦野の多くの世帯に待ち望まれたものであったといえるが、井戸の水量が豊富であった世帯では費用がかかるようになるくらいの印象しかなかったという。なお、1973年に移住してきた2世帯は、移住時には上水道敷設の話を耳にしておらず、生活用水を得るべくそれぞれ井戸を掘るなどして対応したという。しかし、前住地では水道を利用していたため、かなりの不便を感じたとのことであった。

2.3　西畦野における上水道敷設までの生活用水システム

　西畦野での上水道敷設以前における飲料用の生活用水としては、井戸水の利用が中心であった。しかし、飲料用としては心理的水質が満たされない場合[7]は、不景の湧水に近い世帯ではそれが利用され、遠い世帯では近隣で水

質が良好な井戸を有する世帯から水を貰うことが多かった。なお、不景の湧水については、渇水期や川の増水時、降雨後で水が濁っている時には広く用いられ、飲料用や風呂の水、洗濯のすすぎに利用された。

洗濯のすすぎなど、飲料用以外の用途については、井戸の水量が豊富な世帯では井戸水が利用されていたが、水量が豊富ではない世帯では井戸以外にも水源が求められ、大川や宮ノ前の用水路が利用された。日常的に大川や宮ノ前の用水路を利用していた世帯は、24世帯中18世帯である。宮ノ前の用水路は灌漑期のみ利用でき、おもに集落の東側の世帯が利用していた。大川の利用では、集落の西側の世帯は、大川の八幡のフチを利用することが一般的であった。集落の中央部の世帯は、文殊橋で大川の水を利用していたが、非灌漑期で宮ノ前の用水路水が流れていないときには、集落の東側の世帯も大川の文殊橋で利用していた。大川や宮ノ前の用水路から距離が離れていると感じている世帯では、これらの生活用水が日常的に利用されることはなかった。なお、渇水期や井戸水の少ない世帯では、風呂水や洗濯のすすぎといった雑用水として、ドンボリや用水路、大川、小川、ため池が利用されることがあった。

聞き取りを行なった24世帯における生活用水システムのうち、最も高次な生活用水利用である飲料水の取水方法の変遷は、次のようにまとめられる。

①振りつるべか車井戸→手押しポンプ→電動ポンプ→上水道（10世帯）
②振りつるべか車井戸→電動ポンプ→上水道（9世帯、うち1世帯は上水道敷設後から沢水を併用）
③振りつるべか車井戸→電動ポンプ（沢水併用）→上水道（2世帯）
④電動ポンプ→上水道（3世帯）

電動ポンプの導入以前に手押しポンプを利用していた世帯は、24世帯中10世帯であった。振りつるべや車井戸などから直接電動ポンプへ切り替えた世帯は11世帯であった。西畔野では手押しポンプの利用は第二次世界大戦前からみられたが、もっとも導入が多かったのは1950年代後半であった。

電動ポンプの導入年はまちまちであるが、1960年代に導入された世帯が多い。また、手押しポンプの導入を経て1960年代に電動ポンプへ切り替えた世帯に比べて、振りつるべから電動ポンプへ直接移行した世帯の方が、電動ポ

ンプの導入時期が早いように感じられる。

④はいずれも移住してきた住民におけるものである。

大川や宮ノ前の用水路を日常的に利用していた18世帯のなかには、井戸の水量が豊富であると感じている世帯や、筆者からみてもこれらの水源から決して近いとは思えない世帯も含まれる。こうした世帯による利用の理由として、井戸涸れの防止、社交場的性格、当時の大川の良好な水質が挙げられる。井戸涸れの防止とは、乏水地域という条件から井戸水は飲料用に優先させて温存させ、他の用途には用いないようにする傾向が強かったことである。また、それは多くの場合、地域に長く住んできた各世帯の姑の強い意志によるものであった。

その後、大川や宮ノ前の用水路の利用は、井戸水の豊富な世帯では電動ポンプが導入されるまで続いたが、井戸水の少ない世帯では、1974年に上水道が導入されるまで続いた。これについては、大川や宮ノ前の用水路を利用していた住民は、これらの水の水質悪化を感じていた。電動ポンプの導入により大量の水を容易に得ることができるようになった、井戸の水量が豊富な世帯では、導入とともに大川や宮ノ前の用水路の利用をやめたものとみられる。しかし、井戸の水量が少ない世帯では、電動ポンプが導入されたものの、上水道が敷設されるまで、水質悪化に目をつぶり、大川や宮ノ前の用水路を利用せざるを得なかったとみられる。

上水道敷設以前における西畦野の生活用水システムは、各世帯が利用可能な水源の条件、具体的には、ポンプの導入、水源の水量、水源の水質、水源からの距離に基づき、もっとも適切なもの組み合わされ、利用されてきたといえる。

2.4 西畦野における上水道敷設後の生活用水システムの変化

西畦野における生活用水システムは、1974年の上水道敷設により大きな変化を示した。多くの世帯において、上水道が重要な生活用水源として利用されるようになった。その一方で、従来利用されてきた大川や宮ノ前の用水路、小川は利用されなくなった。小川は、電動ポンプが各世帯に導入されるよう

になった頃から、水質の悪化が目立ち始めていたという。不景の湧水は、近所の世帯が利用することがある程度となり、その後、道路の拡幅により利用しにくくなると、次第に利用されなくなったという。ドンボリやイケは雑用水として利用される程度となり、ほとんどがその姿を消した。

　調査時点における24世帯の生活用水の用途別水源は、飲料用では、浄水器（水道）利用が5世帯、水道利用が10世帯、井戸利用が9世帯であった。風呂用では、水道利用が17世帯、井戸利用が5世帯、井戸と水道の併用が2世帯であった。洗濯のすすぎでは、水道利用が19世帯、井戸利用が3世帯、井戸と水道併用が1世帯であった。庭撒水では、水道利用が7世帯、井戸利用が10世帯、水道と井戸の併用が2世帯、沢水利用・ため池利用・ドンブリ利用・該当なしがそれぞれ1世帯であった。

　次に、もっとも重要な従来型生活用水源である井戸水の利用について、とくに取り上げて検討したい。調査時点においても飲料用として井戸を残している利用している世帯がある一方で、井戸を全く利用しなくなったり、井戸水を雑用水程度にしか用いない世帯もある。川西市の下水道料金は、井戸を利用する世帯は割り増し料金となるために、下水道導入の際に井戸利用をやめた世帯もある。しかし、かねてから井戸水の水質に不安を感じていたことを、井戸利用の廃止や減退の理由として挙げる世帯も少なくない。ほかには、水まわりを変更した際に利用をやめたことを理由とする世帯も少なくなく、その背景には、若い世代の世帯員が井戸を利用したがらないことがあるとみられ、水道利用地域から嫁いできた女性の場合が多い。

　逆に井戸を残している世帯では、井戸の心理的水質が良好であることを理由にするものが多い。そのほか、水道料金が安く済むことを理由とするものもあるが、この世帯の場合には、井戸水の利用は用途全般にわたっている。

　生活用水システムのあり方には、世帯の特性との関係性がある程度存在するとみられる。

　飲料用に浄水器を利用しているのは5世帯であり、このうち4世帯では井戸水を雑用水として利用している。この4世帯はいずれも60代以上の年輩者が家庭の主力にある世帯である。残りの1世帯は下水道料金対策のために利用をやめたが、やめるまでは全用途にわたって井戸水を利用していた。な

お、5世帯は農業的属性が強く、いずれも息子が農業を兼業している。井戸水を飲料用に利用しているのは9世帯で、いずれも井戸水の心理的水質は良いと認識している。また、いずれも60代以上の年輩者が家庭の主力にある世帯で、多くの場合には、世帯の農業的属性が強い。

　水道水を飲料用に利用しているのは10世帯であるが、うち3世帯が非農家で、1世帯が元農家である。残りの6世帯は、農業的属性が強いものの、家庭の主導権は年輩者ではなく息子の世代となっている。

　こうした井戸水利用については、農業的属性との関連性があるようにみられるものの、非農家世帯からの聞き取りが少ないために明言はできない。しかし、農家としての伝統的生活様式を残存させる傾向が一因となり、井戸の利用も残っている可能性もあるものと思われる。農家の伝統的生活様式の一つとして薪の利用が挙げられるが、薪の利用と生活用水システムとの関係性について検討したい。

　調査対象となった24世帯において、台所仕事に薪を使用する世帯はなかったもの、風呂を沸かすために所有する山林から得られる薪を利用する世帯が10世帯ある[8]。また、風呂の水に井戸水を利用する世帯が7世帯あるが、このうち6世帯が風呂を沸かすために薪を利用しており、これらにはなにがしかの関連性があるように思われる。そこで、風呂を沸かすために薪を利用する10世帯に対して、生活用水システムのあり方について検討したい。

　これらの10世帯のうち、6世帯は風呂を沸かすために井戸水を利用している。その6世帯のうちの5世帯は井戸水を飲料用として利用し、井戸の水質も良好であると考えている。残りの1世帯は浄水器を飲料用として用いていて、井戸の心理的水質は必ずしも良好であるとは思っていない。5世帯が井戸水を飲料用として利用する理由として、水のおいしさが挙げられたほか、昔からの習慣や、水が夏暖かく冬冷たいことが挙げられた。

　これら10世帯のうちの残りの4世帯、つまり風呂の水を井戸水ではなく水道水を利用していている世帯について、水道水に切り替えた理由としては、ソーラー温水器を利用することとなり、機器への悪影響を避けるためとした世帯が複数ある。それら4世帯のうち3世帯は飲料用に浄水器を利用し、残りの1世帯は飲料用水に水道水を利用している。

なお、風呂の水に井戸水を用いるものの薪の利用はない1世帯は、移住してきた世帯である。この世帯は非農家ではあるものの西畦野の農家の分家であり、山林は所有していないものの移住当時は本家の山林から薪を得ていた。水に対する関心は高く、生活用水ではかなりの節水を行なっている。

なお、調査対象となった24世帯のうち、飲料用に井戸水を利用している世帯は9世帯であるとしたが、そのうち風呂の水に井戸水を利用している5世帯をのぞいた、風呂に薪や井戸水を利用していない4世帯は、井戸の水量が少ないと感じているが、水質は決して悪いとは思ってはいない[9]。また、これらの4世帯の山林所有については、2世帯はかつては山林を有してはいたが団地やゴルフ場に売却した。また、1世帯は所有していて、30年ほど前までは風呂に薪を利用していたが、現在は利用していない。残りの1世帯は移住者で、山林を所有してはいない。もしこれら4世帯の井戸の水量が多ければ、調査時においても風呂の水に井戸水が使用されていた可能性がある。また、山林を失った2世帯も、山林を所有し続けていれば、風呂の薪利用を続けた可能性がある。

以上のように、薪の利用と井戸水の利用には、ある程度の関係性が認められる。調査時点において飲料用に井戸水を利用しているものの、風呂には薪や井戸水の利用を行なっていない世帯が、もし風呂の井戸の水の量が多く山林を所有し続けていれば、その後も風呂に井戸水や薪が利用されていたかもしれない。現代における農家における井戸利用の残存は、風呂を沸かすために薪を利用するように、伝統的な生活様式として残っているという側面もあるといえる。

2.5 西畦野における生活排水システムの変化

西畦野において調査時点までにみられた生活排水先には、以下のものがある。

　　下水道　　小川　　用水路　　くみとり　　個人浄化槽　　ハシリサキ
　　フロサキ　　ショウベンタメ　　コエダメ

ハシリサキとは台所の下に排水をためるようにしたカメなどをいう。フロ

サキとは風呂の下に風呂の排水をためるようにしたカメなどをいい、多くはショウベンタメと兼用するものであった。

　下水道・小川・用水路・くみとり・個人浄化槽は、排水を集落の外へと排出することを目的としていたのに対し、ハシリサキ・フロサキ・ショウベンタメ・コエダメは排水を肥料として利用するために設けられていた。しかし、電動ポンプの利用や上水道の敷設のために生活用水の使用量が増加するとハシリサキやフロサキが機能しなくなり、使用をやめた世帯がほとんどである。排水が用水路や小川に流されるようになり、これらの水質汚濁も進んだ。なお、ほかの世帯が用水路に排水をしていたにもかかわらず、しばらくの間ハシリサキやフロサキを利用していた世帯もあるが、ごく少数である。移住してきた世帯では、排水の農業への利用がないために、移住時から用水路へ排水を流していた。1991年から下水道の建設が始まり、調査時点において一部利用が始まっている。

　これらの状況から、排水が用水路や小川を流れるようになると用水路水や井戸水の心理的水質が悪化し、生活用水源として見放されるようになった。それにともなって、用水路がより排水路としての性格を強めて機能するようになってきたといえる[10]。

　屎尿処理については、くみとりの開始年がはっきりとしない。なお、一部の世帯では、くみとりが開始されてから後、近年までコエダメやショウベンタメの利用が続き、肥料として利用されていた。

3　川西市黒川の生活用水・排水システム

3.1　黒川の概観

　はじめに述べたように、黒川は非都市化地域に該当するといえる（図7.4）。黒川は三方を山に囲まれた谷あいの集落で、一庫大路次川の支流の田尻川のさらに支流の黒川（本川）[11]沿いにあり、この本川は妙見山から流れ出している。集落の上流側は妙見口駅のある豊能町の吉川地区に近く、つながりも深いとされる[12]。黒川の大字内には二つのゴルフ場がかかっているが、

254　第Ⅱ部　都市域における生活用水・排水システムの展開

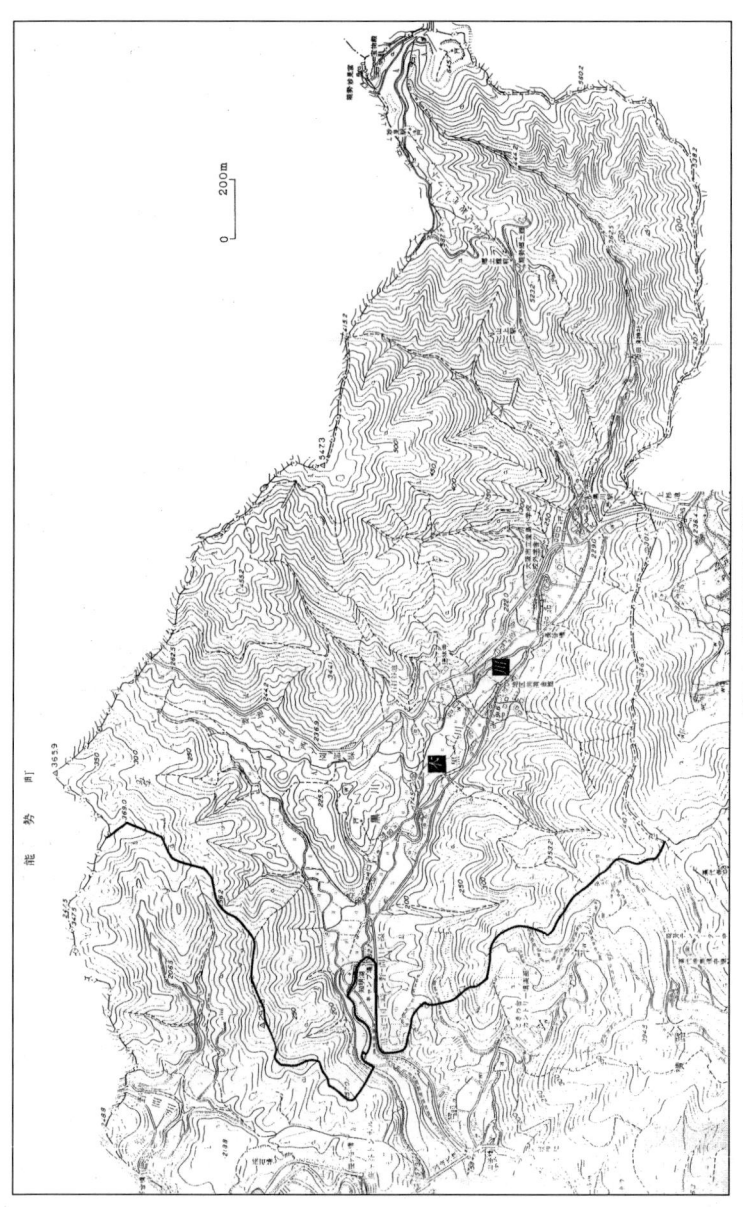

図 7.4　川西市黒川の概観

出典　川西市全図（10000分の1）。約40％に縮小。

それらは下流側であり、また、ともにごく一部が黒川に含まれるにすぎないので、生活用水システムに直接的に影響を及ぼすことはないとみられる。聞き取りによれば、黒川では、古くからの農家のほか、能勢電鉄ケーブル線の黒川駅付近に移住者の世帯があるが、そうした世帯数は少ないとのことである。

聞き取りによると、黒川は南側の「山は浅」く、南側の集落は水の出はよくない。北側の山も「一見深そうに見えるが深くはない」という。そのため、北側の井戸の出もよくはなく、生活用水で苦労しなかった世帯はないとのことである。世帯によっては沢水を利用するものも少なくなかった。そのため、1991年の上水道敷設は、住民には待ち望まれたものであったという。

3.2 黒川の生活用水源

聞き取りによれば、黒川において現在までにみられた生活用水源は次のとおりである。すなわち、飲料用にも用いられる水源として、

　　上水道　　旧黒川小学校の小規模水道[13]　　井戸　　沢水

また、飲料用には用いられない水源として、

　　本川　　ため池　　ドンボリ・イケ　　用水路

が挙げられる。なお、沢水はパイプで敷地内に引きいれられて、タンクや井戸にためるなどして利用されていた。のちにはこれらの水も電動ポンプにより屋内で利用されるようになった。なお、調査した4世帯では浄水器は利用されていなかった。

3.3 上水道敷設以前の生活用水システム

黒川における上水道敷設以前の生活用水は、飲料用には井戸水や沢水を中心とした利用がされていたという。飲料用以外の用途には、井戸や沢水の水量の豊富な世帯ではそれらを利用し、水量が豊富ではない世帯では井戸や沢水以外にも水源を求めた。黒川の場合、西畦野よりも生活用水源の種類が少なく、本川やため池の水、旧黒川小学校の水道が利用されたことが多かった。

また、ドンボリや用水路、本川、ため池の水が日常的な雑用水として、渇水期の場合は風呂の水や洗濯のすすぎ水として利用されていたという。

聞き取りを行なった4世帯における生活用水システムのうち、最も高次な生活用水利用である飲料水の取水方法の変遷は次のようにまとめられる。

①振りつるべの深井戸と振りつるべで沢水引入れの浅井戸→電動ポンプの深井戸と振りつるべで沢水引入れの浅井戸→上水道
②車井戸の深井戸と振りつるべで沢水引入れの浅井戸→電動ポンプの深井戸と振りつるべの浅井戸→上水道
③沢水と振りつるべの深井戸→タンク貯水の沢水と電動ポンプの深井戸→上水道
④沢水と渇水時振りつるべで深井戸→タンク貯水の沢水と渇水時振りつるべの深井戸→上水道

である。電動ポンプの導入は①が1975年、③は1982年であった。

図7.4をみての通り、黒川では家々が密集していないことに加え、上流側に集落やゴルフ場などがないことから、調査の限りでは井戸水や沢水の汚染について、懸念の声はなかった。しかし、先に記したとおり、井戸水や沢水の水量が少なく、渇水期には井戸や沢が涸れてしまうことがしばしばであった。そのため、水道の敷設が熱望されていて、川西市役所へ要請に出かけることもあったという。ただし、水道のない生活に慣れていたために、水道が敷設されることについてとくに印象がなかった世帯もあった。

3.4　黒川における上水道敷設以後の生活用水システム

1991年における上水道の敷設により、黒川でも生活用水システムが変化を始めた。3.3に示した①と④の世帯では、従来型生活用水システムはほぼ利用されなくなり、上水道利用に切り替わった。これについては、①の世帯では、従来型生活用水である井戸水と沢水の心理的水質がもともと良くなく、しかも水量が少ないと感じていたことが要因として挙げられる。なお、

調査時点において、①ではミネラルウォーターも利用されている。④の世帯では従来型生活用水である井戸水と沢水の水量が渇水期に不安定になることから、1992年に水まわりを変更した際に、従来型生活用水システムから水道利用へと生活用水システムを切り替えた。

②と③の世帯では、ほとんどの用途において、深井戸・浅井戸・沢水の従来型生活用水源が利用されている。この2世帯とも井戸の心理的水質は良好であり、②は井戸の水量が多いとしているが、③は決して多くはないとしている。③では一部食器洗いや風呂、洗面にも水道水を用いているとのことだが、これは温水器を導入したことで、機器の故障を防ぐためとみられる。また洗車にも水道水を用いているが、水圧が得られることがその理由であった。ただ、こうした③の状況は、従来型生活用水源である沢水と深井戸の水量が十分とはいえないことも影響している思われる。

3.5 生活排水システム

聞き取りによれば、黒川において現在までにみられた生活用水の排水先には以下のものがある。

　　本川　　用水路　　くみとり　　ハシリサキ　　フロサキ　　ショウベンタメ　　コエダメ

聞き取りによれば、電動ポンプの利用などにより生活用水の使用量が増加したため、ハシリサキやフロサキが機能しなくなって使われてなり、排水が本川や用水路に直接排出されるようになったという。屎尿処理については、くみとりの開始は1977年頃であり、それまではコエダメやショウベンタメの利用が続いていた。

4　都市化前線地域における従来型生活用水・排水システム

都市化進行地域である西畦野は、都市化の進行に直面して、住民の従来型

生活用水に対する心理的水質が悪化してきている。そのことが、世帯レベルの生活用水システムの変化につながってきた。生活排水システムの変化は都市化の一端であり、生活用水システムの変化のきっかけとなった。

一方、非都市化地域である黒川は本格的な都市化を体験していないために、住民は従来型生活用水の心理的水質に対して比較的高い評価をしてきた。しかし、そうした状況下における上水道の敷設は、心理的水質に変化をもたらした。すなわち、上水道の敷設によって、従来型生活用水よりも水道水の心理的水質を高いと評価する世帯が出現したことである。都市化が及んでいないにもかかわらず上水道が敷設されると、従来型生活用水よりも近代的な水道水のほうが、より高次な水質の生活用水として位置づけられうる。

住民一人一人による違いはあるものの、傾向として、世帯レベルの生活用水システムの展開のずれは、都市化とある程度対応しているといえる。その基底には、都市化にともなう水環境の汚染に対する具体的あるいは漠然とした懸念があり、それらが世帯における生活用水システムの変化を引き起こしていくきっかけとなっていると思われる。

5　おわりに

本章では都市化進行地域である川西市西畦野と、非都市化地域である川西市黒川において、従来型生活用水システムをも含む生活用水システムの展開について、世帯レベルで明らかにした。

それらを踏まえて、第6章で指摘した従来型生活用水システムや水道水に対しての心理的水質、従来型生活用水の量的充足との関係性を中心に整理する。

従来型生活用水システムの利用は、各世帯の心理的水質・水量に大きく影響されるといえる。すなわち、従来型生活用水システムの

- 水質が良く、水量が多い世帯では、家事全般に利用、
- 水質は良いが、水量が少ない世帯では、飲料用のみに利用、
- 水質は悪いが、水量が多い世帯では、飲料用以外の家事に利用、

・水質が悪く、水量が少ない世帯では、上水道を利用、

という4パターンがみられる。その際、生活排水システムの変化が地域の水環境を悪化させ、心理的水質を変化させる最も大きな因子の一つとなりうる。

　従来型生活用水システムでの生活用水の利用と伝統的生活様式との関連は決して小さくないことはいえるが、なによりも井戸利用世帯が概して井戸水の心理的水質を高く評価している傾向があることに注意が必要である。そうしたなかで、伝統的生活様式が習慣として残り、従来型生活用水システムも習慣として残ってきたものとみられる。

　習慣として残ってきた従来型生活用水システムは、維持費用がいるものの、水道のように料金を払う必要がない。利用者にとっては、「水道料金を節約できる」経済的な生活用水システムであることから、心理的水質が良好であれば従来型生活用水システムを利用する方が望まれるといえる。なお、このような世帯では、カルキ臭を嫌う人が少なくない。水道水の心理的水質が低く、従来型生活用水の心理的水質が悪化した場合には、飲料用水は水道水よりも心理的水質が高い水源、すなわち、多くは浄水器の利用へと指向させるといえる。

　都市化前線地域における本章での研究から、生活排水システムが地域の生活用水システムのあり方に少なからぬ影響を及ぼしていることが明らかにされた。都市圏とは異なる地域を研究対象として設定し、生活用水システムとともに生活排水システムの視点を加え、それらの展開に影響をもたらす要因を比較検討することも課題の一つとなった。

注
1) 川西市においては、大和（1965年造成開始～1970年造成完成、以下これに従う）、緑ヶ丘（不明～1965年）、阪急日生（1970年～）、豊能町においては、ときわ台（1967年～72年）、光風台（1971年～76年）、東ときわ台（1974年～80年）、猪名川町においては、阪急日生（1970年～）といった大規模住宅地が開発された。
2) 豊能町から一庫大路次川に流入する初谷川との合流点に近い地点と思われる。
3) 笠原（1978、p. 34）は1976年にときわ台の汚水処理槽の排水を測定し、処理槽

を通過した水でも、ある程度までしか浄化されていないことを指摘している。
4) 移住年は1966年が1軒と、1973年が2軒である。
5) 聞き取り調査は1994年8月を中心に行なった。
6) 聞き取り調査は1994年11月を中心に行なった。
7) とくに金気が多い場合である。
8) 1994年春に薪利用をやめた1世帯を検討に含める。
9) 科学的水質は良くないとしている世帯であっても、心理的水質は悪くはないという。
10) こうした状況は、生活用水・排水システムに関する大山（1992）や桜井（1984）などの研究で指摘されてきた、用水路等の排水路化の事例と同じ状況といえる。
11) 川の名称は正式には「黒川」というが、集落名との混乱を避けるため、黒川で通称されてきた「本川」を用いる。
12) 1895（明治28）年には、水利の問題や冠婚葬祭などでの大阪府とのつながりの深さから、近隣の数か村とともに大阪府への編入問題が生じたほどである（川西市史編集専門委員会編 1980、pp. 154-162）。
13) 特設水道にも該当しない小規模の水道が存在し、学校内に給水していた。

文献

赤阪　晋（1978）「丘陵の大規模宅地開発―猪名川流域―」赤阪　晋編『図説地域研究』地人書房.

猪名川町史編集専門委員会編（1990）『猪名川町史第3巻』猪名川町.

大山佳代子（1992）秋田県鹿角市花輪地区における生活用水の利用体系とその変遷、秋大地理39.

笠原俊則（1978）「猪名川流域における開発とそれにともなう水文環境の変化」人文地理 30-6.

川西市史編集専門委員会編（1980）『川西市史第三巻』兵庫県川西市.

桜井　厚（1984）「川と水道―水と社会の変動―」鳥越皓之・嘉田由紀子編『水と人の環境史―琵琶湖報告書―』御茶の水書房.

新見　治（1989）「飲み水と地域性」地理 34-8.

福田尚子（1991）「開発が進む村落地域の研究―川西市の大字西畦野を事例に―」平成2年度関西大学卒業論文.

藤岡謙二郎（1983）「猪名川流域3市3町」藤岡謙二郎監修、歴史地理学研究所編『近畿野外地理巡検』.

矢嶋　巌（1993）「川西市の水道事業」千里地理通信 28.

第Ⅲ部

村落域における生活用水・排水システムの展開

第8章 但馬地域における水道の展開

1 はじめに

　1996年度末において、日本の水道普及率は96.0％ときわめて高く、その内訳は、上水道90.0％、簡易水道5.4％、専用水道0.5％である[1]。水道の未普及地域では、個人用井戸や上記に該当しない小規模水道によって給水されている場合が多いとみられる。山間地域においては、小規模水道や自家用のパイプなどによって給水されている姿を目にすることが多い。

　山間地域を擁する市町村では簡易水道の普及率が比較的高い。簡易水道には、町内一円を給水区域とする統合簡易水道もあれば、集落単位で給水される小規模な場合もある。また、簡易水道には集落や水道組合などにより運営される非公営水道もあるなど、運営方法も多様である。

　兵庫県は全国的にみても早期に水道が高普及率になった県で、それは上水道を中心としたものであった。ところが、兵庫県内では水道の普及過程に地域的な違いがあり、広い山間地域を有する県北部の但馬地域の場合、簡易水道や小規模水道が中心となって急速に普及し、1995年度における但馬地域の簡易水道の普及率は36％を占めている。但馬地域で簡易水道整備が急速に進展した時期は、1952年度に厚生省（現厚生労働省）が簡易水道に対する補助金制度を開始した直後からしばらくの間で、全国的な簡易水道建設ブームが起こった時期とほぼ一致している。

　浜坂保健所（1986）の調査では、比較的早期に敷設された小規模な簡易水道や特設水道の場合、水道施設の老朽化、水量の不足、浄化・消毒装置の不十分さなどが指摘されている。また、早期に敷設された水道施設には、組合

や集落によって建設されたものが多く、現在でも組合や集落による自治的運営、すなわち非公営で運営されているものが少なくない。さらに、これらの水道施設の中には消毒施設が長期間使用されていない例も報告されている。このように、簡易水道や特設水道には、管理が不十分なものがあることが指摘され、問題となってきた。

　厚生省水道環境部水道行政研究会 (1993) によれば、水道施設数を減少させる統合化を推し進めることによって、水道事業の規模拡大による効率化や料金や負担の均衡化のほか、上記のような管理の不備が生じることのないような維持管理の向上などを進めることができるとされる。非公営水道の公営化にもこのような側面があると思われる。

　しかし、非公営の水道施設の持つ利点も指摘できる。それは、水道の運営それ自体が、過疎化の進行で崩壊しつつある山間地域の村落共同体を保持する一つの要因になりうるということである。また、小規模の水道が分散して存在していれば、災害時などの緊急事態においても、水道管遮断による地域の全面断水を避けることができる。かねてより家庭や集落レベルでの生活用水源の分散化による災害対応の必要性が言われてきたものの、その重要性が一般にまで認識されたのは1995年の阪神・淡路大震災以後で、しかもそれは都市部を中心とした議論であり、多くの山間地域ではその段階には至っていないように感じられる。今、規模の小さな水道を統合、公営化していく流れの中で、例え雑用水道という形態であっても、これらの水道を保持していく必要はないのだろうか。一元化が持つ利点は認めつつも、それがもたらすリスクについても考えていく必要を感じる。

　兵庫県水道施設現況調書には簡易水道や特設水道の経営区分が示されているが、この中には、実質的には非公営であるにもかかわらず、名目上は公営になっている、もしくは公営になっていたものがあるほか、同じ水道でも年度によって公営・非公営が入れ替わるものもある。このような非公営の小規模な簡易水道や小規模水道は全国的にもみられ、行政側からは問題として提起されるものの、研究対象としてあまり取り上げられてこなかった（土井編 1985、浜坂保健所 1986、矢嶋 1999）。

　種々の生活用水に関する研究の中で、こうした小規模な簡易水道、小規模

水道、非公営水道などを中心に扱った研究は多くはない。例えば笠原 (1983・1988)、原田 (1986) などがあるものの、山間地域を対象としたものはほとんど見られない。また、普及率を指標にした水道の展開に関する研究には、笠原 (1988)、秋山 (1990)、大山 (1991)、肥田 (1995)、原 (1996) などがあるが、ほとんどの研究が上水道、簡易水道、専用水道を対象としたもので、大山が水道法に基づかない小規模水道を対象に含めているに過ぎない。ただ、大山の研究においても、上水道、簡易水道、専用水道の各普及率について、1965年以降を取り上げているのに対し、小規模水道のそれは資料的制約から1970年以降を対象としている。

　水道に関する統計については、水道法の適用を受ける上水道、簡易水道、専用水道については、日本水道協会編の『水道統計』が、1965年度以降の全国の市町村単位における給水人口を示している[2]。それ以前の上水道については、日本水道協会編 (1967)『日本水道史（各論編）』に給水人口が示される。しかし、小規模水道については、水道法の適用を受けないため全国的なデータは整備されておらず、各都道府県の生活衛生担当部局の水道施設報告書に相当するものに限られる。ただし、都道府県によりデータ整備開始時期が異なっていたり、古い年度が散逸している場合もある。兵庫県が条例で定める小規模水道である特設水道については、上水道、簡易水道、専用水道も含めて、1961年度以降のデータが『兵庫県水道施設現況調書』（兵庫県健康福祉部生活衛生課）として整備されている。

　そこで本章では、『兵庫県水道施設現況調書』を用い、広く山間地域を擁する但馬地域を事例として、小規模水道である特設水道を含む水道の展開を明らかにすることを目的とする。まず、全国の簡易水道建設ブームのきっかけにもなった簡易水道に対する補助金制度について概観する。次に、さまざまな特徴を示す兵庫県の地域ごとにおける水道の展開の多様性を明らかにする。その上で、県内の他地域とは異なる展開をたどった但馬地域の水道普及について検討し、最後に考察と研究課題を提示したい。

　なお、通常いう水道普及率とは上水道、簡易水道、専用水道の各普及率を合算したものであるが、本章では兵庫県内の水道普及率について、特設水道を含めた水道普及率を総水道普及率と呼ぶこととする。

2　第二次世界大戦後の簡易水道に対する補助金制度

　表1.1に示される通り、1950年までは全国的に簡易水道の施設数は大きくはのびず、普及率も低かった。

　第二次世界大戦後の産業復興にともない、都市部を中心に水道敷設が進行し、上水道普及率は飛躍的に上昇した。他方、農山漁村部においても水道敷設の要望が高まり、厚生省では1952年度から簡易水道に対する国庫補助を開始した。1953年には厚生省により簡易水道敷設規則が定められ、整備計画のもとで簡易水道の敷設が促進された。これを契機として各地で簡易水道建設がブームとなってひろがり、表1.1に示されるように、簡易水道は事業数・普及率ともに大幅に増加した。ただし、補助金配分額よりも補助申請額の方が多いために、補助を受けられないまま敷設された簡易水道や、都道府県の補助で敷設された簡易水道もあった。また、1960年頃までは簡易水道に対する国庫補助予算は大幅な増額がなされず、実質的には4分の1の補助率を下回っていた（日本水道史編纂委員会編1967；森下1985；「近代水道百年の歩み」編集委員会編1987）。

　1952年度の簡易水道敷設に対する補助金制度の開始時は、町村による公営、都道府県知事の認可、飲料水に起因する疾病多発地区、対象給水人口2,000～5,000人などの要件を満たしていることが補助の条件であった。また、補助額は補助対象事業費の4分の1以内であったが、1966年度からは財政力の低い市町村に対しての補助率が3分の1まで引き上げられた。

　なお、1954年度を最後に、上水道に対する国庫補助金は廃止された。それは、簡易水道整備に重点を置くためとともに、上水道事業に対する資金融通、斡旋をはかることとなったためである。上水道事業に対しては、1967年度からは水道水源開発や水道広域化に対する補助金制度が開始された。また、その後も浄水場排水処理施設や水質検査施設の整備、高度浄水処理施設の整備、老朽管の更新事業、緊急時対策に対する補助などが実施されてきている（森下1985；「近代水道百年の歩み」編集委員会編1987）。

　一方、当時の農林省は、1956年度に閣議決定した「新農山漁村建設総合対

策」のなかで、「共同給水施設」という名称の水道施設整備を補助対象項目に設定し、1956年度から61年度まで国庫補助を行なった。この共同給水施設の給水人口は原則として100人以下で、国庫補助率は5割以内とされた。この間に全国に1,748カ所の共同給水施設が敷設された。ただし、消毒装置の設置は義務づけられていなかった。1962年度以降は厚生省へ移管され、補助率4割の飲料水供給施設として補助金交付が開始された（農林省農政局構造改善事業課編編1965、坂本編1975）。

この他、離島や無水源地域などの簡易水道敷設補助金も設定されたほか、それまでの補助金制度も改善が図られてきた（日本水道史編纂委員会編1967）。

敷設された簡易水道や専用水道は、浄水・滅菌施設を伴っているとは限らなかった。そのため、これらの小規模な水道が汚染源とみられる水系伝染病が、第二次世界大戦後、毎年のように発生していた。厚生省の調査によると、1950～66年の間の水道による汚染例の原因は、消毒設備を有さないか、消毒不実行、あるいは故障していた事例が42％、断水時に汚水を吸引していた事例が27％であった。なお、1960年度末現在で、全国の簡易水道のうちの78％が、また専用水道のうちの80％が、浄水施設を伴わない水道であった（日本水道史編纂委員会編1967）。そのため、1960年代には消毒設備の整備や施設の管理についての厚生省からの通達が繰り返され、都道府県や保健所による水道や飲料水供給施設などへの指導が強化された（「近代水道百年の歩み」編集委員会編1987）。

当初の簡易水道の敷設は、自然流下のみで給水できる場合や井戸水・湧泉などが水源として利用できるなど、比較的低資金で建設でき、塩素消毒をすれば給水できるところが優先され、多額の資金を要する簡易水道の敷設は、財源の豊かな地域や資金確保を行なった地域に限られていた。他方、都道府県による補助や農林省の新農山漁村建設総合対策による補助が小規模な水道の敷設を促進した結果、小規模な簡易水道・飲料水供給施設が全国的に多数分布する状況になった。この状態は、その形態から当時「ブドウ状水道」と呼ばれ、維持管理面で問題になっていた。また、計画給水人口が5,000人をこえると上水道となり、簡易水道としての補助金交付の対象から外れるために、該当する地域で水道の敷設が進まない一因となっていた。そこで、1958

年に、厚生省は都道府県担当部署に対し、都道府県ごとに将来計画を樹立し、小間切れな水道施設を合理的な広域の水道形態にまとめることを求める通達をだした。そして、1959年からは、こうした対策に広域簡易水道整備として補助金が交付されることとなった（土井編1985）。

都道府県による水道への補助事業としては、兵庫県の場合は、自治振興事業の助成として、国庫補助の対象となった簡易水道事業の工事について、財政力指数の低い自治体に工事費の補助をしているが、同指数がさらに低い自治体については、国庫補助対象以外の簡易水道や飲料水供給施設も対象として補助を行ない、補助率も若干高く設定している。なお、兵庫県では1962～74年度にかけて小規模水道統合合理化県費補助事業を行ない、小規模な水道の統合化・広域化をはかったとされるが（土井編1985）、詳細は不明である。

表1.1に示すように、1965年をピークとして日本における簡易水道の施設数・給水人口、専用水道の給水人口は減少に転じた。これは上述の簡易水道の広域化の流れを受けて、全国で簡易水道が新設された一方で、それを上回って簡易水道や専用水道の上水道への編入や、簡易水道相互の統合が進んできたことによるものと考えられる。

3　兵庫県における水道の展開

3.1　地域別水道普及率の変化

兵庫県は日本全体のなかでは早くから水道普及率が高かった地域である。これは、阪神工業地帯に含まれる神戸市と阪神地域を中心とする瀬戸内海側での都市化の進行で、早期に近代水道が整備されたことによるとみられる。

水道普及率の推移をみると（表8.1）、兵庫県では、上水道普及率の上昇が水道普及率を押し上げてきた。一方で、簡易水道普及率も上昇してきたが、1975年度をピークにして漸減傾向にある。専用水道、特設水道はその普及率を下げ続け、これらの水道に依存する人口がほとんどなくなってきている。

また、水道施設数の推移をみると（表8.1）、上水道は1980年度まで増加

第 8 章　但馬地域における水道の展開　269

表8.1　兵庫県における水道の推移

	1961年度 普及率	施設数	1965年度 普及率	施設数	1970年度 普及率	施設数	1975年度 普及率	施設数	1980年度 普及率	施設数	1985年度 普及率	施設数	1990年度 普及率	施設数	1995年度 普及率	施設数
上水道																
神戸市	92.4	1	94.9	2	95.0	3	96.2	3	97.4	3	98.6	3	99.5	3	99.6	2
阪　神	78.9	8	89.1	10	95.5	13	96.3	15	98.1	13	98.3	9	98.8	9	98.9	9
東播磨	37.9	9	55.5	9	71.2	14	83.1	16	91.0	17	94.3	15	94.9	15	95.3	15
西播磨	41.4	8	57.3	11	76.3	15	85.4	16	87.5	17	89.6	16	89.7	17	90.7	17
但　馬	20.4	5	23.2	7	45.4	10	54.6	12	59.4	12	59.8	12	60.9	12	62.3	12
丹　波	12.5	2	20.4	4	27.6	4	34.1	6	56.3	8	57.1	8	57.7	8	59.6	8
淡　路	30.8	7	39.5	10	70.5	11	82.7	10	85.4	10	90.4	11	91.4	11	93.3	11
県　計	62.4	40	73.1	53	83.7	70	88.7	78	92.0	80	93.5	74	94.3	75	94.7	74
簡易水道																
神戸市	0.8	44	1.8	61	1.7	65	2.7	72	2.3	56	1.3	28	0.4	17	0.3	15
阪　神	0.8	16	1.2	17	0.9	14	1.7	17	0.9	11	0.7	6	0.6	7	0.6	5
東播磨	7.6	71	10.0	73	8.2	52	9.0	59	6.3	38	5.0	34	4.7	31	4.1	26
西播磨	6.8	87	9.1	93	7.4	79	5.7	75	6.5	75	6.6	58	7.4	55	7.4	52
但　馬	32.5	235	39.4	249	36.4	226	36.7	200	36.9	181	36.8	142	37.2	131	36.0	111
丹　波	19.2	42	23.3	45	32.7	45	43.0	47	39.5	40	39.2	37	39.0	23	39.6	23
淡　路	2.2	12	4.9	13	8.2	12	10.6	15	11.3	17	6.9	12	7.0	12	4.7	11
県　計	5.4	507	6.8	551	6.0	493	6.6	485	5.8	418	5.1	317	4.8	276	4.6	243
専用水道																
神戸市	0.7	8	0.6	14	2.1	24	0.5	28	0.0	33	0.0	29	0.0	28	0.0	24
阪　神	1.8	23	1.5	24	0.7	31	0.7	27	0.3	29	0.2	29	0.1	30	0.1	20
東播磨	4.6	42	3.7	37	2.1	31	1.1	34	0.5	34	0.3	33	0.1	31	0.1	25
西播磨	3.7	22	5.4	19	3.5	17	1.8	22	0.6	25	0.4	6	0.2	17	0.1	12
但　馬	2.7	8	2.8	9	1.4	7	0.9	6	0.6	6	0.5	6	0.0	4	0.2	4
丹　波	0.6	3	0.6	3	0.5	2	0.4	5	0.4	4	0.2	4	0.1	2	0.0	0
淡　路	0.7	1	0.4	1	0.5	2	0.4	2	0.1	2	0.1	2	0.1	2	0.1	2
県　計	2.2	107	2.2	107	1.8	114	0.9	124	0.3	133	0.2	109	0.1	114	0.1	87
特設水道																
神戸市	0.0	42	0.0	43	―	46	0.0	29	0.0	19	0.0	19	0.0	18	0.0	20
阪　神	0.1	43	0.1	49	0.1	59	0.1	72	0.0	65	0.0	58	0.0	43	0.0	27
東播磨	0.4	182	0.5	145	0.3	98	0.2	71	0.1	59	0.1	49	0.0	42	0.0	36
西播磨	0.9	234	1.0	189	0.6	119	0.5	107	0.5	91	0.3	82	0.2	67	0.1	54
但　馬	2.8	148	3.0	137	2.2	85	1.7	66	1.3	44	1.3	41	1.0	35	0.9	34
丹　波	1.3	68	1.4	66	1.2	43	1.1	33	0.4	13	0.4	13	0.2	14	0.5	15
淡　路	0.8	95	0.7	80	0.5	26	0.4	19	0.3	29	0.3	16	0.1	12	0.2	7
県　計	0.5	812	0.5	709	0.3	476	0.3	397	0.2	325	0.1	278	0.1	231	0.1	193
総水道																
神戸市	94.0	95	97.3	120	98.7	138	99.5	132	99.7	116	99.9	79	100.0	66	99.9	61
阪　神	81.7	90	91.9	100	97.2	117	98.8	131	99.3	118	99.2	102	99.5	89	99.6	61
東播磨	50.6	304	69.7	264	81.8	195	93.4	180	98.0	148	99.6	131	99.8	119	99.6	102
西播磨	52.8	351	72.8	312	87.8	230	93.5	220	95.2	208	97.0	162	97.5	156	98.3	135
但　馬	58.4	396	68.4	402	85.4	328	93.8	284	98.1	243	98.4	201	99.1	182	99.4	161
丹　波	33.6	115	45.8	118	61.9	94	78.5	91	96.7	65	96.8	62	97.1	47	99.7	46
淡　路	34.4	115	45.4	104	79.7	51	94.1	46	97.1	58	97.6	41	98.6	37	98.3	31
県　計	70.5	1466	82.6	1420	91.7	1153	96.4	1084	98.3	956	99.0	778	99.3	696	99.4	597
推計人口	(人)		(人)		(人)		(人)		(人)		(人)		(人)		(人)	
神戸市	1,153,126		1,219,901		1,294,472		1,359,065		1,364,914		1,411,787		1,475,644		1,415,720	
阪　神	1,045,139		1,245,541		1,423,654		1,524,036		1,550,292		1,584,770		1,626,279		1,609,054	
東播磨	564,259		602,653		691,068		799,168		892,643		931,951		960,556		1,011,091	
西播磨	699,922		731,400		768,219		815,539		836,052		850,707		851,901		869,120	
但　馬	249,556		236,482		221,109		217,299		214,841		213,170		207,247		205,140	
丹　波	130,869		122,591		115,149		114,097		114,523		115,091		115,680		119,235	
淡　路	195,596		184,544		174,970		171,471		170,648		168,511		165,464		162,077	
県　計	4,038,467		4,343,112		4,688,641		5,000,675		5,142,913		5,275,987		5,402,771		5,391,437	

資料　『兵庫県水道施設現況調書』、『兵庫県市町別推計人口』。
注　普及率は各年度末現在。推計人口は1975年度までは各年度末現在、1980年度以降は翌年度の4月1日現在。

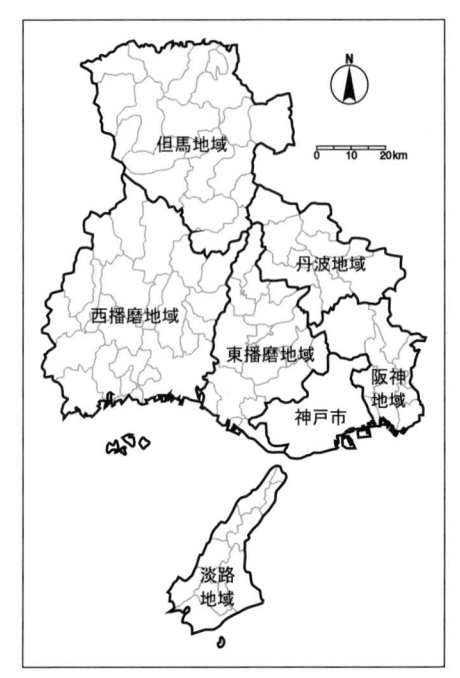

図 8.1　兵庫県の地域区分

してきたが、その他の水道は減少している。しかし、今なお簡易水道や特設水道の施設箇所数は多い。

　兵庫県は、県内を神戸市、阪神地域、東播磨地域、西播磨地域、但馬地域、丹波地域、淡路地域に区分している（図8.1）。上水道、簡易水道、専用水道、特設水道の各普及率と水道施設数の推移は、地域によって大きく異なっている。

　神戸市では、上水道普及率が1961年度において約92％に達しており、その後微増を続けながら100％近くまで上昇している。一方、簡易水道は1975年度まで、専用水道は1970年度まで普及率が上昇したものの、その後は低下に転じている。同市の簡易水道は設置箇所数が減少しており、上水道に統合されてきたものと思われる。専用水道の設置箇所数は若干の減少に留まっており、普及率の低下は水源を上水道に変更したことによるものと推測される。

阪神地域の上水道普及率は1970年度には約96％に達している。なお、上水道の設置箇所数は1975年度には15カ所と、市町数の8を大きく上回っている。これは西宮市と川西市が市域を二分して上水道事業を経営していることと、阪神地域に私営上水道事業が存在したことによると考えられる[3]。その後、行政域内に一市町営上水道となるよう統合されたが、西宮市では二つの市営上水道が存在している。阪神地域における簡易水道普及率、設置箇所数は、1975年度をピークに低下し続けている。専用水道は、1961年度以降その普及率が低下し続けているが、設置箇所数は1990年度まで横ばいが続いており[4]、神戸市と同様に専用水道の水源が上水道に変更されてきたものと思われる。

東播磨地域の上水道普及率は、1961年度では約38％に過ぎなかったが、その後急激に上昇している。簡易水道については、普及率、設置箇所数とも1965年度をピークにして、それ以後は低下・減少してきているが、簡易水道普及率は1995年度においても約4％を示している。一方、専用水道、特設水道とも普及率が低下し、設置箇所数も減少し続けている。

1961年度の西播磨地域においては、上水道普及率は約41％に過ぎなかったが、その後急激に上昇した。簡易水道については、1965年をピークに普及率がいったん低下するが、1975年度以降は微増を続けている。ただし、簡易水道の設置箇所数は減少し続けており、統合が進んできているものと思われる。専用水道・特設水道とも、普及率と設置箇所数は低下・減少傾向にある。

1961年度における但馬地域と丹波地域では、上水道普及率が低く、簡易水道が大きな役割を占めている。また、他地域と比べ、特設水道の普及率が高いことは特筆すべきことである。その後は、両地域において上水道普及率が上昇し、1995年度には6割程に達している。簡易水道普及率は約4割の普及率を保って、ほぼ横ばいで推移しているが、両地域とも簡易水道の施設数は減少し続けており、簡易水道の統合が進んできていると思われる。ただし、丹波地域では簡易水道の給水人口が、1985年度以降微増に転じている。特設水道は、両地域とも普及率・施設箇所数が低下・減少しており、上水道や簡易水道への統合が進んできているものと思われる。但馬地域では専用水道普及率が1965年度まで約3％程度を示している。その多くは、後にも触れるとおり、同地域にいくつか存在した鉱山集落への給水を目的とするものであった。

淡路地域では、1961年度において半数以上の市町で上水道が敷設されてはいるものの、その普及率は約31％に過ぎなかったが、その後急激に上昇している。また、1961年度の簡易水道普及率は約2％であったが、その後上昇している。ただし、簡易水道普及率が1980年度をピークに低下に転じているのは、上水道への統合が進んだことによるものと考えられる。専用水道は普及率、施設数とも低く推移し、その値も減少してきている。特設水道については、1961年度時点の普及率は低いものの、全ての水道施設数に占める特設水道の割合が高かった。しかし、その後は大幅に減少した。

　ここで、とくに簡易水道の分布について言及したい。水道法により、計画給水人口5,000人以下の水道事業は簡易水道、5,000人以上は上水道と規定される。1995年度において人口が5,000人を超えている町においても、上水道がなく複数の簡易水道で給水を行なっている町が少なくなく、特に西播磨地域と但馬地域にみられる。これらの地域は比較的山がちであり、市町域内に複数の簡易水道があるものの、地形的制約やコスト面から統合しにくいために、あえて統合していないものと推測される。

3.2　専用水道と特設水道の設置

　専用水道と特設水道は法律や条令によりその給水対象者が限定され、給水対象者自らが設置者となることが建前となっている。そこで、設置者を種類別、地域別に分類したのが表8.2および表8.3である。

　1961年度の専用水道は、工場等が半数以上を占め、神戸市・阪神・東播磨・西播磨地域に多い。なお、但馬地域では鉱山の専用水道が多い。また、神戸市・東播磨地域には療養施設の簡易水道がみられる。

　1995年度の専用水道では、団地が大半で、神戸市・阪神・東播磨・西播磨地域といった人口集中地域にみられる。1961年度と比べると工場が設置する専用水道は激減し、集落が設置する専用水道もほとんどみられなくなった。神戸市・阪神・東播磨地域における団地の専用水道は、大半が住宅都市整備公団による設置で、データによれば水源は所在する市の上水道となっている。

　1961年における特設水道は、学校が設置したものが半数以上を占めており、

第8章 但馬地域における水道の展開　273

表8.2　兵庫県における専用水道の種類別設置箇所数

年度	地域	集落	団地	観光施設	工場等※	学校	療養施設	その他	合計
1961	神戸市				4		4		8
	阪神	6	2	1	11		2	1	23
	東播磨		3		28	1	8	2	42
	西播磨	4			18				22
	但馬	1			7				8
	丹波						3		3
	淡路				1				1
	合計	11	5	1	69	1	17	3	107
1995	神戸市		17		1		6		24
	阪神	1	16			1	1	1	20
	東播磨		16		3	1	3	2	25
	西播磨		4		4	1	2	1	12
	但馬	1		2			1		4
	丹波								0
	淡路		1	1					2
	合計	2	54	3	8	3	13	4	87

注1　『兵庫県水道施設現況調書』。
注2　表中の※印には店舗、鉱山なども含む。
注3　従業員団地・寮は団地には含めず、工場等として計算した。

表8.3　兵庫県における特設水道の種類別設置箇所数

年度	地域	集落	団地	観光施設	工場等※	学校	療養施設	その他	合計
1961	神戸市	1		3	3	35			42
	阪神			11	11	21			43
	東播磨	10	4	1	48	112	2	5	182
	西播磨	59	1	1	21	145	4	3	234
	但馬	77	2	2	2	64	1		148
	丹波	25			3	40			68
	淡路	19			1	75			95
	合計	191	7	18	89	492	7	8	812
1995	神戸市			7	8	3	1	1	20
	阪神		1	20	5		1		27
	東播磨	3	1	13	16	1	2		36
	西播磨	21		7	13	10	3		54
	但馬	31		2	1				34
	丹波	4		6	2		1	2	15
	淡路	2		2	1	2			7
	合計	61	2	57	46	16	8	3	193

注　表8.2に準じる。

全地域にみられる。集落が設置した特設水道も多いが、神戸市と阪神地域にはほとんどみられず、但馬・西播磨地域に集中している。また、東播磨・西播磨・阪神地域では工場が設置した特設水道が多い。1995年度になると学校設置の特設水道が激減している。集落が設置した特設水道も大幅に数を減らしたが、但馬地域には多くみられ、特設水道の半数を占めている。一方、観光施設が設置した専用水道が増加しているが、データによればその大部分はゴルフ場が設置者で、阪神・東播磨地域に多い。

詳細に検討すると、特設水道の場合、集落に水道がなくても学校には特設水道が設置された場合がある。それらは、その後集落に上水道や簡易水道が建設されるにつれて統合されてきたものと推測される。同じく、早期に特設水道が建設された集落も、次第に上水道や簡易水道に統合されてきたと思われる。

なお、本章第1節で触れた農林省の新農山漁村建設総合対策の共同給水施設整備により、兵庫県では43カ所の小規模水道が敷設されているが、その整備と特設水道などへの移管状況については詳細な検討が必要である。

以上を踏まえ次節では、広い山間地域を有し、簡易水道や専用水道、特設水道といった小規模な水道が水道供給を担ってきた但馬地方を注目して取り上げ、水道普及の実態に迫りたい。

4　但馬地域における水道の展開

1998年において兵庫県但馬地域は1市18町からなり、人口は合計20万人程度である[5]。表8.4に示されるように、1961年度から95年度までに、豊岡市以外は人口が減少してきているが、和田山町や朝来町では1985年より微増に転じている。

前節で記したように、但馬地域全体としては比較的早期に簡易水道や特設水道が普及し、現在までに上水道普及率も上昇してきている。一方、簡易水道普及率も30％台で推移している。しかし、19市町からなる但馬地域の特性は多様である。そこで、これらの市町における水道の展開にはいかなる特徴があるのか、検討したい。

4.1 水道の創設時期

但馬地域における水道の創設時期について、『日本水道史各論篇』と『昭和36年度兵庫県水道施設現況調書』に基づき検討する。後者には創設事業認可年月日（特設水道は工事内容の確認年月日）が記載されており、1961年度に存在している水道に限っては創設時期がわかる。これに基づいて、但馬地域における1961年度までの各水道の創設数を表8.5にまとめた。

但馬地域19市町のうち、1995年度に上水道が敷設されているのは12市町で、このうち、城崎町、豊岡市、日高町では第二次世界大戦前に敷設されている。城崎町は古くからの温泉町で、日本水道史編纂委員会編（1967）によると、入浴客のために1906（明治39）年に小規模な水道が敷設されていた。その後、山陰線開通によって浴客が増加したため拡張工事に着手したが、水害を被った際に計画を変更して大規模化し、1920（大正9）年に上水道創設工事として完了している。また、地下水の水質が良くなかった豊岡市では、1922年に町出身者の寄付により上水道が敷設された。日高町では、山陰線開通以後に工場誘致のために水道敷設が望まれたものの財政に余裕がなく、有志が組織した水道会社によって、1924年に私営の上水道が完成した。この上水道は、1934（昭和9）年に町に買収移管されたという。

表8.5によれば、但馬地域においては、1945年度までに、簡易水道が49カ所、専用水道が1カ所、特設水道が20カ所設置された。それらの多くが1926〜35年度に敷設された。1946年度以降は、創設される水道は少なかったが、1953年度からは簡易水道の、1954年度からは特設水道の設置が急増した。簡易水道の急増については、表1.1に示した全国的傾向と合致しており、1952年度から開始された簡易水道に対する補助金制度による全国的な建設ブームの影響と考えられる。1954年度以降は特設水道の創設数も大幅に増加した。その要因は現時点では明らかでないが、簡易水道敷設の対象とならない計画給水人口100人未満の集落においても、水道敷設の気運が高まっていたことが想像できる。なお、本章第1節で述べた農林省の新農山漁村建設総合対策の共同給水施設は、但馬地域では4カ所敷設された（農林省農政局構

表8.4 但馬地域における水道の推移

		1961年度 普及率	施設数	1965年度 普及率	施設数	1970年度 普及率	施設数	1975年度 普及率	施設数	1980年度 普及率	施設数	1985年度 普及率	施設数	1990年度 普及率	施設数	1995年度 普及率	施設数
豊岡市	上	51.9	1	58.8	1	63.8	1	66.4	1	71.2	1	73.0	1	72.9	1	73.3	1
	簡易	22.1	21	35.3	23	32.4	19	31.1	19	27.8	12	26.9	12	26.6	11	26.3	11
	専用	0.3	1	0.3	1	0.3	1	0.3	1	0.2	1	0.2	1	0.2	1	0.0	1
	特設	0.8	5	0.6	3	0.2	1	0.2	1	0.2	1	0.2	1	0.3	2	0.4	2
	合計	75.0	28	95.0	28	96.7	22	97.9	22	99.3	15	100.2	15	100.1	15	99.9	15
	人口		43,001		43,522		44,648		46,515		47,789		47,856		47,008		47,580
城崎町	上	76.8	1	66.9	1	86.3	1	86.4	1	85.7	1	91.8	1	91.9	1	97.6	1
	簡易	22.2	8	22.9	8	13.5	5	13.6	4	14.3	4	8.2	3	8.1	3	2.4	1
	専用	—	0	—	0	—	0	—	0	—	0	—	0	—	0	—	0
	特設	—	0	—	0	—	0	—	0	—	0	—	0	—	0	—	0
	合計	99.0	9	89.8	9	99.8	6	100.0	5	100.0	5	100.0	4	100.0	4	100.0	2
	人口		6,186		6,296		5,932		5,671		5,277		4,925		4,737		4,555
竹野町	上	—	0	—	0	—	0	—	0	—	0	—	0	—	0	—	0
	簡易	26.8	9	76.2	11	94.6	12	100.0	12	99.1	12	97.6	10	98.6	10	98.6	9
	専用	—	0	—	0	—	0	—	0	—	0	—	0	—	0	—	0
	特設	0.8	10	4.4	7	1.7	2	1.7	3	1.1	2	0.9	2	0.6	2	0.5	2
	合計	27.6	19	80.5	18	96.3	14	101.7	15	100.2	14	98.5	12	99.2	12	99.2	11
	人口		7,662		7,219		6,692		6,454		6,373		6,252		6,039		5,849
香住町	上	42.2	1	48.5	1	56.8	1	71.4	1	70.3	1	70.5	1	70.5	1	70.5	1
	簡易	36.7	23	36.3	22	29.2	16	25.1	12	29.1	9	28.5	9	28.6	9	29.3	9
	専用	—	0	—	0	—	0	—	0	—	0	—	0	—	0	—	0
	特設	4.1	7	2.5	6	2.0	6	2.0	6	0.6	2	0.8	3	0.5	2	0.5	2
	合計	83.1	31	87.2	29	88.0	23	98.6	19	100.0	12	99.8	13	99.6	12	100.4	12
	人口		17,280		16,464		15,531		15,586		15,454		15,245		14,838		14,410
日高町	上	53.3	1	55.0	1	64.9	1	72.1	1	71.1	1	72.9	1	73.9	1	74.4	1
	簡易	38.5	31	39.3	31	28.8	26	27.9	17	27.4	17	25.9	15	25.5	15	24.6	13
	専用	—	0	—	0	—	0	—	0	—	0	—	0	—	0	—	0
	特設	0.7	3	0.1	1	0.9	2	0.5	1	0.5	1	0.6	1	0.5	1	0.7	2
	合計	92.5	35	94.4	33	94.6	29	100.5	19	99.0	19	99.4	17	99.9	17	99.7	16
	人口		20,647		20,325		19,434		19,283		19,319		19,287		18,774		18,623
出石町	上	—	0	—	1	68.8	1	72.9	1	74.6	1	79.5	1	78.0	1	88.0	1
	簡易	36.1	14	46.5	15	16.5	9	16.3	9	18.3	9	15.4	8	17.5	6	12.0	2
	専用	—	0	—	0	—	0	—	0	—	0	—	0	—	0	—	0
	特設	2.5	8	2.7	7	0.6	2	0.6	2	1.2	2	1.8	3	0.4	1	0.3	1
	合計	38.6	22	49.1	23	85.8	12	89.8	12	94.1	12	96.8	12	95.9	8	100.3	4
	人口		12,389		11,642		11,186		10,895		11,069		11,170		10,978		10,913
但東町	上	—	0	—	0	—	0	—	0	—	0	—	0	—	0	—	0
	簡易	33.4	10	50.5	12	52.0	14	65.0	11	89.3	10	93.1	8	95.1	8	92.5	7
	専用	—	0	—	0	—	0	—	0	—	0	—	0	—	0	—	0
	特設	5.5	14	6.2	13	6.1	9	4.5	4	2.2	2	3.3	3	3.0	3	2.6	3
	合計	38.9	24	56.8	25	58.1	23	69.5	15	91.4	12	96.4	11	98.2	11	95.1	10
	人口		8,622		7,790		7,085		7,011		6,698		6,538		6,275		6,031
村岡町	上	—	0	—	0	—	0	—	0	—	0	—	0	—	0	—	0
	簡易	77.9	25	85.8	25	96.2	25	92.5	24	92.0	28	95.8	9	95.1	9	95.5	7
	専用	—	0	—	0	—	0	0.1	1	0.1	1	0.0	1	0.0	1	—	0
	特設	3.3	6	6.2	8	7.7	9	7.6	9	7.9	9	3.4	4	3.0	4	2.7	5
	合計	81.1	31	92.1	33	103.9	34	100.2	34	100.0	38	99.1	14	98.1	14	98.2	12
	人口		12,072		10,181		8,827		8,329		7,849		7,594		7,250		7,021
浜坂町	上	—	0	—	0	—	0	27.1	1	71.8	1	74.3	1	75.5	1	75.8	1
	簡易	6.8	4	7.1	4	9.0	5	32.5	7	28.2	4	25.0	4	23.9	4	23.6	4
	専用	—	0	—	0	—	0	—	0	—	0	—	0	—	0	—	0
	特設	0.1	10	0.0	10	0.1	11	0.1	7	—	0	—	0	0.5	1	0.3	1
	合計	6.9	14	7.1	14	9.1	16	59.7	15	100.0	5	99.3	5	99.8	6	99.8	6
	人口		15,424		14,227		13,230		12,865		12,707		12,549		12,103		11,806
美方町	上	—	0	—	0	—	0	—	0	—	0	—	0	—	0	—	0
	簡易	64.1	5	64.3	6	78.0	8	83.4	7	84.4	7	82.9	7	89.2	3	100.0	1
	専用	—	0	—	0	—	0	—	0	—	0	—	0	—	0	—	0
	特設	4.2	4	2.1	2	7.1	3	6.9	3	6.4	3	6.9	3	6.8	3	1.1	2
	合計	68.3	9	66.5	8	85.1	10	90.3	10	90.9	10	89.8	10	96.0	6	101.1	2
	人口		3,913		4,215		3,713		3,505		3,205		2,987		2,849		2,724

第8章 但馬地域における水道の展開 277

温泉町	上	—	0	—	0	—	0	59.3	1	55.0	1	57.5	1	56.0	1	58.2	1
	簡易	58.0	14	69.4	16	75.9	16	40.7	9	41.5	9	40.3	7	42.1	7	39.9	7
	専用	—	0	—	0	—	0	—	0	—	0	—	0	—	0	—	0
	特設	0.5	5	1.7	6	2.0	6	4.2	8	3.5	5	1.6	5	1.6	3	1.5	3
	合計	58.5	19	71.1	22	77.9	22	104.2	18	100.0	15	99.4	13	99.7	11	99.5	11
	人口		11,707		10,979		9,480		8,939		8,642		8,373		8,022		7,764
八鹿町	上	39.0	1	43.5	1	65.0	1	61.6	1	68.8	1	67.4	1	69.4	1	68.8	1
	簡易	19.9	9	22.4	10	27.0	8	32.1	9	28.0	8	28.1	8	28.2	8	28.7	8
	専用	—	0	—	0	—	0	—	0	—	0	—	0	—	0	—	0
	特設	6.6	13	7.3	14	3.5	5	2.8	4	2.1	3	2.0	3	1.9	3	1.8	3
	合計	65.5	23	73.1	25	95.5	14	96.5	14	98.9	12	97.5	12	99.5	12	99.3	12
	人口		14,325		13,753		13,038		13,046		12,985		12,955		12,677		12,541
養父町	上	—	0	—	0	—	0	—	0	—	0	—	0	—	0	—	0
	簡易	44.7	13	42.2	14	52.7	16	71.3	17	78.9	11	77.4	11	94.4	11	94.7	11
	専用	2.1	1	4.0	1	4.0	1	—	0	—	0	—	0	—	0	—	0
	特設	5.9	13	3.6	13	6.9	8	3.2	6	2.3	4	3.8	4	0.9	2	0.9	2
	合計	52.7	27	49.9	28	63.6	25	74.5	23	81.2	15	81.2	15	95.3	13	95.6	13
	人口		12,110		10,892		10,196		9,854		9,599		9,396		9,092		8,908
大屋町	上	—	0	—	0	—	0	—	0	—	0	—	0	—	0	—	0
	簡易	52.8	13	61.1	13	69.5	13	72.5	13	82.3	13	84.1	7	98.4	5	98.5	5
	専用	29.9	1	32.9	1	20.1	1	19.2	1	15.0	1	14.5	1	—	0	—	0
	特設	1.9	2	1.1	1	2.7	1	2.5	2	2.7	2	1.1	1	1.6	1	1.5	1
	合計	84.6	16	95.1	15	92.4	15	94.3	16	100.0	16	99.6	9	100.0	6	100.0	6
	人口		10,704		9,212		7,313		6,518		6,096		5,916		5,147		4,946
関宮町	上	—	0	—	0	—	0	—	0	—	0	—	0	—	0	—	0
	簡易	55.6	10	53.5	10	72.7	12	75.0	12	95.3	11	94.6	11	90.8	11	90.4	7
	専用	9.9	1	3.8	1	1.4	1	1.5	1	0.8	1	0.4	1	—	0	—	0
	特設	10.0	11	10.1	11	6.3	8	6.6	6	3.1	3	3.2	3	3.3	2	3.3	2
	合計	75.4	22	67.3	22	80.4	21	83.1	19	99.1	15	98.1	15	94.1	13	93.7	9
	人口		7,092		6,529		5,657		5,338		5,145		5,167		4,974		4,811
生野町	上	—	0	—	0	64.9	1	83.0	1	88.7	1	87.0	1	87.7	1	86.3	1
	簡易	12.6	5	12.8	5	12.9	4	15.4	4	10.3	3	9.6	3	10.3	3	9.7	3
	専用	12.6	1	13.6	2	12.7	2	1.5	1	0.1	1	1.4	1	1.3	2	2.5	2
	特設	3.4	8	2.2	6	0.0	2	1.9	2	1.4	2	1.2	2	1.2	2	1.0	2
	合計	28.6	14	28.5	13	90.6	9	101.9	8	100.5	7	99.2	7	100.6	8	99.5	8
	人口		10,338		9,231		7,452		6,515		5,967		5,796		5,630		5,543
和田山町	上	—	0	0.0	1	78.4	1	87.7	1	90.3	1	84.1	1	84.6	1	84.8	1
	簡易	21.4	14	44.8	16	13.7	12	12.3	10	8.7	10	14.2	6	14.4	4	14.4	4
	専用	1.5	1	0.9	1	—	0	—	0	—	0	—	0	—	0	—	0
	特設	4.1	16	4.3	15	1.1	2	0.6	1	1.0	2	0.8	2	0.9	2	0.8	2
	合計	27.0	31	50.0	33	93.2	15	100.6	12	100.0	13	99.1	9	99.9	7	100.0	7
	人口		17,564		16,253		15,467		15,677		15,959		16,707		16,826		16,741
山東町	上	—	0	—	0	66.9	1	86.9	1	89.4	1	88.1	1	88.4	1	97.9	1
	簡易	13.4	3	15.6	4	12.6	3	13.1	3	10.6	3	12.0	3	11.7	3	2.1	1
	専用	2.3	1	11.6	1	—	0	—	0	—	0	—	0	—	0	—	0
	特設	7.7	12	7.1	12	9.4	6	—	0	—	0	—	0	—	0	—	0
	合計	23.5	16	34.3	17	89.0	10	100.0	4	100.0	4	100.1	4	100.1	4	100.1	2
	人口		8,546		8,303		7,756		7,360		6,975		6,718		6,413		6,527
朝来町	上	—	0	—	0	81.8	1	94.5	1	95.6	1	84.0	1	98.6	1	94.7	1
	簡易	24.1	4	14.7	4	14.3	4	1.6	1	1.5	1	14.0	1	1.4	1	1.2	1
	専用	6.0	1	3.9	1	0.0	1	3.9	1	2.9	1	2.1	1	0.0	0	4.1	1
	特設	0.0	1	0.0	1	0.0	2	0.0	1	—	0	4.7	1	0.0	1	—	0
	合計	30.2	6	18.5	7	96.1	8	100.0	4	100.0	4	104.7	4	100.0	3	100.0	3
	人口		9,974		9,449		8,472		7,938		7,733		7,739		7,615		7,847
但馬地域計	上	20.4	5	23.2	7	45.4	10	54.6	12	59.4	12	59.8	12	60.9	12	62.3	12
	簡易	32.4	235	39.6	249	36.4	226	36.7	200	39.9	181	36.8	142	37.2	131	36.0	111
	専用	2.7	8	2.8	9	1.4	7	0.9	6	0.6	6	0.6	6	0.1	4	0.2	4
	特設	2.8	148	2.7	137	2.2	85	1.7	66	1.3	44	1.3	41	1.0	35	0.8	34
	合計	58.2	396	68.3	402	85.3	328	93.8	284	98.1	243	98.5	201	99.2	182	99.4	161
	人口		249,556		236,482		221,109		217,299		214,841		213,170		207,247		205,140

資料 『兵庫県水道施設現況調書』、『兵庫県市町別推計人口』。
注 普及率は各年度末現在。推計人口は1975年度までは各年度末現在、1980年度以降は翌年度の4月1日現在。

表8.5 但馬地域における1961年度までの各水道の創設箇所数

	上水道	簡易水道	専用水道	特設水道
1925年度以前		4		18
1926～35年度		42	1	2
1936～45年度		5		
1946～50年度	3	2	1	4
1951年度		3		4
1952年度		1		5
1953年度		15	1	4
1954年度		27		18
1955年度		29		15
1956年度		36	4	31
1957年度	1	21		15
1958年度	1	24		7
1959年度		12		8
1960年度		7		13
1961年度		7	1	4
合　　計	5	235	8	148

資料　『昭和36年度兵庫県水道施設現況調書』。
注　1961年度に存在する水道の創設年度を示す。

造改善事業課編 1965)。

4.2　1961年度における水道の普及

　表8.4に示されるとおり、1961年度の但馬地域の総水道普及率は58.2％で、上水道普及率よりも簡易水道普及率の方が上回っていた。上水道が敷設されている町は5市町で、簡易水道を中心にして総水道普及率が30％程度という町も少なくない。
　1961年度に上水道が敷設されている5市町のうち、第二次世界大戦前に創設された豊岡市、城崎町、日高町における上水道普及率が比較的高い。これら3市町は、それぞれ上水道1施設のほか複数の簡易水道を有しており、総普及率も際だって高い。第二次世界大戦後に上水道が敷設された香住町（1951年度）、八鹿町（1952年度）では、1961年度の上水道普及率は若干低い。上水道を中心に複数の簡易水道や特設水道が敷設されていて、総普及率は比

較的高い。

　1961年度において上水道が敷設されていない町村では、おもに簡易水道と特設水道によって給水がなされ、村岡町や関宮町のように総水道普及率が70％を超える町もあるが、総水道普及率が50％にも満たない町がほぼ半数を占めている。その中で、浜坂町は際だって総水道普及率が低く、1970年度まで10％未満の普及率が続いている。これについては、1988年度の兵庫県保健環境部の調査によると、浜坂町には数多くの井戸が残っており、井戸利用が水道敷設の推進を鈍らせた可能性がある[6]。また、専用水道普及率が比較的高い町もあり、データによれば大屋町、関宮町、生野町、朝来町における各1カ所の専用水道は町内に立地する鉱山会社の社宅用である。

　このように、1961年度における但馬地域の市町の水道普及においては、一部では上水道が大きな役割を果たしていたものの、簡易水道、専用水道、特設水道といった小規模な水道が比較的大きな役割を果たしていた。しかし、水道普及率は高くはなく、水道が未普及の状態の地区が広く存在していたといえる。

4.3　1961〜95年度にかけての水道普及率の推移

　図8.2は、1961〜95年度にかけての10年ごとの市町別総水道普及率の推移を図化したものである。1961年度では、上水道普及率の高い豊岡市、城崎町、日高町や、南西部の簡易水道普及率の高い町を中心に、比較的高普及率の市町がみられる。1961〜95年度にかけて但馬地域の総水道普及率は大幅に上昇した。表8.4から、とくに1965〜70年度に但馬地域の総水道普及率が約17％も上昇し、この時期に水道が著しく普及を示したことがわかる。表8.4によれば、この時期には、出石町、生野町、山東町、朝来町において上水道が敷設され、このことが総水道普及率を大幅に上昇させたものとみられる。

　一方、簡易水道については、表8.1によると、但馬地域全体では1965年度まで普及率・施設数が上昇・増加した。それ以降の普及率は36％前後で推移してきているものの、施設数は減少し続けている。また、特設水道は1961年度以降普及率・施設数とも減少傾向にある。専用水道が一定程度普及してい

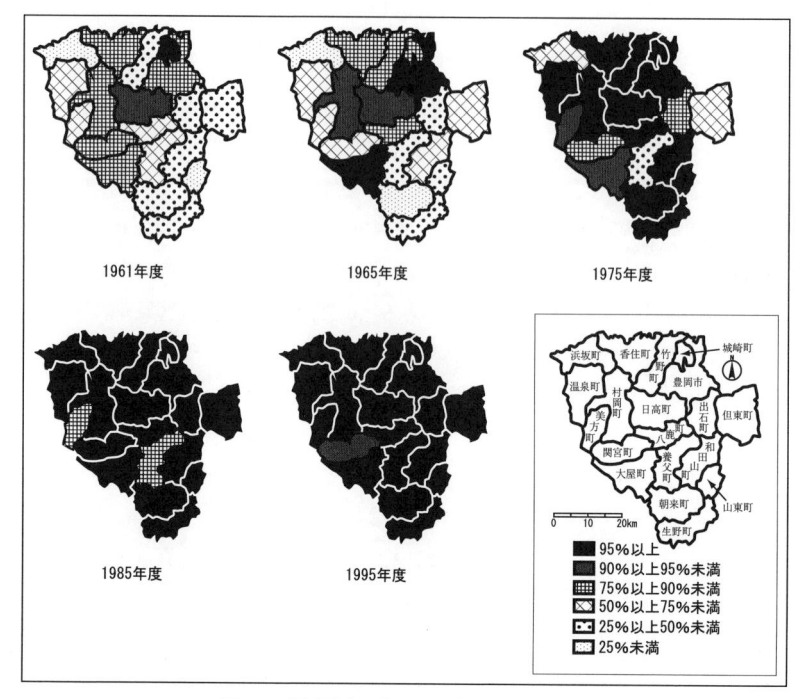

280 第Ⅲ部 村落域における生活用水・排水システムの展開

図8.2 但馬地域の市町の総水道普及率の推移
注1 兵庫県水道施設現況調査各年度版より作成。
注2 上水道、簡易水道、専用水道、特設水道の普及率の合計。
注3 各年度末現在。

た大屋町、生野町、関宮町、朝来町では普及率が低下してきている。これらの町に立地する鉱山が次々と操業を終えたことを反映しているものと考えられる。

表8.4によると、1961年度の時点で上水道が存在する市町では、1995年度までに上水道普及率が大幅に上昇してきた。また、1995年度において但馬地域には12の上水道があるが、これらは1975年度までに整備されたものである。市町によって差はあるが、1975年度には但馬地域の総水道普及率は93.8％ときわめて高い状態になった。1995年度には、ほとんどの市町が総水道普及率95％以上の高普及状態となっている（図8.2）。

4.4 水道施設数の減少

　1995年度に上水道が存在する12の市町では、1975〜80年度にとくに上水道普及率が上昇し、簡易水道普及率、特設水道普及率が低下してきた。この時期以降、豊岡市、香住町、日高町、出石町、浜坂町、温泉町、八鹿町、生野町、和田山町では、各水道普及率の構成比率に大きな変化はない。また、これらの市町では、簡易水道や特設水道の施設数は減少傾向にはあるものの、1995年度においても一定程度存在している。これらの市町は行政域が広いうえに、1995年度の人口規模も1万人以上と但馬地域のなかでは比較的大きい。そして、それぞれの中心市街地もまとまった規模を持って低平な地形上に立地しているという傾向がある。そのため、中心市街地に上水道が敷設しやすく、中心市街地と比較的近い小規模水道は原則的に上水道に統合され、上水道給水区域から離れた地域では簡易水道や特設水道で給水されるようになったとみられる。出石町では、1990〜95年度にかけて上水道普及率が10％上昇していて、簡易水道の施設数が減少していることから、この時期に簡易水道の統合が行なわれたとみられる。

　1995年度に上水道が存在する市町の中で、水道の統合を大幅に進めた町がある。城崎町、山東町は、上水道1、簡易水道1へと、朝来町は上水道1、簡易水道1、専用水道1へと統合が進んだ。また、上水道がない美方町においても、簡易水道1、特設水道1へと水道施設数が減り、統合が進められたとみられる。これらのうちの城崎町、山東町、美方町は、行政域も人口規模も比較的小さいが、朝来町については、行政域は若干広いものの、人口が集中する地域が限られているために、1水道への統合化が進められてきたものと思われる。

　1995年度の段階で上水道がない竹野町、但東町、村岡町、養父町、大屋町、関宮町では、簡易水道を増加させることで水道普及をはかり、水道施設数が増加してきたとみられる。これらの町のうち大屋町をのぞく5町では、1961年度あるいは1965年度における特設水道の普及率が比較的高く、施設数も比較的多かった。しかし、その後は普及率も施設数も減少し、1995年度の特設

水道普及率は低く、施設数も減少した。これらの町は概して山間に位置し、人口はいずれも1万人未満で、比較的広い行政域に数多くの集落を擁している。これらの町では、簡易水道普及率が高普及の安定状態になるまで特設水道の施設数が増加する傾向があり、それ以後は普及率は微増傾向でありながら、施設数が減少する傾向を示している。これらの町では、特設水道の簡易水道への統合を進めてきたものと思われる。そして、大屋町も含め、広い町域に位置する多数の集落に対して、統合された広域簡易水道により給水を行なっているものと思われる。なお、大屋町では、1985年度まで鉱山住宅用の専用水道の占める割合が高かったことは特記すべきことであろう。

5　おわりに

但馬地域では、1952年度からの厚生省による簡易水道への補助金制度の開始以後、簡易水道や特設水道の普及が急激に進んだ。そして、その後の上水道普及率の上昇にもかかわらず、現在でも簡易水道や特設水道の役割が小さくないことが明らかとなった。また、但馬地域の市町における水道の展開から、1水道への一元化をはかってきた市町、1上水道といくつかの簡易水道・特設水道による分散給水をはかってきた町、上水道はなくいくつかの簡易水道・特設水道による分散給水をはかってきた町に分けられ、各町の状況に応じた形で水道が普及してきたとみられる。そして、簡易水道・特設水道を中心にして統合が進み、水道施設数が減少してきている。

以上から、但馬地域において、いまなお小規模な簡易水道、特設水道などの小規模水道が果たす役割が決して小さくはないことが明らかとなった。厚生省は、1991年に策定した「21世紀に向けた水道整備の長期目標」の中で、水道普及率の低い農山漁村部での簡易水道施設等の整備促進により国民皆水道を達成することを掲げており、今後も全国の水道未普及地域で小規模な簡易水道、飲料水供給施設の新設が続いていくものと思われる。だが、小規模水道が水道法適用外であるために、小規模水道による水道普及地域は全国統計では水道普及率には組み入れられず、水道未普及として扱われる。水道として十分な水質を有する、もしくは水道事業なみの浄水設備を有する小規模

水道までが未普及として扱われるのは不合理であり、改善が必要と思われる。

なお、兵庫県では給水人口50～100人の特設水道はデータとして把握できるが、給水人口が50人を下回る水道施設は把握ができない。飲料水供給施設に対する国庫補助や都道府県の補助事業では、市町村の財政条件によっては30～49人の給水人口の水道施設も補助対象となる場合がある点からみても、小規模水道についての全国的な統計整備の必要性を指摘しておきたい。

本研究は、但馬地域における水道敷設の地域性についての趨勢を把握するに留まった。小規模な簡易水道や特設水道などの小規模水道、特設水道よりも小規模な統計には示されない水道施設を含め、但馬地域において水道の実態把握を進めていくことにより、第二次世界大戦後の山間地域における生活用水システムとしての水道の全体像の解明に近づくことができよう。

注

1) 水道の定義については、第2章の注5)を参照のこと。
2) 1960年度に限れば、厚生省環境衛生局水道課調、日本水道協会編集発行『昭和35年度全国水道施設調書』も全国を網羅し、上水道、簡易水道、専用水道を対象としている。
3) 川西市では、猪名川の一庫ダム完成時まで大規模住宅開発地域での水道給水が開発者に義務づけられていたため、住宅開発会社が経営する上水道事業、簡易水道事業などが存在していた。また、西宮市には電鉄会社が経営する水道事業があった。
4) 1990年度から95年度にかけて大幅に専用水道設置箇所数が減少したのは、三田市の住宅団地で運営されていた専用水道が市営水道に統合されたことによる。
5) 平成大合併により市町の合併が進み、2010年国勢調査の時点で、但馬地域は豊岡市、養父市、朝来市、香美町、新温泉町の3市2町からなり、人口は合計約18.1万人である。
6) 兵庫県保健環境部の内部資料による。

文献

秋山道雄 (1990)「滋賀県の水道と水管理」岡山大学創立40周年記念地理学論文集編集委員会編集発行『地域と生活II』pp. 223-240。

大山佳代子 (1991)「秋田県の上水道普及率の地域特性」秋大地理 38、pp. 3-10。

笠原俊則（1983）「淡路島諭鶴羽山地南麓における取水・水利形態と水利空間の変化—生活用水を中心として—」地理学評論 56、pp. 383-402。
笠原俊則（1988）「京阪奈丘陵3町における給水空間および利水状況の変化」人文科学研究所紀要（立命館大学）47、pp. 49-77。
「近代水道百年の歩み」編集委員会編（1987）『近代水道百年の歩み』、日本水道新聞社。
厚生省水道環境部水道行政研究会（1993）『水道行政—仕組みと運用（改訂版）—』日本水道新聞社。
坂本　俊編（1975）『簡易水道の20年—全国簡易水道協議会創立20周年記念—』全国簡易水道協議会。
新見　治（1984）「国分寺町の生活用水利用システム」地理学研究（香川大学）33、pp. 21-29。
丹波史談会編（1927）『氷上郡志下巻』丹波史談会事務所。
土井彰行編（1985）『簡易水道30年史—全国簡易水道協議会創立30周年記念—』全国簡易水道協議会。
日本水道史編纂委員会編（1967）『日本水道史』日本水道協会。
農林省農政局構造改善事業課編（1965）『新農山漁村建設史』農林省農政局。
浜坂保健所（1986）「美方町における水道事業の統合合理化推進対策について」兵庫県地域保健所行政推進事業報告書昭和60年度、pp. 191-202。
浜坂保健所（1993）「飲料水等の使用実態について」兵庫県地域保健所行政推進事業報告書平成4年度、pp. 205-216。
原　美登里（1996）「神奈川県における上下水道の変遷に関する資料とその考察」大学院年報（立正大学大学院文学研究科）13、pp. 135-150。
原田敏治（1986）「住民が作った上水道—都市化と組合水道—」地理 31(2)、pp. 124-130。
肥田　登（1995）「上下水道の展開」西川治監修、氷見山幸夫他編『アトラス—日本列島の環境変化—』、朝倉書店、pp. 108-109。
森下忠幸（1985）「国庫補助制度の変遷と水道行政」土井彰行編『簡易水道30年史』全国簡易水道協議会、pp. 7-23。
矢嶋　巌（1993）「川西市の水道事業」千里地理通信 28、pp. 7-9。
矢嶋　巌（1999）「兵庫県関宮町における生活用水・排水システムの変容—スキー観光地域の事例を中心に—」日本地理学会発表要旨集 55、pp. 292-293。

第9章　スキー観光地域の生活用水・排水システム
　　　　―兵庫県養父郡関宮町熊次地区―

1　はじめに

　日本では都市化の進展のなかで、都市地域を中心に水道[1]が敷設されてきた。1952年に厚生省（現厚生労働省）による小規模水道敷設への国庫補助が開始されたことをきっかけに「簡易水道ブーム」が起こり、村落地域においても簡易水道や小規模水道を中心として水道が普及してきた。その後、小規模水道の集約への国庫補助が始まり、政策的に小規模水道の統合・集約化が進められ、水道の設置数そのものは減少してきている。1955年度末には32.0％に過ぎなかった水道普及率[2]は1975年度末には78.7％に上昇し、2001年度末には96.1％に達した。しかし、現在もなお、山間地域を中心に水道普及率の低い市町村が少なからず存在している[3]。

　生活排水処理については、1958年の新下水道法制定以後、都市域を中心に下水道整備が本格化するとともに、1960年代前半以降、各地で屎尿処理施設の本格的稼働が始まった。1960年頃から始まる高度経済成長にともなって、全国各地で水域の汚染が深刻化したことを受けて、1970年代前半以降、都市地域以外でも下水道整備が開始された。また、旧建設省、農林水産省、旧自治省所管の小規模な集合排水処理施設[4]が村落地域を中心に建設され始めた。他方、個別処理浄化槽も普及し、構造が簡便な単独処理浄化槽[5]を中心に設置基数が増加したが、1980年代後半以降、下水道並の処理を行なう合併処理浄化施設が普及してきた。現在、国は下水道などの建設に大きな力を注いでおり、各地で集合型排水処理施設の整備が進んでいる（河村1998、田中1998、南部1998）。

このように生活用水・排水システム[6]は高度経済成長期に大きな変化を遂げ、この時期以降、従来からの生活用水・排水システムは、水道や下水道などに置き換えられてきた。

高度経済成長期以降の生活用水・排水システムの形態や変容についての地理学からの研究[7]では、本来の地形・地質条件に加え、都市化の進展や高度経済成長による生活スタイルの変化による生活用水使用量の増大や、それにともなう生活排水量の増大が要因となって、生活用水あるいは生活排水システムが変容してきたことが描き出されてきた。一方で、新見（1985a・1987）は生活用水システムや生活排水システムの研究において、生活用水と排水の双方を視点に入れる意義を指摘した。これを踏まえ、生活用水・排水システムの関係性へと議論が展開しつつある[8]。

これらの地理学からの研究は、都市地域あるいは都市化の進展しつつある地域の事例が中心である。しかし、高度経済成長期以降の生活用水・排水システムの変容は都市域や都市化進展地域だけにとどまらず、過疎化の進行する農山村地域の一部においても変化にさらされた。また、高度経済成長期以降の観光開発は日本各地で自然環境の破壊を引き起こしてきた。とくに、人口密度が低く、人工的な汚染をほとんど受けてこなかった山間地域で大規模な観光開発が進んだ場合、既存の生活用水・排水システムは、著しい変革を求められることになる。しかし、管見によれば、スキー場などを擁する山間の観光地域における生活用水・排水システムの変化に関する研究事例はほとんどみない。なお、スキー場開発に関する研究は、地理学においてかなりの蓄積があり[9]、おもに農山村の民宿を中心とした地域の変貌やスキー市場の縮小に伴う影響などが、景観や社会構造の変化、観光施設の分析などを通じて明らかにされてきた（呉羽2001, p. 5；呉羽ほか2001, p. 62）。しかし、スキー観光産業が立地するための基盤となる生活用水源の確保や観光地域化によって生じると予見される生活排水の処理や水質汚濁問題に関する視点は、ほとんどなかった[10]。

さらに、水道法適用外の小規模水道施設を対象に含めた研究は限られており[11]、より実態に即した生活用水システムの解明のためには、小規模水道施設を含めた研究が望ましいものと考える。

そこで、本章では、中国山地東端の氷ノ山、鉢伏山の山麓に位置し、過疎化の進むスキー観光地域である兵庫県養父郡関宮町[12]の熊次地区を事例として、生活用水と生活排水の関係性に留意をし、かつスキー観光地域化に注目しながら当該地区の各集落ごとの生活用水・排水システムの変容過程と、それに影響を及ぼした要因を明らかにする。そして、高度経済成長期以降の山間地域における生活用水・排水システム変容の一事例を示す。

兵庫県関宮町熊次地区を研究対象地域として選定した理由は次のとおりである。まず当該地域が山間地域に位置し、人口が減少してきている過疎地域であること。特に高度経済成長期にスキー観光開発が進展したことで生活用水の需要が増大し排水方法も影響を受け、水質汚濁問題が発生し、そのことがその後の生活用水・排水システムの変容につながった地域であること。そして、調査時において、水道法適用外の小規模水道施設などの従来からの生活用水・排水システムが存在していたことである（矢嶋1999、pp. 48-52）。以上の理由から、対象地域は本章の研究を行なうのに最もふさわしい地域の一つであるといえよう。

調査方法は、関宮町役場の水道・排水処理施設を所管する環境整備課、スキー場や宿泊施設[13]を所管する商工観光課での聞き取りと資料[14]の閲覧・蒐集および、熊次地区の各集落の区長や年輩者からの聞き取り調査である。

2　研究対象地域の概要

兵庫県養父郡関宮町は町域西端に標高1,510mの氷ノ山と1,221mの鉢伏山を擁し、この付近を源流とする円山川水系八木川が町域を東北東方向に貫流し、町域はほぼ八木川の流域に含まれる（図9.1）。同町の気候は日本海岸区[15]に含まれ、隣接する村岡町に位置する村岡観測所のデータ[16]では、1979～2000年の年平均降水量は2,073.5mmで、熊次地区の各所に湧水が誘因となったであろう地すべり地形が分布し、棚田やスキー場が立地している（青野監修1973、p. 266；藤田・右山2003、pp. 50-55）。

関宮町は1956年に養父郡関宮村と美方郡熊次村が合併して誕生した町で[17]、本章で対象とする熊次地区とは旧熊次村を指すこととする[18]。熊次地区は収

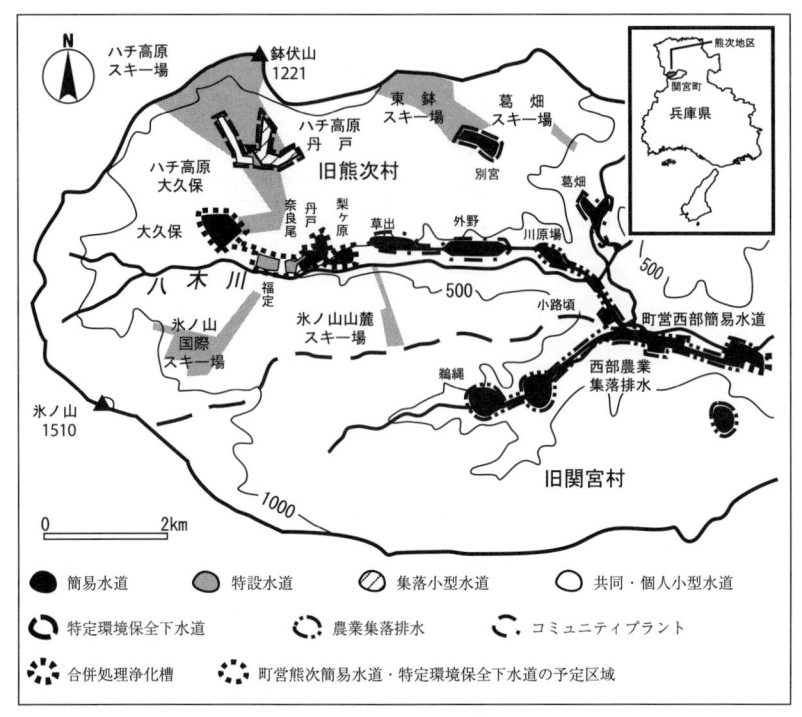

図9.1 熊次地区の水道の給水区域と生活排水処理施設の計画処理区域（2002年12月）
資料　兵庫県生活衛生課『水道施設現況調書』、関宮町環境整備課による。

入の多くをスキー観光に依存する集落が多い地域である。関宮町としては観光による地域振興を施策の重要な柱に掲げてきた。

　藤田（1987）によると、明治期から昭和初期の熊次地区の主たる生業は、棚田での水稲栽培、焼畑、出稼ぎ、養蚕で、明治中期以降には牛の飼養や柳行李の原料となる杞柳栽培が導入された。また、第二次大戦後には用材林業が本格化した。

　中村（1979）や藤田によると、熊次地区では第二次大戦前から氷ノ山、鉢伏山を中心としたツアースキー客が訪れていた。1958年に関宮町最初のスキーリフトが大久保に設置されて以降、各集落から鉢伏山南麓の横角（以下ハチ高原と称す）へ向かってリフトが設置された。その後はハチ高原を中心にスキーゲレンデ（ハチ高原スキー場）の開発が進み、ハチ高原・大久保・

表9.1 熊次地区における宿泊施設数の推移（軒）

年	1958	1970	1980	1990	2002
ハチ高原	—	—	21	20	19
別　　宮	不明	9	35	34	17
大 久 保	33	48	48	44	35
福　　定	10	18	18	17	13
奈 良 尾	5	13	14	15	11
丹　　戸	30	36	34	20	18
梨 ヶ 原	7	9	8	2	—
草　　出	2	10	11	3	—
外　　野	10	6	2	—	—
葛　　畑	不明	20	18	12	2
川 原 場	—	—	—	—	—
小 路 頃	—	—	—	—	—
熊次地区計	(97)	169	209	167	115

資料　1958年は中村（1979、p. 12）、その他の年次は関宮町商工観光課による。
注　関宮町商工観光課では1970年のハチ高原を該当なしとしているが、中村（1979）は1962年頃よりハチ高原で宿舎の建設工事が始まったとしている。また、藤田（1987）はハチ高原では1969年に8軒の宿舎があったとしている。

福定・奈良尾・丹戸を中心に宿泊業を営む農家が急激に増加した[19]（表9.1）。ハチ高原の東方の別宮でも1972年にゲレンデスキー場である東鉢スキー場の開発が行なわれ、宿泊施設が急増した。また、熊次地区では比較的標高の低い葛畑には古くからスキーゲレンデ（葛畑スキー場）があり、1966年にはリフトも架設され、宿泊業を営むものが多かった。同様に比較的標高の低い外野に外野スキー場、草出には氷ノ山山麓スキー場が造成された。前者には1964年、後者には1969年にリフトなどが架設され、宿泊業を営む農家も現われた。しかし、標高が高く雪質の良いスキー場へと客が集まるようになり、外野スキー場は廃止され、氷ノ山山麓スキー場と葛畑スキー場は本研究の時点では休業状態となっている。また、1963年に大久保からハチ高原へ通じる林道が開通したことで、小・中学校の林間学校や大学サークルの合宿参加者が宿泊客に加わり、ハチ高原を中心に熊次地区は通年型の観光地へと変化し、1970年代半ばまで熊次地区の宿泊施設数は増加し続けた。1984年には福定と奈良尾の北向き斜面側に町営の氷ノ山国際スキー場が開設され、両集落から

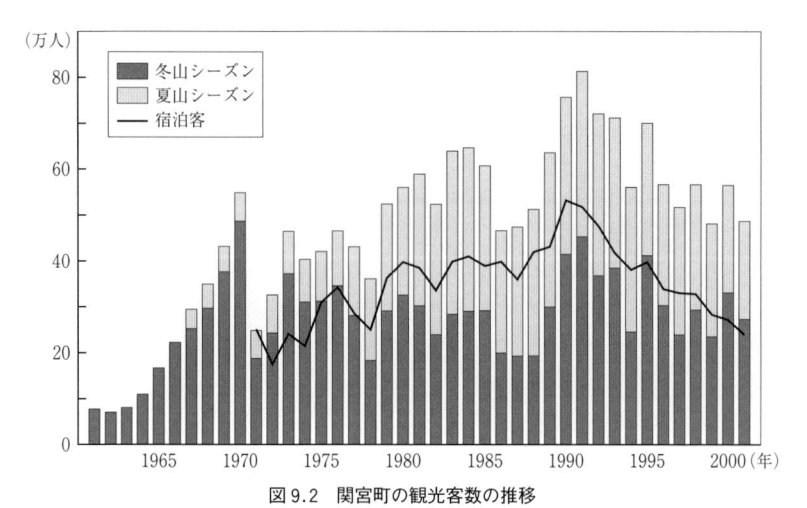

290 第Ⅲ部 村落域における生活用水・排水システムの展開

図9.2 関宮町の観光客数の推移
資料 シーズン別客数は関宮町商工観光課、宿泊客数は兵庫県統計書各年版による。

連絡リフトで結ばれた。

図9.2によると、関宮町への観光客数はバブル期まで増加し続けてきたが、バブル崩壊を機に宿泊客数は減少してきている。ハチ高原では宿泊業が隆盛を続け、別宮では宿泊施設の大規模化を進めることができなかった業者が廃業し、宿泊施設数が大幅に減少した（表9.1）。一方で、小規模な民宿を中心に、その他の集落の宿泊業は衰退傾向にある。

農業集落カードによれば、熊次地区の水田の経営耕地面積は1960年の13,250aから1995年では6,366aと、大幅に減少している。このことから、熊次地区ではそれまで山間の棚田を灌漑してきた渓流水や湧水に農業用水源として余剰が生じてきていることが推測される。

熊次地区の人口の推移をみてみると、1980～90年にかけて一時的に人口減少が停滞したか、もしくは人口が増加し、1990～2000年にかけては再び著しい減少に転じた集落がある（表9.2）。これは、バブル崩壊までの観光業の発展と、崩壊以降の観光業の減退を一部反映したものと考えられる。

特設水道をも含めた関宮町の2001年度末における水道普及率は97.8％で、内訳は簡易水道95.0％、特設水道2.7％である。2001年度末の時点で、関宮町には簡易水道が7カ所、特設水道が2カ所、小型水道が1カ所あり、うち熊

表9.2 熊次地区における人口の推移（人）

年	1960	1970	1980	1990	2000
別宮	297	232	230	210	153
大久保	350	255	230	262	201
福定	123	96	89	99	84
奈良尾	81	68	66	66	57
丹戸	240	244	201	193	174
梨ヶ原	73	50	42	39	31
草出	105	68	73	68	59
外野	184	141	126	126	99
葛畑	286	239	194	168	129
川原場	80	58	47	54	56
小路頃	132	80	67	58	53
熊次地区計	1,951	1,531	1,365	1,343	1,096
関宮町計	7,401	5,745	5,170	5,000	4,586

資料　関宮町総務課、関宮町広報（2001年3月号）。
注　ハチ高原は大久保と丹戸に含まれる。

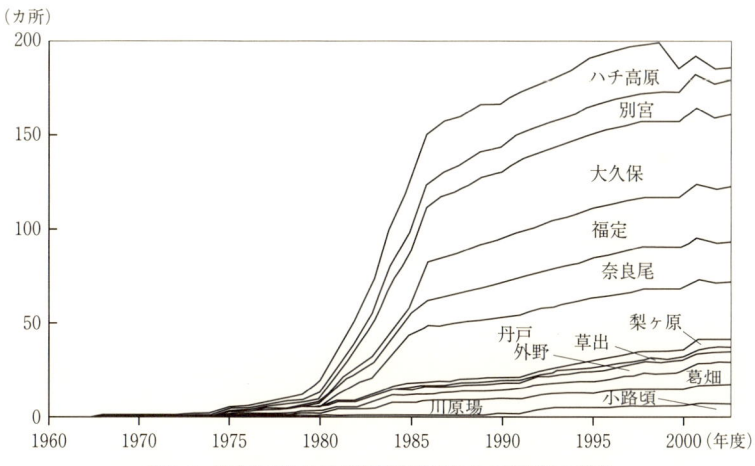

図9.3　熊次地区における個別処理浄化槽の設置数の推移
資料　関宮町浄化槽台帳より作成。
注　単独処理浄化槽、合併処理浄化槽の合計。

次地区には簡易水道4カ所[20]、特設水道2カ所、小型水道が1カ所存在する。関宮町環境整備課によると、2002年12月末現在で町による生活排水処理率は83.4％で、熊次地区では5カ所の集合型生活排水処理施設が稼働している。

1998年度末の関宮町における個別処理浄化槽の設置箇所数は428カ所[21]であるが、図9.3に示したように、熊次地区では設置数の大部分を占めるとともに早くから普及してきた。

3 熊次地区における生活用水・排水システムの変容

熊次地区の生活用水・排水システムはどのような要因を受けて変容し、また集落によって差異が生じてきたのか。各集落の水道・下水道の普及をまとめた表9.3を参照しながら、熊次地区の生活用水・排水システムの変容や差異について、それらに大きな影響を与えたと考えられる要因から4期に分けて、検討する。なお、表9.1の宿泊施設数の推移から各集落を類型(a)～(d)に区分した。すなわち、宿泊施設数の推移に大きな変動がなく、施設の大規模化を進めてきたハチ高原を宿泊業発展集落とする（類型(a)）。ピーク時と比べて宿泊施設数の減少数が大きい大久保・福定・奈良尾・丹戸・別宮を宿泊業衰退傾向集落とする（類型(b)）。宿泊施設が消滅したか、わずかに残る梨ヶ原・草出・外野・葛畑を宿泊業衰退集落とする（類型(c)）。宿泊業が立地しなかった川原場・小路頃を宿泊業未立地集落とする（類型(d)）。

3.1 水道敷設の進展

八木川の下流の旧関宮村や、隣接する村岡町（現在の香美町村岡区）では、人口の大きな集落において、すでに第二次大戦前から水道が敷設されていた。しかし、1950年代前半までの熊次地区の生活用水は、主に井戸水や湧水・渓流水・用水路水などに求められていた[22]。多くの住宅では生活排水は溝を通って用水路や川に流れ込むようにし、屎尿は肥料にされていたが、コエダメに生活排水が流れ込むようにした住宅もあった。

前述の全国的な「簡易水道ブーム」に乗って、熊次地区でも水道敷設の気運が高まった[23]。1955年の大久保での簡易水道の完成を皮切りに、1950年代後半に各集落で小規模な水道が敷設された。この時期は生活用水の衛生対策についての認識が高まりつつあったうえに、関宮を含めて、他町村において

第9章　スキー観光地域の生活用水・排水システム　293

表9.3　熊次地区における水道施設・排水処理施設の普及

類型	集落	最初の水道施設創設年	1965年の水道施設	1965年の水道施設の主たる水源	2002年の水道施設（敷設年）	2002年の水道施設の主たる水源	個別処理浄化槽の普及	個別処理浄化槽が最も普及した時期	2002年の生活排水処理施設（供用開始年）
(a)	ハチ高原（大久保）	1975年	なし	—	共同小型(1975)	湧水・地下水	◎	1970年代前半	ハチ高原下水道＊(1995)
	ハチ高原（丹戸）	1977年	なし	—	集落小型(1977)	地下水	◎	1970年代前半	ハチ高原下水道＊(1995)
(b)	別宮	1957年頃	共同小型2	湧水	町営別宮簡易(1977)	湧水	○	1970年代後半	別宮下水道＊(2001)
	大久保	1955年	共同簡易1・共同特設1	渓流水・湧水	集落簡易(1955)	湧水・渓流水	○	1970年代後半	熊次下水道＊(建設中)
	福定	1958年	集落特設1・共同小型1	湧水・渓流水	集落特設(1958)	湧水・渓流水	○	1980年前後	熊次下水道＊(建設中)
	奈良尾	1958年	集落特設1	渓流水	集落特設(1958)	湧水	○	1980年前後	熊次下水道＊(建設中)
	丹戸	1955年頃	共同小型5	用水路・渓流水	集落簡易(1966)	伏流水	○	1970年代後半	熊次下水道＊(建設中)
(c)	梨ヶ原	1955年頃	共同小型1	用水路	集落簡易(1966)	伏流水	△	—	熊次下水道＊(建設中)
	草出	1960年	集落小型1	渓流水	町営西部簡易(2001)	表流水	△	—	コミュニティプラント(1999)
	外野	1958年	共同小型2・共同特設1	渓流水	町営西部簡易(2001)	表流水	△	—	コミュニティプラント(1999)
	葛畑	1955年頃	共同小型2	渓流水・湧水	町営西部簡易(1972)	表流水	△	—	コミュニティプラント(2002)
(d)	川原場	1960年	集落小型1	湧水	町営西部簡易(2000)	表流水	○	1970年代後半	西部農業集落排水(1998)
	小路頃	1969年	なし	—	町営西部簡易(1969)	表流水	△	—	西部農業集落排水(1998)

個別処理浄化槽の普及：　△：少数の普及　　○：半数程度普及　　◎：大半普及
資料　兵庫県『水道施設現況調書』，関宮町福祉課『給水台帳』と，関宮町環境整備課および現地での聞き取りによる。
注1　個人水道は含まない。
注2　1965年の水道施設の数値は，存在する施設数を示す。
注3　＊印は特定環境保全下水道。

数々の水道が敷設されたことが熊次地区での水道敷設を促したものと思われる[24]。ただし，集落地内に十分な水量を持つ水道水源が得られない場合には水道敷設は困難であった。

　当時，関宮町には町営水道を敷設する資金も技術もなく，関宮村と熊次村の合併直後で，合併を巡る混乱も収束していないという事情もあった。町としては，水道敷設を希望する集落に対して，導入可能な補助金を見つけ出したり，町としての若干の補助金を支給するといった対応が精一杯であった。

　集落規模の小規模水道の敷設に当たっては，資金を主に杉・檜などの共有林売却に求め，経費を節減するために運搬や難易度の低い作業の大半は住民が行なった場合が多い[25]。一部の集落では町や当時の農林省から補助金を受け経費の一部に充てたりもした。水道の水源は主に集落地内の湧水か表流水

に求められた。しかし、水源を表流水に求めた場合は雨天時に濁るため、後に水源を湧水に変更している場合が多い[26]。これらの水源のほとんどは従来から農業用水として利用されており、多くの棚田が機能していた当時では、水道用水への水利転用は容易ではなかった[27]。

集落規模での水道が敷設されなかった集落では、同じ「ツカイド」を利用する複数世帯が、共同で用水路を水源とした簡便な給水施設を設置した事例もあった。しかし、家庭からの排水量の増加で用水路の汚濁が目立つようになると、ツカイドが飲用に利用されることはなくなっていった。

冬季には熊次地区の谷間は深い雪で埋まる。遠くの谷間に水源を求めた場合は、冬季に水源の取水口やパイプの補修を行なうことは困難であった。また、水道管として用いられた塩化ビニール管は安価なものではないうえ、高水圧に耐えられないため、長距離の導水ができず、その意味でも水源を集落から遠く離れた山中に求めることは困難であった。

水道が敷設されて水使用量が増え始めると、既存の排水体系が機能しなくなりはじめた。それまで水域に直接放流されることのなかった雑排水が、用水路を通じて川へ流れ込み始めたのである。屎尿は下肥として使用されてきたが、1967年に養父郡し尿処理広域事務組合が設立され、バキュームカーでの回収、集中処理が開始された。

3.2　宿泊業の発展に伴う変容

高度経済成長期以降、洗濯機が普及し始めると、一人あたりの水使用量は大幅に増加した。熊次地区では1960年代後半から70年代前半にかけて宿泊業を営む世帯が大幅に増加し、宿泊施設が多く立地した集落では、1960年前後に敷設された水道施設の水量が、特にスキーシーズン中に需要に追いつかなくなった。1960年代後半以降には、長尺で可撓性・耐寒性が高いポリエチレン管が導入されて長距離の導水が可能になっていたこともあり、混雑期のピーク時に水量不足にならないよう、ほとんどの集落では給水タンクを増強したり、より遠隔な場所に位置する水質が良好で水量の豊富な湧水に水源を変更するなどした。なお、各集落で水道水源を変更したり増強することがで

きたのは、いわゆる減反政策や農業機械が普及したことに伴って相対的に労力負担が大きい棚田が放棄されたことで、農業水利に余剰が生じていたからである。

適当な水源がないために集落水道がなかった丹戸では、宿泊業の隆盛に対応するために、町による水道敷設を実現させた[28]。出村であるハチ高原では大規模な水道の敷設ができず、個別に水源が確保されていた。また、宿泊施設の設置時に単独処理浄化槽が設置された。他方、熊次地区の中では低所にあって水道を敷設するにも適当な水源がなく、集落水道を敷設できなかった小路頃・葛畑では、1972年までに関宮町営西部簡易水道により給水されるようになった。

3.3 宿泊業盛衰の影響

1970年代後半から80年代後半にかけて、主に類型(b)の集落で単独処理浄化槽による水洗トイレ化が進んだ (図9.3)。これは、汲み取り式便所を嫌がる客の要望と、保健所からの指導に対応したことによるという。この結果、水洗トイレ用の水源が不足し、これらの集落では、水道水源の変更や増設、配水タンクの増強などにより水道施設が増強された。また、一部の大型宿泊施設では合併処理浄化槽が設置された[29]。しかし、図9.3に示されるように、類型(c)・(d)の集落では、家屋を新築しない限り水洗トイレ化による個別処理浄化槽の設置はほとんどなかった。

結果的に熊次地区ではほとんどの生活雑排水は垂れ流しといってよい状況となり、また、単独処理浄化槽のBOD除去率の低さもあって、熊次地区では八木川水系の汚染が深刻化した。西村 (1989) や和田山保健所および関宮町の調査 (1989) によると、関宮町を貫流する八木川では上流に行くほど著しい汚染の状況が示されている。

その後、厚生省や県による小規模水道統合化の方針を受け、関宮町では1975年に関宮町水道統合整備計画と下水道建設計画を打ち出した。宿泊業発展集落とそれ以外の宿泊業立地集落が厳しく対立し、宿泊業が立地した集落が競合するなかで、水道統合整備計画に基づいて広域水道が敷設された場合

には、宿泊業発展集落に安定して生活用水が供給されることになる。また、町営水道・生活排水処理施設を導入するには宿泊業者に多額の投資が求められるのに対し、現状のままであれば低コストで済む。これらのスキー観光と水に関わる各集落の利害を調整し、宿泊業発展集落以外の宿泊業立地集落の理解を得て上記の計画を実現させることは、当時の町当局には困難であったため、その後も集落ごとの水道が維持され、生活排水処理施設も建設されずにきた。

3.4 町による整備の進展

町営西部簡易水道の水源地よりも低い位置に立地し、スキー観光が衰退した外野・草出と、宿泊施設が立地しなかった川原場(かわらば)は、2001年までに西部簡易水道に統合され、集落水道や共同水道は廃止された。町は2001年に梨ヶ原・丹戸・奈良尾・福定・大久保の各集落を給水区域とする町営熊次簡易水道敷設工事に着工した。さらに、2003年度の町予算にハチ高原地区を給水区域とするハチ高原簡易水道敷設のための水源調査費が計上され、町は水道普及率100％化を進めている。

また、町では、兵庫県の「生活排水99％大作戦」[30]による生活排水処理の促進を受け、西部農業集落排水事業の処理区域の拡大や、コミュニティプラント[31]、特定環境保全下水道[32]の建設を行ない、熊次地区における生活排水処理を進めてきた。ハチ高原の水域の汚染が進んだことへの対策として、1995年度にはハチ高原に特定環境保全下水道が建設され、ハチ高原から流れ出る河川の水質汚濁は生物指標からみて改善しつつある（西村2000、pp. 29-40）。また、2000年に熊次地区特定環境保全公共下水道が着工し、これが完成すると、関宮町内の全ての集落が町による生活排水処理区域に含まれることになる[33]。

4 生活用水・排水システムの変容要因

熊次地区においては、第3節で概観したように、スキー観光地域化の進行

が生活用水・排水システムの変化に重要な影響を与えた可能性がある。そこで、4節では、熊次地区の各集落について、1998年12月から99年12月にかけて行なった聞き取り調査[34]に基づき、3節で記した宿泊施設数の推移による集落の類型ごとに、生活用水・排水システムの変遷の要因について検討する。なお、各集落の生活用水・排水の概略を示した表9.3と、各集落ごとに生活用水・排水に影響を与えた要因をまとめた表9.4も参照されたい。

4.1 宿泊業発展集落

集客力のあるスキー場が立地し、現在も宿泊業が盛んな集落としてハチ高原がある。1962年頃から始まり、1970年頃以降増加したスキー客向けの食堂や季節営業の宿泊施設が、のちに通年営業をするようになってできた集落である。ハチ高原は丹戸と大久保のそれぞれの共有地の通称で、関宮町内の自治区としては位置づけられていない。住民は大久保と丹戸のいずれかの自治区に所属しているが、事実上定住している[35]。1980年代以降の全国的なスキーリゾート整備の流れの中（呉羽2001, p. 7）、ハチ高原スキー場の施設充実も進み、それに呼応して、ハチ高原の宿泊施設の大規模化が進んだ。

聞き取りによると、ハチ高原の住民は大規模な共同水道や公営水道の敷設を町に要望してきた。町側もハチ高原を給水区域に含めた水道や飲料水供給施設の敷設を企図してきた[36]が、宿泊業が発達する麓の集落の反対でかなわず、住民は井戸を掘削したり、自らの水田の農業用水を導水するなどして、個別に水道水源を確保してきた。一方で、水に起因する食中毒事件が発生するなど、生活用水の問題が深刻になっていた。そこで、丹戸集落がこの困窮状況に対して態度を軟化させ、集落としてハチ高原の丹戸側の宿泊業者のために小規模水道を設置し、1977年に完成させ、丹戸側の全ての宿泊業者がこの水道に加入している[37]。他方、大久保の集落は現在でも集落水道の設置を認めず、大久保側の宿泊施設は共同水道を設置したり、個別に井戸を掘るなどして、生活用水を確保している。

排水に関して、当初ハチ高原では単独処理浄化槽による処理が中心で、未処理の生活雑排水やBOD値の高い処理水が垂れ流され、水質汚濁が問題と

表 9.4 熊次地区の生活用水・排水システムに影響を与えた要因

類型	集落	最初の水道施設の形態	充足する水道水源の領域内での有無	湧出量が多い湧水の分布	宿泊業の立地	スキー場への近接性	水道水源増強の要因	安定供給までの水道水源増強の方法	農業用水の水道水源への転用	個別処理浄化槽の普及
(a)	ハチ高原(大久保)	△	○	○	○	◎	量	変更追加		◎
	ハチ高原(丹戸)	○	○	○	○	◎	量	追加	○	◎
(b)	別宮	◇	○	○	△		量	町営移管	○	◎
	大久保	◇	○	○	△		質・量	変更追加		◎
	福定	◇	○	○	△		量	追加		◎
	奈良尾	○	○	○	△		質・量	変更		◎
	丹戸	◇	△	×	△		量・質	町敷設		◎
(c)	梨ヶ原	△	×	×	×		量・質	町敷設		△
	草出	○	○	○	×	×	量・質	変更		△
	外野	◇	○	○	×	×	質・量	変更追加	○	△
	葛畑	△	△	○	×	×	量・質	町営敷設		△
(d)	川原場	○	○	○	—	—		変更なし		○
	小路頃	×	×	×	—	—	量・質	町営敷設		△

最初の水道施設の形態： ×：個人のみ △：共同 ◇：複数水道 ○：集落全体（ただし町営はのぞく）
充足する水道水源の領域内での有無：×：なし △：水質に難あり ○：あり
湧出量が多い湧水の分布： ×：なし ○：あり
宿泊業の立地： —：なし ×：消滅・ほぼ消滅 △：衰退傾向 ○：隆盛
スキー場への近接性： —：なし ×：廃止・休業 △：不便 ○：連絡リフト ◎：隣接
個別処理浄化槽の普及： △：少数普及 ○：半数程度普及 ◎：大半普及
注）現地調査により作成。

なっていた（西村 1989）。その後、ハチ高原に自生する希少植物の保護運動の活発化が契機となって、1995年に特定環境保全公共下水道が建設された。これは下水道建設が公共水道の敷設に先んじるケースであった。

町側は本研究の時点で敷設工事中の熊次簡易水道の給水区域にハチ高原を含めようとしたが、給水区域となる類型(b)の集落との調整の困難さや水源地の位置の事情から断念した。その後、町当局はハチ高原での町営簡易水道の敷設を企図して、2003年度よりハチ高原での地下水源探査を開始した[38]。

4.2 宿泊業衰退傾向集落

町営簡易水道・下水道の展開が異なる大久保・福定・奈良尾・丹戸と別宮を分けて検討する。

ハチ高原の山麓の南向き斜面に位置する大久保・福定・奈良尾・丹戸は、ゲレンデスキー以前からスキー民宿がみられた集落で、1960年代前半以降、宿泊業を営む世帯が大幅に増加した。これらの集落は平坦地に乏しく、ハチ高原や別宮のような宿泊施設の大型化が容易ではない。これらの4集落では宿泊業は衰退傾向にある[39]。

これらの集落では、1950年代後半以降、集落水道や共同水道により生活用水がもたらされるようになった。大久保・福定[40]・奈良尾では、湧水や表流水を水源とするほぼ集落規模の簡易水道や特設水道が敷設された[41]（表9.3）。一方、丹戸では集落地内に集落全体に供給するのに十分な量の水源が得られず、共同水道や個人水道によって生活用水を得ていた。そこで、水道敷設のために町への陳情を重ね、給水人口を満たすために水道水源に乏しい隣接する梨ヶ原を給水区域に取り込み、1966年に町の事業による簡易水道敷設（丹戸梨ヶ原簡易水道）へとこぎ着けたのは3.2にも記した通りである。

1960年代半ば以降、スキー観光客は増え続け、宿泊業は隆盛を極めた。宿泊施設では、風呂、調理、洗面用に大量の水を消費するため、大規模な簡易水道を敷設した丹戸以外では混雑期に水道水量が不足する事態が起こっていた。加えて、サービスの向上のために1980年頃以降に単独処理浄化槽による水洗トイレを設置する宿泊施設が増加し（図9.3）、大量の水洗トイレ用の水需要が生じた。そこで、混雑期に水量不足にならないよう、各集落では水量確保を優先して水道施設の増設がはかられた[42]。

大久保・丹戸・福定・奈良尾の各集落では、用地の制約も重なって、多くの宿泊施設がその規模を大幅に拡大できず、1980年代前半以降は施設数が減少してきた。宿泊施設の更新もままならず、排水処理は単独処理浄化槽のままの施設がほとんどで、生活雑排水の垂れ流しとBOD値の高い処理水の排水で、水域の汚染が続いた（和田山保健所・関宮町1989）。一方で、これらの

集落では、経営者の高齢化の進行で従来からの水道を維持していくことや、生活用水に起因する食中毒の発生への懸念も生じていた。また、町は前述の「生活排水99％大作戦」下で、水道の敷設と下水道の建設が不即不離であることを各集落に認識させていた。これらを踏まえて、簡易水道の給水区域にハチ高原を含めないことを受入れ条件として、大久保・福定・奈良尾・丹戸の集落は町営水道の敷設と下水道の建設を了承せざるを得なかったのである。現在、これらの4集落と梨ヶ原を対象区域とする熊次簡易水道の敷設と、熊次特定環境保全下水道の建設が進められている[43]。

別宮は従来からツアースキー客が訪れる集落であったが、1968年に自動車が通行可能な道路が開通し、1972年に外部資本によりリフトゲレンデが整備されたことで、宿泊施設を経営をする世帯が急増した。その後、大規模化した宿泊施設がある一方で、1990年代前半以降は宿泊施設数が減少している[44]。

別宮では1960年頃から湧水を水源とする2系統の共同水道で生活用水が供給されていたが、宿泊業の発展による水需要の増大に対して量的には十分なものではなかった。そこで、安定的な給水の確保のために、1977年に町営別宮簡易水道へ移管され、水源の増強と施設の集約化がなされた。

だが、その後のテニスブームによる宿泊客増加で、繁忙期には水道が水圧不足になるようになった。町では、町営水道としての敷設後20年間は水道水源増設などに国庫補助が得られないことで改良に消極的であったため、水圧が低かった高所の大規模宿泊施設の営業者は個人で湧水の導水や井戸の掘削などを行ない、独自に水源開発を行なって対応してきた。また、大型宿泊施設では施設増設の際に合併処理浄化槽によるトイレの水洗化を進めてきた。一方、スキー場から離れている低所の宿泊施設は規模を拡大できず、個別処理浄化槽を導入しない施設も多かった。町では水道の町営移管から20年間がすぎたため、別宮簡易水道の拡張工事と別宮特定環境保全下水道の設置に取りかかり、双方とも2001年より供用を開始した。

4.3 宿泊業衰退集落

現在は宿泊業がほぼ衰退した集落として、梨ヶ原・草出・外野・葛畑が挙

げられる。前述のように、これらの集落では集落地内や集落に隣接してスキー場が設置されたものの、標高が低くて十分な雪に恵まれない上に規模が小さいこともあって、スキー場が廃止されたか、もしくは休業状態となっている。もともと、類型(b)の集落と比べて宿泊業を営む世帯の割合は小さく、相対的に宿泊業に起因する水需要は小さかった。現在、これらの集落では宿泊施設が消滅したか、消滅に近い状況にある（表9.1）。

　梨ヶ原は湧水源や河川に恵まれず、葛畑は山域の標高が比較的低いために湧水源や水道水源になりうる河川がなく、共同水道や個人水道の状態が長く続いていた。葛畑は熊次地区の東に位置し、西部簡易水道の給水区域に近いため、早期に西部簡易水道への組み入れを町に要望した。旧関宮村に位置し西部簡易水道の水源となる鵜縄では、かつての他の村である熊次地区への送水という事態に難色を示し、交渉は難航した[45]。しかし、葛畑は標高が低くて雪質もよくなかったためにスキー場の入り込み客数、宿泊者数ともに伸び悩んでいたことから水道水の大量消費には至りにくいと判断されたこと、町が取水による河川流量への影響を最小限にくい止める工法などを提案したことから、鵜縄集落が了承するところとなり、1972年に西部簡易水道による葛畑への給水が実現した。また、前節で述べたように、梨ヶ原は丹戸からの簡易水道敷設の話を積極的に受け入れ、集落水道による給水が行なわれることとなった。

　外野と草出は集落の背後に湧水源や水道水源となる河川が存在していた。比較的人口規模の小さい草出は、1960年に集落より200mほど上流で取水した表流水を水源とする集落水道を敷設した。雨天時の水の濁りを解消するために1965年頃には水源を集落から1kmほど上流の所に位置する湧水に切り替えた。草出と比べて集落規模の大きい外野では、1958年から60年にかけて集落背後の三つの谷ごとにそれぞれ表流水を水源とする共同水道が敷設された。その後、一つの共同水道は水量不足で廃止された[46]。他の二つの共同水道は1985年頃にかつて棚田の水源であったより上流の湧水などに相次いで水源を切り替えた。

　2000年になって、外野と草出が西部簡易水道の給水区域に統合された。この要因について、町側の事情としては、西部簡易水道の拡張事業の計画時に、

草出・外野・川原場を給水区域に組み入れて拡張事業を行なえば国庫補助率が高まることが判明した理由で町が水道敷設を働きかけたこと、草出・外野が西部簡易水道の水源地よりも標高が低く、西部簡易水道から送水可能であったことが挙げられる。草出・外野側の事情としては、住民自らが今後も小規模水道を維持管理していくことの困難さが要因となったと推測される[47]。また、草出・外野では宿泊業が衰退し、後述のように川原場には宿泊施設が立地しないために、水道水の大量消費には至らないとして、西部簡易水道の水源にあたる鵜縄集落が了承したことも要因の一つと思われる。

　排水処理に関しては、早い時期での宿泊業の衰退で、これらの集落で個別処理浄化槽を設置したのは極めて少数であり（図9.3）、長らく汲み取りによる屎尿処理と雑排水の垂れ流しの状態が続いていた。しかし、1990年代後半以降、町による集合排水処理が開始された。

　一方、梨ヶ原は丹戸梨ヶ原簡易水道によって給水されていることから、丹戸とともに熊次簡易水道による給水と、熊次特定環境保全下水道による排水処理が予定されている。

4.4　宿泊業未立地集落

　川原場と小路頃は熊次地区で最も標高が低く、スキー観光地域から離れており、宿泊施設が立地しなかった。したがって、生活用水需要は家庭用中心であった。

　小路頃は背後の山地の標高が低くて谷が浅いために適当な水道水源がなく、共同水道さえ敷設できない状態が続いていた。町営西部簡易水道の計画が持ち上がると、小路頃では同水道による給水を町に要望し続け、1969年に西部簡易水道の給水区域に組み入れられた。その際、西部簡易水道の水源となった鵜縄集落は、小路頃には宿泊業が立地せず、旧関宮村に隣接し古くから旧関宮村とのつながりが強い集落であることから、小路頃への給水を受け入れた。

　川原場には豊富な湧水源が存在し、1960年にこれを水源とする集落水道が敷設された。町では外野を西部簡易水道へ統合することを念頭に置いて、隣

接する川原場にも同水道への切り替えを打診してきたが、集落としては集落水道の維持費が安く水質も良いため、これに消極的な対応をとり続けた。しかし、1995年の阪神・淡路大震災以降、雨天時に水道水が濁るようになり、西部簡易水道への統合を決め、2000年から給水が開始された。

　図9.3に示したように、宿泊業が発達しなかった小路頃では個別処理浄化槽はあまり設置されなかった。一方、川原場では道路改修による住宅移転の結果、合併処理浄化槽による排水処理が移転した住宅に普及した[48]。その後、両集落とも西部農業集落排水事業に組み入れられた。

5　おわりに

　兵庫県関宮町熊次地区では、1950年代後半以降の水道創設期において、各集落で生活改善を目的として、集落から近距離に水源を求めた簡便な水道施設が敷設された。その後、水源などの増設による水道施設の増強が行なわれた。この要因としては、洗濯機などの水使用機器の普及による一人あたり水使用量増加と、この地域のスキー観光地域化を挙げることができる。すなわち、スキー観光が発達したことで営業用水が必要になったことと、宿泊客用に水洗トイレが普及したことが該当する。そして、増大する水需要に対応が可能となったのは、次の二つの理由からである。第1はこの地域が積雪する山間地域であるために多くの集落で水質の良好な水道水源を比較的容易に得ることができたこと、第2は農業機械の普及やいわゆる減反、そして農業から宿泊業へのシフトなどに起因する耕作放棄の棚田が増加したことによる農業用水の余剰発生が水道水源の増強を可能にさせたことである。また、この背景には、長尺で可撓性・耐寒性にすぐれたポリエチレンパイプの普及があった。

　宿泊業が立地したが水質良好で水量も豊富な水道水源が得られなかった集落や、宿泊業衰退集落、宿泊業未立地集落では、町による水道敷設や水道町営化が進んだ。良好な水源を有する宿泊業が立地した集落では、非町営水道が使用されてきた。その理由は、水源の水質が良好で水量も豊富なことが宿泊施設経営にとっては水道町営化よりも低コストの水道水を得ることができ

るというメリットをもたらしたことと、宿泊業発展集落と宿泊業衰退傾向集落との間の対立もあって、多くの集落が比較的近接して分布していながら集落の範囲を越えた広域的な水道整備計画が実現しにくかったことである。すなわち、熊次地区ではスキー観光地域であることが水道施設の公営化・広域化を遅らせることにつながったといってもよい。

一方、スキー観光の進展は熊次地区での単独処理浄化槽の普及を早めたが、その後、合併処理浄化槽に更新されたものは少なく、宿泊業の経営に負担となる集合型排水処理施設の計画もなかなか受け入れられず、スキー観光集落を中心に水域の汚染が進行した。スキー観光開発は宿泊施設の経営に必要な生活用水源の安定的確保と単独処理浄化槽の導入を促したが、生活雑排水処理を後回しにさせる結果になった。すなわち、スキー観光開発が八木川の汚染につながったともいえる。

排水については、宿泊業の集中する集落の住民は大量の排水による水域の汚染について認識していたものの、スキー観光のために排水量を増加させ続け、ハチ高原や八木川の水質汚濁を引き起こした。しかし、そのことが結果としてハチ高原特定環境保全下水道の建設に結びついた点も見逃せない。また、熊次特定環境保全下水道の整備によって、将来的に水域の汚染は改善されることが予想されるとともに、個別処理浄化槽の廃止によって定期的な個別処理浄化槽の有償整備も必要なくなるであろう。これにより、下水道料金の負担という点以外では排水に対する関心が低下していくことが懸念される。水道町営化はやむを得ないところであるし、兵庫県の「生活排水99％大作戦」に基づく現状の生活排水処理計画下では、建設中の熊次特定環境保全下水道の建設を進めるべきであろう。しかし、合併処理浄化槽による排水処理の効率性などの議論や集合型生活排水処理施設の建設に要した膨大な債務の負担の問題から、県の施策と現状の生活排水処理計画は万全であるとはいえない。秋山 (1991) が指摘するように、より大規模な水道・生活排水処理施設が整備されることで、生活用水・排水システムの維持に地域住民が直接関わる機会が減少することは、地域住民の水環境に対する関心の持続という点で問題である。

本章から、観光開発の進展状況の違いが、各集落の生活用水・排水システ

ムの変容に、時期的・質的差異をもたらしたことが明らかになった。また、従来型生活用水システムが機能してきた山間地域で、複数の集落にわたって観光開発が進んだ場合での、広域的な水道・集合型生活排水処理施設の整備の困難さも明らかとなったと同時に、その一元的な整備の推進が原因となって生活排水システムの整備が進捗せず、水質汚濁を悪化させた事例を示すことができた。国が推進してきた水道・集合型排水処理施設の一元的整備の問題点を今回の事例を通じて垣間見ることができた。さらに、過疎地域・積雪地域としての本事例から、現行の社会システムの枠内で小規模水道を維持していくことの困難さも示された。

しかし、本章はスキー観光地域における生活用水・排水システムの変容の一事例を示したに過ぎない。今後、本事例とは条件の異なる山間の観光地域を事例とした研究を行なうことで、山間の観光地域での生活用水・排水システムの変容の要因についての一般性を明らかにしていくことが求められる。また、過疎地域全般において生活用水・排水システムの変容の事例研究をさらに進めていく必要がある。

注
1) 本章では水道について、水道法の2002年改正以前の定義に基づき、給水人口から、計画給水人口5,001人以上の水道事業を上水道、計画給水人口101人以上5,000人以下の水道事業を簡易水道、給水人口101人以上の社宅、療養所などの自家用の水道を専用水道とする。また、兵庫県条例の定義から、給水人口50〜100人以下の水道を特設水道とし、以上に定義されない給水人口50人未満で「蛇口化」された水道設備を小型水道と呼ぶ。また、運営主体から、市町村が敷設・運営する上・簡易・専用・特設・小型水道を公営水道、ほぼ集落規模で敷設・運営する簡易・専用・特設・小型水道を集落水道、数戸以上が共同で引く特設・小型水道で、集落全体には及ばない水道を共同水道、1戸が引く小型水道を個人水道と呼ぶ。なお、集落水道には複数の集落で共同で敷設し運営する水道も含める。また、特設水道、小型水道と2〜3集落以内を対象とする簡易水道を、小規模水道と呼ぶことにする。
2) 上水道、簡易水道、専用水道によって水道水を供されている人口の総人口に占める割合を示す。
3) 肥田の1985年での全国の市町村の水道普及率を示す図によると、中国山地や四国

山地などの山間過疎地域を中心に水道普及率の低い市町村が存在している（肥田 1995, pp. 108-109）。
4) 旧建設省所管として特定環境保全下水道、農林水産省所管として農業（漁業）集落排水事業、旧自治省所管としてコミュニティプラントがある（河村 1998, pp. 10-11）。
5) BOD 除去率は低く、また増加する雑排水は処理対象ではないために、環境負荷量が大きかった（南部 1998）。
6) 本章では、生活用水の水源からの取水・浄水・給水の体系を生活用水システムと定義する。また、発生した屎尿・雑排水の排水・処理・自然界への放出までの体系を生活排水システムと定義する。そのうえで、それらを一体として、生活用水・排水システムと定義する。
7) 生活用水についてはおもなものとして笠原（1983）、新見（1985a）、原田（1986）、秋山（1990）が挙げられる。また、生活排水についてはおもに新見（1985b）、吉田（1993）、季（1998）が挙げられる。
8) 大山（1992, pp. 1-8）が秋田県鹿角市花輪地区を事例に、生活用水・排水体系の変遷について報告した。また、都市水環境としての用水路の維持・管理に注目した山下（2001, pp. 621-642）は、用水路の生活用水・排水としての利用の変容についての調査を行なった。
9) おもに石井（1977）、白坂（1986）、呉羽（2001）、呉羽ほか（2001）がある。
10) 呉羽は1990年代半ば以降のスキー観光地域が抱えている問題として、民宿の水回り施設の整備の遅れを指摘している（呉羽 2001, p. 11）。
11) おもなものとして、笠原（1983）、新見（1985）、大山（1991）、矢嶋（1999）がある。
12) なお、2004年4月に関宮町を含む養父郡4町が合併し、養父市が成立したが、本論では合併前の関宮町の呼称を用いる。
13) 熊次地区の宿泊施設の多くが民宿に始まり、その後、改装や大規模化を行なうことで、ホテル、旅館、ペンションなどを名乗る施設も増えてきている。しかし、関宮町商工観光課や関宮町観光協会では区分はしておらず、また、生活用水・排水システムの変容を解明するとした本章の趣旨から、宿泊業を営む施設を一括して宿泊施設として扱う。
14) 兵庫県生活衛生課による『水道施設現況調書』（各年度版）、関宮町福祉課作成の『給水台帳』を用いる。後者については、本章の人文地理56巻4号に掲載時には1970年頃に作成されたとしていたが、当時の担当者からの再度の聞き取りと記載内容から、1968年頃に作成されたと判断される。
15) 福井英一郎の気候区分による（福井ほか編 1985）。

16) 大阪管区気象台で閲覧した気象庁資料の平年値（統計期間は1971～2000年）による。
17) 町広報や町議会広報によると、1956年の郡を越えての合併を巡っては、当時の熊次村では関宮と村岡のどちらと合併するかで議論が紛糾した。結局、同じ流域で就業などの点で結びつきの大きい関宮村との合併を選択したが、旧熊次村内には長く対立の禍根が残ったという。
18) 旧熊次村の範囲は現在の出合校区の一部と熊次校区に分けられるが、スキー場の分布や年配者を中心とする旧熊次村の認識の範囲などから、本章では旧熊次村を研究対象地域とした。
19) 聞き取りや藤田（1987、pp. 50-51）によると、養蚕部屋を客室に改装したり、養蚕家屋を改装して民宿が営まれた。
20) ただし、そのうちの1カ所は旧関宮村側にも給水している。詳しくは後述する。
21) 単独処理・合併処理浄化槽の合計値である。なお、町環境整備課によると、その後台帳は更新されていないが、集合型排水処理施設の建設に伴って、個別処理浄化槽の設置箇所数は減少している。
22) 川や用水路に水汲み場である「ツカイド」が設けられて利用されていた。また、竹樋や木管、後には塩化ビニル管や水道用の鉄管などを利用して、個人で家屋の内外に導水するものもあった。
23) 関宮町役場に保存されている、熊次村長から兵庫県北但地方事務局長へ報告した「簡易上水道設置調の報告について」（1953年）という行政文書には該当なしと記してあることから、熊次地区には水道法や県条例が適用される水道に該当するものがなかったと思われる。
24) 別宮の西谷伊市郎氏（故人）が、1960年に別宮の共同水道の敷設を成功させた後、熊次地区では川原場、草出の集落水道敷設を手がけ、熊次地区での小規模水道の普及を促した。
25) 運営については、通常、集落会計とは別に水道会計をつくり、水道係を設置して会計や保守・点検の役割に充て、集落の総会で会計報告を行なう形態をとる例が多い。この組織には必ずしも集落の全戸が加入していない場合もあった。また、当初は増設・補修時などについては臨時徴収で賄われていた水道が多いが、使用水量が増えるにつれて料金制度を導入したケースが多い。集落によってはメーターを設置して定期的に検針し、水道料金を徴収している。
26) 湧水を水源として利用できない場合には、最も濁りが少ない渓流や農業用水路などが水源として利用された。雨天時の濁り対策として、簡便な沈殿設備を作るなどしたものの、抜本的な解決にはならなかった。また、農業用水路を水源として利用した場合は、用水路水を直接取水はせず、余剰水を取水するなどしていた。

27) 水利権者自らが水道の恩恵を被るという場合でさえ同様であった。水利転用を認められた場合でも代替水源を確保したり、水利権者への金銭的補償をしたりしたほか、渇水時には農業用水を優先するという条件をつけるなどしてようやく達成された例が多い。
28) 敷設工事やそれにかかわる起債などは町が行なうものの、その後の保守・運営は集落側が組合形式で行なうというもので、水源には福定集落の同意を得て、福定地内の八木川の伏流水が用いられた。
29) 1980年の建設省（現国土交通省）による構造基準の改定によって宿泊施設を増築・新築する際に設置が義務づけられたことによる。
30) 公共下水道・農業集落排水事業・コミュニティプラント・合併処理浄化槽によって、兵庫県の生活排水処理率を2004年までに99％にまで高める計画である（兵庫県土木部下水道課 1999）。
31) 地域単位で生活雑排水と屎尿を処理する施設で、新規の住宅開発地区や小集落に設置される（河村 1998、p. 16）。
32) 農山漁村や自然公園などの市街化区域以外の区域で設置される公共下水道である（河村 1998、p. 14）。
33) なお、下水道料金は水道のメーターから算出されるために、町は下水道接続に際して、全ての在来水施設の放棄を指導している。それは、下水道料金は通常は水道使用量から算出されるため、メーターのない在来水源を残した世帯からの排水が下水道に流れ込んでも下水道料金の算出ができないことによる。そのため、下水道整備の際に、在来水源の放棄か散水などに使用の限定を求める場合が多い。集落水道の場合は水道使用量の増減はあまり問題にならないが、公営水道は水道使用量が増加しないと料金収入が増えず、経営上の障害になりうる。
34) 聞き取り対象は、西部簡易水道の水源地となった鵜縄集落を含め、各集落の区長、区長経験者あるいは水道創設当時の担当者を中心とした19名である。質問内容は、対象集落の生業の変遷と生活用水・排水システムの変化、聞き取り対象宅の生業の変化と生活用水・排水システムの変化、周辺集落での聞き取り事項の確認であった。
35) ただし、聞き取りによると、丹戸や大久保にも家を残している場合が多いという。
36) 町環境整備課での聞き取りと、町議会広報30号（1983年11月）、36号（1985年4月）による。
37) 聞き取りによると、ハチ高原の丹戸側のみで利用し、敷設工事費は丹戸集落と給水を受ける宿泊業者が費用分担したという。宿泊業者は従量制による料金と、維持管理費を丹戸集落に支払っている。ハチ高原の丹戸側の宿泊業者はこれまでに開発してきた生活用水源もほとんど放棄することなく、本研究の時点でも利用し続けて

いる。
38) ハチ高原への入り込み客数は今後も維持され、宿泊業者の町営簡易水道敷設に関わる負担が可能であると、町側が判断したものと思われる。
39) 理由として次のことが挙げられる。夏の林間学校での宿泊客が大幅に減少してきた。また、京阪神圏から高速道路を利用して日帰りが可能な岐阜県や福井県などで大型スキー場開発が相次ぎ、京阪神圏から近い大規模スキー場というハチ高原スキー場の優位性が相対的に減退していること。かつては認められていなかった冬季のハチ高原への自動車の乗り入れが可能となり、ハチ高原スキー場へ行く日帰りスキー客のほとんどが直接ハチ高原に向かうようになったことなどである。
40) 大久保には簡易水道と特設水道が敷設されたが、聞き取りによると水源の位置の問題で一元給水ができなかったという。また、福定では特設水道とは別に共同水道が敷設されたが、水量の不足や水質への不安から、共同水道の加入者はのちに福定特設水道や丹戸・梨ヶ原簡易水道へ加入して共同水道が放棄されたことが、2006年3月の再調査で明らかになった。人文地理56巻4号での記載内容を訂正しておく。
41) この際、福定では農業用水として用いられていた農道に近接する湧水の転用に成功したが、大久保・奈良尾では湧出量が多い湧水の位置が集落より遠く、まだ農業水利としての使用があって水道用水への転用が困難であり、当初は表流水が水源として用いられた。
42) 水源を遠方の水量の多い湧水に切り替えたり、不足する水量を補うために濁りにくい表流水源を追加するなどして、水量の不足分を確保した。
43) 町環境整備課によると、下水道の加入に際して、一般世帯が1世帯1口（50万円）の加入金を求められるのに対し、宿泊施設は、宿泊人員49人までが2口、同50〜99人が3口、同100人以上が4口の加入金の負担を求められる。水道・下水道の改装費用を含めると相当な負担が見込まれるため、大久保、福定、奈良尾、丹戸の宿泊施設の中には負担に耐えられず廃業するものも現われているという。
44) 町商工観光課によると、別宮の東鉢スキー場への冬季の入り込み客数は1995年以来減少してきている。隣接するハチ高原スキー場よりも規模が小さいことも影響していると思われる。
45) 聞き取りによると、鵜縄では取水量の増加による農業用水不足が懸念されたという。
46) 加入者は個人水道に戻ったり、他の共同水道から給水を受けるなどした。
47) 現地確認によれば、これらの水源地は、冬季には接近が困難な位置にあった。
48) これは1980年に集落を通る県道の拡幅工事のために多くの住宅が移転を余儀なくされた際、新築住宅への合併浄化槽設置が義務づけられている時期であったため、移転した世帯に合併処理浄化槽が設置されたことによる。

文献

青野壽郎監修、日本地誌研究所編（1973）『日本地誌第14巻京都府・兵庫県』二宮書店。

秋山道雄（1990）「滋賀県の水道と水管理」岡山大学創立40周年記念地理学論文集編集委員会編『地域と生活Ⅱ―岡山大学創立40周年記念地理学論文集―』、pp. 223-240。

秋山道雄（1991）「琵琶湖・淀川水系の水質汚濁と市民生活」市政研究 98、pp. 28-37。

石井英也（1977）「白馬村における民宿地域の形成」人文地理 29、pp. 1-25。

大山佳代子（1991）「秋田県における上水道普及率の地域特性」秋大地理 38、pp. 3-11。

大山佳代子（1992）「秋田県鹿角市花輪地区における生活用水の利用体系とその変遷」秋大地理 39、pp. 1-8。

笠原俊則（1983）「淡路島諭鶴羽山地南麓における取水・水利形態と水利空間の変化―生活用水を中心として―」地理学評論 56、pp. 383-402。

河村清史（1998）「水環境保全と生活排水処理」金子光美・河村清史・中島　淳編著『生活排水処理システム』技報堂出版、pp. 1-24。

呉羽正昭（2001）「日本におけるスキー場開発の進展と農山村地域の変容」石原照敏編『アルプスにおける観光業と農業の共生システム―日本の中山間地域と比較して―』平成11-12年度科学研究費補助金（基盤研究(C)(2)）研究成果報告書、pp. 5-12。

呉羽正昭・佐藤　淳・豊島健一（2001）「乗鞍高原におけるスキー観光地域の構造的変容」日本スキー学会誌 11-1、pp. 61-72。

白坂　蕃（1986）『スキーと山地集落』1986、明玄書房。

新見　治（1985a）「家島群島における水利用の展開過程と住民の水利用行動」香川大学教育学部研究報告（第Ⅰ部）65、pp. 151-189。

新見　治（1985b）「農村地域としての下笠居地区の水環境保全と下水道」地理学研究（香川大学）34、pp. 22-28。

新見　治（1987）「水資源研究における水文誌の意義」香川大学教育学部研究報告（第Ⅰ部）69、pp. 43-69。

季　増民（1998）「地域主体的な公共事業の導入による都市近郊農村の再編―岡山県山手村における下水道整備事業を事例にして―」人文地理 50、pp. 61-76。

田中宏明（1998）「大規模な集合処理システム（下水道）」金子光美・河村清史・中島　淳編著『生活排水処理システム』技報堂出版、pp. 143-177。

寺尾晃洋（1981）『日本の水道事業』、東洋経済新報社。

中村　覚（1979）『氷の山・鉢伏山の歴史』私家版。

南部敏博（1998）「個別処理システムの経緯」金子光美・河村清史・中島　淳編著

『生活排水処理システム』技報堂出版、pp. 29-33。
西村　登（1989）「主として水生動物からみた但馬地方諸河川の水質の現状」関西自然保護機構会報 18、pp. 3-20。
西村　登（2000）「水生生物からみた但馬地方諸河川の水質の現状（3）―1993年と1998年および1960～1999年頃との比較―」関西自然保護機構会誌 22-1、pp. 29-40。
原田敏治（1986）「住民が作った上水道―都市化と組合水道―」地理 31-2、pp. 124-130。
肥田　登（1995）「上下水道の展開」西川治監修『アトラス―日本列島の環境変化』朝倉書店、pp. 108-109。
兵庫県土木部下水道課（1999）『ひょうごの下水道』兵庫県土木部。
福井英一郎ほか編（1985）『日本・世界の気候図』東京堂出版。
藤田一登（1987）「但馬山地、氷ノ山・鉢伏における山域利用とその変化」関西学院大学大学院文学研究科修士論文（未公刊）。
藤田　崇・古山勝彦（2003）「近畿北部、鉢伏地域の火山地質と地すべり」日本地すべり学会誌 40(1)、pp. 50-55。
矢嶋　巌（1999）「兵庫県但馬地域における水道の展開」千里山文学論集 62、pp. 41-64。
山下亜紀郎（2001）「金沢市における都市住民による用水路利用と維持への参加」地理学評論 74A、pp. 621-642。
吉田淳一（1993）「都市化域における生活排水の処理形態と農業用水秋田県仁井田堰土地改良区管内を事例に」秋大地理 40、pp. 51-56。
和田山保健所・関宮町（1989）『八木川上流（鉢伏高原周辺地域）における水質調査結果報告書』。

第10章　スキー観光集落の生活用水・排水システム
―兵庫県養父市福定―

1　はじめに

　第二次大戦後の日本の水道普及率上昇は、1950年代以降の大都市圏への膨大な人口の流入にともなうものであった（寺尾1981）。また、日本の村落地域では、多くの場合、第二次大戦後しばらくは従来からの生活用水システムが維持されてきた。1952年度からの当時の厚生省による小規模水道敷設への国庫補助の開始をきっかけとして村落地域に「簡易水道ブーム」が起こり、衛生面の向上や水汲み労働の軽減などの生活改善を目的として、数多くの簡易水道や小規模な水道施設が敷設された（坂本編1975）。
　国の水道未普及地域解消の方針のもと、上水道・簡易水道・専用水道により給水される割合を示す水道普及率は2005年3月末日現在には97.1％に達しているが、中国山地や四国山地などの山間地域を中心に、近年まで、あるいは現在でも水道普及率が低い市町村が存在する（肥田1995）。しかし、山間の「水道未普及地域」にも小規模な水道施設を中心とした生活用水システムが形成されていることが筆者の研究からも明らかになった（矢嶋1999、2001、2004）。
　一方、水道による生活用水供給は、生活における大量の水消費を可能にした。水道が普及することで一人あたり水使用量が増加し、発生した大量の排水も全国的に河川の水質悪化を進める要因の一つとなった。生活排水処理対策は、公共下水道などの集合型生活排水処理施設の整備を中心として行なわれてきている。当初は都市地域を中心に進められてきた集合型生活排水処理施設の整備は、近年では山間地域にまで及んできている。なお、2000年に厚

生省（現厚生労働省）は、村落地域での生活排水処理施設の整備に際して下水道との経済性を比較した上で、条件が合致した場合には合併処理浄化槽の導入を推進する政策を打ち出した[1]。

兵庫県を例に挙げれば、水道普及率を上昇させ「「県民皆水道」を達成するために、未普及地域への簡易水道の新設、拡張事業」が行なわれたり、「小規模水道施設の経営、維持管理の強化を図るため事業の統合等の再編事業」が行なわれてきている（兵庫県健康生活部 2005）。また、生活排水処理については、1990年度より「生活排水99％大作戦」と称して、公共下水道・農業集落排水事業・コミュニティプラント・合併処理浄化槽によって、兵庫県の生活排水処理率を2004年度末までに99％にまで高めるとする計画を打ち出し、施設整備を進めた（兵庫県土木部下水道課 1999）。

日本の高度経済成長にともなう開発の波は都市域や都市化進展地域に留まることなく、人工的な大規模改変をともなう開発は農山村地域にも及び、日本各地にさまざまな自然環境破壊を引き起こすとともに、それまでの生活用水・排水システムにも大きな変化をもたらした。9章では、小規模水道が多数展開する兵庫県但馬地方のスキー観光地域旧関宮町熊次地区における生活用水・排水システムの変容について、その要因を集落の水資源の条件や集落の観光に関する条件の違いと観光開発の進展状況に注目しつつ、小規模水道施設の敷設と浄化槽の普及を中心とする生活用水・排水システムの変遷について分析した。その際、それぞれの集落における小規模水道施設の展開に注目すると、集落それぞれの事情によって敷設の経緯が異なり、そしてその経緯、敷設された水道施設の規模や水源の特性、あるいはスキー観光への依存度などが条件となって、その後の集落の生活用水・排水システムの展開に影響を及ぼしている状況が読みとられた。

そこで本章では、高度経済成長期にスキー観光地域化が進み、第二次大戦後に全国的に多数設置された小規模水道施設が近年まで利用され、近年公営簡易水道・集合型生活排水処理施設が建設された山間集落である兵庫県養父市熊次地区のうち福定について、産業と生活の変化を踏まえつつ、公営簡易水道・集合型生活排水処理施設が建設された現在までの生活用水・排水システムの変容を明らかにする。そのうえで、水道法では水道に含まれない小規

模水道施設の展開の実際や、スキー観光地域化による生活の変化が生活用水・排水システムにもたらした影響について具体的な把握を試みる。これにより、国の方針に基づいて進められてきた公営水道整備および集合型生活排水処理整備が、日本の山間観光地域にもたらした影響について明らかにすることを目的とする。

なお、本章の事実関係については、同集落に在住するAさん・Bさん夫妻からの聞き取りを中心に組み立てられている[2]。また、旧関宮町役場 OB から在職当時の熊次地区の各集落の水道施設や旧関宮町による水道施設調査などについて聞き取りを行なった[3]。旧関宮町の水道・生活排水処理施設の整備について、1998年8月から2004年3月にかけて旧関宮町環境整備課から聞き取りを行なった。現在の熊次地区における水道・生活排水処理施設の整備状況について、2006年3月に養父市役所水道事業所、同下水道課から聞き取りを行なった。

2 熊次地区福定について

本章で取りあげる福定は、2004年4月に兵庫県養父郡4町が合併して成立した養父市に属する大字で、合併までは養父郡関宮町の大字であり、福定自治区と位置づけられていた[4]（図10.1、図10.2、写真10.1）。養父郡関宮町は、1956年に養父郡旧関宮村と美方郡旧熊次村（熊次地区）が合併して成立した町であった[5]。熊次地区は山がちな但馬地方のなかでも標高の高い北但山地に位置し、一級河川円山川の一次支流である八木川の最上流域にある。この付近は基盤岩として新第三紀に形成された北但層群村岡累層の砂岩泥岩互層が広く分布し、その上にほぼ同時期に鉢伏火山岩が噴出している（藤田・古山 2003）。標高1,510 m の氷ノ山と標高1,221 m の鉢伏山はこの活動によって形成されたと考えられ、現在では氷ノ山と鉢伏山の間の谷を八木川が下刻している。福定は八木川が下刻するV字谷の北斜面の緩傾斜地に立地する。養父市に隣接する香美町村岡に位置する気象庁観測所のデータでは、1979～2000年の年平均降水量は2,073.5 mm[6] に達する。また、降水が冬季と6月、9月に多い日本海岸気候区で、冬季には北西の季節風が雪をもたら

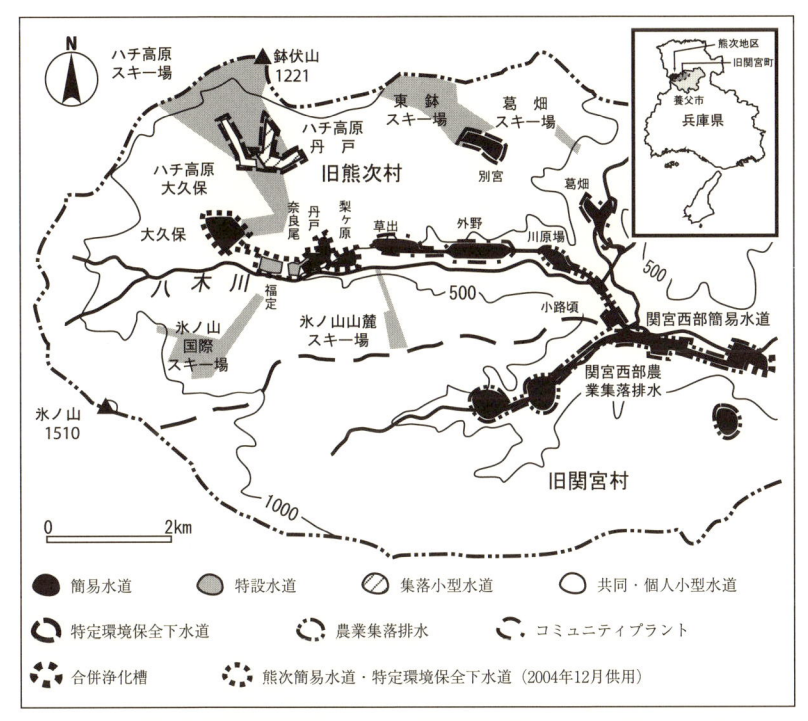

第10章　スキー観光集落の生活用水・排水システム　315

図10.1　養父市旧関宮町熊次地区における水道施設の給水区域と生活排水処理施設の計画処理区域（2004年11月）
資料　兵庫県生活衛生課『水道施設現況調査』、旧関宮町環境整備課による。
注　熊次簡易水道・特定環境保全下水道が供用されるより以前を示す。

し積雪をみる。なお、この付近は氷ノ山後山那岐山国定公園に含まれる。

　青野監修（1973）や藤田・古山（2003）によると、鉢伏山南麓や氷ノ山北麓にはいくつもの地すべり地形が分布している。藤田・古山（2003）は鉢伏地域の地すべり地形分布図を示し、鉢伏火山体斜面からもたらされた地すべり堆積物が形成した緩斜面や平坦面がハチ高原スキー場や東鉢スキー場などに用いられていることを指摘している。また、この図では氷ノ山国際スキー場の区域の大部分が地すべり地形であることと、福定の集落が地すべり地形の先端近くに位置することが示されている。これらのスキー場の立地は、地すべりによる適度な傾斜と積雪するという条件によるものと考えられる。な

図10.2 養父市福定の概観

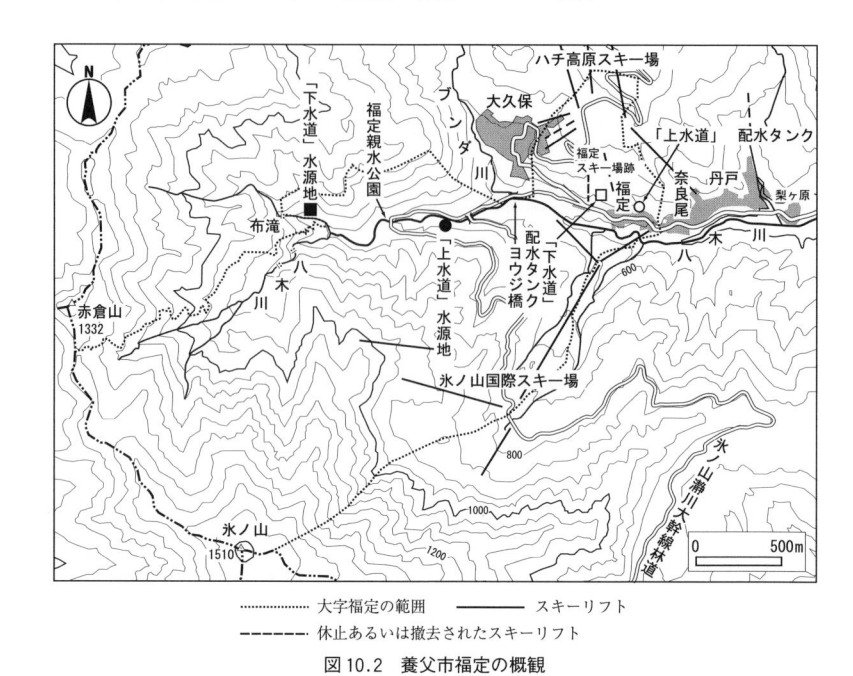

資料　国土地理院25,000分の1地形図「氷ノ山」、旧関宮町10000分の1地形図「関宮町全図1」による。

お、ゲレンデスキー場としての利用は第二次大戦後であり、聞き取りによれば、これらの緩斜面や平坦地は、かつては集落の共有地（総山）や複数集落の共同利用地として、カヤ取り場や放牧地などに用いられた。

表10.1によれば、大字福定の世帯数は減少傾向にあったが近年増加し、2000年には23戸となっている。また、大字福定の人口は、第二次大戦後は減少傾向にあったが、1980～90年にかけていったん増加に転じた。これらの増加分の多くは、大字福定のなかでもハチ高原に近い位置で宿泊施設の経営を始めた他の自治区に属する住民と思われる。

福定を含めた熊次地区の集落における明治期以降の生業の変化については、佐々木（1972）や藤田（1987）などによる詳細な研究がある。藤田や筆者の聞き取りによれば、福定周辺では、稲作、畑作、焼畑耕作を基本としながら、現金収入源として、牛の飼養による子牛販売、養蚕、杞柳栽培、出稼ぎなどが行なわれてきた。出稼ぎは、男性は酒造、寒天製造、銭湯の手伝いに従事

写真10.1　氷ノ山山頂よりみた兵庫県養父市福定
注　1999年8月29日筆者撮影。

表10.1　養父市福定の主要な指標

年	1960	1970	1980	1990	2000
人口（人）	123	96	89	99	84
世帯数（戸）	24	21	19	19	23
農家戸数（戸）		19	19	16	13
宿泊施設数（戸）		18	18	17	16
経営耕地面積（a）		1,110	864	637	418
うち田（a）		690	651	502	302
うち畑（a）		260	213	135	116
うち樹園地（a）		160	―	―	―
うち桑畑（a）		150	―	―	―
農家人口（人）		108	88	83	56

資料　人口・世帯数は旧関宮町総務課による。農業の数値は2000年世界農林業センサス農業集落カード（CD-ROM版）による。宿泊施設数は養父市関宮地域局産業建設課（1990年以前は旧関宮町商工観光課）による。
注1　農業の数値は総農家数に対する数値を示す。
注2　空欄は数値不明を、―は該当なし示す。

するケースが多く、未婚女性は家事手伝い、製糸工場勤務などが多かった。冬期間は労働力人口の男性が不在という世帯が一般的であったという。中村（1979）によると、1933年からは福定や大久保の共有林で森林の伐採が行なわれるなどしたが、藤田によれば用材林業が本格化したのは第二次大戦後である。

農業センサスによれば、1970年に311戸を数えた熊次地区の総農家数は、2000年には156戸にまで減少している。また、熊次地区の水田の経営耕地面積は1960年の132haに対して、2000年には43haと、大幅に減少している。表10.1によれば、1970年から2000年にかけて、福定の農家戸数が大幅に減少したことがわかる[7]。福定での稲作は、八木川をはさんだ集落の向かい側の氷ノ山の北斜面の棚田で営まれてきたほか、一部八木川沿いの狭小な谷底平野でも行なわれてきた。棚田では氷ノ山から流れ出る沢水や湧水が農業用水として利用されてきたが、水温が低いために「温め」などが行なわれる。第二次大戦後は農作業の機械化が進んできたが、一方では、表10.1に示したように1970年から2000年にかけて福定の水田経営耕地面積はおおむね半減した。この減少分は主に棚田と考えられる。聞き取りによると、農業機械が入りにくい急傾斜地が耕作放棄あるいは植林されることが多かったという。福定の場合、後述する関宮町営（現養父市営）氷ノ山国際スキー場の用地に造成された棚田も少なくない。また、福定での畑作は集落北側の南緩斜面を中心に営まれてきた。藤田の研究や聞き取り調査によると、現在の福定での農産物生産は自家消費用が中心である。かつては、零細農家を中心に焼畑[8]が営まれ、一部の焼畑は杞柳の栽培にも利用された。現在では焼畑は行なわれておらず、かつての耕作地は人工林などに置き換わった。杞柳は豊岡の柳行李の原料として明治期以降熊次地区でも栽培が始まり、第二次大戦中から戦後にかけて生産量が増大したが、柳行李製造の衰退により現在熊次地区で杞柳は栽培されていない。

　熊次地区では古くから養蚕が営まれてきた。太田垣（1982）によれば、1930年の熊次地区での養蚕戸数は334戸を数えていたが、関宮地区（旧関宮村）と比べ、1戸あたりの産繭量は多くはなかった。第二次大戦後から1960年代にかけては全国的に養蚕の再興時期と位置づけられているが、熊次地区では養蚕戸数も産繭量も減少し続けた。しかし、1960年には熊次地区の総世帯数400戸に対し養蚕農家が219戸を数えていたことから、熊次地区での養蚕の比重は決して小さなものではなかったことが推察される。福定でも集落北側の畑地や谷間に桑の木が植えられ、農家の屋敷は2階あるいは3階が蚕室に当てられ、盛んに養蚕が営まれていた。しかし、藤田が指摘するように、

1975年の農業センサス時までに熊次地区の養蚕農家は消滅した。

　中村や藤田によると、積雪量の多い熊次地区では第二次大戦前から氷ノ山・鉢伏山にツアースキー客が訪れていて、これらのスキー客を泊める旅館が大久保、福定に4戸あったほか、山岳ガイドを引き受ける者もいた。また、別宮では鉢伏山から東へと連なる集落北西側の山をスキー場としてスキー客を受け入れ、多くの農家がスキー宿を手がけていた。スキー客は第二次大戦中はほとんど見られなくなったものの、レジャーとしてのスキーの発展にともない、とくに1950年代半ば以降に再び増加した。道路整備にともなって熊次地区ではバス路線が次第に西方へと延伸され、熊次地区を訪れるスキー客が増加してきた。福定に隣接する大久保では1955年に大久保民宿組合が発足し、22戸が加盟していたという。1958年には福定を含む7集落の宿泊業者により氷ノ山・鉢伏観光協会が設立された。この観光協会が出資者を募り、同年に大久保に旧関宮町最初のスキーリフトを設置した[9]。これを皮切りに、熊次地区のいくつもの集落がスキーリフト経営やスキーリフト経営の資本誘致[10]に乗り出した。

　旧関宮町では、図10.3に示したように、1960年代にスキー観光客が大幅に増加した。これにともない、熊次地区では、ゲレンデスキーヤーを対象とした民宿などの宿泊施設や食堂の経営、リフト従業員やスキー学校といったゲレンデスキーに関わる観光産業が地域経済の中で大きな比重を占めるようになった。藤田によると、1970年代半ばに夏季の林間学校による宿泊客の増大で通年営業に移行する民宿が数多くみられ、農家は家屋を改造し蚕室を客室化するなどして対応してきた。一方で、熊次地区内での道路整備やそれにともなうバス路線の延伸により、熊次地区の多くの集落が旧関宮町中心部や、但馬地方の中では比較的中心性が高い旧八鹿町と直接結ばれるようになった。それに自動車の普及も加わって、熊次地区の住民の中には地区外や町外で恒常的に勤務する者もみられるようになったと考えられる。

　しかし、1990年代初頭以降、旧関宮町を訪れる観光客数は減少傾向に転じた。とくに宿泊客数の減少が大きく、スキー人口の減少、1990年代初頭のバブル経済崩壊以後の不況の影響や、高速道路網の整備[11]にともなう日帰り客の割合の上昇、岐阜県などで開発された大規模スキー場との競合、そして近

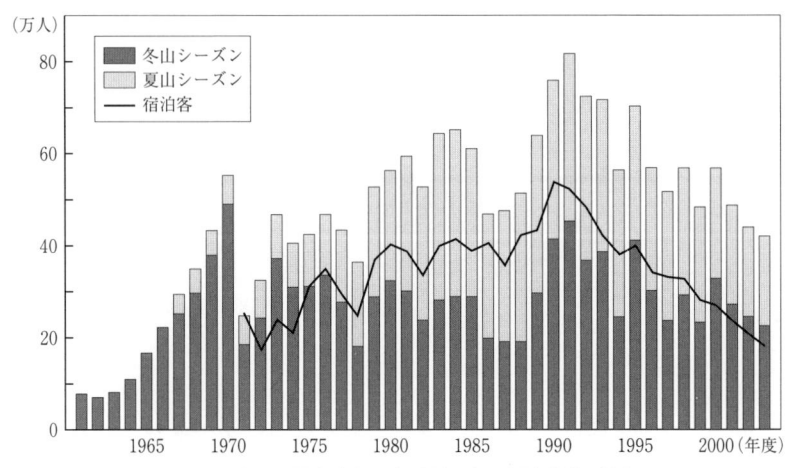

図10.3 養父市関宮地域局(旧関宮町)の観光客数の推移

資料　シーズン別客数は養父市関宮地域局産業建設課(2001年度以前は旧関宮町商工観光課)、宿泊客数は兵庫県統計書各年版による。
注1　1967年度より以前の夏山シーズンは不明である。
注2　両資料の合計観光客数は必ずしも一致しない。

年の暖冬化の影響によると思われるスキー場営業日数の減少などが影響しているものと思われる。

3　水道施設創設以前の生活用水・排水

　熊次地区で最初の水道施設は、1955年に大久保に敷設された簡易水道であった[12]。これ以降、各集落で水道施設が敷設される動きが活発化した。福定に集落のほぼ全域に給水する水道施設が敷設されたのは1958年のことである。水道施設が敷設される以前の福定では、集落を流れる用水路に面する家は「ツキャド」あるいは「ツカイド」と呼ばれる洗い場を有し、生活全般に利用していた。また、用水路に面していない家はツカイドを共同使用していた。この用水路は福定集落の西方約500mの地点に位置するブンダ川のヨウジ橋付近から導水され、福定、奈良尾を経て、丹戸集落内の西側で八木川に落ちていた。1940年頃に、福定を含む熊次地区において用水路水が使用されていた集落で腸チフスが流行し、死者が出るなどした[13]。そのため、多くの

家で手押しポンプ式の井戸が設置され、飲料水源が用水路水から井戸水に変わった。また、井戸を持たない家では、用水路での水汲みをより早い時間にしたり、井戸を持つ家からもらい水をしたり、家の裏手の湧き水や沢水などをためて使用するなどしていたという。

　Aさん宅では、Aさんが小学校入学時分の太平洋戦争前に、井戸掘り業者に頼んで井戸を設置したという。4mほど掘って水が出たところで石を敷いて鉄管を入れて埋め戻したという。井戸は家の台所に設けられ、コンクリートの洗い場が設けられ、その排水は屋敷の裏をまわりこみ用水路に流れ出るようにしてあった。Aさんは井戸水について、水は冷たかったが金気がしたと話している[14]。

　1950年頃には福定集落のほぼ中央に位置する公民館の向かいに、防火用水タンク[15]が設けられた。この工事には旧熊次村からの助成があったが、作業は集落の人が日役で出て行なったという。水は用水路から供給されるようになっていた。また、1957年頃に集落西側に旧関宮町の補助金を得て防火用水タンク[16]が設置され、用水路の水が貯水されるようになっていた[17]。

　この用水路の汚れが目立つようになったため[18]、この用水路を主に利用してきた福定、奈良尾が中心となり、1957年頃にそれまでの取水地の西側の八木川に堰を設け八木川左岸から導水するように用水路の水源を変更した[19]。この際、用水路が流れる福定、奈良尾、丹戸の住民が日役で出て工事にあたった。工事費は関係集落で分担して費用を捻出したほか、この用水路の防火上の重要性から旧関宮町から工事費の補助金を得たという。

　Aさんによれば、風呂炊きは子供の仕事で、担い棒に鉤をつけてバケツを二つ下げ、ツカイドと風呂との間を5往復したという。Bさんによれば、洗濯はツカイドで行なわれていたが、布団の布など、大きなものを洗う時には八木川の川原で洗うことがあった。また、雪解けの頃には、日役で集落の人が用水路を利用して道の雪を流していた。

　この頃のAさん宅での生活排水処理は、風呂の残り水や台所の水はそのまま用水路に流していた。また、便槽は一冬貯めておけるほど大きなものだったそうで、Aさんが汲み、Aさんの父が集落北側の畑や集落の下手の八木川近くの苗代などにまいていた。

4 水道施設の創設による変化

　1950年代半ば、村落地域での簡易水道ブームが全国に及ぶなかで、福定でも水道施設敷設の気運が盛り上がった。旧関宮町域では、中心集落である関宮に第二次大戦前から水道施設があったほか、上述のように1955年頃に大久保で水道施設が創設されるなどしていた。福定でも生活改善を主眼として、水道敷設の気運が高まった。福定では1950年頃からツアースキー客が増え、宿泊施設を手がける世帯が増加していたが、水道敷設の目的はあくまで生活改善であった。

　聞き取りによると、福定自治区では区有財産の総山を伐採して木材として売却し、自治区による水道施設の敷設に乗り出した。ただし、当時の福定の19戸のうち4戸は水道施設に加入しなかったため、水道は自治区による運営とせずに組合運営の形式とし、名称は福定水道組合とした[20]。旧関宮町福祉課が1968年頃に作成した『給水施設台帳』[21]によると、1958年8月20日に着工し、9月20日に完成している。また、農林省農政局構造改善事業課編（1965）、『関宮町広報』第20号（1958）によると、この水道施設は町を通じて当時の農林省が行なった新農山漁村建設総合対策の昭和33年度新農村振興特別助成を受けていた[22]。兵庫県生活衛生課による『昭和36年度水道施設現況調書』では、福定の水道施設は県条例に基づく特設水道に位置づけられている。これは、水道法に規定されない、継続的に水の供給を受ける需要者が50～100人の飲料水供給施設である[23]。

　この時建設された配水タンクに設置されているプレートによると、旧和田山町（現朝来市和田山町）の工務店が設計し、旧養父町（現養父市養父地域局管内）の建設業者が工事を行った。工事では、一部の住民が作業員として雇用され、資材の運搬などの簡易な作業を中心に行なった。

　福定特設水道では水源に集落より八木川沿いに1kmほど上流の八木川右岸の字ナカエの崩落斜面から湧出する水が用いられることになった（図10.2の「上水道」水源地、写真10.2）。この湧水の位置する地点は大字福定に含まれるが、大久保集落在住者の個人の持ち山で、その湧き水は用水路を

第10章　スキー観光集落の生活用水・排水システム　323

写真10.2　『関宮町給水施設台帳』に掲載された
福定特設水道の水源地
注　「上水道」の水源地で、1968年頃に撮影された
ものと思われる。旧関宮町環境整備課にて
1999年11月10日に筆者が複写撮影。

伝って300mほど先にある、福定と大久保の住民が耕作する水田の灌漑に用いられていた。そこで、水不足の際に確実に農業用水が確保されることを条件に水道水源として使用する許可を取って水源とした。水源では、斜面中ほどの湧出部にコンクリートで水を受ける枠が設けられ、栗の木で作られた板を上にかぶせるように敷き詰めてトタン板をかぶせ、土で覆った。そこからポリエチレンパイプをのばし[24]、パイプをワイヤーで吊って八木川を渡し、八木川に沿う農道の地下に埋設した全長1,012mのポリエチレンパイプ[25]で集落上手北側に設置した9m³の容量の配水タンク[26]（図10.2の「上水道」配水タンク、写真10.3）へ導水し、ここから各世帯へ給水するように工事を行なった。

　なお、配水タンクには当初は点滴式の塩素滅菌器が備え付けられたが、『給水施設台帳』には滅菌器は「使用不能」と書かれており、この調査時には使われていなかった可能性がある。聞き取りによると、民宿業が隆盛を極めるようになると保健所や町による指導が厳しくなり、1970年頃に水道組合

324　第Ⅲ部　村落域における生活用水・排水システムの展開

写真 10.3　福定特設水道「上水道」配水タンク
注　1999年10月30日筆者撮影。

で新たに滅菌器を購入して設置して使用したとのことである[27]。その際、当初は組合で滅菌の薬品を購入して実施し、定期的な水質検査のために水道水を豊岡保健所まで届けていたが、のちに塩素滅菌作業と水質検査は町が管理するようになったという[28]。

　福定特設水道の運営については、毎年3～4月に行なわれる福定自治区の「春の総会」が終了した後に水道組合の会議が行なわれ、修理の相談など水道組合に運営に関する意志決定が行なわれた[29]。水道組合では水道係が設置され、加入世帯のうち集落の下から順番に2戸1組で1年間担当することになっていた。その際、2戸で相談して組合長と会計係の役職を分担した。また、秋には組合の出役で水道施設の清掃が行なわれ、水道係が日程を決めて集合をかけて1戸につき1人が出て作業にあたり、水源のタンクと配水タンクが清掃された[30]。清掃作業後には簡単な慰労会が行なわれた。

　水源の湧出量は、冷え込みのきつい年には若干減ることがあったが、ほぼ安定して湧出するため、水源が理由で水不足になることはほとんどなかった。福定特設水道では、敷設当時の各民宿の宿泊定員や1人あたりの使用水量を元にして配水タンクの大きさが決められた。その後スキー宿泊客が増加する

ようになると、シーズンに1～2度、水圧が下がることがあった。また、かつて1度だけ配水タンクが空になったことがあり、その時には緊急措置として防火用水タンクの水を水中ポンプで配水タンクまで揚げて対応したという。なお、この配水タンクからは、防火用水のナカのタンクとカミのタンクに給水できるようにパイプが設けられていた。

　福定特設水道に加入しなかった4戸のうち、1戸は量が豊富な湧水を所有しており、特設水道に加入しなかった[31]。また、残りの3戸は集落の最も下手に位置し、北西から流れ下るヤマノカミ谷の水を利用して独自に共同水道施設をつくった[32]。Aさんによれば、この共同小型水道施設は土管を2本積み上げて水道タンクとし、パイプでそれぞれの世帯に導水していた。しかし、水量が少ない上に、ヤマノカミ谷上流には畑地があってゴミなども捨てられていた[33]。このうちの1戸は火災により向かいの空き家を求めて転居した後に、道路拡幅によりさらに転居を余儀なくされ、1965年頃までに集落の上手の屋敷地を購入して新築し、これを機に特設水道に加入した。また、残りの2戸のうち1戸は自宅に井戸を保有していたため、共同水道と井戸を利用していたと思われるが、もう1戸は共同水道とツカイドを利用していたと思われる。1966年に福定より東方の丹戸および梨ヶ原集落に、町の建設工事で丹戸・梨ヶ原簡易水道が敷設された際、水源を福定の大字内での八木川の伏流水に水源を求めることになった。福定自治区は水源利用の条件として丹戸・梨ヶ原簡易水道によるこれら2戸への給水を求め、2戸はこの簡易水道に加入した[34]。また、福定自治区では、福定に消火栓を設置することを条件に挙げ、福定自治区に4カ所の消火栓が設置された。

　Aさん宅では、福定特設水道の蛇口は、台所、風呂、洗面所、トイレの手洗いに設置された。また、1962年には電気洗濯機を購入し、水道水が使用された[35]。

　Aさん宅での生活排水は、以前と同様に風呂の残り水や台所の水、洗濯の排水などの雑排水は、そのまま用水路に流れ出るようになっていた。屎尿は畑や苗代にまくなどしていたが、のちに養父郡広域組合による汲み取り処理に変わったという[36]。

5　浄化槽の普及による変化

　第二次大戦前の福定での宿泊施設は、1戸が山スキー客を相手にした旅館を営むだけであったが、1957年にAさん宅も含めた5戸がスキー客相手の民宿を始めたという[37]。1958年には宿泊施設数は10戸を数え、その後も増加した（表10.1）。また、聞き取りと中村（1979）によれば、福定自治区は、集落北側で畑地に利用されていた字古畑に1963年にスキーリフトを架設し、福定スキー場の経営に乗り出した（図10.2）。しかし、1964年に奈良尾・丹戸からハチ高原へ向かうリフトが鉢伏開発観光（株）によって架設され、規模が小さいうえに相対的に雪質がよくなかった福定スキー場リフトは厳しい経営状態が続いた。1976年に福定集落は、ハチ高原の大久保側でスキーリフト経営を展開していた全但交通（株）にスキーリフトを売却し、スキー場の経営権も譲渡した。同年、全但交通によってハチ高原へのリフトに接続する登行リフトが設置され、福定スキー場の経営も継続されたが、厳しい経営状況が続いていた。1984年の豪雪で福定スキー場の施設に被害が出て、これをきっかけに福定スキー場は閉鎖され、ハチ高原方面への登行リフトだけが営業を続けた[38]。

　福定の宿泊施設では1975年頃から夏季の林間学校の受け入れが始まった。Aさん宅でものちに受け入れを始め、やがて民宿を通年営業するようになった[39]。藤田（1987）によれば、1986年において福定の宿泊施設の9割が通年営業となっていた。

　一方で、1984年には、福定・奈良尾集落の南向かいの氷ノ山北斜面に位置する棚田や個人所有あるいは総山の林野が切り開かれ、関宮町営氷ノ山国際スキー場が開設された（現在は養父市営）。これにともない、熊次地区ではスキー場の駐車場整理やリフト係員などの雇用が生み出された。また、福定自治区では、出資者を募って有限会社としてスキー場敷地内で食堂経営に乗り出す者もあったという[40]。しかし、ハチ高原スキー場や旧村岡町（現香美町村岡区）のハチ北高原スキー場などと比べて全長が短く、高速リフトなどの設置や駐車場整備が遅れた氷ノ山国際スキー場では、当初見込んだ利用客

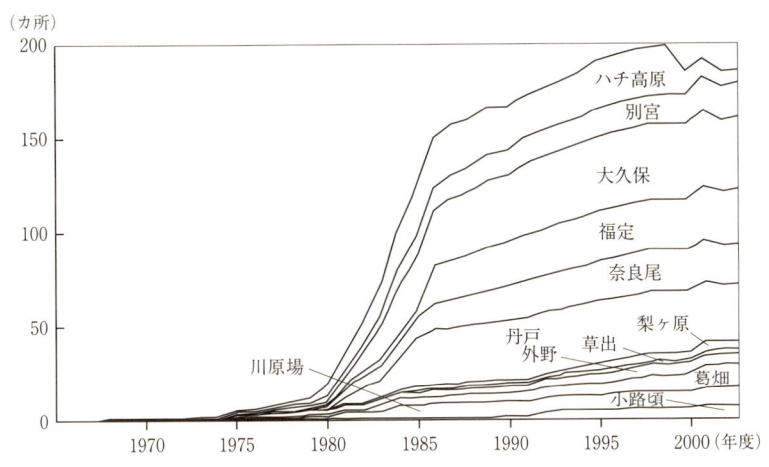

図10.4 養父市旧関宮町熊次地区における個別処理浄化槽の設置数の推移
資料 『関宮町浄化槽台帳』による。
注 単独処理浄化槽、合併処理浄化槽の合計を示す。

数に達せず、本研究の時点まで厳しい経営状態が続いている。

熊次地区では1963年に地区で初めて最初となる単独処理浄化槽による水洗トイレが設置され、とくに1970年代後半以降、浄化槽の数が急増した（図10.4）。『関宮町浄化槽台帳』からの分析では、単独処理浄化槽による処理を中心に水洗トイレ化が進んだことが読みとられる[41]。

『関宮町浄化槽台帳』によると、福定では1979年に自治区最初の浄化槽となる単独処理浄化槽設置の届け出があった[42]。聞き取りと同台帳によると、1980年から翌年にかけて、福定自治区の全ての宿泊施設に単独処理浄化槽による水洗トイレが普及した[43]。聞き取りによれば、福定自治区で最初に設置を届け出た宿泊施設と、県道の北側に位置してこの宿泊施設と軒を連ねる宿泊施設の計7戸は、先々の単独処理浄化槽での処理による水洗トイレ導入を見越して、費用を分担し、用水路の下に浄化槽からの排水を流すパイプを埋設する工事を行なうこととした。この工事は県道を所管する兵庫県八鹿土木事務所に申請のうえ、1978年頃に業者に発注して行なわれ、県道の地下を横断して八木川に流れ込むように排水管が埋設された。Aさん宅はこの7戸の中に含まれている。Aさんは、処理水とはいえトイレの水を人の家の前を通

る水路には流す気にはならなかったと話している。なお、この並びの宿泊施設のうち、西側4戸はこの工事に加わらず、独自に排水管を埋設する予定だったが、同事務所から許可が出なかったために、先に埋設した7戸に排水管への接続を申し出て、費用分担のうえでこの管を通じて排水するようにして単独処理浄化槽での処理による水洗トイレを設置した。また、県道の南側の宿泊施設は、直接八木川に排水するようにした。

聞き取りによると、Ａさん宅では1980年に約200万円の費用をかけて、福定自治区としては2番目に単独処理浄化槽での処理による水洗トイレを設置した。その際、特設水道の水を水洗トイレ用水としては用いず、自宅に専用のタンクを設置しパイプで用水路水を導水して用水とした。にもかかわらず、「当初水道の水を使っているのではないかと近所から疑心の目で見られたので、全員を家に呼んで（システムを）全部見せた」とＡさんの言にあるように、水洗トイレ導入時に特設水道の水をトイレ用水の水源にあてることが困難であったことが推察される[44]。なお、Ａさん宅では浄化槽の設置と合わせて浴槽を入れ替え、シャワーも設置した。さらに、男女で風呂の使用を区別できるように、一人用の浴槽とシャワーのある浴室を増築した。

Ａさん宅より後に水洗トイレの設置工事を行なうことになった宿泊施設では、上述のＡさん宅での経緯から、特設水道の水を水洗トイレ用水として用いることはできなかった。そこで、水道組合で水洗トイレ用水を確保することとなり、それまでの水道施設とは別系統の水道施設を設置することとした。この水道施設を福定水道組合では「下水道」と呼び、これまでの水道を「上水道」と呼んで区別した。福定では維持がしやすい距離に十分な水量が得られる湧水源がなかったことから、水源を福定集落の西方約1.5kmの八木川の支流の「布滝の谷」に流れ落ちる「ニンジン滝の谷」の表流水に求め、ニンジン滝の滝壺にコンクリートで小さな堰堤を作って取水口を設置して表流水を取水し（写真10.4）、氷ノ山瀞川大幹線林道の側部に埋設したポリエチレンパイプで集落北西側の字古畑の地下に新設した「下水道」配水タンクまで導水し、そこから各世帯に給水するように工事を行なった（図10.2）。この「下水道」は1981年秋に完成した。

この「下水道」については、「下水道」敷設の頃に建った集落西側のレン

第10章　スキー観光集落の生活用水・排水システム　329

写真10.4　福定特設水道「下水道」水源地
注　1999年10月30日筆者撮影.

タルスキー店、一般住宅の計4戸が「下水道」に加入した。また、「上水道」敷設当時に「上水道」に加入せず、のちに丹戸・梨ヶ原簡易水道からの給水を受けた2戸と、湧き水を有する1戸は、「下水道」にも加入しなかった。

　ニンジン滝の水源地は積雪が多いため、水源を保護するために冬前にトタン板でつくった屋根をかぶせ、春に撤去していた。また、冬には「ニンジン滝の谷」の水量が減る点、ニンジン滝の滝壺に落ちた落ち葉が取水口を塞ぐ可能性がある点、積雪のために冬にこの付近に立ち入ることが困難である点などから、補助水源を設置していた。それは、水源地より下流の氷ノ山瀞川大幹線林道脇付近の八木川本流の堰堤にポリエチレンパイプを入れて取水口としたもので、分岐パイプを用いて本管に水が流れ込むようにし、冬期間のみ切り替え器で導水した。また、「上水道」の故障や水使用量増加による断水などに備えるために、「下水道」の配水タンクから「上水道」の配水タンクへ連絡パイプを設置していた[45]。この時、「上水道」の水源を用いて水道の一元化がされなかったのは、「上水道」の水源地と「下水道」の配水タンク予定地の標高差がほとんどなかったためであり、特設水道の水源をより大きな容量のタンクを有する「下水道」に一本化することがなかったのは、

「ニンジン滝の谷」が大雨の際に水が濁ったり冬に水量が減るためであった。そのため、天候によって水が濁ることなどなく年間を通じて安定した水量の水源を有する「上水道」も維持された[46]。

　この「下水道」の敷設工事にあたって、福定自治区として旧関宮町に助成金の支給の相談を持ちかけたが、先に述べたように水道町営化を原則とする広域水道計画が作成されていたため、生活用水源とはいえ町として助成金を出すことができないとして、町は助成の申請を受け付けなかったという。そこで水道組合では、約450万円の敷設工事費を当時の養父郡農協（現 JA たじま）から借り入れ、1年に1戸につき1万円を徴収して返済にあて、20年で返済した。また、工事費用の節約のために水源から配水タンクまでのポリエチレンパイプを埋設する工事と集落内の配管工事は組合員が日役で出て工事にあたり、水源の堰堤設置、専用の配水タンクの新設、家屋内のメーター設置工事は業者が行なった。

　また、「下水道」敷設にあたって、水道組合では各世帯にメーターを設置して水道料金を徴収することとした。各世帯の「下水道」と「上水道」のそれぞれの配水管にメーターが設置された。水道料金は1kgあたり5円とされ、3カ月に1度の割合で水道係が徴集した[47]。水道組合が水道料金を徴収した目的は使用水量の抑制にあったが、Aさん・Bさんによると効果的であったという。徴収された料金は水道施設の補修費のほか、「下水道」の工事費の返済にも充てられたが、水道組合以外の予算には用いられることはなかった。

　なお、この工事の際に、水道組合の費用で「下水道」を水源とする消火栓が福定集落に2カ所設けられた。また、防火用水用のカミのタンクとナカのタンクには、「上水道」に加えて「下水道」からも水が給水されるようにパイプが設けられた。

　Aさん宅では、「下水道」敷設にともなって水洗トイレの水源を「下水道」に切り替えた。さらに、「上水道」と「下水道」のパイプに切り替え器を設けて接続し、「上水道」と「下水道」のどちらかにトラブルが起きても水道水が供給されるように屋内の配水管工事を行った。なお、Aさん宅では単独処理浄化槽の設置工事の際に家の地下から水が湧きだしたため、非常用水源

としてこの水を蓄えるタンクと汲み上げ用ポンプを設置し、「上水道」のパイプに接続していた[48]。

　聞き取りによれば、福定自治区では、宿泊施設を営む家には全て浄化槽による水洗トイレが普及した。「関宮町浄化槽台帳」の集計によれば、福定自治区に設置された浄化槽はすべて単独処理浄化槽であった。一方、どの家からも風呂水や台所、洗濯の排水が用水路に排水された。西村（1989、2000）や西村も調査に加わった和田山保健所・関宮町（1989）によれば、福定を含めた八木川上流のスキー観光地域では、BOD値の高い単独処理浄化槽の処理水と増加した生活雑排水が八木川に流されたために八木川の水質汚染が著しく進み、この地域の環境問題となった[49]。

6　町営簡易水道敷設と生活排水処理施設建設

　旧関宮町福祉課では町内の水道施設を実地調査し、1968年頃に『給水施設台帳』を作成し、町内の水道施設の全体像を把握した。1972年発行の『広報せきのみや』第120号の町営西部簡易水道の完成の記事に、集落ごとの小規模な水道について、「消火栓未設置、雨天時の濁り、夏の断水、動物のふん尿や汚水の混入などの問題」が「水利権や施設利用の既得権に阻まれて」解決できない状態にあると記載し、町当局としての問題意識を示した。その後、住民課保健係として『広報せきのみや』に水道に関する特集記事を掲載し、旧関宮町の水道施設が水質検査の飲料不適率で32％の高率を示したことや、町営化に基づく水道の統合による浄水施設の効率性を説いた[50]。そのうえで、1975年には町営簡易水道敷設による水道統合化を打ち出した[51]。旧関宮町では、当初は観光地域である熊次地区での町営簡易水道の整備を最優先としたが、既存の水道施設や水源の問題、新たな統合水道の給水区域の問題から調整がつかず[52]、施設の老朽化が進んでいた旧関宮村域の中部簡易水道や西部簡易水道の整備や、調整が進んだ東部簡易水道の敷設工事が先に進められた[53]。

　西村（1989）や和田山保健所・関宮町（1989）による八木川の水質悪化の報告や、兵庫県が1990年度に打ち出した「生活排水99％大作戦」のもとで、

旧関宮町では生活排水処理施設の建設が重要な課題になった。そこで、1992年に「関宮町生活排水処理計画」が策定され[54]、おもに集合型排水処理による生活排水処理施設の整備が開始された[55]。『せきのみや議会だより』第64号（1991）に掲載された議会答弁から、町が中部簡易水道の補修工事が完了したのちに、熊次地区で町営の簡易水道敷設と生活排水処理施設建設の同時着工を行なうことを視野に入れていたことがわかるが[56]、関係する自治区との調整がつかないままであった。矢嶋（2004）やAさんによれば、各宿泊施設では水源確保や水道施設の整備、単独処理あるいは合併処理浄化槽設置による水洗トイレ化のために、個人レベルですでに多額の投資を行なっていたこと、また、矢嶋（2004）が指摘したように、既存の多くの水道施設が安い維持費で運営されていたために町営の水道敷設で水にかかわる負担が大幅に増えるのではないかという懸念が住民にあったこと、さらに給水・生活排水処理区域となる予定の自治区の多くで宿泊客が減少しスキー観光地域として衰退傾向となっている状況で、スキー観光が隆盛を極めているハチ高原地域の宿泊施設を給水区域に含む町営水道の敷設計画案に同意しかねたことなどが、この時点で熊次地区の町営簡易水道敷設着工と生活排水処理建設が着工に至らなかった要因として挙げられる[57]。

　その後の町当局と関係する自治区との間で簡易水道の給水区域と生活排水処理区域について調整が行なわれた結果、2000年に熊次特定環境保全下水道[58]の建設工事が着工され、2001年には熊次簡易水道として町営水道の敷設工事が着工された。給水区域は福定を含む5集落で、ハチ高原は給水区域に含まれなかった（図10.1）。この熊次簡易水道では、当初は水源を氷ノ山国際スキー場内の大字奈良尾の字要山（通称逆水）の地下水に求めたが[59]、その後調整がつかなくなり、2002年度末に大字草出字大膳に水源が変更された。養父市水道事業所によれば、熊次簡易水道は2004年11月下旬から供用が開始され、12月中旬までに集落ごとに熊次簡易水道への切り替え工事が行なわれた。切り替え後は家屋内の既存の配管設備をそのまま用いることとしたが、既存の水道施設の廃棄が求められ、確実な切り替えのために、宅内での工事は養父市水道事業所によって行なわれた。また、熊次特定環境保全下水道も2004年12月から供用され、各戸からの配水管の接続を開始した。

上述のように、1990年代前半以降、旧関宮町への観光客入り込み数が減少の一途をたどるようになっていた（図10.3）。しかし、熊次簡易水道・熊次特定環境保全下水道の建設にあたっては、観光客入り込み数が減少する前提で設計をすることはできず、給水区域のピーク時の入り込み客数に基づいて、居住人口よりも大きめに浄水施設や排水処理施設がつくられた。

　養父市水道事業所によれば、熊次簡易水道では旧関宮町の水道加入金[60]が適用された。また、これまでの水道施設は全て熊次簡易水道に切り替えられたため、2005年12月末現在での区域内の普及率は100％になっている。しかし、観光客入り込み数の伸び悩みの影響で、水道使用水量は当初見込んだ量には及ばず、今後も苦しい事業経営が見込まれるという。

　また、熊次特定環境保全下水道では、一般家庭の場合の加入金は一口あたり50万円が負担上限額とされたが、宿泊施設の加入金については、宿泊人員が49人までの場合は2口、同50〜99人が3口と定められた。また、本研究の時点では下水道料金の算定は水道使用量の1.5倍と同料金となるように定められている。処理区域内において下水道への接続は完成後3年以内と定められているが、養父市下水道課によれば熊次特定環境保全下水道では供用開始後の下水道接続数は伸び悩み、2005年12月末現在の処理区域内普及率は約6％に留まっている[61]。そして、この原因として熊次地区への観光客入り込み数、とくに宿泊客数の大幅な減少により宿泊施設経営が大きなダメージを受けていることや、多くの宿泊施設が多額の費用をかけて単独処理浄化槽や合併処理浄化槽をすでに設置してきた点を挙げている。なお養父市では、合併から5年後までに旧4町の水道・下水道料金を統一する方向にあり[62]、その場合旧関宮町地域では値上げとなる可能性もあるという[63]。また、熊次簡易水道や熊次特定環境保全下水道の建設費も含め、養父市では公営水道・生活排水処理施設整備について膨大な債務を負っており[64]、現状の枠組みで考えた場合、今後水道・下水道料金の大幅な値上げは避けられないのではないかと考えられる。

　福定では2004年の熊次簡易水道による給水の開始を機に福定水道組合は解散され、各戸の水道メーターも撤去された。水道組合の「上水道」のパイプはヨウジ橋の地点で切断され、「上水道」の配水タンクは使われなくなった。

ただし、庭への散水や洗車のための雑用水として「下水道」が残され、加入していた世帯の庭先まで配水管が残された。水道組合の会計の残金は、一部が「上水道」タンクおよび「下水道」タンクの地主に土地代として支払われ、その残額は加入者に割り戻された。なお、端数の数千円が雑用水として残った旧「下水道」の維持のために用いられることとなり、補修費として加入者から年数百円が集められて維持されている[65]。「上水道」の水は1970年代から水源地近くで始められた鱒の養殖に用いられており、水源施設はそのまま残された。

　熊次簡易水道が整備された際に、福定自治区には熊次簡易水道から給水される消火栓が7カ所設置された。また、旧関宮町によって氷ノ山国際スキー場駐車場の地下に、熊次簡易水道から給水される防火用水タンク（シモのタンク）が設置された。なお、それまでに整備された3つの防火用水タンクは現在も維持されているが、「上水道」が廃止されたため、カミのタンクには熊次簡易水道から給水されるように変更されたほか、用水路からのオーバーフローが流れ込む。また、ナカのタンクには「下水道」の水と用水路のオーバーフロー水が流れ込んでいる。そして、シモのタンクには「下水道」に加えて熊次簡易水道から水が供給されるようになった。

　Aさん宅でも家庭内の配水管は全て熊次簡易水道に接続するように改められ、旧「下水道」については雑用水用として庭先に蛇口を設け、庭への散水や洗車などに用いているという。また、2006年3月時点ではAさん宅はまだ下水道に接続しておらず、これまでの生活排水システムが保たれている。

　Aさんによれば、2006年3月現在の福定自治区での下水道接続は、福定公民館に限られるという。近年の宿泊客数の大幅な減少により、近年の福定自治区では宿泊施設の廃業が相次いでいる[66]。また、他の集落で一部の客室を閉鎖することで宿泊人員を減じて安い加入金で熊次特定環境保全下水道に加入した例や、福定や他の集落で近年の暖冬化の影響や予定されている高速道路網の整備が進展する状況から、今後も宿泊客数減少の改善が見込めないとして、熊次特定環境保全下水道の完成を機に宿泊施設を廃業して、旧関宮町外など自宅外への勤めに出る人もみられるという。また、Aさん宅では、現状において水路を通じて排水している雑排水を下水道に排水するための屋内

工事に約150万円程を要するとの見積もりを施工業者から得た。Aさん宅の場合、現在のところ水道料金は最大で2カ月あたり基本料込みで4,000円程度だが、仮に下水道に接続した場合、この水道料金で発生する下水道料金は6,000円程度と見込まれ、大きな負担に感じられるとBさんはいう。また、上記のように今後養父市の水道・下水道料金が値上げされる可能性があることから、Aさん・Bさんは民宿経営を続けた場合の水道・下水道料金の負担増加に懸念を持っている。Aさん・Bさんによれば、Aさん宅も含めて今なお営業を続ける宿泊施設では、これらの費用の負担の点から、下水道への接続を期限ぎりぎりまで延ばさざるを得ない状況になっているのではないかという。

AさんもBさんも、水道水について、飲用や風呂水としての利用時に不快な「カルキ臭」を感じるという。そこでAさんは、水源施設が残存する「上水道」の水を、地域の住民や夏の登山客などが水源地付近で汲んで帰ることができるように利用できないか考えているという。

7　おわりに

以上のように、スキー場に適した自然条件を有していたことからスキー観光集落として発展してきた兵庫県養父市福定では、生活改善のために住民がつくった小規模な水道施設が生活用水として利用されてきた。また、スキー観光地域化の影響を受けて単独処理浄化槽での処理による水洗トイレが普及した。しかし、水使用量の増加による生活雑排水の増大と浄化槽からの排水が原因となって河川の水質汚濁が進み、大きな環境問題となった。これを解決するために、町により集合型生活排水処理施設の建設と公営の統合簡易水道敷設が推進され、この完成に伴ってかつて住民により敷設された小規模な水道施設が原則として廃止され、公営簡易水道が主たる生活用水源となった。しかし、スキー観光が衰退傾向になったことで集合型生活排水処理施設への加入が鈍り、福定ではいまなお単独処理浄化槽を中心とする生活排水システムが残存している。

当初は生活改善のために住民自らによって敷設された福定特設水道は、高

度経済成長にともなってこの地域で発展したスキー観光客向けの宿泊施設の経営のための重要な設備ともなった。住民は、宿泊施設の整備として、のちに単独処理浄化槽による水洗トイレを設置し、投資をして水洗トイレ用水の水源確保を目的とした新たな系統の水道施設を増設した。しかし、福定を含めた熊次地区のスキー観光集落での宿泊客の増加により増大した生活雑排水と、普及が進んだ単独処理浄化槽からの排水により、八木川の水質汚染が進行した。この水質汚染の問題の発生により、県が推進した生活排水処理施設の整備政策も相まって、福定を含む熊次地区での集合型生活排水処理施設の建設計画が推進された。そして、生活用水源として、この地域を統合する公営の簡易水道の敷設計画が推進された。しかし、住民への負担の増加の懸念や地域の利害が要因となってこれらの工事の着工が遅れ、完成時にはスキー観光が衰退傾向にあり、公営簡易水道・集合型生活排水処理施設とも厳しい経営が予想される状況となっていた。つまり、国や県による一元的な水道統合化、集合型生活排水処理施設の建設という手法が、福定を含む熊次地区のスキー観光産業の存続を危ういものにしようとしていることが、本章での研究から垣間見えてきた。結果論とはいえ、当地域での宿泊客の減少による宿泊施設の廃業増加から、熊次簡易水道と熊次特定環境保全下水道の建設が熊次地区にとっては過剰な投資になってしまったことは否めない。これらの建設に要した膨大な債務の返済の問題も、熊次地域や養父市の今後に重い課題としてのしかかってきている。

　単独処理浄化槽による生活排水システムについては、下水道などに比べると安価な維持費でありながら、その環境負荷の大きさから、河川の水質汚濁という環境問題を引き起こしたことが本事例からも明らかとなった。なお、熊次地区においては、公共下水道の建設の際に集合型生活排水処理と合併処理浄化槽の経済性の比較などは議論されることがなかったとみられるが、これは町が環境問題への早急な対応として下水道建設で調整を進めてきたことや、当時の厚生省や県の生活排水処理施設整備が、下水道中心の政策の段階にあったことによると考えられる。

　都市や平地農村に比べると生活に利用できる資源が限られている山間地域では、さまざまな生業を組み合わせて生活が営まれてきた。高度経済成長期

以降に観光地域化した山間地域では、宿泊施設経営を含めた観光業が基幹産業となり、そのための施設整備のために個人や集落レベルにおいても莫大な投資が行なわれてきた。福定を含めた但馬地方熊次地区はそういった地域の典型例といえ、小規模水道施設と個別処理浄化槽は観光業にとって最も基本となる施設の一部であった。現在の熊次地区ではスキー観光が地域経済の重要な収入源の一つとなっている。そのため、同地区は、一部のリフト会社をのぞいては、零細な個人経営の宿泊施設業者を中心とした観光産業集積地域といっても過言なかろう。当該地域へ新たな産業誘致が困難な昨今の社会情勢下において、宿泊施設を中心とした観光産業の存続は、今後の地域経済持続のためにも欠かせない。

公営簡易水道と集合型生活排水処理施設が建設されてしまった以上、熊次地区においてはこれらの施設を活かして観光産業を維持させることで、地域経済を持続させる必要がある。そのためには、熊次簡易水道・熊次特定環境保全下水道の債務の返還に際し、地域経済の発展を見据えて建設した簡易水道・集合型生活排水処理施設が、逆に地域経済を閉塞させることのないように、国や県によるサポートを行なっていくことが必要ではないだろうか。ただし、これまでのような観光スタイルでは宿泊客の減少を食い止めることは困難であり、なおかつ不況や暖冬などの影響も受けやすいために地域経済の長期的な持続は期待できない。また、環境破壊を招くような新たな開発は厳に慎まねばならない。今後の方策を見出すのは容易なことではなかろうが、熊次特定環境保全下水道によって水質が改善されるであろう八木川も含めて、熊次地区の山間地域としての特性を活かした永続的な観光スタイルの模索が望まれる。

最後に、福定における小規模水道施設としての福定特設水道の展開の特徴として、次の5点が挙げられる。まず第1に、浄水施設を必要としない湧水を飲料用水源とし、住民自らの作業によって運営してきたことで、公営水道と比較すると安価な維持費で運営されていたことが指摘される。しかし、大きな補修工事が必要となった場合には、相応の負担を求められるというリスクがあった点と、町による指導管理が徹底されるまでは滅菌作業が十分な状態とはいえなかったことは否めない。第2に、結果的に上水と中水の二系統

の水道を使い分けていた点が挙げられる。第3に、水道組合レベルでも家庭レベルでも、万が一のトラブルに備えて水源の分散化をしていたことである。第4に、加入世帯は水道の維持作業や水道組合の運営などでは公平な分担を負っていた点である。しかし、冬季や悪天候時に水道施設が故障した場合には、危険を伴う作業が必要となるリスクがあった。第5には、使用水量の増加が見込まれるようになると、メーターを設置し使用量に応じて水道料金を徴収して補修費や施設費の返済に充てたように、受益者に応分の負担を求めた点である。以上の5点は、小規模な水道施設の自律的な運営を可能にするために指摘しておきたい。

注
1) 2000年12月27日の朝日新聞朝刊記事による。このことは、村落地域での集合型生活排水処理施設の建設費が地方財政を圧迫するという問題に対し、国が有効かつ現実的な対応を始めたと評価してよかろう。
2) 主な調査は1998年9・10・12月、2004年7・8月、2006年3月に行なった。なお、夫Aさんは1935年生まれ、妻Bさんは1940年生まれである。
3) 2001年3月に行なったほか、同4月に電話による聞き取り調査を行なった。
4) 本研究の時点における福定の大字内には、隣接する他の自治区に属する住民が居住している。彼らは大字ごとの統計では福定に含まれるが、福定自治区の運営には関わりがない。そのため本論では、大字福定に居住し福定自治区に属する住民の生活用水・排水システムについて検討を行なう。
5) 旧熊次村の範囲は旧出合小学校区の一部と旧熊次小学校区に分けられるが、スキー場の分布や年輩者を中心とする旧熊次村の認識の範囲などから、本章では旧熊次村の範囲を熊次地区と呼ぶことにする。
6) 大阪管区気象台で閲覧した気象庁資料の平年値(統計期間は1971～2000年)による。
7) 2000年の販売農家は7戸である。
8) 熊次地区ではカリョウあるいはカリュウという。
9) 1950年代半ばに日本各地でスキーリフトの架設が盛んになり(白坂1986)、兵庫県旧日高町(現豊岡市日高町)の神鍋地域にスキーリフトが設置されたことに影響されたと中村(1979)は指摘する。なお、日高町史編集専門会議編(1983)によれば、神鍋高原に初めてスキーリフトが設置されたのは1954年のことである。

10) 大阪の資本である鉢伏開発観光や、但馬地方などで路線バスを運行する八鹿の全但交通などが進出した。
11) 舞鶴若狭自動車道や播但有料道路の延伸などにより、自動車による京阪神圏から熊次地区への所要時間が短縮されてきた影響があると思われる。
12) 上述の「簡易水道ブーム」による影響と考えられる。
13) この原因としては、用水路の水源となっているブンダ川に大久保集落の生活排水が流れ込んでいたことが考えられる。
14) 後述のように、1958年の福定特設水道敷設時に井戸を潰した際に、地面から鉄管を引き抜いたところ、鉄管の内側が腐食で細くなっていたことから、Aさんはこの鉄管の腐食が金気の原因であったと考えている。
15) 現在ではナカのタンクと呼ばれている。
16) 現在ではカミのタンクと呼ばれている。
17) 同時にタンクの横には旧関宮町消防団福定支部の格納庫も設置された。なお、1993年に格納庫は防火用水タンクの上に改築された。
18) Aさんは、流れてくるゴミがあったり、水質が悪化していたと話している。
19) 福定より上流の八木川流域には居住者がなかった。
20) 木材の売却金額を戸数で割り、水道組合に加入しなかった世帯には現金で割り戻した。なお、この4戸については後述する。
21) 矢嶋(2004)では1970年頃と記されているが、旧関宮町役場OBからの聞き取りの再実施と記載されている内容の日付から1968年頃と判断した。
22) 農林省農政局構造改善事業課(1965)によると、「関営」(宮の誤植)地域での対策事業の一覧表に、「福足」(定の誤植)、共同給水施設、事業費97万1千円、補助費39万3千円とある。また、『給水施設台帳』には、認可申請書によるとの但し書きつきで、事業費983千円とある。なお、『関宮町広報』第20号(1958)には、受益範囲は18戸82人となっている。
23) 『関宮町広報』第20号(1958)には、事業種目として共同給水施設と記されている。
24) 当初はタンクから2本のパイプを引き、ヨウジ橋のところで1本に集約していた。しかし、水源は湧出部にかぶせるようにしてコンクリート製の枠を設置しただけであったために、じきに枠の下部がえぐれて、隙間から大量の水が流れ出るようになった。そこで枠の下部に土管を積んでこの流れ出た水がいったん土管に入るようにし、2本の導水パイプのうちの1本はこの土管に空けた穴から送水されるようにした。
25) 途中のヨウジ橋の横に空気抜きの弁を設置した。
26) 数値は『給水施設台帳』による。

27）『広報せきのみや』第131号（1973）には、1970年度から滅菌器の購入に補助金制度を設け、かなりの施設に滅菌器が普及したとあることから、福定の場合もこの補助対象に該当したものと思われる。
28）『せきのみや議会だより』第13号（1979）に、町営簡易水道特別会計決算審査特別委員会総括意見として、民宿地帯の水道施設の滅菌管理の町営化計画を促進させたいとする意見があることから、町による塩素滅菌と水質検査はこれ以降と考えられる。なお、聞き取りによれば、検査代行費として2万円を要したという。
29）水道組合に加入していない世帯も、議事には加わらないものの、その場に居合わせていた。
30）聞き取りによれば、水源の湧水の水温が低く、清掃作業時には1分も足をつけておくことができないほどであった。また、水源のある斜面は崩れやすく、水源タンクがすぐに土砂に覆われるために、清掃のたびに土砂を取り除く必要があった。これらの事情から、のちに水源タンクは清掃されないことになったという。なお、やむを得ない事情以外で清掃作業に参加できない場合は「不足金」を支払うことになっていた。
31）この家は現在では常住者がなくなり、後述する熊次簡易水道も接続されていない。
32）矢嶋（2004）の第3表では、1965年の福定の水道施設は特設水道（集落特設）1としていたが、これは誤りで、2006年3月に実施した再調査により福定には特設水道（共同特設）1と共同小型1の計2ヵ所の水道施設があったことが明らかになった。
33）Aさんは、現在ならば水源に選ぶことはないだろうと話している。
34）Aさんによれは、自治区の打ち合わせではこれら2戸が丹戸・梨ヶ原簡易水道の水源使用許可について積極的に推進していたとのことで、これら2戸がより安定的に供給される水道による給水を望んでいたことが推察される。
35）『広報せきのみや』第84号（1967）によると、旧関宮町全体の電気洗濯機の普及率は1962年10月で46.12％、1967年10月で85.78％とあり、熊次地区でもこの間に電気洗濯機が普及したことが推測される。
36）『広報せきのみや』第77号（1965）には、1965年6月より養父郡し尿処理場が屎尿処理を開始したとあり、これ以降に汲み取り処理に変わったものと思われる。
37）民宿開業にあたり、5戸の人が同時に調理師免許を取得した。Aさん宅ではAさんの母が取得し、翌年にはAさんも取得した。
38）聞き取りと現地調査によれば、土地所有権の関係からこの登行リフトの終点は乗り継ぐリフトの起点から200m以上離れた位置に設けられたため、スキー客はこの間の徒歩を強いられた。そのため、福定の駐車場を利用してハチ高原へ向かうスキー客は多くはなかったという。なお、養父市関宮地域局産業建設課によれば、こ

の登行リフトも2001年3月末日に営業廃止届けが出され、後に撤去されたという。
39) Aさん宅では登山客の受け入れが多かった。
40) そのほか、奈良尾自治区の住民が中心となって経営する食堂と、食堂やパトロール隊が入る町営（現在は市営）のロッジがある。
41) 金子・河村・中島編著（1998）によれば、1969年に浄化槽の構造基準の大幅改正があり、プラスチック製の浄化槽が使用されるようになって浄化槽の設置費用が低下したことで、単独処理浄化槽によるトイレの水洗化が進んできた。
42) 旧関宮町環境整備課によると、大字福定で最も最初に浄化槽が設置されたのは大久保自治区に所属する宿泊施設であった。
43) 水洗トイレが普及した要因として、Aさんは宿泊施設の営業のために水洗トイレを設置するように保健所からの指導があったという。また、福定自治区以外の集落での聞き取りでは、林間学校行事で宿泊する学校側から水洗トイレ設置の要望があったとする旨の聞き取りがあったが、Aさんによれば福定地区では要望以前に宿泊施設での水洗トイレ化が進んでいたという。
44) Aさんによれば、1番目に浄化槽を設置した宿泊施設も、個人で水源を確保して長距離をパイプで導水し、水洗トイレ用水としていたという。
45) その後熊次簡易水道が敷設されて「上水道」が廃止されるまで「上水道」が故障することはなく、このパイプは実際には「上水道」タンクの清掃時以外に用いられることはなかった。
46) Aさんによれば、この頃には福定の宿泊客数はピークを越えていたため、「上水道」が断水することはほとんどなかったという。
47) 聞き取りによれば、Aさん宅での水道料金は3カ月で2,000～3,000円程度であった。
48) このタンクは現在も存在し、Bさんが時々洗濯や散水に用いることがあるが、その他の用水として積極的に使われることはなかった。Aさんによれば、長い間使用せずにいたために、汲み上げ用ポンプも故障しているという。
49) 『せきのみや議会だより』第56号（1989）、第60号（1990）、第63号（1991）、第66号（1992）、第67号（1992）には、八木川の汚染に関する町民の声や委員会審議などの記事が掲載されている。
50) 『広報せきのみや』第131号（1973）、第132号（1973）。
51) 『広報せきのみや』第154号（1975）で、複数の給水区域の簡易水道からなる統合計画を打ち出す記事と計画図が初めて掲載された。
52) 本書第9章や『せきのみや議会だより』第34号（1984）、第36号（1985）。なお、同第30号（1983）に掲載されている議会答弁では、熊次水道が建設された際に想定される維持費の大きさが問題になっている。

342　第Ⅲ部　村落域における生活用水・排水システムの展開

53) 『せきのみや議会だより』第51号（1988）、矢嶋（2001）。
54) 『広報せきのみや』第342号（1992）。
55) 『せきのみや議会だより』第66号（1992）、第68号（1992）。なお、1992年には、町役場に水道と下水道を一括して所管する環境整備課が設置された。
56) 旧関宮町環境整備課からの聞き取りによれば、集合型生活排水処理の料金は水道使用量から算定されることが一般的であり、町営の統合簡易水道の敷設と集合型生活排水処理施設の建設を同時に進めようとしたという。
57) 第9章に記したように、旧関宮町では国定公園区域内のハチ高原の水質汚濁が問題となり、町当局は町営簡易水道と公共下水道の同時設置を進めたが、水道をめぐって関係する自治区間の調整がつかず、公営の水道が未設置の状態でハチ高原特定環境保全下水道の建設を余儀なくされた経緯があり、同様の結果を招かないことが熊次簡易水道・熊次特定環境保全下水道建設の際の課題であった。
58) 農山漁村や自然公園などの市街化区域以外の区域で設置される公共下水道である。
59) 逆水には湧水があり、奈良尾特設水道の水道および農業用水源として用いられていた。
60) 水道管口径13mmが5万円、同20mmが12万円、同25mmが20万円である。
61) 「養父市議会会議録検索システム」によれば、下水道接続数の低さについては、2005年10月の養父市議会決算特別委員会による決算審査報告でも指摘され、問題視されている。下水道課では市広報や市の有線放送で下水道への加入を呼びかけていく予定とのことである。
62) 「養父市議会会議録検索」による。
63) 旧関宮町環境整備課での聞き取りによる。
64) 「養父市議会会議録検索」による。
65) 福定水道組合解散時の「下水道」加入世帯のうち、2戸は旧「下水道」には加わらなかった。
66) 聞き取りによれば、2006年3月現在の福定の宿泊施設数は7戸となっている。

文献

青野壽郎監修、日本地誌研究所編（1973）『日本地誌第14巻京都府・兵庫県』二宮書店。
秋山道雄（1991）「琵琶湖・淀川水系の水質汚濁と市民生活」市政研究98、pp. 28-37。
太田垣俊郎（1982）「関宮の近代産業（養蚕製糸牧畜）」関宮町史編集委員会編『関宮町史資料集第四巻』関宮町教育委員会、pp. 259-283。
大山佳代子（1991）「秋田県における上水道普及率の地域特性」秋大地理38、pp. 3-11。
大山佳代子（1992）「秋田県鹿角市花輪地区における生活用水の利用体系とその変遷」秋大地理39、pp. 1-8。

笠原俊則 (1983)「淡路島諭鶴羽山地南麓における取水・水利形態と水利空間の変化―生活用水を中心として―」地理学評論 56、pp. 383-402。
金子光美・河村清史・中島　淳編著 (1998)『生活排水処理システム』技報堂出版。
呉羽正昭 (1999)「日本におけるスキー場開発の進展と農山村地域の変容」日本生態学会誌 49、pp. 269-275。
厚生省水道環境部水道行政研究会編 (1992)『水道行政―仕組みと運用―』(改訂)、日本水道新聞社。
坂本　俊編 (1975)『簡易水道の20年―全国簡易水道協議会創立20周年記念―』全国簡易水道協議会。
佐々木高明 (1972)『日本の焼畑―その地域的比較研究―』古今書院。
白坂　蕃 (1986)『スキーと山地集落』明玄書房。
新見　治 (1985)「農村地域としての下笠居地区の水環境保全と下水道」地理学研究 (香川大学) 34、pp. 22-28。
末石冨太郎 (2002)「水関連技術からみた生活史の再検討―合成の誤謬―」水資源・環境研究 15、pp. 1-8。
寺尾晃洋 (1981)『日本の水道事業』東洋経済新報社。
鳥越皓之・嘉田由紀子編 (1984)『水と人の環境史―琵琶湖報告書―』御茶の水書房。
中村　覚 (1979)『氷の山・鉢伏山の歴史』私家版。
西村　登 (1989)「主として水生動物からみた但馬地方諸河川の水質の現状」関西自然保護機構会報 18、pp. 3-20。
西村　登 (2000)「水生生物からみた但馬地方諸河川の水質の現状 (3)―1993年と1998年および1960～1999年頃との比較―」関西自然保護機構会誌 22(1)、pp. 29-40。
農林省農政局構造改善事業課編 (1965)『新農山漁村建設史』農林省農政局。
肥田　登 (1995)「上下水道の展開」(西川　治監修『アトラス―日本列島の環境変化―』朝倉書店、pp. 108-109。
肥田　登編 (1995)『秋田の水―資源と環境を考える―』無明舎出版。
日高町史編集専門委員会議編 (1983)『日高町史下巻』日高町教育委員会。
兵庫県健康生活部 (2005)『平成17年度事務概要』。
兵庫県県民生活部健康福祉局生活衛生課 (2001)『平成12年度生活衛生年報』。
兵庫県土木部下水道課 (1999)『ひょうごの下水道』兵庫県土木部。
藤田一登 (1987)「但馬山地、氷ノ山・鉢伏における山域利用とその変化」関西学院大学大学院文学研究科修士論文 (未公刊)。
藤田　崇・古山勝彦 (2003)「近畿北部、鉢伏地域の火山地質と地すべり」日本地すべり学会誌 40(1)、pp. 50-55。

古川　彰（2004）『村の生活環境史』世界思想社．
矢嶋　巌（1999）「兵庫県但馬地域における水道の展開」千里山文学論集62、pp. 41-64．
矢嶋　巌（2001）「山間地域における集落水道の普及―兵庫県養父郡関宮町を事例として―」（人文地理学会第239回例会要旨）人文地理53(4)、p. 81．
矢嶋　巌（2004）「山間地域における生活用水・排水システムの変容―スキー観光地域兵庫県関宮町熊次地区―」人文地理56(4)、pp. 80-96．
養父市議会会議録ホームページ（2006）http://asp.db-search.com/yabu-c/．
渡部一二・郭　中端・堀込憲二（1993）『水縁空間―郡上八幡からのレポート―』住まいの図書館出版局．
和田山保健所・関宮町（1989）『八木川上流（鉢伏高原周辺地域）における水質調査結果報告書』和田山保健所．

結　論

　本書は、近代化による生活用水・排水システムの時間的・空間的展開を明らかにしようとするもので、とくに近代化の過程で生活の場として地域性が際だって表われると考えられる都市域と村落域を研究対象とし、地域の自然環境と人間社会の関わりの中で、生活用水・排水システムがいかに展開してきたかを、地域の学としての地理学的視点から、時間的・空間的に論じた。その中で、都市域としての大阪大都市圏と村落域としての但馬地方では、小縮尺の俯瞰的研究から次第にスケールを拡大し、フィールドワークに基づく大縮尺の実証研究を行なうことで、小縮尺の研究で導き出してきた蓋然性を検証してきた。また、中縮尺レベルの地域研究においては、水道事業を営む行政への聞き取り調査を行なうことで、小縮尺研究の蓋然性と大縮尺研究の裏付けをとる作業を行ない、研究の精度を高めてきた。

　それぞれの章ごとの検討結果については各章のおわりに述べたことから、ここでは第Ⅱ部の都市域における近代化と生活用水・排水システムの展開、第Ⅲ部の村落域における近代化と生活用水・排水システムの展開について、大縮尺から小縮尺へと縮尺を変えながら検討したうえで、それらを統合的に総括する。

　まず都市域としての大阪大都市圏について、第3章、第6章、第7章で示した都市化前線地域の住民にとっては、近代であっても現代であっても、都市化による生活排水システムの変容で地域の水環境が悪化したことにより、現実的にも心理的にも生じた水質悪化に対応する必要に迫られた。それは従来型生活用水システムの変容がきっかけとなって生じた場合もあり、その対応として従来型生活用水システムの変容を迫られることにもなった。この点

では、とくに近代から第二次世界大戦後までの淀川左岸地域の住民が深刻な状況にさらされた。生活防衛のために地域として生活用水システムの近代化に対応せざるを得なくなったが、大阪府営水道（現大阪広域水道企業団）建設により対応できることになったものの、戦争の影響で工事が中断し、生活用水の危機が続いた。戦争の影響があったとはいえ、対応の大規模化が生じさせた結果といえよう。この点では、第5章で示したダム開発の遅れが住民にもたらした影響と共通する点があった。

関連して、第4章と第5章で示したように、茨木市と宝塚市はほぼ同時期に急激な都市化にさらされ、都市用水供給を機能に含むダム開発が市域内で計画された点においても共通する。水道水源の不足を、河川表流水・伏流水の違法取水を含むさまざまな水源開発に求めていた宝塚市は、ダムを水源とする兵庫県営水道用水供給事業からの受水に水源を求めたものの、着工の遅延で、市域内に独自のダムを建設した。その後水源として使用しているこれらのダムは、水量が不安定であったり、コストの高いものとなってしまった。また、大規模住宅開発にも影響が及んだ。一方、現在もダムの完成に至っていない茨木市では（2012年12月現在）、大規模開発が続けられてきた。府県の違いがあるとはいえ、こういった両市の展開の違いを生じさせた最大の要因は、安定した水源を利用することが出来たかどうか、すなわち、淀川水源に依存できたかどうかにあったと考えられる。都市の立地条件を考えた時、このことは琵琶湖・淀川水系に部分的に位置する大阪大都市圏特有の条件を反映してのことであるといえよう。なお、茨木市のように高度経済成長期に起きた急激な都市化に対して、淀川を水源とする大阪府営水道が果たした役割の大きさも確かめられた。そして、この事業が近代から着工されていた点を強調しておきたい。

第3章に指摘したように、近代に端を発する大阪府営水道の存在が、第二次世界大戦後の大阪大都市圏内における著しい都市化を可能にしたといえる。言い換えると、大阪府営水道の存在が、戦後の急激な都市化に起因する種々の都市環境問題や、都市型水害とその対策としての流域下水道整備の進行を引き起こす遠因の一つとなったといえまいか。

第4章と第5章に示したように、急激な都市化の過程では、生活用水の安

定供給の責任を水道事業を営む地方自治体職員が負った。行政としての責任のもとに行なわれた綱渡りのような対応を想像する時、水道事業を担う一人一人の地方自治体職員の姿が目に浮かぶような水道という生活用水システムのあり方に、ブラックボックス化の懸念は抱きつつも、システムの安定性の点において前向きな可能性を見出す。もし将来住民自らが高い意識を持つ地方自治が全国各地で営まれる時が来たなら、この水道というシステムのあり方に永続性という点で意義を見いだすことができるように感じられる。

第2章や第3章で示した人口増加の最前線地域や、第2章で示した水道普及率の急激な上昇をみた地域における生活用水・排水システムの展開の実像は、以上のようなところであったと考えられる。そして、都市域の生活用水・排水システムの近代化はまさに都市化とともにあったといえる。

一方、第10章で明らかになったとおり、村落域としての但馬地方熊次地区においては、観光地域化への住民一人一人の対応が、集落の意志となり、地域の意志となって、生活用水・排水システムを近代化させた。しかし、個別対応の結果としてできあがった生活排水システムの更新は進まず、それが足かせとなって水道の公営化を遅らせ、不十分な処理による排水が水環境を汚すこととなった。

第9章で示されたように、生活の場としての集落と集落の間において、水環境にも影響を及ぼすような経済行為で競合状態が生じている場合、住民自治による水環境の管理に限界があることも見えてきた。なお、こうした水環境の管理や水道事業の推進の際に、地域の住民一人一人が見えている自治体職員が大きな役割を果たすことが、調査の過程で感じられた。やはり、行政が管理することによる生活用水・排水システムの完全なブラックボックス化には懸念を抱きつつも、過疎化・高齢化が著しい村落域における現実的な生活用水・排水システムのあり方について住民自らが模索していく際に、いわゆる平成の大合併の推進で、これまでに築かれてきた行政と住民との顔が見える関係の中で保たれてきた住民の水への意識が失われる可能性があることを強く指摘しておきたい。

第8章で示された、小規模水道を含まない「水道未普及地域」の実態が明らかになった。国や県による一律的な生活用水・排水システムの近代化政策

が、熊次地区のような問題を抱えている地域にとって、解決を遅らせる可能性があることも指摘されよう。そして、こうした一律の近代化がもたらしたであろう莫大な債務と地域の疲弊を考える時、今後村落域をどのように永続的な状態へと引き戻すべきなのか、生活用水・排水システムの点からも検討していくべきとの課題が生じた。

　日本において、ブラックボックス化、つまり非可視化が進んでいる生活の場における水を、何らかの形で可視状態へと戻していく必要性を強く感じる。近代化で失われた、地域における水と住民との関係性を取り戻すために、生活の場における水の可視化は欠かせない。

　水は誰の手に委ねられるべきか、今後も生活の場における水と人との関係性を考えていくことが必要である。

あ と が き

　本書は、関西大学に提出し、2009年3月に博士（文学）の学位を授与された学位請求論文をもとにしている。刊行にあたっては、諸事情から第6章は類例を取り上げた論文と差し替え、分量の都合からハワイ・オアフ島について記した章を割愛したうえで、加筆修正を行なった。
　各章の初出は以下の通りである。
第1章　修士論文「都市圏における生活用水利用の展開―猪名川流域の都市化との関連で―」第Ⅰ章「生活用水利用をとりまく議論」の一部（1995年1月関西大学大学院文学研究科提出）、「兵庫県但馬地域における水道の展開」千里山文学論集第62号掲載（1999年）の一部。
第2章　修士論文「都市圏における生活用水利用の展開―猪名川流域の都市化との関連で―」第Ⅱ章「大阪大都市圏と水道利用の展開」。
第3章　「大阪府の淀川両岸における水道の普及―創設期を中心に―」歴史地理学第50巻4号掲載（2008年）の歴史地理学会大会第51回大会口頭発表要旨をもとに、書き下ろし。
第4章　「大都市圏の衛星都市における水道事業の展開―大阪府茨木市の場合―」水資源・環境研究20号掲載（2008年）。
第5章　修士論文「都市圏における生活用水利用の展開―猪名川流域の都市化との関連で―」第Ⅲ章「猪名川流域の都市化と生活用水利用の展開」。
第6章　「衛星都市の水道事業における水源確保―兵庫県宝塚市を事例に―」経済地理学年報第57巻1号掲載（2011年）。
第7章　修士論文「都市圏における生活用水利用の展開―猪名川流域の都市化との関連で―」第Ⅳ章「都市化前線地域における従来型生活用水利用」。

第8章 「兵庫県但馬地域における水道の展開」千里山文学論集第62号掲載（1999年）の一部。
第9章 「山間地域における生活用水・排水システムの変容―スキー観光地域兵庫県関宮町熊次地区―」人文地理第56巻4号掲載（2004年）。
第10章 「スキー観光と生活用水・排水システム―兵庫県養父市福定でのフィールドワークから―」土屋正春・伊藤達也編『水資源・環境研究の現在―板橋郁夫先生傘寿記念―』所収（2006年、成文堂より刊行）。

　読み返すと、生活用水の水道化が研究の中心となっていることは否めない。自分の中で、生活用水と排水とのつながりの本質が見えてくるまでに、随分と時間を要してしまった。
　生活用水・排水に関する研究は、住んだ吹田の水道水が、琵琶湖の淡水赤潮の所為であろう、カビ臭くてまずかったことに端を発する。大学1回生の夏休みに周遊券で帰省し、旅行を兼ねて北海道の数都市の水道担当部局を回って水道に関するデータを集め、ゼミのレポートとして報告して以来のテーマである。だが、もう少し「地理らしい」研究をしたかったと思う。成り行きでここまで来てしまった、というところが率直な気持ちである。
　何がどうなったら「地理らしい」のかは、地理という学問分野の特性もあって、少々答えにくい。ただ、水道や下水道を対象とする研究は、あまり「地理らしくない」と思う。その理由の一つに、本格的な地理学のフィールドワークがあまり必要とされないことが挙げられる。最もフィールドワークらしいのは、役所の水道・下水道の担当者への聞き取りだろうか。浄水場や下水処理場、まして蛇口をいくら見たところで、地理学でのフィールドワークにはなかなかしづらい。
　大学を卒業していったん就職したものの、辞めて入った大学院時代、先輩からの紹介で、大阪の町中にある私立中高と神戸の予備校本科で、地理の非常勤講師をすることとなった。高校地理では、それまで避けてきた自然地理、都市地理などと向き合わねばならなくなった。中学地理では、地域を総合的に理解することの楽しさを伝えねばならなくなった。予備校では、地理の諸要素の関連性を効率よく伝える必要に迫られた。

そんな時に、研究室の先輩の呼びかけをきっかけに、仲間と兵庫県但馬地方で共同研究を行なった。私は旧関宮町(せきのみやちょう)に位置するスキー観光地域でフィールドワークを行なった。そこでは、自然環境と人々の営みの結果としての生活用水・排水のあり方、その移り変わりを目の当たりにできた。旧式の軽四輪駆動車に、夏は登山靴を、冬はスキーを積んで、そして一年を通してフィルムを詰めた一眼レフカメラと長靴を持って調査に行った。

　大学院博士課程後期課程を単位修得済退学し、大学の非常勤講師として勤め始めたことで、数年間、中・高・予・大で教える状況となった。大学で担当させて頂いた講義が地誌学であったこともあり、途中から但馬地方も題材にしてしまい、講義のネタ繰りを兼ねて但馬へ行くようになった。中学から大学までの地理教育が頭中で同居し、自らもフィールドで自然環境と人々の暮らしを意識して研究に取り組んだことにより、ようやくこの期に及んで、「地理らしい」研究ができるようになった気がする。

　思い起こせば、フィールドではたくさんの方々にお世話になった。卒業論文調査では、川西市を中心に、大阪府と兵庫県の猪名川流域の市役所・町役場の水道担当部局のみなさんに聞き取りを行なったり、データを頂いたりした。ある市の課長さんから、卒論のコピーを送ったことに対するお礼のお手紙を頂いたことは忘れられない。修士論文研究では、川西市の農業集落のみなさん、とくに福田尚子氏とご家族には大変お世話になった。博士課程後期課程では、兵庫県旧関宮町の住民の方々や、町役場、OBの方々に聞き取りを行なった。とくに西村義雄・千代子夫妻、西村登先生には大変お世話になった。そして、雲田正年氏との出会いがなければ、但馬での研究は続けられなかった。その後は、茨木市役所の水道・下水道担当部局、宝塚市役所の水道担当部局のみなさんにお世話になった。

　研究においては、たくさんの先生方にお世話になってきた。橋本征治先生は、大学1回生の入門ゼミから学位請求論文までずっとお世話になり、この怠惰で不出来な学生を温かく見守って下さった。大変なご心配とご苦労をかけたことと思う。なお、ハワイでの研究調査に同行させて頂き、先生のフィールドワークを目にしたことが、その後の但馬地方での研究に大きな影響を及ぼした。また、故河野通博先生、末尾至行先生、故柿本典昭先生、高

橋誠一先生、木庭元晴先生、伊東理先生、野間晴雄先生をはじめとする関西大学文学部地理学教室の先生方には、貴重なご助言や叱咤激励を頂戴した。野間先生と文学部日本史学の大谷渡先生には、副査として学位請求論文をご審査下さり、ご教授頂けた。

　関西大学商学部の故寺尾晃洋先生には、卒業論文調査でお力添えを頂いた。大学院入学を報告した時にお手紙を頂き、研究の方向性として兵庫県営水道か茨木市の山村の簡易水道を対象とすることを示唆された。その後の研究との偶然の一致は本書をご覧頂いての通りだが、ご生前に報告できなかった。

　関西大学大学院に出講されていたことからご指導を頂けた、故浮田典良先生、高橋達郎先生からは、貴重なご助言を給わった。秋山道雄先生には、橋本先生のご紹介で学部の頃からお世話になり、水資源・環境学会にご紹介頂いた。同学会の先生方にも大変お世話になり、とりわけ伊藤達也先生には、発表や執筆の機会を頂いた。ほかにも、森瀧健一郎先生、吉越昭久先生、笠原俊則先生、肥田登先生、新見治先生、富樫幸一先生をはじめとする、地理学から水にアプローチされている先生方から、抜刷を頂戴したりご助言を頂いたりした。地理学のさまざまな分野の先生方や大学院生のみなさんにお世話になった。なかでも樋口忠成先生にはアメリカ合衆国コロラド州東部への調査に同行させて頂き、同国の住民自治と水道のあり方について垣間見ることができた。学部時代には自主ゼミ歴史・地理学研究の諸氏と、大学院時代には地理学研究室の先輩同輩後輩と、数多くの有意義な議論があった。

　以上、記して、厚く御礼申し上げる。

　なお、本書の刊行にあたっては、神戸学院大学人文学会から出版助成を頂いた。人間文化研究叢書として刊行することをお許し下さった神戸学院大学人文学部の先生方に、心より感謝申し上げる。

　また、人文書院の渡辺博史社長、井上裕美氏にご尽力を頂いた。感謝の意を表したい。筆の遅さ故に、井上氏には随分とご迷惑をかけてしまった。

　最後に、支えてくれた両親、妹、そして妻に感謝する。

2013年1月

矢嶋　巌

人名・事項索引

ア行

秋山道雄　11, 13, 17-20, 26-27, 40-41, 50-51, 71, 77, 82, 94, 133, 150, 154, 156, 161, 169-170, 173-174, 178, 199, 202, 238, 265, 283, 304, 306, 310, 342

浅井戸　96, 98, 126, 174, 186-188, 190, 192, 194, 198, 219, 256-257

暗渠下水路　36, 80

安威川ダム　145, 155-156, 164-167, 169

猪名川　29, 41, 54, 64-65, 67, 70, 77, 82, 148, 171, 176-177, 179-180, 185, 189-190, 202-227, 230, 232-233, 235-240, 243-246, 259-260, 283

伊藤達也　17-20, 26-27, 40-41, 154, 170-171, 201-202, 238

井戸　8, 13, 25, 32-35, 43, 95-99, 101, 122-127, 136, 140-142, 145, 157, 162, 164, 166, 168, 174, 179, 183-184, 186-193, 198, 203, 217-221, 223-232, 235, 237-240, 245-253, 255, 257, 259, 263, 279, 297, 300, 321, 325, 339

茨木市　29, 64-65, 69, 71, 86, 89, 96, 99, 100, 104, 110-111, 119, 126, 134, 139, 148-150, 153-170, 180, 201, 346

飲料水　25, 32-33, 35, 42, 76, 99, 111, 113, 126-127, 141, 177, 182-183, 217, 220, 222, 229, 234, 248, 256, 266-267, 268, 282-284, 297, 321-322

永続性　13, 24, 347

衛星都市　29, 94, 119, 128, 132, 134, 145, 153-157, 168-169, 172-180, 195-197, 201, 219

縁辺部　52, 54-55, 62-64, 66-67, 69-70, 72-73, 202-203, 209, 214, 236

江戸時代　35, 41-42, 89, 97-98, 157, 239

大阪大都市圏　12, 20, 27, 29, 40, 48-52, 54-56, 62-63, 65-67, 70-71, 73-74, 77, 147, 203-206, 209, 216, 235, 242, 345-346

大山佳代子　21, 25, 33, 40-41, 50-51, 77, 260, 265, 283, 306, 310, 342

大阪府営水道　20, 23, 50, 71, 76, 82-83, 85, 123, 124-126, 133-137, 142-143, 145-146, 155-156, 161-162, 164-169, 178, 180, 196-198, 221, 223, 346

大阪平野　31, 89, 92, 95, 176-177, 180, 206

汚水　11, 36, 80, 84, 115, 130, 139, 142, 149, 259, 267, 331

温水器　251, 257

カ行

川西市　29, 51, 64, 70, 78, 153, 171, 179-180, 185-186, 199-201, 203, 206, 208, 210, 212-216, 219-220, 222-223, 225, 227, 236, 238-240, 242-246, 250, 256, 258-260, 271, 283

笠原俊則　22, 24, 27, 33, 41, 51, 71, 77, 151, 154, 171, 174, 199, 207, 238, 244, 259-260, 265, 284, 310, 343

嘉田由紀子　12-13, 18-19, 41, 43, 50-51, 77, 83, 151, 154, 171, 174, 199, 239, 260, 343

カビ臭　20, 225, 234

灌漑用水　33-35, 98, 113, 158, 177, 183-184, 186-187

合併処理浄化槽　291, 295, 300, 303-304, 307-309, 313, 327, 332-333, 336

環境負荷　38, 306, 336

外国人居留地　36, 80

川下川ダム　　189-190, 192-193, 195
カルキ　　231, 259, 335
科学的水質　　234, 260
近代化　　8-12, 17-18, 26-29, 32, 34-35, 37, 38-40, 47-48, 81, 91, 152, 201, 345-348
旧水道　　32, 33
既都市化地域　　210-211, 216, , 220-221, 223-225, 227-231, 234-236, 240, 243
共同水道　　296-297, 299-302, 305-307, 309, 325
空間　　10, 12, 17-19, 21-22, 25, 27, 40-41, 48, 50-52, 56, 67, 74, 77, 81-82, 153, 171, 199, 203, 208, 214, 231, 236, 239-240, 284, 310, 343-345
熊次　　12, 30, 153, 171, 201, 285, 287-298, 300-304, 306-307, 313-316, 318-321, 326-327, 331-334, 336-342, 344, 347
下水道　　8-9, 11-12, 18, 20-24, 34, 36-38, 42-43, 74, 79-87, 89, 93-95, 98, 100-102, 106, 111, 113-117, 127-131, 137-144, 146, 148-152, 170, 176-177, 186-187, 189, 191-193, 198, 200, 250, 252-254, 285-286, 292-293, 295-296, 298-300, 302, 304, 306, 308-315, 328-330, 332-337, 342-343, 346
京阪神大都市圏　　48, 77, 82, 155, 168-169, 175
建設省　　32, 42, 137, 139, 188, 238, 285, 306, 308
高度経済成長期　　9, 12, 19, 29-30, 39, 47, 74, 95, 132-133, 146, 155, 159, 168-169, 172, 178, 194, 286-287, 294, 313, 336, 346
河野通博　　27, 42, 150
国庫補助　　35-36, 66, 76, 80, 101, 111, 116, 122, 130, 133, 137, 141, 144, 146-147, 266-268, 283-285, 300, 302, 312
コレラ　　35-37, 79-80, 100-101, 103, 141
公共下水道　　18, 21, 39, 139, 296, 298, 308, 312-313, 336, 342
広域化　　20, 43, 47, 66, 82-85, 137, 154, 173-174, 178, 197, 266, 268, 304
国勢調査　　49-50, 54-55, 59-61, 69, 77, 88, 90, 93, 109, 119, 121, 160, 208-211, 214-215, 283
厚生省（→厚生労働省）
厚生労働省　　30, 66, 76-77, 175, 185, 193, 197, 199, 263-264, 266-268, 282-285, 295, 312-313, 336
郊外　　29, 36, 48, 81-83, 92-94, 106, 108, 110-111, 119, 126-128, 132, 142, 145-146, 150-153, 156, 172, 182, 184, 194, 199-200, 239
郊外住宅地　　81-83, 92-94, 106, 110-111, 126-127, 132, 142, 145, 151-153, 182, 184, 200
ゴルフ場　　184, 198, 206-207, 244-246, 252-253, 256, 274
コエダメ　　252-253, 257, 292
公営水道　　99, 120, 125, 128, 141, 143, 178, 182-185, 194, 263-265, 297, 305, 308, 314, 333, 337
高度浄水処理　　266
高度処理　　129, 232-234
鉱山　　272-273, 279-280, 282
コミュニティプラント　　293, 296, 306, 308, 313

サ行

雑用水　　33, 229-231, 248, 250. 256, 264, 334
三府五港　　35
山間部　　31, 63-66, 69-70, 72-74, 86, 147, 155, 159, 163, 165-170
沢水　　203, 247-248, 250, 255-257, 318, 321
従来型　　9, 11, 17, 23, 26, 28-29, 37, 39, 48, 75, 83, 95, 140-142, 202-203, 206, 217-218, 224-225, 227, 234-236, 238, 240, 246, 250, 256-259, 305, 345
屎尿　　35, 37, 75, 80, 84-85, 90, 103-104, 106, 115-117, 129, 131, 137-141, 148, 170, 253, 257, 285, 292, 294, 302, 306, 308, 325, 340
小規模水道　　21, 30, 38, 40, 51, 65-66, 74,

人名・事項索引

　　　　　76-77, 133, 182, 185, 194, 255, 263-265,
　　　　　268, 274, 279, 281-283, 285-287, 293, 295,
　　　　　297, 302-303, 307, 312-313, 337, 347
新見治　　　24, 26-27, 31-32, 42, 260, 284,
　　　　　286, 306, 310, 343
集合型生活排水処理施設　　　39, 291, 304-
　　　　　305, 312-313, 335-338, 342
準既都市化地域　　　216, 220-221, 223, 227,
　　　　　230-231, 235-236, 240, 243
昭和戦前期　　　79, 81, 83-85, 87, 89, 92-95,
　　　　　111, 117-121, 125, 127-128, 130, 142, 144-
　　　　　145, 147, 201
市外給水　　　83, 85, 94, 102-103, 112-115,
　　　　　120-123, 133, 135-136, 141-143, 146-147
自然堤防　　　8, 89, 98-99
市街地化　　　91-92, 106-108, 117, 129, 164,
　　　　　169, 173
住宅地化　　　92, 107-108, 110, 118, 131, 159,
　　　　　186, 194
需要　　　9, 17-21, 25-26, 37, 47, 50, 71, 73-
　　　　　75, 85, 94, 112-113, 116, 119-120, 122, 133,
　　　　　135-136, 138, 141-143, 154-156, 159, 161-
　　　　　162, 164-169, 172-174, 176-181, 186, 188-
　　　　　198, 203, 207, 220-222, 224, 234-235, 287,
　　　　　294, 299-303, 322
市域拡張　　　84, 86-87, 91-93, 95, 97, 100,
　　　　　102-103, 105-107, 112-115, 117, 120-123,
　　　　　129, 133, 141-143, 147
GHQ　　　137, 184-185, 194
受水　　　22, 51, 96, 123, 134-137, 141, 144-
　　　　　146, 154-155, 161-169, 174, 176-177, 179-
　　　　　180, 187, 190-191, 193, 195, 221-223, 237,
　　　　　346
市町村営　　　36, 51, 76, 79-80, 111, 146, 172
需給　　　17, 20, 40, 50, 77-78, 149, 170, 173,
　　　　　197, 199
心理的水質　　　234-236, 247, 250-251, 253,
　　　　　256-260
浄化槽　　　22-23, 131-132, 252-253, 285,
　　　　　291-293, 295, 297-300, 302-304, 307-309,
　　　　　313, 326-328, 330-333, 335-337, 341

消毒　　　263-264, 267
新農山漁村　　　266-267, 274-275, 284, 322,
　　　　　343
水道組合　　　96, 98, 115, 121-126, 131, 133-
　　　　　136, 139, 149, 263, 322-324, 328, 330, 333-
　　　　　334, 338-340, 342
水道条例　　　37-38, 76, 79, 96, 112, 114-115,
　　　　　147, 149
水道法　　　11, 36, 48-49, 62, 75-77, 80, 137,
　　　　　172, 185, 265, 272, 282, 285-287, 305, 307,
　　　　　313, 322
水道普及率　　　16, 18, 20-21, 23-24, 41, 43,
　　　　　47-48, 51, 55-56, 59, 61-67, 69-70, 72-73,
　　　　　75, 77, 159, 172, 202-204, 211, 220, 237,
　　　　　263, 265-266, 268, 270-272, 277-285, 290,
　　　　　296, 305-306, 310, 312-313, 342, 347
水源　　　10, 18-19, 22, 24, 25-26, 29, 33-34,
　　　　　47, 50-51, 75-76, 82-85, 91, 96, 99, 100-
　　　　　102, 109, 112-115, 119, 120, 122-127, 130,
　　　　　133-137, 141-144, 146-147, 149-150, 155,
　　　　　157-159, 161-170, 172-181, 183-197, 199,
　　　　　203, 205, 207, 220-224, 230-235, 238, 243,
　　　　　245-247, 249-250, 253, 255, 257, 259, 264,
　　　　　266-267, 271-272, 286, 290, 293-304, 306-
　　　　　309, 313, 321-325, 328-332, 334-342, 346
水道用水供給事業　　　19-20, 22, 50-51, 65,
　　　　　71, 75-76, 85, 124-125, 142, 144-145, 154,
　　　　　161, 174, 176-180, 187, 189-197, 346
水道統計　　　50, 56, 59-61, 69, 159-160, 210-
　　　　　211, 265
水利権　　　120, 162, 166, 173, 177, 179, 188,
　　　　　190, 192, 194, 196, 205, 221-222, 235, 237,
　　　　　243, 307-308, 331
水道ビジョン　　　193, 199
水質　　　8, 9, 13, 20-21, 23, 29, 33, 38, 41, 76,
　　　　　84-85, 98, 99, 102, 111, 117, 123-126, 128-
　　　　　132, 137-146, 148, 162, 164, 166, 203, 207,
　　　　　217, 219, 221, 223-225, 230-237, 244, 246-
　　　　　247, 249-253, 256-260, 264, 275, 283, 286-
　　　　　287, 294, 296-298, 303-305, 309, 310-312,
　　　　　324, 331, 335-337, 339-340, 342-345

水道会社　23, 96, 101, 115, 126, 142, 143, 146, 178, 275
スキー観光　285, 312
スキー場　286, 287-289, 297-298, 300-301, 307, 309, 315-316, 318-320, 322, 326, 334-335, 338
水洗トイレ　21, 130-131, 295, 299, 303, 327-328, 330-332, 335-336, 341
関宮　30, 153, 171, 201, 276, 279-281, 284-285, 287-293, 295-297, 299, 301-303, 306-307, 311, 313-323, 326-327, 330-334, 339-342, 344
生活環境　37, 74, 80, 92, 343
扇状地　8, 32, 34, 43, 77, 89, 99, 141, 144
洗濯　218, 229, 231, 248, 250, 256, 294, 303, 321, 325, 331, 340, 341
生活排水99％大作戦　296, 300, 304, 313, 331
創設　35, 50, 63-64, 67, 72, 82-83, 85, 95-97, 100, 102, 120, 136, 150-151, 163, 174-176, 178, 180, 185, 195, 206, 210-211, 217, 219-220, 222-223, 235, 243, 275, 277-279, 293, 303, 308, 320, 322

タ行

但馬　12, 27, 30, 40, 78, 201, 263, 265, 267, 269-275, 278-283, 310-311, 313-314, 319, 337-339, 343-345, 347
宝塚市　29, 64, 69, 71, 172, 175-177, 179-195, 198-200, 203, 205-206, 208-210, 212-216, 219-227, 231-234, 238-239, 346
単独処理浄化槽　285, 291, 295, 297, 299, 304, 327-328, 330-331, 333, 335-336, 341
ダム　19, 145, 155-156, 162, 164-169, 173-180, 183, 185, 189-190, 192-196, 198, 200, 207, 221-223, 243-244, 283, 346
タンク　76, 255-256, 294-295, 321-325, 328-331, 333-334, 339-341
地誌学　26-27, 40
地方公営企業年鑑　59
腸チフス　113, 123, 320

地下水　8, 32-44, 47-80, 84, 95-96, 99, 123, 125-126, 134, 137, 141-146, 148, 153, 161, 166, 181-182, 190, 192-194, 198, 219-220, 222, 233, 238, 244, 275, 293, 298, 332
通勤通学人口　49-50, 55
つるべ　218, 247-248, 256
ツカイド　294, 307, 320-321, 325
寺尾晃洋　8, 13, 23, 36, 41, 43, 47, 75, 77, 79-80, 112, 152, 171-173, 198, 200, 239, 310, 312, 343
伝染病　35-36, 79-80, 82, 84, 100, 102, 113, 125-126, 137, 140-142, 157, 177, 185, 267
鉄道　48, 52, 79, 84-86, 90-93, 104-106, 108, 110, 115, 118-119, 142, 146, 151, 182, 194, 204, 206
手押しポンプ　248, 321
電動ポンプ　25, 247-249, 253, 255-257
特設水道　77, 260, 263-265, 268-283, 290-291, 299, 305, 309, 322-325, 328-329, 335, 337, 339-340, 342
特定環境保全下水道　293, 296, 300, 302, 304, 306, 315, 332-334, 336-337, 342
都市装置　20
都市化進行地域　29, 210-211, 216, 220, 222-223, 227, 231, 235-236, 240, 243, 245, 257-258
都市基盤　11, 67, 74, 79, 81-83, 91, 113, 120, 122, 139, 141-142, 144, 147, 193
都市化　9, 11-12, 19-23, 25-27, 29, 40, 43-44, 47-52, 55-56, 67, 70, 73-75, 77, 79, 81, 83-85, 88-89, 90, 94, 105, 107-108, 110, 112, 114, 116-120, 122-123, 125-126, 130-132, 137, 139, 141, 144-146, 151, 155-156, 171-173, 178-179, 182, 196-197, 202-211, 215-217, 220-226, 228-231, 233-237, 239-240, 242-245, 247, 249, 251, 253, 257-259, 268, 284-286, 311, 313, 345-347

ナ行

奈良盆地　52, 63-64

人名・事項索引　357

寝屋川上水道株式会社　149
農業集落排水　24, 293, 296, 303, 308, 313
農林省（→農林水産省）
農林水産省　173, 200, 266-267, 274, 278, 284-285, 293, 306, 322, 339, 343
農業用水　8, 23, 44, 131, 147, 173, 181, 196-197, 200, 290, 294, 297-298, 303, 307-309, 311, 323, 342

ハ行

橋本征治　26, 28, 40, 42-43, 82, 85, 150-153, 201
阪神地方　50, 52, 62-63, 67, 72, 178, 195, 204
阪神水道企業団　76, 178, 195-196, 200-221
阪神上水道市町村組合　82, 178
阪神・淡路大震災　192, 264, 303
ハチ高原（→鉢伏高原）
鉢伏高原　12, 30, 288-293, 295-300, 304, 308-309, 311, 315-316, 326-327, 332, 340, 342, 344
パイプ　247, 255, 263, 294, 303, 323, 325, 327-331, 333, 339, 341
氷ノ山　12, 36, 287-289, 311, 314-319, 326, 328-329, 332, 334, 343
琵琶湖　13, 18-20, 27, 31-32, 41, 43, 50, 72, 83, 113, 145, 151, 162, 171, 199, 238-239, 260, 310, 342-343, 346
肥田登　18, 26-27, 34, 43, 75, 78, 265, 284, 305, 311-312, 343
非都市化地域　29, 216-217, 220, 222, 227, 236, 240, 243, 253, 258
一庫ダム　179-180, 189-190, 192-196, 200, 221-223, 243-244, 283
肥料　33, 35, 37, 80, 98, 116, 137, 140, 218. 253, 292
BOD　244, 295, 297, 299, 306, 331
表流水　8, 19, 82, 96, 115, 134, 141, 144, 146, 164, 174, 177, 179, 186, 188, 191-192, 194-195, 198, 211, 293-294, 299, 301, 309, 328, 346
ブラックボックス　12, 20, 26, 347-348
フィールドワーク　26, 28, 82, 345
深井戸　8, 33, 96, 136, 162, 164, 166, 168, 179-180, 188-191, 193-194, 198, 217, 221, 256-257
伏流水　96, 99, 122, 125, 134-136, 149, 157-158, 161, 164, 168, 170, 174, 177, 179, 183, 186, 191, 194, 198, 221-222, 293, 308, 325, 346
ふれっしゅ水道計画　167
風呂　35, 218, 229, 248, 250-253, 256-257, 299, 321, 325, 328, 331, 335
ベッドタウン　117
補助金　30, 35, 101, 111, 120, 148, 185, 263, 265-268, 277, 282, 293, 310, 321, 340
防火　35-36, 79, 101, 126, 157, 177, 182, 321, 325, 330, 334, 339
北摂水害　140, 155
ポンプ　25, 102, 112, 116, 127, 188, 247-249, 253, 255-257, 321, 325, 331, 341
保健所　225, 228-230, 234, 237-238, 263-264, 267, 284, 295, 299, 311, 323-324, 331, 341, 344

マ行

茨田上水道組合　96, 124-125, 133-135
薪　245, 251-252, 260
水屋　33-34, 148, 217
民営水道　36, 79
未普及地域　47, 67, 145, 165, 167, 169, 227, 237, 263, 282, 312-313, 347
民間水道　114-115
ミネラルウォーター　232-234, 245, 257
民宿　286, 290, 298-299, 306-307, 310, 319, 323-324, 326, 335, 340
滅菌　267, 323-324, 337, 340
森瀧（滝）健一郎　8, 13, 26, 43, 47, 78, 173-174, 195, 200

ヤ行

八木川　　　287, 292, 295, 304, 308, 311, 314, 318, 320-323, 325, 327-329, 331, 336-337, 339, 341, 344

湧水　　8, 25, 32, 99, 122, 157, 219, 238, 247, 248, 250, 287, 290, 292-294, 298-302, 307, 309, 318, 322, 325, 328, 337, 340, 342

淀川　　13, 18-20, 23, 27, 29, 31-33, 40-42, 50-52, 64, 77, 79, 82-86, 89-101, 104-108, 110-115, 117-121, 123-128, 130, 132-135, 138-149, 151, 153, 155, 159, 162, 167, 169, 171, 177-178, 199, 205-206, 221, 223, 225, 231-234, 237-238, 310, 342, 346

吉越昭久　　27, 33, 44, 153

淀川両岸地域　　29, 52, 64, 79, 83-86, 89-97, 119, 121, 132, 138, 140, 144, 146-147

ラ行

流域下水道　　21, 81, 137, 139, 143, 146, 189, 346

料金　　102, 112, 130, 141-142, 160, 163, 191, 197, 225, 230-231, 233, 250, 259, 264, 304, 307-308, 330, 333, 335, 338, 341-342

濾過　　37, 98, 127, 149

著者紹介

矢嶋　巌（やじま・いわお）

1967年札幌市生まれ。1991年関西大学文学部史学・地理学科卒業。2000年関西大学大学院博士課程後期課程単位修得済退学。博士（文学）。2008年より神戸学院大学人文学部人文学科講師。主な論文に、「オアフ島における水道の展開」（橋本征治編『現代社会と環境・開発・文化―太平洋地域における比較研究』所収、関西大学出版部、1998年）、「山間地域における生活用水・排水システムの変容―スキー観光地域兵庫県関宮町熊次地区」（人文地理56巻4号、2004年）、「衛星都市の水道事業における水源確保―兵庫県宝塚市を事例に」（経済地理学年報57巻1号、2011年）がある。

生活用水・排水システムの空間的展開

2013年3月20日　初版第1刷印刷
2013年3月25日　初版第1刷発行

著　者　矢嶋　巌
発行者　渡辺博史
発行所　人文書院
〒612-8447 京都市伏見区竹田西内畑町9
電話 075-603-1344　振替 01000-8-1103

印刷所　冨山房インターナショナル
製本所　坂井製本所

© Iwao YAJIMA 2013, Printed in Japan.
ISBN 978-4-409-24096-0　C3025

JCOPY 〈(社)出版者著作権管理機構 委託出版物〉

本書の無断複写は著作権法上での例外を除き禁じられています。複写される場合は、そのつど事前に、(社)出版者著作権管理機構（電話03-3513-6969、FAX 03-3513-6979、E-mail：info@jcopy.or.jp）の許諾を得てください。